数学导学讲评式教学论

王富英　王新民　黄祥勇　张玉华　等　著

科学出版社
北　京

内容简介

本书系统地介绍了“数学导学讲评式教学”的形成过程、内涵、特征、核心要素、基本理念、理论基础、教学模式、教学原则、教学策略与学习评价，并对其有效性进行了量化研究。希望本书能对中小学一线教师、教研员以及师范院校从事学科教育研究的师生在进行发展学生核心素养的教学与研究中有所启示和帮助。

本书适合中小学教师、教研员、师范院校师生和从事学科教育教学的研究者阅读。

图书在版编目(CIP)数据

数学导学讲评式教学论 / 王富英等著. —北京：科学出版社, 2020.12

ISBN 978-7-03-066866-0

Ⅰ.①数… Ⅱ.①王… Ⅲ.①数学教学–教学研究 Ⅳ.①01-4

中国版本图书馆 CIP 数据核字（2020）第 222916 号

责任编辑：冯　铂／责任校对：彭　映

责任印制：罗　科／封面设计：墨创文化

科学出版社出版

北京东黄城根北街16号

邮政编码：100717

http://www.sciencep.com

成都锦瑞印刷有限责任公司印刷

科学出版社发行　各地新华书店经销

*

2020年12月第　一　版　开本：B5（720×1000）

2020年12月第一次印刷　印张：20 1/2

字数：490 000

定价：79.00 元

（如有印装质量问题，我社负责调换）

王富英简介

王富英，1955年5月生，四川平昌县人，毕业于西南师范学院数学系(现西南大学)。原成都市龙泉驿区教育科学研究院高中数学教研员。中国数学学会会员，中国教育学会会员，中学高级教师，全国优秀教师，四川省特级教师，四川省新课程改革先进个人，成都市中学数学专业委员会副理事长，成都市数学学科带头人，成都市、龙泉驿区名师工作室领衔人。成都市龙泉驿区第十六届人大代表。主要从事数学教育教学、课堂教学改革等方面的研究。

在科学出版社、北京师范大学出版社等出版学术著作5部，主编、参编学术著作、教师培训教材和教学用书籍21部。在《中国教育学刊》《教育理论与实践》《数学教育学报》《数学通报》《教学与管理》等期刊发表论文90余篇，其中核心期刊28篇，CSSCI来源期刊3篇，人大报刊复印资料转载13篇。其中的一个教学课例被收入《中国著名教师的精彩课堂》一书，并被初中数学(北师大版)8年级(上)教学用书选作“典型课例”。主持和参与研究国家、省市级课题16个。先后有52项研究成果获得各级政府和学术机构奖励，其中获得国家、省、市级教学成果奖6项，市哲学社会科学奖1项，省、市优秀科研成果奖23项。主持研究的“导学讲评式教学”获首届“基础教育国家级教学成果奖”二等奖、四川省教学成果奖一等奖、成都市教学成果奖一等奖。著作《导学讲评式教学的理论与实践——王富英团队DJP教学研究》被收入《中国基础教育国家级教学成果文库》。该成果多次在国内外学术会议交流，在基础教育产生了一定的影响。目前，该成果在四川省内中小学教学中得到广泛的应用，已成为一种新的教学范式。

王新民简介

王新民，男，1962 年 4 月出生，甘肃敦煌人，2003 年 6 月毕业于西北师范大学学科教学(数学)专业，获硕士学位。现任内江师范学院数学与应用数学专业教授，中国数学学会会员，内江师范学院数学教育研究所所长，西华师范大学硕士生导师，兼任内江师范学院教学指导委员会委员。四川省“岗位学雷锋标兵”，入选四川省高校优秀教师风采录，内江市拔尖人才、优秀共产党员、劳动模范，内江师范学院教学名师，多次获内江师范学院优秀教师、优秀党务工作者、优秀共产党员、学生工作先进个人等荣誉称号。

在科学出版社、高等教育出版社等出版著作 5 部、教材 5 部。在《课程·教材·教法》《数学教育学报》《中国电化教育》《数学通报》等期刊发表学术论文 50 余篇，其中核心 14 篇，CSSCI 来源期刊 3 篇；人大复印资料全文转载 7 篇，观点转载 5 篇；被《教育科学文摘》转载 1 篇。主持各类教科研项目 14 项，其中四川省教育厅教科研项目 4 项。曾获首届基础教育国家级教学成果奖二等奖，四川省普通教育优秀教学成果奖一等奖，第七届与第八届高等教育四川省教学成果奖三等奖，内江师范学院教学成果奖一等奖与二等奖；四川省第十五次优秀教育科研成果奖二等奖，内江市第三届(2012 年度)及 2008 年度自然科学优秀论文奖二等奖。

本书系四川省人文社会科学重点基地课题：导学讲评式教学与教师专业化发展(课题批准号：TER2008-040)、成都市教育科研规划课题：中学数学导学讲评式教学的研究(课题批准号：2008-05)、成都市教育科研规划课题：高中数学课堂有效实施导学讲评式教学的策略研究(课题批准号：2015YJ25)和四川省教育厅2019年度教育科研重点课题：分享-创生教育的埋论与实践(川教函[2019]514-16)之研究成果。

序

这是由一群在现实中践行着自我教学理念的研究者们用自己的思考、行动撰写而成的书。

当下，席卷整个中国已十多年的数学课程改革对我们的教材、教学、乃至评价所产生的冲击是显而易见的。但由此而形成的有理论与实践参考价值的成果并不多见，特别是关于数学学习方式的研究成果，更是凤毛麟角。

作为此轮数学课程改革的重心之一，“改善学生的数学学习方式”在改革之初国家颁布的《全日制义务教育数学课程标准》(实验稿)和《普通高中数学课程标准》(实验稿)中就已被明确提及，而修订后的《全日制义务教育数学课程标准》(2011 年版)仍然将它列为改革的重要任务之一。究其原因，从表面上看，应当是国内相关研究始终缺失。事实上，就数学教学研究(包括理论与实践)而言，我们已有的工作更多地涉及“数学课程内容”“数学教学方法”“数学教学技术”等，或者说，在“学生”“教师”“课程”这三大教学要素中，研究者们更多地关注“教师”与“课程”，而忽略“学生”。深究下去，或许可以追溯到研究者与实践者在观念层面的表现：一直以来，当我们分析一个教材的特色时，关注的是它提供了哪些数学内容，这些内容又是怎样编排的或者说它的体系如何；当我们描述一个教学活动时，关注的是其在例题、练习中呈现了哪些数学问题，以及这些问题的深刻程度、求解的巧妙性，等等；当我们评价一张试卷时，关注的是它考查了哪些知识点或方法，等等。这些表现折射出人们的一个重要的观念：就数学学习而言，“学什么”远比“怎样学”重要得多。

然而，就基础教育阶段的学生而言，其接受教育的根本目的是获得身心的发展——在未来社会生活中能够更好地生存和发展。这样的发展是“整体”的：既包括知识、技能、能力和素养的发展，也包括情感、态度、价值观的发展；发展的主要途径则是各门课程的学习活动。但显而易见的是，这个“整体”发展并不能简单地等同于各门课程内容学习结果之和。以解决问题能力的发展为例，经验与理论研究均表明：它并不能简单地通过传统的“课程知识”的习得就能够完成，事实上，它需要学生们经历诸如理解问题的意义和内涵、收集必要的信息(数据)并加以分析、探求解决问题的思路、形成自己的猜想、验证与解释自己的结论，等等。或者说，在这个意义之下，“怎样学”或许更重要。

遗憾的是，国内数学教育界关于数学教学过程的研究更多地关注教师应当怎样“教”数学，而很少关心学生是怎样“学”数学的。以至于多年来我们习惯了学生应当适应教学，而不是教学应当适应学生。确切地说，“学生是怎样学习数学的”在国内还是一个新的研究领域，系统的研究还没有开始，甚至我们绝大多数数学教育本科毕业的科班教师，没有系统学过数学学习心理学领域的相关课程。尽管在国际数学教育界，专门的数学教育心理学(PME)领域的研究已有长足的发展。

值得欣慰的是，由原成都市龙泉驿区教育科学研究院高中数学教研员、四川省特级教师王富英老师主持研究的“中学数学导学讲评式教学”(简称 DJP 教学)改革实验课题，将研究的视角聚焦在“学生怎样学习数学”上，让学生在教师的指导和帮助下，在自主学习、探究知识内容、初步构建知识意义的基础上，通过与同伴的交流、对话讲解和师生评析的过程，获得对知识意义的深入理解、数学思想方法的深刻体验和感悟以及数学活动经验的积累与改进，自我增进数学文化素养，形成和发展数学品质，使他们在学会学习、学会合作、学会探究、学会交流与学会评价的过程中主动健康地发展。“DJP 教学”从根本上改进了学生的学习方式，让课堂焕发出了生命的活力。

“DJP 教学”是一种“基于学生的学”而构建的教学方法，“导学”“讲解”和“评价”是这种教学方法的核心要素，也是它的主要教学环节(简称中的“D、J、P”分别是“导、讲、评”汉语拼音的第一个大写字母)。其中的“导学”结果直接构成了随后的“讲解”过程，而对“讲解”过程进行的“评价”活动，不仅深化了学生对讲解内容的理解，又可以促成新一轮“讲解”，使得数学学习更贴近学生发展的需要。

DJP 教学不是单一的教学方式，其中包含启发式教学、探究式教学和教师讲解接受式教学，等等。它整合了多种成功的教学方法，开拓了一种教学法研究的新视角。

笔者曾经多次经历 DJP 教学下的数学课堂，印象最为深刻的是学生真正将数学学习活动演绎成“我要学”的过程，甚至深秋季节亦可见学生身着短袖上台与同伴开展数学辩论。DJP 教学使一群学生、一个年级的学生、甚至一个学校的学生总体上对数学学习的态度发生了根本的改变：从厌恶数学变成了喜欢数学，从“要我学”变成了“我要学”。这种现象可以在多所学校见到。这样的学习无疑是“高效”的，也从整体上促进了学生的发展，因为它带给学习者的绝不仅仅是成绩方面的变化，更是学习的信心、方法、能力和欲望上的提升。

我们知道，现实情境中，许多学生的数学学习结果不理想，甚至“糟糕”的原因在于没有学习数学的“欲望”或者“厌恶”数学，而不是缺乏学习数学的能力。事实上，人生来就具有学习的习性，愿意主动获取知识和技能，也具备基本的学习能力。那么，如果我们的数学教学能够很好地激发学生学习数学的动机，从根本上改变这些令人不愉快的现状或许就成为可能！而 DJP 教学则很好地把这种可能变成了现实。

科学出版社出版介绍该项研究成果，使该课题成果在更大的范围内得到推广应用，这是一件值得赞赏的事。《数学导学讲评式教学论》从教学论的角度对 DJP 教学的内涵、特征、基本理念、理论基础、数学学案及其设计、教学模式、教学原则、教学策略、学习评价、教学效果的量化分析以及与其他教学的比较研究等方面进行了全面系统的阐述，建构了一套完整的促进学生学会学习、主动发展的教学理论。书中创造性地提出了“学习内评价”“讲解性理解”与“知识的学习形态”等概念，不但从理论上阐述了其内涵、特征，而且其价值和作用经过了教学实践的检验。因此，本书具有十分重要的学术价值和实践意义。

“DJP 教学”作为一种促进学生学会学习、主动发展的教学理论，最显著的特色是将数学课堂教学的重心置于“学生的学习活动”，而不是“教师的教学活动”。它带给学生的是有效构建自己对数学的理解；它带给教师的则是关注学生的数学理解；它带给研究者的是怎样发现、分析学生的数学思维过程。更为重要的是，“DJP 教学”的研究成果使我们看到了中国人建构自己教学模式的希望。

当然，关于此类教学模式的研究才刚刚开始，需要进一步思考的问题还有很多，如：作为“学的课程”的学案的特质和结构；教师在教学过程中的角色和作用；DJP 教学课堂生成问题的处理原则和有效方式……

非常希望经历课程改革的中国数学教育界能够生发出更多根植于自己课堂的数学教学新模式！她的产生、发展与成型需要从事数学教育的研究者和实践者们的孜孜探求、精心呵护。有鉴于此，我推荐 DJP 教学的研究成果，期望得到广大同仁们的关注和评价。

马　复
2020 年 10 月于南京和畅居

前　言

1632 年，著名教育家杨·阿姆斯·夸美纽斯(J.A.Comenius)在《大教学论》中将“教学论(didactic)”界定为“教学的艺术”，“‘大教学论’就是一种把一切事物教给一切人们的全部艺术，这是一种教起来准有把握，因而准有结果的艺术”①。显然，这是把教学的视角聚焦到了教师的“教”上。之后，经过赫尔巴特《普通教育学》的理论科学化与凯洛夫《教育学》的实践模式化，教学论或教学的核心问题定为了教师的“教”，形成了以“教师中心”“教材中心”“教室中心”为架构的教学论体系。这种以“教”为中心的教学确定了学校教育的主要工作是“致力于传递和储存知识”，教学的主要目的是让学生学会知识，追求的是夸美纽斯提出的“把一切事物(知识)教给一切人们”的教学理想。

随着信息时代的到来，知识创新与技术革新的速度不断加快。英国詹姆斯·马丁预测，在近十年人类的知识总量已达到每 3 年翻一番，到 2020 年甚至要达到每 73 天翻一番的空前速度。于是出现了一个人在学校学习的知识出学校不到 3 个月就将会被新出现的知识所替代的现状。因此，教学论中以“以教为中心”的理念悄然发生了变化。1972 年，国际 21 世纪教育委员会向联合国教科文组织提交的报告《教育——财富蕴藏其中》指出，面对知识不断变革，科技日新月异的新时代，教育应致力于培养学生“学会认知、学会做事、学会共同生活、学会生存”。联合国教科文组织国际发展委员会编著的《学会生存——教育世界的今天和明天》一书也明确提出：“教育应该较少地致力于传递和储存知识，而应该更努力寻求获得知识的方法(学会学习)。”2016 年 9 月 13 日，核心素养研究课题组发布的《中国学生发展核心素养》的报告也把“学会学习”列为六大核心素养之一，并将其作为学校全面贯彻党的教育方针、落实立德树人的根本任务。因此，基础教育的任务已不再是、也不可能是“把一切事物(知识)交给一切人们的全部艺术”，而是“让一切人都学会学习”。“终身学习”和 “学会学习”的理念从理论上将教师的“教”指导下的“学会”知识转变为学习者自主地“会学”知识，把学生的“学”推向教学的核心位置。同时，近年来随着课程改革的深入发展，在中国的教学实践中，也已形成了一种“少教多学”“以学定教”教学思想指导下的教

① 夸美纽斯．大教学论．傅任敢，译．北京：教育科学出版社，1999：1.

学实践，开始了“将课堂还给学生”的教学改革活动。因此，从当代世界教育发展的趋势和课堂教学改革深入发展来看，不论是理论层面还是实践层面，学校课堂教学均发生了根本性的转变：从教师的“教”转向学生的“学”；教学的基本问题从“教什么”“怎么教”与“教得如何”转向了“学什么”“怎么学”与“学得如何”。

在数学教育方面，中国在《义务教育数学课程标准(2011年版)》和《普通高中数学课程标准(2017年版)》中将“学生发展为本，立德树人，提升数学素养”作为课程的基本理念，提出“数学课程面向全体学生，实现：人人都能获得良好的数学教育，不同的人在数学上得到不同的发展。”[①]数学课程的设置也重在“为学生的可持续发展和终身学习创造条件”，从而将数学教育教学的落脚点放在了“数学育人”上，而不是数学知识上。以上表明，我国数学教学理念已从注重外在知识传授的“教什么”转向了注重学生内在发展的学生数学核心素养发展上的“学什么”和“怎样学”。

为了适应科学技术日新月异的新时代和世界教育发展趋势，从2008年起，我们以学生的学为出发点，以改善学生的学习方式为着力点，以“学什么”“怎么学”“学得如何”为主线，以发展学生“学会学习”核心素养为目的，用“参与者知识观”设计学生的学习活动，用体现“学习形态知识”的学案代替体现“教育形态知识”的教案，以学生参与的多种视域融合的“对话性讲解”代替教师独霸话语权的单向度的“独白式讲解”，以内在的凸显认知发展功能的学习评价代替外在的发挥甄别竞争功能的学业评价设计了“导学讲评式教学”(简称DJP教学)，在成都市龙泉驿区二十多学校，由3000多位教师参与，历时十多年的区域性课堂教学改革实验研究，获得了极大的成功。实验基地学校——成都市龙泉驿区双槐中学，在实施DJP教学前是龙泉驿区最落后的一所初级中学，经过三年多的DJP教学实验彻底改变了学校的落后面貌，教学质量和综合评比一举跃入全区前列，成为区域龙头学校，2012年学校被成都市教育局授予首批成都市义务教育阶段“新优质学校”。

数学学科历来是学校教学中两极分化最严重的学科之一，越到高年级学生对数学学习的积极性就越低，两极分化就越突出。在数学考试中，最高的可以得满分，最低的也可以得零分的现象在普通学校经常出现。由于DJP教学是从学生的“学”为出发点进行教与学的设计，教学中遵循“把自主权还给学生、把时间还给学生、把话语权还给学生，把课堂还给学生”的“四还教学原则”，极大地激发和调动学生学习数学的主动性和积极性，学生的数学成绩和综合素质得到了极大的提高，一些年轻的数学教师也因实施DJP教学而快速地成长起来。如，成都市龙泉驿区第六中学吴青林老师是2008年毕业参加工作的年轻教师。第六中学是

① 中华人民共和国教育部. 普通高中数学课程标准（2017年版）.北京：人民教育出版社，2018：2.

省重点学校——成都航天中学的初中部，学校师资力量很强，刚毕业的年轻教师若要用传统的教师讲授的教学方法根本无法与老教师比肩。当时我们正在进行DJP 教学的试验研究，她义无反顾地参与进来，并且每堂课都坚持运用 DJP 教学方式进行教学，结果使她所教班学生的数学成绩得到快速提升，很快就远远超过了同年级其他班级的成绩。初中 2017 届共 14 个班，入学时各班数学成绩相差不大，她所教 3 班入学成绩平均分比最高分低 1.06 分，比最低平均分高 1.89 分，在 14 个班级中处于中间水平，但经过一年的 DJP 教学后她所教 3 班 7 年级期末统考数学平均成绩超过第二名 7.07 分，超过最后一名 35.61 分；8 年级期末统考时，她所教 3 班的数学平均成绩超过第二名 15.16 分，超过最后一名 35.8 分；到 9 年级期末统考时，她所教 3 班的数学平均成绩超过第二名 17.77 分，超过最后一名 34.05 分。3 班的优生率和及格率也远远超过其他班级，现在她已是学校教学成绩最突出的青年骨干教师。吴青林老师只是在 DJP 教学实践中突出的代表之一，还有很多因实施 DJP 教学而迅速提升教学成绩和快速成长起来的教师。如双槐中学的饶庆、李福林、仇书芹、兰红英、黄琼；六中的余兴珍、李春燕；天府新区太平中学的黄芳；天府七中的王占娟等。DJP 教学这种高效、高质的教学成效，使我十分振奋。更加令我振奋和高兴的是，这种教学极大地激发和调动了学生学习数学的兴趣和积极性。课堂上学生全身心地投入，积极、欢乐、高效和充满生命活力的课堂学习情境时时在我脑海里浮现。特别令我难忘的是，很多时候下课铃响了，许多学生还在为课堂上的问题激烈争论而忘记了下课。我们在对进行学生访谈时，很多学生都说："我们很喜欢这种教学方式！""以后的课都应该用这种方法上！""其他学科的老师也用这种方法教学就好了！"通过在这些试验中取得的成效，使我们看到了 DJP 教学的生命力，以及内在的理论与实践的意义和价值。

"基于课堂—高于课堂—回归课堂"是 DJP 教学研究的基本原则；基于"课题研究""课堂教学"和"课改实验"的"三课结合"，以科研带动教研，以教研促进科研是该项研究的基本策略；案例研究、行动研究和运用 Nvivo 视频分析工具对课堂教学进行录像编码分析的定量研究以及用 SPSS 统计软件对导学讲评式教学与学生学习效果进行相关性分析的定量研究是该项研究的基本方法；"一个中心"(改善学生的学)、"三条主线"(学什么，怎样学，学得如何)和"三个核心要素"(学案导学，对话性讲解、学习性评价)是该项研究的基本路径；注重理论提升并利用理论指导实践是这项研究的鲜明特色，也是这项研究获得成功的根本保障。

2014 年，这项研究成果获得首届基础教育国家级教学成果二等奖、四川省第五届优秀教学成果一等奖、成都市优秀教学成果一等奖。这项成果在第一、二届华人数学教育大会和第十三届国际数学教育大会(2016 年德国汉堡大学)得到展示，在相关学术会议与教师培训机构专题讲座中引起了国内外专家的高度关注。

宾夕法尼亚大学、范德堡大学、路易斯安那州立大学、中田纳西州立大学与北京师范大学、南京师范大学、天津师范大学、四川师范大学和成都师范学院等国内外知名院校的三十多名专家前来调研考察，省内外两百多所学校和两万多名教师前来考察学习。目前，DJP 教学已在四川省内外许多学校得到推广运用，并已成为一种新的数学教学范式。

《数学导学讲评式教学论》一书从教学论的角度，对 DJP 教学的内涵、特征、核心要素、基本理念、理论基础、教学模式、教学原则、教学策略、学习评价以及形成过程和效果的量化分析等内容从理论和实践两个方面进行全面系统的阐述。全书共十一章，第一章系统介绍研究成果的形成过程；第二章至第四章介绍 DJP 教学的基本理论；第五章至第十章介绍 DJP 教学实践应用的操作体系，其中也包含 DJP 教学中所创建的新的思想、观点的理论阐述，如“对话性讲解”和“学习内评价”等；第十一章介绍对 DJP 教学效果的量化研究。

本书的撰写提纲由王富英拟定后与王新民讨论确定，然后由不同的作者分别撰写各章内容。具体分工如下：第一章由王富英撰写；第二章由王新民、王富英撰写；第三章由王富英撰写；第四章、第五章由王新民、王富英撰写；第六章由张玉华、王富英撰写；第七章由王富英、黄祥勇撰写；第八章由王富英撰写；第九章由王富英、王海阔撰写；第十章由王新民撰写；第十一章由龙兴议、赵文君、王富英撰写。最后，由王富英修改、定稿。

DJP 教学是在中国课堂教学改革的沃土中刚生长出来的一种崭新的教学范式，虽然它诞生不久就显示出旺盛的生命力，并获得了国内外专家的肯定和赞誉。如，美国著名数学教育家、弗莱登塔尔奖获得者 Paul Cobb 教授和国际课堂教学研究中心主任、澳大利墨尔本大学的 David Clarke 教授称赞道：“导学讲评式教学融合了东西方教学理念，即关注了学生的参与又传承了中国数学课堂中注重数学本质与思想方法的优良传统，是我们心中理想的课堂。”“导学讲评式教学改变了西方研究者对中国课堂教学的看法”。[①]但毕竟从诞生起才走过十二个年头，许多观点和思想是我们在研究中新提出来的，还有待进一步的实践检验和深化完善。

导学讲评式教学是新时代的产物，它的出现彻底颠覆了传统的课堂教学方式，所引起的教学变革是全方位的，所引发的问题也是多层面、多维度的，由于我们认识的局限和水平的限制，对很多问题的认识可能还存在一定的不足，希望读者多批评指正，并与我们联系，以便我们纠正和完善。

王富英

2020 年 10 月 10 日星期三于成都市龙泉驿区艺锦湾

① 赵文君. 导学讲评式教学中学生参与情况跟踪研究.北京：北京师范大学，2014.

目　　录

第一章　导学讲评式教学的形成过程

任何教育教学理论从提出到成熟都有一个不断发展的形成过程。回顾一种教学理论的形成过程，往往能给人特别是教育研究者带来一些有益的启迪与思考。导学讲评式教学从2008年的正式研究算起，到如今已有12个年头了，回顾其产生和发展过程，主要经历了“基于课堂，提出研究问题”“立足课堂，分析解决问题”“高于课堂，提炼研究成果”“回归课堂，指导教学实践”“超越课堂，反思深化提升”5个阶段。本章就这5个阶段对导学讲评式教学的形成过程进行一次系统的回顾与梳理。

第一节　基于课堂，提出研究问题

课堂教学研究一般有两种研究思路和方式：一种是“自上而下”。这种研究方式的研究思路与步骤是：研究者首先在查阅大量文献的基础上确定研究课题，提出理论假设，撰写研究方案，然后通过试点学校的实验验证修正理论假设而获得研究成果，最后进行成果推广应用。这种研究方式一般用于理论创新的研究，多为高等院校和研究院所运用。另一种是“自下而上”。这种研究方式的研究思路是着眼于解决教育教学中存在的实际问题，研究的步骤是：研究者首先进行广泛的课堂教学实践调查，分析课堂实际教学中存在的问题，提出要研究解决的问题从而确定研究课题；然后在一定的教育理论和教育思想指导下边实践边总结，再提炼上升到理论层面以获得研究成果，最后再在更大范围内进行成果推广应用或者边总结边进行推广应用。这种研究方式着眼于解决课堂教育教学中的实际问题，以提高课堂教育教学质量为宗旨，兼有理论创新，因此，多为基层教研机构和一线学校采用。导学讲评式教学的研究采用的是后一种研究思路。

基层教研机构所进行的课题研究如何真正成为学校领导都关心、教师都能积极参与的研究？我们认为，研究的课题要基于学校课堂教学中存在的问题，并立足于解决这些问题而开展研究活动，才能使学校和教师都关心并积极参与其中。

为此，我们到学校视导听课时考察课堂教学现状，与学校领导交谈，以及在国家级、省级、市级骨干教师培训讲课时对教师进行问卷调查。从这些调研考察中我们发现学校的课堂教学主要存在以下几个问题：

一、“三 LI”现状严重存在

所谓“三 LI”是指“脱离”、“分离”和“对立”中“离”与“立”的汉语拼音。因为它们不是同一个汉字，故统一用汉语拼音“LI”来表示。在调研中我们发现，在基础教育的课堂教学中，“主体与主导脱离”、“‘教’与‘学’分离”和“素质教育与应试教育对立”的“三 LI”现状严重存在。

1. 主体与主导脱离

这里的“主体与主导脱离”有两层意思：一是“学生主体”和“教师主导”两者之间没有发生实质性的联系，教学中没有体现教师的“主导”是为学生学习的“主体”服务。“学生主体，教师主导”体现的是师生在学生的学习过程中的地位和作用。“主体”确定了学生在学习活动中的地位，“主导”明确了学生学习活动中教师要发挥的作用，即“在教学过程中，教为主导是对主体的学的主导；学为主体是教主导下的主体”[①]。教师发挥主导作用是要引导学生树立主体意识，积极发挥学习的自主性、主动性和能动性。在学生的学习过程中，“学”是学生自己的独立主动的自主建构活动，教师包办代替不了。因此，学生是学习活动的主体。但学生在学习过程中由于其自身的知识经验和认知能力的局限性，很多时候又不能独立完成学习活动，这就需要教师的指导，即只有在教师的指导下其主体作用才能有效发挥，学习的效果才会更好。因此，教师是学生学习活动的主导者。而教师的主导作用必须有一个落脚点，这个落脚点只能是学生的“学”。这时教师主导的“教”是为学生主体的“学”而存在的，教学所追求的目标和结果，也是由学生的“学”体现出来。因此，在学生的学习过程中，学生主体地位的确立需要教师主导作用的紧密配合，而不是可有可无。只有教师有意识地、主动地发挥主导作用，引导学生作为学习活动主体的自主性、能动性、创造性发挥出来，才能更有效地促进学生的学习。但是，在实际的教学中我们发现，“学生主体”和“教师主导”两者之间不是紧密结合、积极配合，而是完全脱离开来。具体在教学中出现了两种现象：一是为了体现“学生主体”的“放羊式教学”。表现为教师在课堂教学中只发号召：“同学们自学某一节内容！”或者“自己解决、讨论某一问题”而不提任何要求和具体指导；二是教师“主导”过头，变为“主宰”。教学中表现在学生学习任务和时间的安排、解决问题的思路方法全由教师代替，

① 王策三．教学认识论．北京：北京师范大学出版社，2002：5．

没有给学生留有独立思考的空间和自主选择的权利。教师“主导”的着力点不是在学生如何“好学”上，而是在教师如何“好教”上；不是顺着学生探究的思路进行因势利导，而是想方设法往自己预设的方案上强制牵引。

“主体主导脱离”的第二层意思是指它只停留在教师的口头上而脱离于具体的教学活动，即在教学活动中没有真正得到体现。虽然新课程已实施十多年，“学生主体，教师主导”的主体教育理念都被教师们认可，并在教师的论文和教师的言谈中都能将其烂熟于心、随口说出，但这种教育理念并没有引起教师有效的教学行为。美国学者皮尔斯(Charles.S.Peirce)在《我们怎样使观念明确》一文中指出：任何一个观念的最本质的意义即在它能引起人的有效行为[①]。因此，人的观念是否真正转变，是否引起有效行为是检验的标准。由此可知，虽然新课程实施十多年了，教师口里能讲一些新课程的理念，但由于其教学行为没有发生有效转变，其教学观念在本质意义上也没有发生根本转变。事实也正是如此。当我们走进课堂教学却发现，课堂上仍是教师主宰一切，仍是教师独霸课堂话语权。教学中把学生变成了接受知识的容器，变成了可任由教师“灌输”的“储存器”。这种教学正如巴西教育家弗莱雷指出的：“教育就变成了一种储存行为。学生是保管人，教师是储户。教师不去交流，而是发表公报，让学生耐心地接受、记忆和重复储存材料。这就是‘灌输式’教育概念。”“在‘灌输式’教育中，知识是那些自以为知识渊博的人赐予在他看来一无所知的人的一种恩赐。”教师的任务是“向学生‘灌输’他的讲解内容。”“教师越是向容器里装得完全彻底，就越是好老师。”学生的任务就是接受教师讲解的一切，而且“学生越是温顺地让自己被‘灌输’，就越是好学生”[②]。在这种教学中，教师没有给予学生一定的时间和空间让他们进行自主学习探究与合作交流，即学生不是自己安排和主宰自己的学习活动和学习行为，整个学习活动完全依附于教师，主体地位没有得到体现。由于学生没有自我建构和自我体验的活动过程，教学中教师也就缺失了对学生学习活动的引导，即不存在对学生的学习有“主导”的行为，而只是主宰行为。所以，“学生主体，教师主导”只停留在教师的口头上或文章中，已完全脱离于教学活动。

2. “教”与“学”分离

教学论中的教学概念是一个整体概念，它是教师的“教”与学生的“学”的统一体。即在学校里，不存在没有“学”的“教”，也不存在没有“教”的“学”。教学中虽然也有一些学生的自主学习活动，但也是在教师指导下或学校教学情境中的自主学习，而完全没有教师教的“学”就不是指学校里学生的“学”了。正如王策三教授指出的：“在教学中，没有没有学的教，也没有没有教的学。没有

① 王天一，夏之莲，朱美玉．外国教育史(下册)．北京：北京师范大学出版社，1993：195.

② 保罗・弗莱雷．被压迫者教育学．顾建新，等译．上海：华东师范大学出版社，2014：35-36.

了学，教就不能存在；没有了教，学也就不存在，如果再有什么‘学’，那已经不是教学中的学了。”[①]所以，学校里的“教”与“学”是相互依存，互为存在的。学校里学生的“学”是教学活动的主体，“教”是为“学”服务的。正如李秉德教授指出的：“对于我们一般教育工作者来说，‘教学’就是指教的人指导学的人进行学习的活动。进一步说，指的是教和学相结合或相统一的活动”[②]。但在实际的教学活动中，“教”与“学”脱离的现象严重存在，特别是教师的“教”脱离学生的“学”。我们经常说的教学中教师要做到“心中有标(课程标准)，手中有本(教本)，目中有人(学生)”，而我们到学校听课时发现，很多教师的教学都是“目中无人”，即眼中没有学生。教学中不是根据学生的认知前提、接受程度、兴趣爱好等学情从如何有利于学生的学习出发进行设计和教学，而只是从教师如何好教的角度出发进行设计与教学。课堂上一些教师完全按照自己的想法和设计照本宣科式的讲解或者完全按资料上的内容进行讲解而不做一点修改和调整，从而使教师的“教”与学生的“学”完全脱离。这种“教”与“学”脱离的现状不是偶然的存在，而是教师持有的“教学，就是教师教学生学”教学观的必然结果。持有这种教学观的教师都认为：“我讲到了就尽到了我的职责，学没学好是你的事，与我无关！”

3. *素质教育与应试教育对立*

国家提倡实施素质教育以来，基础教育中要求学校教学不要只注重学生的考试成绩，而要着眼于学生综合素质和学科核心素养的提高。但在目前仍以高考、中考成绩为唯一依据决定是否升学的情况下，家长和社会也都只看一个学校的升学率来判断学校教学质量的高低。学校在这种教育惯性和强大的社会压力下，不是从如何提高学生的综合素养进行教学，而是全力以赴抓应试教育。很多学校的课程设置完全根据考试科目来确定。考什么就教什么，不考的内容就不教，凡是与考试无关的课程一律砍掉，从而使国家课程设置中诸如“综合实践活动”等作为提高公民基本素养的一些课程只成为课表上的摆设以应付检查。学校教学只围绕考试科目进行大运动量的训练与考试。而且教学中只重结果，忽视过程，将教学时间压缩，“高中三年的课程两年结束，用一年时间进行高考复习”成为我国高中教学中的普遍现象。这种只抓应试教育忽视甚至丢掉素质教育的现象在我国的基础教育中普遍存在。一些一线教育者认为：“我不是不重视素质教育，但搞素质教育会影响学校的升学成绩，进而影响学校的生存，我也没有办法！”而为了应付上级的检查和对外宣传，学校则象征性搞一些学生活动，拍一些活动的照片。当对外宣传或汇报时就利用这些活动材料表示自己搞了素质教育，从而使国

---

① 王策三．教学论稿．北京：人民教育出版社，1985：90.
② 李秉德．教学论．北京：人民教育出版社，2001：2.

家花大力气提倡和推动的素质教育成为一句口号或者只成为向专家和教育行政部门汇报或者宣传时的用语。正如一些专家所说的“素质教育喊得震天响，应试教育搞得扎扎实实”，从而在基础教育中出现了素质教育与应试教育完全对立的现状。

如何改变这种现状？如何既能不影响甚至提高学生的学业成绩又能提高学生的综合素养？成为教育理论工作者和广大一线教育工作者感到困惑又需要解决的问题。

二、随着年级的增高，学生学习的兴趣越来越低，两极分化更加严重

在现实的学校教育中，出现了一个值得关注的现象：随着年级的增高，学生学习数学的积极性和主动性逐渐降低，学习的兴趣也越来越低，甚至出现逃学、辍学的现象。我们发现，孩子刚上小学时，都是背着小书包，在大人的陪同下高高兴兴去上学。一首脍炙人口的儿歌《上学歌》的歌词也反映了刚上学时孩子们的愉悦心情：“太阳当空照，花儿对我笑，小鸟说：早早早，你为什么背上小书包？我去上学校，天天不迟到，爱学习爱劳动，长大要为人民立功劳。”但到学校学习几年后，孩子学习的兴趣和愉悦的心情逐渐消失了。这到底是孩子的原因？还是我们学校教育的问题？我们认为不是孩子出了问题，而是我们教育者本身出了问题。问题出在教师的教学不是从学生如何好学出发去进行设计和教学，而是只从教师如何好教的角度出发去设计和教学，正如夸美纽斯在《大教学论》里指出的：“学生不愿意学习，那不是别人的过错，而是教师的错处，他或则不知道怎样使学生能够接受知识，或则根本便没有这样去做。”[①]

随着学生在学校学习时间的延长，年级的增高，学习数学的兴趣降低以外，两极分化也不断出现，特别是到了高年级两极分化的现象更加严重。我们发现，小学到了五、六年级，初中到了初二、初三，高中到了高二、高三就会出现一批学生厌学甚至完全不学，数学考试出现几分，甚至零分的现象。调研中我们也发现，即使数学成绩不好的学生升学后，在初一或者高一时都还信心十足地想认真学好数学，但随着年级的增加，学习的兴趣和积极性逐渐消失而出现厌学的现象。为什么会出现这种现状？仔细分析一下学校课堂教学的现状就会发现，问题仍然不是出在学生而是在教育者本身。教学中，教师没有去认真思考、研究如何激发和调动学生学习数学的主动性和积极性。课堂上教师没有给学生独立思考的时间，没有给学生自由交流、充分发表意见和展示智慧的舞台。课堂上教师独霸课堂话语权“一讲到底”，学生的学习仍然是被动地听讲接受，课堂教学的基本特征就是教师讲解，学生静坐听讲。巴西教育家弗莱雷在《被压迫者教育学》一书中分析这一特征时指出：教师“在讲解的过程中，其内容，无论是价值观念还是从现

① 夸美纽斯．大教学论．傅任敢，译．北京：教育科学出版社，1999：101．

实中获得的经验，往往都会变得死气沉沉，毫无生气可言。教育正在遭受着(教师)讲解这一弊病损害”。因为在教师的讲解中，“教师谈论现实，就好像现实是静态的、无活力的、被分隔的并且是可以预测的。要不，他就大谈与学生生活经历相去甚远的话题。他的任务是向学生‘灌输’他的讲解内容——这些内容与现实相脱离，与产生这些内容并能赋予其重要性的整体相脱节。教师的话被抽去了具体的内核，变成空洞的、遭人厌弃和让人避而远之的唠叨”[①]。而学生长期在教师的这种脱离学生需要和生活实际的讲解中学习，学习数学的兴趣自然就会降低。学习兴趣的丢失自然会使学生学习数学的主动性和积极性得不到激发，进而会产生“讲解是老师的事，听不听是我的事”这一想法。课堂上感到无事可做，于是，开小差、看杂志、看小说、看手机等与数学学习无关的事就经常出现在课堂上。长此以往，就会出现一批学生的数学学习成绩越来越差，两极分化越来越大。

三、新课程改革提倡的课堂“教”与“学”方式得不到有效落实

基于传统灌输式课堂教学不利于学生主动性和积极性的激发和调动，不利于学生综合素质的提高，不利于学生终生发展需要和社会发展需要所必备的品格和关键能力的培养以及国家创新性人才培养的现状，国家在2002年启动新一轮课程改革。这一轮课程改革的重点是以改变传统的“讲解—接受”的单一的灌输式教与学方式为“自主、合作、探究、接受为一体”的多元教与学方式。新课程改革中最主要的目标是通过改变课堂“教”与“学”方式，培养具有自主学习能力、合作交流能力和探索创新意识的现代化建设需要的人才。然而，虽然新课程改革进行十多年了，新课程改革倡导的自主、合作、探究等学习方式却并未在课堂教学实践中得到有效的实施。灌输式教学范式仍统治着课堂，学生学习方式仍是“听讲—记忆—练习”的单一学习方式。

这种以教师讲授为主的数学教学方式，换来的却是以下的数学教育教学现状与结果：①教师整天埋入毫无价值的大量的学生作业批改之中而没有时间和精力进行业务进修以及对教学经验的总结提炼；②教过几轮后的教师由于早对教学内容烂熟于心而失去了继续学习提升自己专业化水平的动力；③辛辛苦苦的课堂讲解却换来学生对数学学习的兴趣随着年级的增高越来越低，数学学习的主动性和积极性日渐缺失，厌学、不学的现象越来越严重；④基础教育中“教师教得辛苦，学生学得痛苦”，但“教”与“学”的效率却不高，多次引发专家学者去研究高效课堂教学而成效低微；⑤中国数学教师辛勤工作的结果却是使中国学生“计算能力世界顺数第一，而想象力世界倒数第一”，进而引发了令人心痛的“钱学森之问”。如何把数学教师从繁重的批改作业中解放出来，激发教师自觉主动地去进行专业化水平的提升和发展？如何提高学生数学学习的兴趣和积极性，促使学

---

① 保罗·弗莱雷．被压迫者教育学．顾建新，等译．上海：华东师范大学出版社，2014：35．

生自觉、主动、轻松地学习数学？这一直是一线数学教师探索的问题。

四、学习与评价分离

现实教学实践中的评价关注的是学生学习结果与行为表现，虽然发挥了评价的部分甄别与激励功能，却忽略了评价的认知与生成功能，造成了学习与评价相分离、学习者与评价者相对立的现状。究其原因是把评价只作为一种外在于学生学习活动的工具去对学生的学习行为和结果进行测评，而没有将其作为一种学生学习活动内在的自觉行为和学习的对象加以研究和运用。即没有把评价作为学生学习的对象和内容，没有在学生的学习活动中通过自评、互评、教师的点评促进自身发展。因此，随着新课程改革的逐渐深入，如何在课堂教学和学生的学习活动中发挥评价的认知发展功能，在我国基础教育中还缺乏相应的研究和运用。

面对课堂教学中出现的这些问题和现象，使我们在确定研究课题时思考以下问题：怎样消除课堂教学中的“三LI”现象？即如何将素质教育与应试教育有机结合，在提高学生学业成绩的同时也提高学生的综合素质？如何将教师的“教”与学生的“学”有机结合，将“教”与“学”融为一体，真正做到“学生主体，教师主导”？怎样激发学生的数学学习兴趣，提高学生课堂上学习的积极性和主动性，从而使学生的个性得到张扬，智能得到发展，从而促使各类学生综合素质都得到提高？如何在课堂教学中有效实施新课程提倡的“教”与“学”方式？怎样把评价作为学生学习的对象和内容，以发挥评价的认知发展功能，在学生的学习中促进学生的学习和发展？带着这些问题，我们查阅了一些教育专家的教育论述。特别是下列教育家的关于教学的论述对我们启发很大。

夸美纽斯：“我们这本《大教学论》的主要目的在于：寻求并找出一种教学的方法，使教员可以少教，但是学生可以多学[①]。”即“少教多学”。“教导别人的人就是教导了自己”。“假若一个学生想获得进步，他就应该把他正在学习的学科天天去教别人”[②]。

卢梭：“问题不在于告诉他一个真理，而在于教他怎样去发现真理”[③]。

洛克：“教师的职责不是要把世上可知的东西全部教给学生，而是要培养他们爱好知识，尊重知识，学会用正确的方法获取知识”[④]。洛克指出：“一个人如果学会了什么事情，要想使他记住，要想鼓励他前进，最好的方法莫过于使他教给别人”。

第斯多惠：“要使学生正确地说出已经学会的东西；教师自己少讲而让学生多讲。要多给学生以学习的实践机会，让他们善于用自己的话，口述他们所领会

① 夸美纽斯．大教学论．傅任敢，译．北京：教育科学出版社，1999：2.
② 夸美纽斯．大教学论．傅任敢，译．北京：教育科学出版社，1999：117.
③ 王天一，夏之莲，朱美玉．外国教育史(上册)．北京：北京师范大学出版社，1993：284-285.
④ 王天一，夏之莲，朱美玉．外国教育史(上册)．北京：北京师范大学出版社，1993：268.

的知识。只有正确地表达出来的东西，才是真正掌握和巩固了的东西，也才能够培养判断与概括的能力”[①]。

斯宾塞：在教学中“教师讲得应该尽量少些，而由儿童通过自己的思考发现的应该尽量多些”[②]。

叶圣陶：“教是为了不教”。

陶行知：“教的法子必须根据学的法子”。即“以学定教”。“好的先生不是教书，不是教学生，而是教学生学”[③]。即“教学生学会学习”。

以上教育家的论述给我们的启发有以下几点：

第一，要使学生的数学学习更加有效，学习的主动性和积极性得到激发，各种能力得到培养，就必须改变传统的灌输式教学方式，把课堂话语权还给学生，让学生用口去讲述和表达学习的内容，因为“只有正确地表达出来的东西，才是真正掌握和巩固了的东西，也才能够培养判断与概括的能力”。

第二，教学的目的就是要让学生学会学习和探究。即教是为了不教。

第三，要把时间留给学生，让学生有更多的时间思考和探究。即“少教多学”。

第四，教学的内容和方法要根据学生的学习而定。即“以学定教”。

同时，我们也参考了洋思中学和杜郎口中学等课堂教学改革已经取得成效的学校的成功经验，他们共同的特点是改变了传统的灌输式教学方式，采用自主、合作、探究式“教”与“学”方式，把学习的自主权和话语权还给了学生，从而使学生学习的主动性和积极性都得到了激发。

根据以上的分析和思考，我们决定把研究的课题确定为基于解决课堂教学中存在的问题，将课堂教学中单向灌输的“教”与“学”方式改变为将自主、合作、探究与有意义的接受有机结合的多元“教”与“学”方式，并以学生的“学”为出发点，以改善数学学习方式、激发学生数学学习的主动性与学会学习为目的，用“参与者知识观”设计学生的数学学习活动，用体现“学习形态知识”的数学学案代替体现“教育形态知识”的数学教案，以学生参与的多种视域融合的“对话性讲解”代替教师独霸话语权的单向度的“独白式讲解”，以内在的凸显认知发展功能的学习评价代替外在的发挥甄别竞争功能的学业评价进行课堂“教”与“学”方式的改革研究。

---

① 王天一，夏之莲，朱美玉．外国教育史(上册)．北京：北京师范大学出版社，1993：344.
② 王天一，夏之莲，朱美玉．外国教育史(上册)．北京：北京师范大学出版社，1993：399.
③ 方明．陶行知名篇精选．北京：教育科学出版社，2006：2.

第二节 立足课堂，分析解决问题

研究的课题确定了，紧接着就是确定研究思路。基于前述，我们认为，整个研究应该立足课堂解决具体问题。但我们同时又面临这样的问题：是从一个学校先进行试点研究取得成效后再大面积进行推广，还是一开始就在几个学校进行？我们通过认真分析后决定选取一个教学基础相对薄弱的学校作为试验基地先进行试点，取得成效后再进行推广。这是基于若在教学基础较好的学校进行试点，学校可能会担心失败不敢大胆进行，而在基础较为薄弱的学校不容易有任何心理负担而大胆进行改革的现实考虑。于是我们对全区的学校进行分析，在征得学校领导的同意后选取当时全区教学基础薄弱的一所学校——成都市龙泉驿区双槐中学作为实验基地学校进行研究。

成都市龙泉驿区双槐中学是由原双槐村小学改建成的一所初级中学。原来的双槐中学只有几间平房和一个篮球场大小的操场，整个校园面积只有几亩，是一所十足的农村初级中学。同一镇上有一所市级重点中学——洛带中学，相距七八公里还有一所国家级重点中学和一所省级重点中学。由于特殊的地理位置和特殊的办学条件，小学毕业时成绩稍好的学生几乎都被家长送到附近的重点学校或条件更好的初中去了，学校招收的初中学生大多数是农村客家子弟和农民工子女。学生“望校生畏”，厌学情绪严重，辍学、逃学的现象不断；还有一些学生迫于家长和社会的压力不得不上学，于是就干脆上课睡觉，混日子以消磨时间。由于生源差，学生又不想学，教师也就无心思教。长期以来，双槐中学的教学质量和地位都处于全区倒数二、三名的尴尬位置，学校面临着教师厌教，学生厌学的严峻局面。学校将走向何处成为令历届学校领导班子成员感到十分苦恼的一个老大难问题。

后来，政府为了改善办学条件，在原校址的街对面修建了占地面积 35 亩的新校区，班级数增加到了 16 个班。为了便于招生，学校名称由原来的“双槐中学”改名为“成都市洛带中学初中部”(洛带中学是同一镇上的一所市级重点高中)。虽然，学校的硬件条件发生了改变，也更改了校名，但由于长期积淀形成的状况，学校整体情况仍未有较大的改善。2006 年龙泉驿区政府实施“金凤凰”工程，几百名山区的农村孩子来到该校，使得学校从 16 个教学班一下子增加到了 25 个班。学生规模扩大后学生的构成变得更加复杂，他们之间的家庭背景、生活习惯、学习方法和学习态度等方面都相去甚远。而学校规模的扩大，迫使学校又不得不通过从十多个学校调入、借调或支教等方式补充教师数量，以弥补师资不足的问题。不同的学校，有着不同的教育教学理念和管理方法，想将他们全部融入新的学校管理之中，难度可想而知。就这样，学校在 2006 年成都市的语数外抽考中，数学、英语双双排名倒数第 3。

双槐中学的发展走到了极其窘迫的困境。是顺其自然，破罐子破摔，还是破釜沉舟从头再来？不改，仍会是一潭死水！改，或许更糟，但总有希望。但怎么改？从哪里下手进行？学校还是感到一筹莫展。这时，我们针对学校面临的困惑和需要，建议将该学校作为实验基地进行课堂教学改革实验，学校也认为这是一个难得的机会，便欣然接受了这一建议。于是，我们从 2007 年 3 月便在数学教研员王富英老师和谭竹老师的指导下展开了以改变学生的学习方式和教师的教学方式为突破口的课堂教学改革实验研究。

研究之初，我们没有确定具体的课题名称，只是确定了研究的基本思路，放手让学校和老师进行大胆的实验，采用“摸着石头过河”的方式，边实践边改进边总结。

原双槐中学叶定安校长(现为成都市龙泉驿区同安中学校长)和谯红副校长(现为成都市龙泉驿区社区学院院长)带领老师们大胆地进行实验。当时，学校把这项试验研究叫做“自主学习”，采取的方式是让学生先进行自主学习，再到班上进行交流。我们也随时到学校听课、观察，发现问题及时进行改进。实验一开始就遇到了困难。由于该校学生基础较差，学生心中没有目标和问题，不知道如何学，因此学习效果并不好。于是我们就提出教师拟定自学提纲，让学生根据这些提纲进行自主学习，我们当时把这种学习方式叫做“清单式学习法”。有了学习问题清单的启发和引导，当然比只让学生自己去学习效果要好得多，但实施中又出现了新的问题：基础好且学习能力强的学生基本能够根据提纲进行学习，而中等水平的学生和基础较差的学生则不能有效地进行自学。于是我们提出把提纲细化成学案，用学案引导学生自主学习，并且在学生自学时要求教师要加强指导，即“指导自学”。学生在学案的引导和教师的指导下进行自学，效果很不错，这样就把先前的问题解决了。在让学生讲解的过程中，刚开始进行时，学生很感兴趣——“以前是老师讲给我们听，现在让我们讲，太有意思了！”可进行了一段时间后，一些学生的讲解不深不透，耽搁了课堂教学时间，学生兴趣也逐渐消失。叶定安校长给课题组组长王富英老师打电话说：“王老师，我们的实验出现了高原现象，走不下去了，怎么办？”王富英老师及时指出：“加强对学生的学习评价！”至此，“导学”“讲解”“评价”3 个主要环节由此形成。2008 年初，我们正式称这种教学为“导学讲评式教学”，并以《中学数学导学讲评式的研究》为题申报成都市“十一五”教育科研课题获得批准立项，在成都市龙泉驿区双槐中学试验基地学校正式开展课题研究。随着研究的开展，2008 年 3 月我们又以《导学讲评式教学促进教师专业化发展的研究》为题申报四川省人文社会科学重点基地课题并获得批准立项。该课题由成都市龙泉驿区第七中学、成都市龙泉中学、龙泉驿区第六中学、成都经济技术开发区实验中学等 5 个主研学校承担并开展研究。

为了及时了解课题研究中存在的问题，课题研究负责人、课题研究组组长王富英，课题研究组副组长、初中数学教研员谭竹和课题研究组副组长、内江师范学院副教授王新民经常到学校深入课堂与老师一起听课、评课，分析解决实验中存在的问题。王富英、谭竹还亲自站上讲台，检验研究中提出学案设计的栏目、内容是否恰当，教学流程的具体操作是否可行。

由于我们立足课堂研究解决教学实践中的具体问题，在课题实验基地学校双槐中学课题研究人员和学校领导与教师的共同努力下，实践一年后就取得了显著成效，两年后学校教育教学质量得到了整体提高，教学成绩和综合评比一举跃入全区前列。2012年成都市教育局授予双槐中学首批“成都市义务教育阶段新优质学校”称号。现在，双槐中学已成为四川省课堂教学改革的先锋示范学校，经常有国内外专家和同仁到双槐中学考察学习。截至2018年年底，到双槐中学调研考察和学习的学校累计176所，共16859人次。

第三节　高于课堂，提炼研究成果

在课题研究中，“许多实践问题之所以长期得不到解决，是因为与这些问题相关的理论问题迟迟没有进展。”[①]所以，任何课题研究，若不能及时进行理论提炼，并用提炼的理论指导研究活动，往往不能有效完成研究任务，取得有价值的研究成果。

当课题正式进入研究阶段时，课题主研人员根据研究进程和研究中存在的问题及时进行理论提炼，并以提炼的理论指导课堂教学实践，从而保证了研究的顺利进行。

在我们提出利用学案指导学生进行自学时，由于学案的含义不清，要素结构不明，各个试验教师便根据自己的理解，写出了各种不同形式的学案。但这些“学案”大多数实际上就是一个习题单，有些“学案”本质上还是教案。这时，课题组感到必须要从理论上把学案的内涵、特征、内容、结构弄清楚，否则研究无法进行下去。于是，王富英针对研究中出现的这一情况，基于课堂实验及时在理论上对学案的内涵、特征、内容以及学案设计的原则等问题进行了梳理，撰写了《学案及其设计》一文在龙泉驿区教育局主办的内部刊物《课改在线》发表，后来王富英、王新民合作将该文进行修改后以《数学学案及其设计》为题在《数学教育学报》发表，在理论上及时规范了学案的内容、栏目和设计，使课题研究走上了快速推进的轨道。

---

① 季苹．教什么知识——对教学的知识论基础的认识．北京：教育科学出版社，2009：104.

在教学中，我们强调把课堂话语权还给学生，让学生在自主学习和组内交流后，在班上面对其他同学讲述自己的见解，并在学生讲解后再组织师生对讲解的内容进行评价分析。同时，我们作为研究者也深入课堂，探索学生讲解的价值和作用。在研究中，我们还与北京师范大学数学学院曹一鸣教授合作，深入课堂采集了 180 多节 DJP 教学的课堂录像。通过对这些课堂教学录像的分析和座谈访问，了解学生的切身体会，我们发现讲解对学生而言既是一种理解的方式也是一种学习方式，而 DJP 教学中的评价与传统的评价有本质的区别。它不是一种外加的手段和方法(传统的评价是把评价作为一种对学生的学习进行评估检测的、外在于学生的学习行为的手段和方法)，而是自发生成于教学过程中，是学生学习活动的有机组成部分和重要的学习内容。在此基础上，我们总结提炼出了 DJP 教学的内涵、特征和教学原则，提出了“讲解性理解”“学习内评价”等具有一定学术价值的概念和思想观点。先后撰写了《DJP 教学：促进学生主动学习的教学模式》《导学讲评式教学中的讲解性理解》《学习内评价的含义及其基本特征》《数学教学中学生讲解的含义及其价值》《导学讲评式教学中“理解”的诠释学蕴意》《DJP 教学中要处理好的几种关系》等三十多篇研究论文，在《中国教育学刊》《教学与管理》《数学教育学报》《数学通报》《中国数学教育》《中小学教材教学》《教育科学论坛》等刊物上发表。这些研究论文明确了 DJP 教学的核心要素和主要环节，揭示了 DJP 教学的基本内涵和教学模式，展示了数学学案的内涵、特征、构成要素、设计原则和各种课型学案的设计等研究成果。同时，我们还将总结提炼的成果在科学出版社出版了学术著作《数学学案及其设计》和学案导学教材《高中数学学案(必修 1-4)》，在黄山书社出版了《初中数学学案(7-8 年级)》。这些高于课堂的总结提炼，既极大地促进了课题研究的顺利进行，保证了研究任务有效完成，又提升了课题研究的质量和水平，取得了有价值的研究成果。

第四节　回归课堂，指导教学实践

课题研究中提炼出的理论只有回归课堂指导实践才能有效发挥理论的指导价值。在本课题研究中，我们将“课题研究”、“课堂教学”和“课改实验”有机结合起来(简称“三课结合”)，通过数学教研、全区数学课堂大赛、骨干教师培训等活动，将总结提炼的研究成果回归课堂指导教学实践，从而充分发挥理论指导作用，保障了课题研究的有效进行。

在课题研究前期，我们还没有正式提出课题研究的名称，只把实验的基本思想告诉学校，放手让实验学校大胆进行试验摸索。通过一段时间的实践，我们分析了这种教学模式下的学生在学习过程中，除了自主学习外还有合作学习、探究式学习和有意义地接受学习，其主要环节是“引导自学—对话讲解—质疑评价”。因此，我们根据课堂教学实践总结提出“导学讲评式教学”(简称为“DJP 教学”)，撰写《DJP 教学：促进学生主动学习的教学模式》①一文并组织教师进行学习，使每个实验教师明确这种教学方式的内涵和操作要义，从而使课题研究更加有效地向前发展。

在引导学生自主学习阶段，为了使学生的学习更加有效，我们在“清单式学习”的基础上提出利用学案引导学生自学，并针对教学实践中教师和一些研究者对学案理解不准，学案撰写质量不高的问题，将撰写的论文《数学学案及其设计》②和出版的书籍《数学学案及其设计》，分发给实验教师并组织他们学习，从而使教师对学案的内涵、特征和构成要素有了清醒的认识，提高了学案设计的质量。

在学生讲解的过程中，出现了一些教师对学生讲解的内涵和价值认识不清、指导不力的情况，我们将针对这些问题总结提炼发表的论文《讲解性理解的含义及特征》、《导学讲评式教学中的讲解性理解》、《学生讲数学的含义与特征》和《数学教学中学生讲解的内涵及其价值》等转发在区内刊物《课改在线》和 DJP 教学 QQ 群里，供实验教师学习。同时，教研员也利用教研活动和到学校听课的机会指导教师的课堂教学，从而提高了教师对学生讲解内涵、特征和价值的认识，提高了学生讲解的质量。

当一些教师对学生讲解后的评价认识不清，对学习内评价的内涵和特征理解不够时，在教学中出现了只做评分的单一评价现象。这时，我们又将研究中撰写的论文《学习内评价的含义及其基本特征》③发给教师并组织他们学习。通过学习，教师们提高了对学习内评价的认识，改变了单一的评价形式，课堂上学习评价出现了学生自评、互评和教师的点评等多种形式的评价，充分发挥了学习内评价的认知发展功能和价值。通过将这些从课堂教学中提炼出来的理论研究反馈给教师以指导教师的教学实践，课题研究得以健康向前发展，从而顺利地完成了研究任务。2011 年年底，课题圆满结题。

课题结题后，我们利用各级部门召开的成果推广应用专题报告、成果现场会和到推广应用学校进行现场指导等形式回归课堂继续指导教师的教学实践。2012 年 12 月，成都市龙泉驿区教育局发文将研究成果在全区大面积推广。2013 年 11 月，四川省教科所在龙泉驿区举办全省教育科研培训者培训现场培训活动，邀请课题组组长王富英就课题研究成果做专题报告，课题主研人员对研究成果进行了现场展示。2014 年 3 月，四川省教科所颁发成果推广文件并在四川省广元市青川县召开现场推广会，全省各地市州 500 多人参加了此次会议，课题组组长王富英做专题报告，龙泉中学李培祥副校长做推广经验介绍，四位教师现场演示 DJP 教学展示课，将课题研究成果在全省进行大面积推广。2012 年 3 月，教育部《基础

① 王富英，王新民，谭竹. DJP 教学：促进学生主动学习的教学模式. 中国数学教育，2009，(7-8)：8-10.
② 王富英，王新民. 数学学案及其设计. 数学教育学报，2009，(1)：71-74.
③ 王新民，王富英. 学习内评价的含义及其基本特征. 教育科学论坛，2011，(5)：5-7.

教育课程》杂志社、北师大基础教育课程研究中心在成都市召开全国“‘丰富学习方式，激活数学课堂’暨初中数学课堂创新教学研讨会”，课题主研人员王富英、王新民在会上作了两场专题报告，两位教师现场上了两节展示课，从而使课题研究成果得以向全国推广，在基础教育界产生了一定的影响。

目前，该项研究成果已在四川省内很多学校得到推广应用，并且由实验基地学校双槐中学杨远琼校长牵头，自发成立了有十多所学校参与的“DJP 教学联盟”，各联盟学校每年轮流主办一次 DJP 教学专题研讨会，交流如何有效地将课题研究成果运用于课堂教学实践。目前已经进行了五届研讨活动。成都市天府新区太平中学还以《导学讲评式教学在农树高完中的推广应用研究》为题申报成都市教育科研课题开展成果应用研究、取得了显著成效。2020 年 11 月 6 日，四川省教育科学研究院与成都市教育科学研究院联合在太平中学召开了全省直播的《导学讲评式教学推广应用》现场会，全省 2000 多教师在线观看。四川教育在线、四川教育导报、成都商报等媒体进行了报道，使成果在省内进一步推广应用。目前，越来越多的学校也主动地加入到应用 DJP 教学的队伍中，DJP 教学已成为基础教育课堂教学中一种新的教学范式。

为了帮助运用 DJP 教学的学校更加有效地“开展实践教学”，从 2018 年起，我们成立了 DJP 教学学术指导专家小组，以加强对实施 DJP 教学的学校进行教师培训和教学指导，受到了各所学校的热情欢迎。

通过以上的一系列活动，我们将研究成果回归课堂指导教学实践，充分发挥了课题研究成果的价值和作用，取得了良好的课堂教学效果。

第五节　超越课堂，反思深化研究

课题结题后，我们在对已经取得成效的课堂教学和研究成果认真分析的基础上，对课题研究中有待深化的理论和实践问题进行反思总结，从教学论、学习心理学、教育学、哲学等角度对课题有关的理论问题进行了深化研究。

一、建立了完整的 DJP 教学的基本理念

从教育哲学的角度对“DJP 教学”的基本理念进行了总结提炼，建立了 DJP 教学的教育观、知识观、学习观、师生观、教学观和评价观(具体见本书第四章)，并从哲学诠释学的角度，对 DJP 教学理解的哲学原理进行分析，揭示了导学讲评式教学中“理解”的诠释学蕴意[①]。

① 王富英．导学讲评式教学中“理解”的诠释学蕴意．教育科学论坛，2018，(6)：54-57.

二、揭示了高效课堂的构成要素和学生讲解的价值

从教学论的角度，我们对 DJP 教学的课堂教学进行分析，揭示了数学高效课堂教学的构成要素[①]。在对 60 多节 DJP 教学录像课逐节分析和对教师、学生进行问卷调查和访谈的基础上，对 DJP 教学中学生讲解的价值做进一步的深化研究，揭示了 DJP 教学中学生讲解的内涵及价值[②]。

三、建立了数学学习理解的结构体系

从数学学习心理学的角度，我们对 DJP 教学中学生知识生成的基本过程进行了分析，提出了数学学习中两种新的理解方式——讲解性理解[③]和价值性理解[④]。其中，价值性理解与 R. 斯根普提出的“工具性理解”和“关系性理解”一起构成了数学学习的 3 种理解方式。工具性理解、关系性理解和价值性理解，这 3 种理解方式对应新课程提出的“知识与技能”“过程与方法”“情感态度价值观”三维目标，从而在理论上为新课程提出的三维目标建立了对应的理解模型。

四、揭示了数学各类知识学习的心理过程

从学习心理学的角度我们分析了数学各类知识学习的心理过程。完成了数学概念学习的心理过程[⑤]、数学定理学习的心理过程[⑥]、数学公式学习的心理过程[⑦]和数学定理归纳发现学习的心理过程[⑧]等研究。

五、提出了“多元对话性学习”的概念

从数学学习论的角度，我们对 DJP 教学中学生的学习方式进行了总结提炼，提出了“多元对话性学习”的概念，并进一步揭示了多元学习之内涵及其特征[⑨]。

六、将 DJP 教学上升到分享教育

从教育学的角度，我们对 DJP 教学进行总结提炼提出了“分享教育”的概念，

---

① 王新民，王富英．高效数学教学构成要素的分析．数学教育学报，2012，21(3)：20-25.
② 王富英，赵文君，王海阔．数学教学中学生讲解的内涵和价值．数学通报，2016，(10)：18-21+24.
③ 王新民，王富英．导学讲评式教学中的“讲解性理解”．教育科学论坛，2014，(6)：19-21.
④ 王富英，王新民．让知识在对话交流中生成——DJP 教学中知识生成的过程与理解分析．中国数学教育，2013，(11)：3-6.
⑤ 李兴贵，王富英．数学概念学习的基本过程．数学通报，2014，(2)：5-8.
⑥ 王富英，冯静，吴立宝．数学定理学习的心理过程．内江师范学院学报，2019，(2)：31-37.
⑦ 王富英，黄祥勇，张玉华．数学公式学习的心理过程与学习设计——以三角函数诱导公式为例．中小学教材教学，2018，(11)：47-51.
⑧ 王富英，陈婷婷，王奋际．数学定理归纳发现学习的心理过程及教学设计——以平面向量基本定理为例．中小学教材教学，2019，(1)：65-68.
⑨ 王富英，吴立宝，朱远平，等．多元学习之内涵及其特征．教学与管理，2017，(5)：4-6.

揭示了分享教育的内涵及其特征[①]，从而将“DJP 教学”上升到分享教育。

七、对 DJP 教学的有效性进行量化研究

以前获得的研究结论大多是从课堂教学观察、课堂录像分析、学生与教师座谈交流等教学实例中总结提炼出来的，但 DJP 教学中“教”与“学”行为对学生数学学习影响到底达到了何种程度？教学中学生参与的程度如何？导学讲评式教学与传统教学中学生参与有何区别？等等，对于这些问题，我们利用量化研究的工具和方法进行了量化研究(具体见本书第十一章)。

八、对有待深化的问题以课题的形式进行深化研究

对一些有待继续深化探讨的问题，我们又以课题的形式做进一步的深化研究。如对于多元对话性学习和高效课堂教学如何在区域内大面积推广，由成都市龙泉驿区教育科学研究院成功申报了教育部“十二五”教育科研规划课题：“区域推进多元学习构建高效课堂的研究”进行研究，已于 2016 年 12 月顺利结题；对原有的“DJP 教学”，导学的工具局限在纸质学案的较多，导学方式比较单一；学生讲解交流局限在课堂的较多，时空受到了一定的限制；具体实施的策略体系不够健全等问题，分别由课题主研人员、初中数学教研员谭竹领衔，成功申报了成都市“十三五”教育科研课题：“互联网背景下初中数学导学讲评式教学的研究”，并做进一步深化研究；高中数学教研员王海阔领衔，成功申报了成都市“十三五”教育科研课题：“高中数学课堂有效实施导学讲评式教学策略的研究”，并做进一步深化研究。对分享教育与多元对话性学习，由成都市教育科学研究院院长助理黄祥勇和成都市武侯区教育科学发展研究院教研员张玉华共同领衔，成功申报了成都市“十三五”教育科研规划课题：“分享教育观下多元对话性学习的研究”、2019 年四川省教育科研重点课题：“分享——创生教育的理论与实践”，并做进一步深化研究。

① 王富英，黄祥勇，张玉华．论分享教育的含义与特征．教育科学论坛，2016，(6)：5-7.

第二章　导学讲评式教学的内涵、特征与核心要素

一种教学理论核心概念的内涵、特征与核心要素是构筑该理论的重要基础，只有对它们有清晰的理解和解释，才能在此基础上建构更加完善的理论体系和操作体系，进而才能完成整个教学理论的结构体系。本章就 DJP 教学的内涵、特征和核心要素进行详细的阐述。

第一节　导学讲评式教学的基本内涵

教学论所关注的两个核心问题，一是“教”与“学”的关系问题，二是“知”与“行”的关系问题。在讨论前一个问题的过程中，形成了“以教为中心”与“以学为中心”两种不同的教学观；对于后一个问题，形成了两种不同的学习观：“教材中心”(从书中学)与“以做为中心”(从做中学)。被毛泽东称为“人民教育家”的陶行知将这两个问题合二为一来思考，提出了“教学做合一”的教学思想。他认为：“教学做是一件事，而不是三件事。我们要在做上教，在做上学。在做上教的是先生，在做上学的是学生。从先生对学生的关系来说：做便是教；从学生对先生的关系来说：做便是学；先生拿做来教，乃是真教；学生拿做来学，乃是实学；教学做是统一的，教和学都以做为中心，因为一个活动对事来说是做，对学生来说是学，对教师来说是教”[①]。承接这种教学思想，内江师范学院的部分学者提出了“以发展为中心，教、学、做统一”的育人模式，强调要将教、学、做统一到学生的发展上[②]。

从学习的角度，“教”“学”“做”应该是 3 种不同的致知方式，即教而知之、学而知之、做而知之。“教”不是指教师单向传授知识的过程，而是指学习

① 陶行知．陶行知选集(第一卷)．北京：教育科学出版社，2011：347．
② 曾良，马元方，谢峰，等．“以发展为中心，教、学、做统一”育人模式研究．教育研究，2012，(8)：149-154．

者的一种学习过程，它有两个方面的含义，一是指通过教他人而获取知识与提高认识的过程，如同《学记》中所论述的“教”——教然后知困，知困能自强也。二是指教者与学者通过对话来达成共识与分享认识的过程。“教”就意味着教者与学者同时在场，需要双方进行平等的交流和沟通，虽然他们的称谓不同，但本质上他们都是学习者，只是在学习活动中的分工不同而已，犹如巴西著名教育家保罗·弗莱雷(Paulo Freire)笔下的“教师学生”(teacher-student)及“学生教师”(student-teacher)[①]。“学”不只是指课堂上“认真听讲”的学习过程，还指充分发挥学生的自主性、主动性与创造性的学习过程。“做”是指杜威提出的“在做中学”(learning by doing)，它不是一般意义上的动手操作活动——“从做中学并不是指用手工来代替课本的学习”[②]，而是“一种带着自己假设的‘做’，是在观念指导下的操作”[③]；是在劳力上劳心的实践活动[④]；是以“反思性思维”为核心的探究性学习——感觉问题所在，观察各方面的情况，提出假定的结论并进行推理，积极地进行实践的检验。[⑤]从上述意义上讲，“教、学、做统一”就是将自主学习、交往(对话)学习、探究学习等多种学习方式有机地融合为一体，以促进学生全面和谐地发展。

在上述认识的基础上，结合学案导学的教学实践，我们提出了“数学导学讲评式教学”的概念。

数学导学讲评式教学是以学生的“学”为出发点，学习者在教师的引导下根据数学学案自主学习、对话性讲解、学习内评价，以达到学会学习、主动发展的“教”与“学”活动方式。

从数学导学讲评式教学的定义中，我们看到导学讲评式教学是学生在教师的引导帮助下，根据学案自主学习、探究学习内容，初步建构知识意义的基础上，通过与同伴、教师的对话性讲解和师生的评析过程，获得对数学知识的深刻理解，数学思想方法的体验与感悟，数学活动经验的丰富与积累，从而自我发展数学核心素养，提高数学文化修养，形成和发展数学品质，最终达到学会学习，主动发展的“教”与“学”活动方式[⑥]。

从以上定义可以看出，“导学—讲解—评价”是导学讲评式教学 3 个基本环节，同时也是 3 个核心要素，而且还是教学过程中 3 种基本的学习方式。正是由于“导学”“讲解”与“评价”既是其基本环节又是核心要素，所以我们取这 3 个核心要素中“导”“讲”“评”汉语拼音的首字母，将导学讲评式教学简称为“DJP 教学”。

---

① 保罗·弗莱雷．被压迫者教育学．顾建新，等译．上海：华东师范大学出版社，2014：44．
② 约翰·杜威．学校与社会·明日之学校．赵祥麟，任钟印，吴志宏，译．北京：人民教育出版社，2005：252．
③ 杜威．杜威五大演讲．胡适，译．合肥：安徽教育出版社，1999：138-139．
④ 陶行知．陶行知全集(第 2 卷)．成都：四川教育出版社，1991：19．
⑤ 约翰·杜威．民主主义与教育．王承绪，译．北京：人民教育出版社，1990：166．
⑥ 王富英，王新民，谭竹．DJP 教学：促进学生主动学习的教学模式．中国数学教育，2009，(7-8)：8-10．

DJP 教学具有丰富的内涵，主要体现在以下几点：

一、DJP 教学开创了教学的主体间性领域

教学的主体间性是指教师和学生内在的相互性，是两个平等主体间的相互性和统一性，它体现了师生双方的相互尊重。在教学的主体间性领域，师生双方共同了解，不仅了解自我，而且承认“他我”。承认“他我”与自我相同的地位与权利。在交往中，师生双方人格平等、机会平等，不存在专制和压迫。双方默守共同认可的规则①。在 DJP 教学中，师生之间不再是以知识为中介的主体对客体的单向灌输的关系，取而代之的是一种“我—你”对话关系。这是一种互为主体的关系，在这种关系中，师生双方的主体性得以彰显。在 DJP 教学中，教师和学生是教学中的两个主体，是作为整体的独特个体而交往，并在相互理解中接纳对方。教师不再是教学的控制者，而是对话的引导者、倾听者与合作者。在教学中，教师为学生创设互动和谐的对话氛围，引导学生积极健康的价值取向；教师真正关注每一个学生，真诚倾听每一个学生的声音，体会每一个学生作为独特个体的需要、情感、态度和发展的意向，并随时做出积极的反应；教师融入学生之中，成为学生群体中的一员，跟学生平等对话，一起交流讨论。学生也不再是被控制者和接受知识的容器，他拥有了跟教师平等对话的权利，是教学过程中与教师平等的主体。更重要的是，学生成了主动的学习者和建设者，学生在跟教师、同伴、文本的对话过程中，主动提出问题、思考问题，并通过对话解决问题，不迷信于教师、书本，他们可以根据自己已有的知识经验内化教学内容。因此，在 DJP 教学中，师生是作为具有独立个性和完整人格的主体共同步入“我－你”之间，而不存在“主体—客体”关系，也不存在“人—物”关系，双方都不是把对方看作对象，而是与对方一起互相承认、共同参与、密切合作，享受着理解、沟通、和谐的对话人生。

二、DJP 教学的过程是师生、生生精神相遇的过程

传统的教学过程是“师讲—生受”的单向度文化传递的过程。教学中教师完全是根据自己的经验并从自己如何“好教”的角度出发设计教学，因而在教学时没有花时间去思考如何有效激活学生的思维、唤醒学生心灵的意识，一心想着的是如何完成自己要讲解的内容。教学中教师根本不知道学生到底想知道什么？也不知道学生在学习过程中有何需要和感受。同时，由于课堂上教师独霸话语权，学生没有表达自己思想和与他人交流的机会，师生之间没有相互交流，没有思维和思想的交融与碰撞，也没有双方精神的相遇和相互的理解。德国文化教育学家

① 靳玉乐．对话教学．成都：四川教育出版社，2006：6.

斯普朗格指出："教育绝非单纯的文化传递，教育之为教育，正在于它是一个人格心灵的'唤醒'，这是教育的核心所在"。教育最终的目的不是在于传授已有的东西，而是把人的创造力量诱发出来，将生命感、价值感"唤醒"[①]。DJP 教学中，由于采用的是让学生先在学案引导下的自主学习后再与他人交流表达自己的见解，教师与同伴在认真倾听后通过追问、质疑、答疑、辨析等思想交锋的过程，从而在交往对话中获得知识的意义。这种师生、生生在对话中的交往实际上就是教师的精神与学生的精神以及学生的精神与同伴的精神在教学过程中的相遇。在 DJP 教学中，通过对话、讲解，师生、生生多方平等地交流、相互理解，在理解中，学生进入教师的精神世界，教师在学生的接纳中进入他们的精神世界之中，学生也在与同伴相互的对话中进入了对方的精神世界，正是在这一来一往的对话交流中，教学的意义随之创生，人生的意义随之创生。同时，创生的教学意义又进一步影响和陶冶师生的精神，提升双方的精神境界。

三、DJP 教学体现的是"以学习为中心"的新理念

"以学习为中心"指的是在 DJP 教学中，教师和学生的一切教学内容、教学行为、教学方法等均指向和服务于学生的学习，具体体现在以下 3 个方面：一是师生的教学准备。教师的教学准备是以学生的学习为目标指向的教学设计，是以学生如何好学为出发点而进行学习目标的制订、学习内容的选择、学习过程规划的学案设计；学生的学习准备是以学案为根据进行讲解前的自主学习探究。传统教学中教师教学准备的出发点是以教师如何好教而进行的教学设计，学生无需任何准备，而在 DJP 教学中师生都要为学习交流对话进行准备，从而实现了现代教学论"以教为出发点"向"以学为出发点"的根本转变。二是课中活动。在 DJP 教学的课堂教学过程中的一切行为都是指向和服务于学生的学习，即课堂中师生一切行为都以学生的学习活动为中心进行。学生是学习活动的主体，教师则是学生学习活动组织者、引导者、参与者与合作者。三是课后反思。课后教师的反思主要集中在学生的学习活动的效果如何与学案设计的预设是否达成；学生的反思是自己的学习目标是否达成以及自己在学习活动中有何体验与感悟，从而调节自己今后的学习策略与方法，提高学习效率。

四、DJP 教学追求的是"学会学习"和"主动发展"的教学目标

联合国教科文组织 1972 年组织编著的《学会生存》一书中所指出："教育应该较少地致力于传递和储存知识(尽管我们要留心，不要过于夸大这一点)，而应该更努力寻求获得知识的方法(学会如何学习)"[②]。联合国教科文组织 21 世纪教

① 邹进．现代德国文化教育学．太原：山西教育出版社，1992：73.
② 联合国教科文组织国际教育发展委员会．学会生存——教育世界的今天与明天．北京：教育科学出版社，1996：12.

育委员会于1996年发表的另一个报告——《教育——财富蕴藏其中》中对“学会学习”的意义作了进一步阐述，指出“这种学习更多的是为了掌握认识的手段，而不是获得经过分类的系统化知识。即可将其视为一种人生的手段，也可以将其视为一种人生的目的。作为手段，它应使每一个人学会了解他周围的世界，至少是使他能够有尊严地生活，能够发现自己的专业能力和进行交往。作为目的，其基础是乐于理解、认识和发现”[①]。2016年9月，教育部发布的《中国学生发展核心素养》的报告中也明确把“学会学习”作为发展学生六大核心素养的重要内容。由此可知，“学会学习”已成为学校教学的一个重要教学目标。而DJP教学通过学案导学、对话性讲解和学习性评价的“教”与“学”过程，最终目的就是要使学生由“学会”变为“会学”，即学会学习。

促进学生的发展，是学校教育的宗旨。而发展又可分为被动发展和主动发展。被动发展是指学生被动接受学校教育教学过程中得到的发展。而在以教师好教为出发点的传统教学中，学生是被动地接受学校的教育教学，其发展是被动进行的，而当教学开始从“以教为出发点”向“以学为出发点”转变后，学生的学习将会从被动学习向主动学习转变，这时学生的发展也就会从被动发展向主动发展转变。由于DJP教学过程学生由被动的听讲变为主动的对话性讲解，从而很好地实现了这种转变，因此，主动发展也就成为DJP教学的必然。

由DJP教学的基本内涵可知，DJP教学作为一种新的教学方式，在教学目标、教学过程、教学方式、师生关系和教学价值追求等方面都不同于传统教学，更确切地说，已经超越了传统教学。

第二节　导学讲评式教学的基本特征

DJP教学作为一种新的教学方式，具有跟其他教学方式不同的以下特征。

一、变“教师中心”为“学习中心”

长期以来，受西方教育理论的影响，特别是苏联教育家凯乐夫《教育学》的影响，我国中小学课堂一直是“教师中心”的课堂。“教师中心是指在中小学课堂教学中，教学行为、教学态度、教学价值观、教学方法和教学艺术等都以教师为中心，由教师支配，最终形成了以教师为中心的课堂教学模式”[②]。“教师中心”

① 联合国教科文组织国际教育发展委员会. 国际21世纪教育委员会报告：教育——财富蕴藏其中. 北京：教育科学出版社，1996：76.

② 冉亚辉. 以学习为中心：中国基础教育课堂的基本教学逻辑. 课程·教材·教法，2018，(6)：46-52.

的课堂教学中学生处于被支配和绝对服从的地位，自主性和主体性严重缺失。随着教育心理学的发展，人本主义心理学家罗杰斯提出了“儿童(学生)为中心”的课堂教育理论。“以学生为中心”的课堂教学理论强调课堂教学的重心是学生，强调学生的教育自由。“以学生为中心”的课堂教学中学生的主体地位得到了保障与落实，从而也就成为了我国新课程改革中最时兴的一种口号。但随着教育研究的不断深入，一些学者对“学生中心”课堂教学的不足之处提出了质疑：“以学生为中心的课堂教学，强调课堂教学以学生为中心，导致教师在中小学课堂教学中有意无意地或者被迫地服务学生这个中心，很容易走向娱乐学生、讨好学生，最终教师被异化为服务员、演员，形成娱乐课堂、服务性课堂。这种趋势目前已出现在我国的中小学课堂教学中，其危害不容小觑。”“以儿童为中心的教育模式自始至终将儿童的各种各样的需要作为注意的焦点，结果动摇了一切教学权威，使教育工作的文化和政治成分丧失殆尽。”[①]“学生中心”的课堂把教师和学生割裂而对立起来，使教师的主导权丧失殆尽而不能很好地发挥教师的指导作用。“核心素养”进入课程标准后，发展学生的核心素养已成为学科教学的主旋律和最强音。在教学中如何发展学生核心素养成为学科教学关注的重点。而人的素养是不能靠“传授”获得的，[②]传统的以“教师为中心”的讲授式教学不可能直接实现学生素养发展。学生的素养只能在后天环境和教育的影响下，主体能动参与多种学习活动，并在亲身经历和完成学习过程与反身性思维中逐渐形成。因此，学生素养发展的机制为：学生活动→学生发展。[③]即学生素养的发展只能在学生能动参与学习活动中形成。按照学生素养发展机制，教师作用不能直接去改造学生的身心结构，并直接转变为学生的发展，或者说，教师作用不能直接实现学生发展的目的；教师影响学生发展要通过学生自身的能动活动才有可能发生。教师作用于学生发展的机制只能是：教师作用→学生活动→学生发展。这时，教师作用于学生和发展的直接功能就表现在对于学生活动所应发挥的作用上。这种功能包括，学生学习与发展方向的选择与设计，学生活动内容的选择和组织，学生参与学习活动能动性的激发与调动，对学生有效完成学习过程的促进和帮助。由此可见，教师作用于学生活动的功能就是：引起学生能动地参与学习活动，并促进学生有效完成学习和过程。[④]这样，课堂教学自然就从“教师中心”转向了“学习中心”，并从“学生中心”深化到“学习中心”。

从知识学习的过程来看，知识意义的建构不是教师直接传递给学生的，而是在学习活动中通过师生、生生多元对话而生成的。正如皮亚杰在《发生认识论》中指出的：“认识既不是起因于自我意识的主体，也不是起因于业已形成的(从主

① 大卫·杰弗里·史密斯．全球化与后现代教育学．郭洋生，译．北京：教育科学出版社，2000.
② 张建桥．培养学生核心素养亟待教学转型．中国教育学刊，2017(2)：6-12.
③ 陈佑清．教育活动论．南京：江苏教育出版社，2000.
④ 陈佑清．学习中心课堂中的教师地位与作用——基于对“教师主导作用”的反思的理解．教育研究，2017(1)：106-113.

体的角度来看)、会把自己烙印在主体之上的客体；认识起因于主客体之间的相互作用，这种作用发生在主客体之间的中途。”[①]这种“主客体之间的中途”就是学生的学习活动。而且只有活动中的人才是真实的人，只有学习活动中的学生才是真实的学生。这就要求我们完成一次精神的升华：从“学生中心”深化到“学习中心”[②]。DJP 教学秉承的是“知识是在对话中生成的”教学理念，关注的是学生“学什么”“如何学”和“学得如何”，教学是以学生的“学”为出发点进行的“教”与“学”活动设计，因此，教师与学生在课堂教学过程中一切教学内容、教学行为、教学态度、教学观、教学方法和教学艺术等均指向和服务于学生的学习活动。在教学过程中的表现形式是学生根据学案进行自主学习，然后师生围绕学习内容进行对话性讲解和学习性评价，整个教学活动过程都是以学生的学习活动为中心而展开的，从而“DJP 教学”从“学生中心”深化到了“学习中心”，很好地完成了从“教师中心”到“学习中心”的转变。

在数学教学中，“学习中心”的主要表现形式是“问题解决”的活动。学生数学学习的过程就是一个不断发现问题、提出问题、分析问题、解决问题的过程。学生在“问题解决”的过程中“能获得进一步学习以及未来发展必需的数学基础知识、基本技能、基本思想、基本活动经验(简称‘四基’)；提高从数学的角度发现和提出问题的能力、分析和解决问题的能力(简称‘四能’)。”[③]从这个意义上说，数学教学中的“学习中心”就是以“问题解决”为中心。在整个课堂教学中，师生都是紧紧围绕要学习解决的问题展开对话交流，在对话中通过多种视域的融合共同建构知识意义、教学意义和生命意义。

二、变“学会”为“会学”

传统的以教师讲授为主要形式的教学追求的是要让学生听懂、学会知识，DJP 教学的落脚点没有放在传授知识上，而是放在了学会学习上，教学的任务不是解读和确认书本知识，而是引导学生积极地参与知识的发现与形成过程，掌握获取知识、更新知识与应用知识的方法。而导学、讲解与评价本质上是 3 种不同的学习方式，即“在导中学”“在讲中学”“在评中学”，最终追求的是使学生达到学会学习。

---

① 皮亚杰．发生认识论原理．王宪细，译．北京：商务印书馆，1981：21.

② 潘蕾琼，黄甫全，余璐．学习中心与知识创造——21 世纪学习学术发展彰显课程改革两大新理念．课程·教材·教法，2016，(1)：12-19.

③ 中华人民共和国教育部．普通高中数学课程标准(2017 年版)．北京：人民教育出版，2018：8.

三、用“学案”代替“教案”

教案是教师从如何好教的角度出发，对学术形态的知识进行教学法的加工后而形成学生容易接受的教师教学活动的载体和脚本。它深深地打上了教师教育观的烙印，是教师教学经验的产物。它所设定的是功利性的教学价值，知识常常是以封闭而单调的、脱离学生实际的技术化形式呈现在学生面前，强调的是解题训练的效率，所追求的是附加于知识上的“分数”与“名次”，而不是知识本身的意义与价值，更不是生命活动的意义与价值。DJP 教学关注的是学生如何好学，追求的是学生学会学习。在教学过程中是学生先进行自主学习探究后再与他人进行对话性讲解交流，在多种视域的融合中生成知识的意义和生命的意义。因此，教师的教学准备就是把学术形态的知识进行学习法的加工，转化为一种易于学生学习的学习形态的知识。这种学习形态知识的表征形式就是有效引导和帮助学生自主学习探究的学习方案——学案①。DJP 教学中，学生在学案引导下进行自主学习探究，之后课堂上师生围绕学案中的学习内容进行对话研讨，从而使学案代替教案成为教学活动的载体和脚本，改变了以往课堂上那种只有教师有教案而作为学习主体的学生却没有学习活动方案的局面，使学习者从盲目听课的被动学习转变为按照学案提供的“认知地图”进行积极建构的主动学习。因此，从功能上看，教案是“教知识”的工具，主要解决“怎么教”的问题；学案是“学方法”的工具，主要解决“怎么学”的问题。在 DJP 教学中，以学案代替教案成为了教学活动的载体和脚本，改变了教师的课程观、教材观和知识观，改变了教学的价值观和评价观，特别是改变了课堂学习活动方式。首先，学案作为师生共同参与教学活动方案，消解了传统教学中“教”与“学”相分离的弊端；其次，学案为学生提供一张“认知地图”，让他们由教学这条船上的“乘客”变成了“舵手”，消除了盲目被动学习的弊端；再次，学案作为教师的“化身”，扩充教师发挥主导作用的时空与方式，使教师的引导与帮助渗透到学生学习的各个阶段与环节之中。

四、用“参与者知识观”代替“旁观者知识观”

在 DJP 教学中，学生成为了知识发明的参与者与知识意义的建构者，而不是外在于知识的旁观者；教师不再是知识的传递者，而是学生发展的促进者，是学生学习的组织者、引导者与合作者。教学的意图“不在于证实一种立场的正确性而是要发现将不同观点联系起来从而通过积极地参与对方而扩展自己的眼界的方式”②，教学中秉承的教学理念是让知识在对话交流中生成，让情感态度价值观在活动过程中形成，让学生在探究学习中成功，让学生在自主合作中成长。

---

① 王富英，王新民．数学学案及其设计．数学教育学报，2009，(1)：71-74.
② 小威廉姆·E.多尔．后现代课程观．王红宇，译．北京：教育科学出版社，2000：218.

五、“教”成为一种有效的学习方式

“DJP 教学”切实地赋予学习者学习的话语权与决策权，让学习者自主学习后向他人讲解自己的理解与见解，这种“当所得的知识传给他人或其他同伴的时候，就是在教”。而且这种“教的本身对于所教的学科可以产生更深刻的理解。”所以，天才的约阿希姆·福尔丁斯(Joachin Fordin)就常说：“假如任何事情他只听到或读到一次，它在一个月之内会逃出他的记忆；但是假如他把它教给别人，它便变成他身上的一部分，如同他的手指一样，除了死亡以外，他不相信有什么事情会把它夺去。”[①]而 DJP 教学中，学习者经常要将自己获得的知识去教给别人，在教别人的过程中促进自己产生了对知识意义更加深刻的理解。所以，“教”就成了一种有效的学习方式。

六、变“一言堂”为“群言堂”

“一言堂”是教师独霸课堂话语权，“一讲到底”的灌输式教学样态。在这种教学中，教师的讲解“把学生变成了‘容器’，变成了可任由教师‘灌输’的‘存储器’。教师越是往容器里装得完全彻底，就越是好老师；学生越是温顺地让自己被灌输，就越是好学生”[②]。但“学生对灌输的知识存储得越多，就越不能培养起作为世界改造者对世界进行干预而产生的批判意识”[③]。DJP 教学让学生在学案引导下先进行独立思考后再与同伴进行充分的交流讲解，从而使课堂成为师生交流思想、展现智慧的舞台，彻底改变了教师独霸话语权的“一言堂”为师生合作交流、充满生命活力的“群言堂”。

七、整合多种“教”与“学”方式

在 DJP 教学中，学生的学习方式既有自主学习，也有合作学习；既有接受学习，又有发现学习；既有操作性学习，又有反思性学习，从而有效地整合了多种学习方式，充分体现了学生的主体作用。教师的教学方式既有讲解传授式教学，也有探究式教学；既有启发引导式教学，也有对话式教学。而且这些教学方式在学生自主学习、探究和对话讲解的过程中通过“导”“讲”“评” 适时介入而有机地融入课堂学生的学习活动过程之中，从而有效发挥了各种教学的功能。因此，DJP 教学是整合了多种教与学方式的多元教学。

---

① 夸美纽斯．大教学伦．傅任敢，译，北京：教育科学出版社，1999：117.
② 保罗·弗莱雷．被压迫者教育学．顾建新，等译．上海：华东师范大学出版社，2014：35.
③ 保罗·弗莱雷．被压迫者教育学．顾建新，等译．上海：华东师范大学出版社，2014：37.

第三节　导学讲评式教学的核心要素

如前所述，“学案导学”“对话性讲解”和“学习性评价”是DJP教学的3个基本环节，也是其核心要素。本节就这3个核心要素进行较为详细的分析。

一、导学讲评式教学中的学案导学

学案，是DJP教学有效进行的工具和载体。它为学生开展自主学习、探究学习、合作学习及接受学习等多种形式的学习提供一个有效的活动方案，是开展“对话性讲解”与“学习性评价”的活动脚本。目前，在我国已开展的有关改善学生的学习方式的教学改革中，一个较为普遍的现象是合作学习与探究学习流于形式，学生的思维不能深入，提不出有价值的问题，难于开展知识的发现与创新，其主要原因就是缺少一个有效的学习活动方案。教师讲课需要一份高质量的教案，学生的学习更需要一份优质的学案。(关于学案的详细内容，我们将在本书第五章进行阐述)

“学案导学”作为一个教学环节，是指在学案的引导下，学习者自主学习探究，初步建构知识意义的过程。这一学习过程主要在学生对话性讲解前完成。学习者按照学案提供的方向与线索，通过研读教材、查阅文献资料、请教他人(包括教师与同学)、小组讨论等方式，经历知识的形成过程，经历生成基础知识与基本技能的直接体验，构建个性化的知识意义，并且以小组为单位，协商确定在课堂上进行对话交流的主题与具体内容，为下一个学习环节“对话性讲解”的开展做好准备。

除此之外，学案导学作为一种基本学习方式，是贯穿在整个教学过程之中的，在课前引导学生自主学习探究外，它还在课中的合作交流对话性讲解、学习性评价，以及课后的知识拓展中发挥着独特的作用。

传统的数学教学是教师先讲解将要学习的内容，再由学生进行练习巩固，即“先教后学”。这种教学的优点是教师易于掌控教学进程，可操作性强、知识系统性强、短期效率高，缺点是学生处于被动接受的地位，学生主体性弱、思维性差、知识体验性缺失、学习依赖性强，特别是不利于学生自主学习能力的培养。DJP教学的目的是在教师的帮助和引导下，培养学生自主学习的能力，使学生学会学习，采取的是“导学结合”“以学定教”“教学同行”的教学理念和方式。由于学生受学力的局限，要使学生的自主学习有效进行，就需要在学生学习遇到困难时能得到及时地指导与帮助，显然这对于我国目前大班级授课的情况而言是不容易做到的。学案导学则为解决学生自主学习中的这一难题开辟了一个有效的途径。学案不但能够帮助学生将所学知识与已有的知识经验形成联结，为知识的学习提供适当的附着点，还能够结合学习内容为学生提供有效的学习方法与学习策略。学生在学案的引导下进行学习、探究时，就相当于有一个老师在旁进行指导和帮助。这样就把教师对学生的当面指导和帮助通过学案这个“工具”和“桥梁”变为对每个学生“面对面”的指导和帮助，从而提高学生自主学习的效率。

引导，本来就是学案的题中之意。在通常的教学中，教师对学生学习的引导与帮助比较集中地体现在课堂学习当中，几乎所有的问题均要在课堂予以解决，“大容量、快节奏、高难度”使得课堂不堪重负，往往有顾此失彼之感，从而严重地影响了教师引导和帮助的质量和效益。而在学案的设计中，伴随着学习目标、内容、问题的呈现，可以将老师在“动机上的诱导、知识上的疏导、思想上的引导、探究上的辅导以及学法上的指导”等有机地融入学习的各个环节之中。当学生依学案进行学习时，在课前、课中、课后各个学习阶段均能享受到这种“无声胜有声”的引导和启迪。因为这些引导和帮助在启发学生进行认知思考的同时，也传递着教师的激励、期盼、关心等情意信息，使他们更加真切地感受到老师的“存在”。学案就好像是老师的一个化身，不时地给学生以学习上的激励和支援。如在学案“同底数幂相乘”的“变式练习”环节中设计了这样的提示语：“及时练习了！”“底数变复杂了！”“负号来捣乱了！”“公式反着用了！”这样既可以提醒学生应该做什么，还可以使他们明确自己学习的进行情况以及所达到的认知水平，从而能够对自己的学习做到心中有数。

概括起来，学案导学有如下教学价值：

第一，有利于准确把握学生的“最近发展区”。

苏联著名教育心理学家维果斯基提出的“最近发展区”理论，是对我国数学教学影响深远的理论之一。“最近发展区”是指认知发展真实水平(由独立解决问题所决定)与认知发展的潜在水平(由在成人的指导下或与其他更能干的同龄人合作解决问题所决定)这两者之间的距离[①]。为方便起见，可把“真实水平”与“潜在水平”分别称为最近发展区的前端水平与后端水平。将最近发展区理论应用于课堂教学的关键是对前端水平的把握。在以往的教学中，因为太强调教师的“教”，而没能切实地关注与设计学生的前端水平的发展，即便是学生有预习，也常常因为不了解预习的具体情况而不知道他们究竟做了些什么。因此，教师所预设的前端水平与学生的实际情况相比，不是拖后，就是超前，使得教学存在着一定的盲目性，从而严重影响了课堂教学效率。

有了学案这一学习脚本，在学生自主学习阶段，学生可以根据学案中的要求，通过阅读教材、查阅资料等方式，完成那些能够独立完成的学习内容，使学生实

① 吴庆麟，胡谊．教育心理学．上海：华东师范大学出版社，2003：46.

实在在地到达各自的认知发展的前端水平；那些学生自己弄不懂的、不能独立完成的内容，在学案中“提示”“启迪”“建议”等起“支架”作用的指导语的引导下，使他们“跳一跳”就可以“摘桃子”了，从而使他们的认知水平提前进入到各自的最近发展区中。对那些仍然自己弄不懂的内容与自己发现的问题，则在课堂学习阶段，通过老师的讲解、同学间的相互协商以及师生间的各种评价，在更为丰富而有效的“支架”下达到完全的解决，从而使学生的认知达到各自最近发展区的后端水平。在课后学习中，通过学案中的“反思延拓”与“资源连接”又可使学生进入新的独立学习阶段，使所学知识更加明晰、准确和稳定，并且具有一定的思辨性和创新性，从而使部分学生有机会超越最近发展区，使他们的认知进入到一个更高层次的发展区(不妨称其为“后发展区”)。

第二，有利于“过程性目标”的实现。

自从2001年颁布的《全日制义务教育数学课程标准(实验稿)》将课程总目标明确地区分为“知识技能目标”(即结果性目标)与“过程性目标”以来，在教学中“要重结果，更要重过程”已成为课程改革中的一种共识，然而在现实的教学中却仍然走着“重结果而轻过程”的老路。其中除了结果性知识具有清晰性、简约性便于按统一标准评价，而过程性知识具有潜隐性、多样性、模糊性而不便于统一评价外，一个很重要的原因就是老师已习惯了依教案进行教学的模式。一般而言，教案中所能设计的只是那些明确的、结构良好的、静态的结果性知识，而那些默会的、结构不完备的、动态的过程性知识则是不能按一定的程序预先设计在教案之中的，它们只能体现在学生所进行的学习活动过程之中。“教案”使教学在一个固定的“跑道”上行进，而学案则为学生认知的发展提供了一个富有弹性的、多向度的“通道”。一方面，学案作为一种学习材料，内容清晰、目标明确，且有一定的系统性，有老师提供的学习路径、设定的练习量以及学习所达到的具体目标等，这显然有利于学生对结果性知识的掌握。另一方面，在学习中，学生通过与教材内容的对话、与老师的对话、与同伴的对话以及与自己的对话，经历和体验阅读教材的过程、尝试探究的过程、产生困惑提出问题的过程、合作协商的过程、发表个人见解的过程、倾听讲解的过程、猜想发现的过程以及反思评价的过程等，使得学生的知识学习经历四种不同层次的理解阶段：经验性理解、解释性理解、探究性理解与评价性理解。这样，学生所获得的不再是干巴巴的形式化结果或结论，而是包含有学生个人愿望、体验和智慧的知识经验。

第三，有利于演绎能力与归纳能力的和谐发展。

杨振宁先生在回忆自己的学习成长过程时指出：“我常常想在西南联大，我有一个扎实的根基，学习推演法。到了芝加哥受到新的启发，学习归纳法，掌握了一些新的研究方向，两个地方的教育都对我以后的工作有决定性的作用。”[①]关

① 杨振东，杨存泉．杨振宁谈读书与治学．广州：暨南大学出版社，2005：39.

于归纳能力的重要性，历史上许多著名的科学家、数学家以及数学教育家，如欧拉、高斯、开普勒、爱因斯坦、波利亚等，对此都有非常深刻的认识，并充分地体现在他们那富有创造性的科学探索中。归纳法在我国古代数学的发展中发挥着非常独特的作用，各种数学典籍中的诸多算法均是归纳法的产物。但反观我国当代的数学教育却出现了“重演绎而轻归纳”的现象，正如史宁中教授所指出的：“多年来，我国基础教育在学生思维能力的培养中，主要弱在了归纳能力的训练上，给创新性人才的成长带来了严重障碍。”而学生“能力的集中表现是智慧，智慧的基础是演绎思维与归纳思维两种思维方法的交融”[①]。学案导学的核心意图就是“让学生生活在思考的世界里”(苏霍姆林斯基语)，学案为学生演绎能力与归纳能力的和谐发展提供了一个有效的平台。在学案引导下的学习中，学生通过研读教材初步形成概念，通过尝试练习寻找解题的思路和方法，在探究知识的过程中发现问题、提出问题，在师生的对话中比较、鉴别而完成知识意义的确认，在自我的反思中归纳、概括而达成知识的内化等，这些均有助于归纳能力的培养；而老师讲解、达标测评、各种练习等则又有利于演绎能力的提高。

第四，有利于形成数学活动经验。

数学活动经验是当前我国数学教育教学中一项基本内容，其重要性已逐步为人们所认识并得到了很大的关注。黄翔教授指出：“课堂教学中学生数学活动经验的获得是学生素质养成的必要条件。”[②]史宁中教授强调：“人的创新能力的形成依赖于知识的掌握、思维的训练和经验的积累”，“老师帮助孩子反思总结，积累经验，这是我们的目的”[③]。关于“数学活动经验”的含义，我们曾给出了如下定义：“数学活动经验是指学习者在参与数学活动的过程中所形成的‘动作图式’，其主要成分是感性知识、情绪体验和应用意识。”[④]实践证明，学案为学生提供了一个参与数学活动的“通道”，可以帮助学生形成和积累丰富而有效的数学活动经验。

首先，学案导学可以使学生的学习经历认知困惑。根据美国卡内基教学促进基金会主席李·舒尔曼(Lee S.Shulman)先生的观点：“经验产生于这样的遭遇：不确定的情景导致一种判断行动，行动付诸实施，于是结果也随即产生”[⑤]。在我国现实的数学教学中，教师为了追求进度，采用“低起点、缓坡度、勤反馈”的训练方式，将教学中可能出现的困难消灭在学生学习之前，让学生在设定好的、比较顺畅的“跑道”上进行练习。这种教学方式虽然让学生参与了学习活动，但就像一个人在通畅的大街上走路一样，是难以获得相应的活动经验的。学案将学生置身于相对不太确定的学习情景之中，从阅读教材、尝试练习、提出问题、归

① 史宁中，柳海民．素质教育的根本目的与实施路径．教育研究，2007，(8)：10-14.
② 黄翔，童莉．获得数学活动经验应成为数学课堂教学关注的目标．课程·教材·教法，2008，28(1)：40-43.
③ 史宁中．《数学课程标准》的若干思考．数学通报，2007，46(5)：1-5.
④ 王新民，王富英，王亚雄．数学“四基”中“基本活动经验”的认识与思考．数学教育学报，2008，17(3)：17-20.
⑤ 顾泠沅，易凌峰，聂必凯．寻找中间地带——国际数学教育改革的大趋势．上海：上海教育出版社，2003：148.

纳猜想、交流意见，到评价反思等，均需学生进行自我判断、自我选择，采取自主的探究活动，需要经历一个产生困惑、消除困惑的过程。学生处在这种“愤悱”的困惑状态之中，比较容易引发积极的心理波动，有利于好奇心与求知欲的激发，有利于知识意义的建构，有利于学习信心的培养，从而有利于活动经验的产生和积累。

其次，学案导学可以激发学生积极的情感体验，生成“taste”。“taste”的词义是吃出味道、体验、经验、喜好、欣赏力等，但在杨振宁先生眼里它是一种对人的学习和成长具有特殊价值的经验，特别是指学生在早期的学习中所形成的某种“向往的感觉”或对知识美妙性的欣赏力。学生的这种“taste”对他们将来学习及研究方法与方向的选择以及研究风格的形成有着非常重要的影响，有没有这个“taste”是学生是否真正把某个东西学进去的标志[①]。从认知学习理论的角度来看，学生的这种“taste”既包含着满足了某种需要而产生的积极的情感体验(愉悦、欣赏、向往等)，也包含着学生自己对所学知识的价值的认识和感悟。显然，学生的这种“taste”靠“老师讲，学生听，老师布置，学生练习”的教学方式是训练不出来的，它只可能在那种“积极参与、主动探究、大胆质疑、敢于发表自己见解”的学习环境中形成。DJP 教学的一个重要创新是把“评价”有机地融入学生学习的过程之中。评价不但是一种激励学生或调控教学的手段，而且也是学生学习的对象和内容，同时还是一个不可或缺的、有效的学习环节。在师生相互评价的过程中，学生自己的见解或学习成果受到肯定，不但感受到了成功的喜悦，而且完善和固化了所建构的知识意义；评价将学生的思维引向深入，诱发了创新意识；交流、比较、讨论等评价活动可使学生较充分地感受到所学知识的美妙，认识到知识的价值和重要性，促进了他们的学习品味的发展，这些方面无疑有利于学生的“taste”的生成。

最后，学案导学可以促进学生应用意识的形成。“应用意识”是《标准》中所强调的核心概念之一。“应用是经验的生命”，经验产生的起点是应用，经验的最终归宿也是应用，“应用意识的生成便是知识经验形成的标志”[②]。一直以来，“重形式化训练，轻应用意识培养”就是我国数学教育教学的一大弊端。虽然在 1993 年的高考数学试题中就开始设置“应用题”，但在实际教学中，常常是将“应用”作为形式化训练的一种背景，仅仅起着一种点缀的作用。实践证明，“研究性学习”“课题研究学习”“数学建模”等是培养学生应用意识的有效方式，但这些学习活动往往游离于常规教学之外，费时费力产生的实际效果十分有限。注重学生应用意识的培养是学案导学的一条基本理念。“举实例、联系生活实际”既是学案设计的一项基本内容，也是学生学习的一项基

① 杨振东，杨存泉．杨振宁谈读书与治学．广州：暨南大学出版社，2005：25．
② 朱德全．知识经验获取的心理机制与反思型教学．高等教育研究，2005，26(5)：76-79．

本要求；通过评价与欣赏使学生认识和感受到数学那强大的应用功能，强化应用数学的信心。特别是在“学案”中设计了“资源链接”的学习环节，在这一学习环节中，通过著名数学应用案例的评析、数学技术的介绍、网络资源的链接、学生优秀数学应用成果的展示等，开阔学生应用数学的视野，丰富应用的角度，激发应用数学的兴趣和愿望，从而孕育他们应用数学的意识。

二、导学讲评式教学中的对话性讲解

“对话性讲解”是指学习者在学案引导下进行自主学习的基础上，通过师生对话交流、协商沟通，实现知识意义生成与思想观点分享的学习活动过程。其中的讲解包含着学生讲解与老师讲解两个相互交融的学习活动。学生讲解是围绕某个学习主题，面向全班同学展示、说明和解释自己或小组讨论的理解、观点、想法与发现等，并提出未能解决的疑难问题，是一种个性化的、具有鲜明“原创性”的学习活动；教师讲解是根据学习的重点，学生讲解中的疑点、难点以及学生忽略的薄弱点进行评价、点拨、补充与拓展，把学生讲解过程中所生成的那些具有生命意义与发展价值的东西(如能力、信念、创新等)提取出来进行明确化、价值化。

在传统教学中，讲解是教师最为常用的教学行为，是指“教师系统地向学生介绍、解释和说明学习内容，帮助学生更好地理解和接受所要学习的内容”[①]的过程，是一种单向传授知识的方式，即“教”的方式。而“对话性讲解”则是一种主动获取知识、促进学习者多方面发展的合作学习方式，发挥的是讲解的学习功能。首先，“对话性讲解”增强了学生与知识之间的相互作用或交流，增加了学生自主建构知识意义的强度与丰富性，从而增大了学生自身变化的可能性；同时，也增加了同学之间直接交流的深度与广度。在单纯的教师讲解的课堂里，学生与知识之间的交流或相互作用被老师中介了，或者说被干扰了，知识的个性化意义被淡化了，个体自身发生的变化也被打折——减少了；同学间的对话是通过老师的中介而展开的，使得对话中的某些意义也被老师过滤掉了，同伴间不能真正地相互尊重、相互借鉴。其次，“对话性讲解”构建了知识的多种联系——与亲身经历的现实的联系、情感体验的联系、自我存在状态的联系、与教师观点的联系、与同伴理解的联系等，从而可以多层面地赋予知识以发展的价值。再次，“对话性讲解”的过程是生命舒展的过程，也是生命被关注的过程，更是证明生命存在价值的过程。在这一过程中，学习者在展示解释知识逻辑与个性化经验的同时，表明了与其他人的平等关系，也表明了个人的存在，甚至表达了自己是某种知识的“权威”。

在教学论的发展过程中，许多专家学者均十分强调“教”的学习价值，把“教”当作一种重要的学习方式来看待。夸美纽斯其名著《大教学论》中指出：“教导

① 陈佑清．教学论新编．北京：人民教育出版社，2011：405．

别人的人就是教导了自己，……假若一个学生想获得进步，他就应该把他正在学习的学科天天去教别人”[①]。洛克在《教育漫话》中提出过类似的看法：“一个人如果学会了什么事情，要想使他记住，要想鼓励他前进，最好的方法莫过于使他教给别人”[②]。杜威同样指出：“上课的时候，往往有一种弊端，就是时间全被教师占去，不让学生开口。这对养成社会共同生活的习惯很有妨碍。正当的方法，应该先教一个人起来，说明科学的大意，然后让第二人、第三人互相修正，互相补充。最好除正课以外，不要用一样的书，每人各将自己所学的东西向大家来报告。这事得益最大[③]。”当代著名的数学教育家 David Clarke 教授指出：“数学课上首要的任务是让学生讲数学，进行交流，教师帮助学生解决问题，因为数学课堂是学生生活的一个部分”[④]。但由于传统教学是以教师的讲授为主，从教师的角度出发来设计讲授的内容与教学进度，经过多年重复的教授后，很多教师对教学内容可以说是烂熟于心，不用精心备课也可以熟练地讲解，从而没有了进一步学习提高的需要和动力，消解了继续发展的意识。而学生则依附于教师的讲授，教师教什么，就学什么；怎么教，就怎么学，既没有教的意识，也没有教的机会。长此以往，“教者不学，学者不教”便成为教学中一条不成文的“铁律”。

对话性讲解是 DJP 教学的中心环节，它使对话成为了教学中的主要活动方式，充分体现了“教是倾听，学是告诉”的对话教学理念，彻底改变了师生在教学中的角色。首先，对话性讲解彻底改变了教师的教学行为。在学生讲解时，教师需以“教师学生”的身份，做一个谦虚的倾听者与学习者，需要收集与理解学生讲解中透露出的各种信息，其中包括：知识的理解、运用的方法、思维的线路、提出的问题、表达的情感、讲解的方式等。在学生讲解后，教师又需做一个对话的引导者和参与者，需要把学生讲解的信息转化为有效的学习资源，所要考虑的问题是：如何追问？如何补充？如何提炼？如何串联不同的观点与方法？如何引导学生开展“多边形对话”？如何传播有价值的观点与方法？其次，对话性讲解也改变了学习者的角色，让学生以“学生教师”的身份，承担了一定的教学任务，赋予了他们充分参与教学的权利，它把课堂还给了学生，把时间还给了学生，把话语权还给了学生，使他们真正成为了学习的主人。关于“对话性讲解”，我们在本书第六章还要进行详细的阐述。

三、导学讲评式教学中的学习性评价

一般而言，评价作为一种价值判断活动是外在于学习过程的，评价过程与学习过程相脱离，评价者与学习者相分离。评价的作用或者是通过测量对某一阶段

---

① 夸美纽斯．大教学论．傅任敢，译．北京：教育科学出版社，1999：117.

② 约翰•洛克．教育漫话．傅任敢，译．北京：教育科学出版社，1999：156.

③ 杜威．杜威五大讲演．张恒编，译．北京：金城出版社，2010：88.

④ 曹一鸣．数学课堂教学实证研究系列．南宁：广西教育出版社，2009：164.

学习过程的效果进行量性评判，发挥评价的甄别与选拔功能，或者是通过对学习过程所表现出的信息进行分析，对学习的有效性进行质性评判，发挥评价的激励与改进功能。而 DJP 教学中的学习性评价不是一种独立于学习活动之外的单纯的价值判断活动，而是一种学习本身所固有的、在学习活动之中产生的、满足学习自身需要的认识性实践活动，它是学习的一项基本属性，是与学习过程融为一体的，既在学习中评价，也在评价中学习。学习性评价的目的是认识学习及其学习对象的价值，不是拿预设的价值去判断，而是通过判断去认识、发现、生成、感悟价值，即通过评价创生知识和学习的意义与价值，发挥的是评价的认知功能和生成功能[①]。

“学习性评价”是一种对话的过程，是一种沟通协商、集体思维下的心理建构过程。具体地讲，学习者开展着两种类型的评价性学习活动。一是比较与鉴别。在比较中建立各种联系与关系，构建知识的意义与学习的价值；在鉴别中优化思维的方式，选择有价值的知识与经验，由此，可以开发与提高学习者的选择性思维能力。二是辩论与协商。辩论既包括与他人的大声争辩，也包括自己心中默默的是非辨析，是对自己认为重要的东西有所欣赏与坚守。通过辩论可以表明自己的态度与所坚持的思想观点，强化自我的存在感与价值感，维护自己的人格尊严。许多学者对大学生学习中的“辩论”给予很高的评价，认为辩论是大学生活中最为核心的学习活动，是“塑造有思想的公民”的有效方式[②]。杨振宁也十分强调辩论的学习价值，他说：“假若一个人在学了量子力学以后，他不觉得其中有的东西是重要的，有的东西是美妙的，有的东西是值得跟人辩论得面红耳赤而不分手的，那么，我觉得他对这个东西并没有学进去”[③]。协商就是对他人观点的宽容与接纳，通过协商可以达成共识，分享多样性的思想观点。辩论与协商可以不断提高学生的批判性思维能力与包容多样性思想的情怀。总之，学习性评价是一种生成知识意义的有效方式，它是“创造性的而非总结性的，其重点在于学生运用获得的知识能做什么而不在于获得的知识如何适应他人设定的框架”[④]，通过评价评出理解、评出价值、评出情感、评出自信、评出生命活动的状态，最终能够学到新的东西。

学习性评价作为 DJP 教学的一个基本学习环节，与对话性讲解密不可分，它们相互交叉，互为基础。在实际教学中，它是由 3 个评价阶段组成的：一是自我评价阶段，学习者通过反思与审查，自己按照学案进行的自主学习过程，以确定对知识的理解与认识是否正确合理以及找出所存在的问题。二是小组评价阶段，通过组内同学间的交流沟通，补充与完善对知识意义的建构，明确本小组具有代

---

① 王新民．学习评价的类型及其特征分析．内江师范学院学报，2010，25(12)：77-80．
② 陈心想．追问大学学什么．读书，2010(10)：26-33．
③ 杨振东，杨存泉．杨振宁谈读书与治学．广州：暨南大学出版社，2005，(10)：25．
④ 小威廉姆·E.多尔．后现代课程观．王红宇，译．北京：教育科学出版社，2000：182．

表性的思路、观点与方法，以便在全班进行对话性讲解。三是全班评价，基于对话性讲解的内容，通过师生的比较、鉴别、质疑、辩论、协商，发表各种批判性的观点或看法，在各种视域的融合中，构建知识意义、提炼思想方法、分享学习成果，特别是体验自己在学习过程中的情感、智慧以及所发挥的作用，从而感受自己的学习状态与集体学习中的存在感。

整体上讲，学案导学是DJP教学的基础和前提，主要解决“学什么”的问题。对话性讲解是DJP教学的中心环节，主要解决“怎样学”的问题。“学习性评价”是DJP教学目标达成的保障，主要解决“学得如何”的问题。从学案导学开始，通过对话性讲解，到学习性评价，是DJP教学的一个完整循环，但这样的顺序并不是固定不变的，各环节之间可以相互穿插。在学案导学阶段，主要是在学案的引导下学习者进行自主学习的过程。在这个过程中，学习者需要与各种文本资料进行对话以及与自己对话，其间也伴随着评价与研究的学习活动。对话性讲解阶段，学习者的学习活动主要以与他人的对话为主，是一个“集体思维”的过程，这一过程同样需要学案的引导。学习性评价本质上是一个以对话为基础的集体探究活动。在具体实施过程中，需要根据具体的教学内容、学生的实际情况以及不同的教学目的，对3个学习环节进行灵活调整，组合出切实有效的学习流程。

第三章　导学讲评式教学的理论基础

任何一种新的教学法的建立或新的教学观点的提出，要获得人们广泛的认同，不但要经得起实践的检验还要有坚实的理论基础。本章试图从哲学、心理学和教育学几个方面阐述 DJP 教学的理论基础。

第一节　导学讲评式教学的哲学基础

DJP 教学的哲学思考是"对话－理解"。这是因为 DJP 教学的主要教学形态是"对话"和"理解"。在 DJP 教学中，对话即理解。对话既是一种理解的方法和途径，也是一种理解过程，而理解的过程也是理解者与理解对象的对话过程。"对话"和"理解"是贯穿于整个 DJP 教学的各个环节，始终紧密结合在一起的孪生兄弟。在哲学中，以"理解"和"对话"为核心问题的是诠释学和对话哲学。因此，DJP 教学作为一种新的"教"与"学"方式，虽然在我国的发展只有短短的十二年时间，但从产生伊始就有着深厚的哲学理论根基，而且正是由诠释学和对话哲学为 DJP 教学理论的形成提供了肥沃的土壤，才催生出了极具生命力的 DJP 教学之花。

一、诠释学

学生数学学习的重要任务是知识意义的获得，并在知识意义获得与运用的过程中提高数学的核心素养以及发现问题、提出问题、分析问题和解决问题的能力，形成与丰富学生的精神世界。而在数学教学过程中，知识意义的获得只有跟学生的精神世界发生联系，跟学生的人生经验发生联系，才能对学生的精神世界形成具有根本性的意义。如何完成这一任务呢？"仅仅知识的认知式的学习并不能完成这一任务，而只有理解才能使课程和知识跟学生的人生历程与经验真正地联系起来"[①]。因此，理解与教学有密切的联系，而理解是诠释学的核心问题。

---

① 金生鈜．理解与教育——走向哲学解释学的教育哲学导论．北京：教育科学出版社，1997：78.

1. 诠释学概述

诠释学(hermeneutics)一词来源于赫尔墨斯(Hermes)。赫尔墨斯本是希腊神话中诸神的一位信使，他的任务是来往于奥林匹斯山上的诸神与凡夫俗子之间，将诸神的消息和指示传递给人们。由于诸神的语言与人世间的语言不同，因此，赫尔墨斯不是单纯地报道或简单地重复，而需要解释和翻译。正如伽达默尔所说："赫尔墨斯是神的信使，他把诸神的意旨传达给凡人——在荷马的描述里，他通常是从字面上传达诸神告诉他的消息。然而，特别在世俗的使用中，诠释的任务却恰好在于把一种用陌生的或者不可理解的表达的东西翻译成可理解的语言。翻译这个职业因而总有某种'自由'。翻译总以完全理解陌生的语言，并以被表达东西本来含义的理解为前提。谁想成为一个翻译者，就必须把他人意指的东西重新用语言表达出来"[①]。正是基于这种最初的定义，古代语文学家都是用"翻译"和"解释"来定义诠释学，因此，诠释学又称"解释学"。直到现在，诠释学与解释学都在混合使用而没有区别开来。人们因而也认为，"诠释学的工作就是一种语言的转换，一种从一个世界的语言到另一个世界的语言的转换，一种从神的世界到人的世界的语言的转换，一种从陌生的语言世界到我们自己的语言世界的转换"。

在古代西方，诠释学只局限于解释《圣经》文本，即《圣经》诠释学，主要是指对古典文献的注解和解释的技术。诠释学被看作一门关于理解、翻译和解释的学科。更准确地说，诠释学是一门关于理解、翻译和解释的技艺学[②]。

真正使诠释学引入哲学领域的是德国的哲学家施莱尔马赫(F.Schleiermacher)和狄尔泰(W.Dilthey)。施莱尔马赫认为，理解不再是圣经解释学中"真意"的破译术，理解的对象是人类及其生活史。他认为，理解只能在语言的联系中进行，理解是语意结构中的理解，并且理解者的理解也具有一定的心理背景。因此，理解就是在语言分析和心理移情中把理解对象自身本来所具有的原意再现出来，理解被视作解释者在心理上重新体验他人心理或精神的复制和重构过程。这种重构是从文本的文字到它的意义，从作者的文化心理背景复原到作品的原意的过程中进行的。施莱尔马赫认为，诠释学应是避免误解和曲解的学问，由于文本是一种历史的存留物，作者和读者存在时空上的距离，作者写作时的用语、词义及知识背景等都发生了变化，如果读者仍依据当下的认知去理解文本，误解就难免会产生。为了消除曲解，他要求读者首先要清除自己的成见，恢复文本的历史情景和作者的个性心理，以再现作者的原意。

施莱尔马赫在诠释学发展中的重要地位在于他第 1 次把诠释学理论从哲学的角度系统化。他的诠释学理论的研究重心在于理解本身，而不是理解文本，这样

① 洪汉鼎. 诠释学——它的历史和当代发展. 北京：人民出版社，2001：2.
② 洪汉鼎. 诠释学——它的历史和当代发展. 北京：人民出版社，2001：3.

一来，理解成为了一种认知方式，诠释学不仅具有方法论意义，而且也成了一种认识论[①]。

诠释学的另一位代表人物是狄尔泰。狄尔泰在施莱尔马赫研究的基础上进一步开拓了诠释学研究领域。狄尔泰认为，理解历史、传统以及文本并不仅仅是为了获得作品的本意，更是为了理解人类历史生活而进行整体的自我认识，是为了研究和理解自己，也正是为了理解自己，我们才去理解历史。

狄尔泰毕生的努力就是为精神科学奠定认识论基础。因为他生活在19世纪中末期，这一时期，正是自然科学突飞猛进的时代，而自然科学是奠定在理性之上的。自然科学的胜利，也就意味着理性主义的胜利。人文科学受自然科学的影响，也试图像自然科学那样建立严密的逻辑体系。但狄尔泰认为，人文科学是与自然科学有着不同性质的精神科学，如果将自然科学的方法运用到完全不同性质的人文科学，就会走向谬误。因此，“一方面他试图阻止自然科学跨越自己的界限而侵蚀到人文科学领域，另一方面，他力图建立人文科学的独特方法论，从而使人文科学达到客观性。他认为，人文科学如果丧失了对意义和人的自我理解的关心，便会出现精神上的危机，科学对物体的解释和控制无法解决人生体验和生活意义的问题。”[②]狄尔泰将理解和解释确定为精神科学的普遍方法论。狄尔泰所指的“精神”除了指人类抽象思维、形成概念、逻辑推理等理性的创造物外，还指由精神的创造性活动所形成的东西。因此，诸如语言、艺术、宗教、法律、科学、房屋、花园、工具、机器等都是精神客观化物。狄尔泰有句名言——“我们说明自然，我们理解精神”。“说明”就是通过观察和实验把个别事例归入一般规律之下，即自然科学通用的因果解释方法；而“理解”则是通过自身内在的体验去进入他人内在的生命，从而进入人的精神世界。狄尔泰说，“我们把这种我们由外在感官所给予的符号去认识内在思想的过程称之为理解”。显然，狄尔泰的“理解”就是一种通过外在的符号而进入内在精神的过程，理解的对象是符号或形式即精神的客观化物，而不是直接的自然事物。[③]在数学学习中，数学理解或是理解数学就是通过外在的数学语言(文字、符号、图形)认识数学内在思想与数学精神的过程。这里的数学语言通常是指数学符号以及数学符号的表达。[④]因为，在数学中，不论是数学公式还是数学模型，利用符号表达才能更加清晰，更加准确。

施莱尔马赫和狄尔泰都只是把诠释学作为人的自我认识的工具，作为人文科学的致知之途和方法论，他们没有将诠释学的“理解”上升到本体论的高度，没有从本体上揭示出“理解”的意义。

真正把诠释学的“理解”导向本体论的是海德格尔(M.Heidegger)。海德格尔

① 靳玉乐. 理解教学. 成都：四川教育出版社，2006：60.
② 金生鈜. 理解与教育——走向哲学解释学的教育哲学导论. 北京：教育科学出版社，1997：34.
③ 靳玉乐. 理解教学. 成都：四川教育出版社，2006：9.
④ 史宁中. 数学基本思想18讲. 北京：北京师范大学出版社，2016：125.

把“理解”的概念扩展到存在性，即存在的一个基本限定，看作人的存在的基本方式，从而超越了传统哲学的精神与存在、主体与客体的二元分裂，把诠释学真正导向关涉人的存在意义的本体论方向。因此，海德格尔的诠释学并不是狭义的方法论，而是在显示在者之在的本体论。海德格尔揭示了“理解”在本体论上的意义，从而使诠释学研究发生了一场根本性的转折——本体论转折。这个转折把诠释学引向了更高的层次，整个世界与人生都是诠释学的范围。他认为一切认识过程，包括认识世界的过程，都是“理解”的发生，都是诠释学的过程[①]。

伽达默尔(H.Gadamer)继承了海德格尔对诠释学的本体论思想，他把诠释学当作哲学本身来对待，把理解和解释看作人类世界经验的源泉，强调诠释学是以“理解”为核心的哲学，从而使诠释学上升到哲学诠释学的高度。因此，诠释学发展到伽达默尔，才真正从方法论转向本体论，从作品(文本)转向了人的存在，创立了哲学诠释学的基本体系。1960 年出版的、被公认为当代西方哲学的经典著作——《真理与方法》便成为哲学诠释学诞生的标志。从此，哲学诠释学作为探讨“理解”的本体论登上了西方哲学的历史舞台。

综上所述，诠释学的形成过程，经历了由理解、翻译和解释的技艺学到以“理解”为核心内容的方法论，再从理解方法论转到理解本体论的过程。

2. 诠释学的基本观点

从诠释学的发展和几位主要诠释学家有关诠释学的思想，我们可以大致归纳出以下诠释学的基本观点。

(1)理解和解释是内在的统一体。

人们通常认为，只有理解了的事物才能解释，如海德格尔所说：“解释根植于理解，而理解并不生自解释”[②]。但在诠释学家施莱尔马赫看来，理解和解释从来就不是两回事，而是一回事。他说：“正如我们所看到的，诠释学问题是因为浪漫派认识到理解和解释的内在统一才具有重要意义。解释不是在理解之后的偶尔附加的行为，正相反，理解总是在解释，因而解释是理解的表现形式。按照这种观点，进行解释的语言和概念同样也要被认为是理解的一种内在构成要素，因而语言的问题一般就从它的偶然的边缘进入到了哲学的中心”[③]。而解释的过程中含丰富的对话成分。因此，对话即理解。对话既是一种理解过程，也是一种理解的方法和途径。

(2)理解的过程是一个创造的过程。

按照人们通常的观点，对文本的理解就是对文本内容的认识，是无条件的接

① 靳玉乐．理解教学．成都：四川教育出版社，2006：61-62.
② 洪汉鼎．理解与解释——诠释学经典文选．北京：东方出版社，2001：117.
③ 汉斯-格奥尔格·伽达默尔．真理与方法(上卷)．洪汉鼎，译．上海：上海译文出版社，1999：395.

受，是对作品的复制，没有创造的成分。诠释学家伽达默尔指出：“理解就不只是一种复制行为，而始终是一种创造性行为”。对文本的理解就是理解者在不断地用自己的前理解对本文进行解释和说明。由于文本的意义就是作者的意向或思想，施莱尔马赫认为，理解和解释文本就是要重新表达或重构作者的意向和思想。这种重构最重要的是对作者心理状态的重构。因此，理解文本时，理解者要努力从思想上、心理上、时间上去“设身处地”地体验作者的原意和原思想，重新体验和构造作者的思想。施莱尔马赫认为，“理解作为一门艺术是对文本作者之心灵过程的重新体验”。这种重新体验的“理解和解释是原创造的再创造，而再创造可能比原创造更好”[①]。因此，理解的过程就是创造的过程，不同之处在于这种创造不是原创造而是在原创造基础上的再创造。原创造的基础是创造者的知识经验与灵感，再创造的基础是原创造所形成的文本与再创造者的体验和领悟；原创造的线索与思路常常是不清楚的，需要长时间的多次尝试或相关事物的偶然启发才能想到或发现，再创造的线索与思路客观上是清楚的、明确的。

(3)理解的过程是视域融合的过程。

诠释学中的“视域”是指从个体已有背景出发看问题的一个区域[②]。“视域(horizont)概念本质上就属于处境概念。视域就是看视的区域，这个区域囊括和包容了从某个立足点出发所看到的一切”[③]。伽达默尔认为，视域主要指人的前判断，是文本作者和理解者对文本意义的预期表达。被融合的视域是指文本的“原初视域”和理解者的“现在视域”，二者之间虽然存在很大的差距，但通过理解可以把这两个视域融合起来。理解之所以能实现，就在于双方视域的不断融合。在理解的过程中，理解者的视域不断与被理解者的视域交流，不断生成、扩大和丰富，以达到不同的视域融合，最后形成理解者的新视界，这种不同视域不断融合的过程就是“视域融合”。因此，海德格尔指出，“理解其实总是这样一些被误认为是独立存在的视域的融合过程”。

(4)理解是循环的——诠释学循环。

诠释学认为：一切理解和认识的基本原则就是在个别中发现整体精神和通过整体精神领悟个别，前者是分析的认识方法，后者是综合的认识方法[④]。例如，一个完整的句子是一个整体。我们是在单个词语与整个语句的关联中来理解词语；与之相对应地，作为一个整体之句子的意义又依赖于单个词语的意义。因此，“单一概念的意义源自它所处的语境和视域；而此视域正是由它所赋予了意义的这些因素构成。通过整体与部分之间的辩证互动，每一方都赋予了对方以意义；因此，理解是循环的”[⑤]。这种循环叫做理解的“诠释学循环”。

---

① 靳玉乐．理解教学，四川教育出版社，2006：7.

② 靳玉乐．理解教学，四川教育出版社，2006：17.

③ 海德格尔．存在与时间．陈嘉映，王庆节，译．上海：生活·读书·新知三联书店，1999：388.

④ 洪汉鼎．诠释学——它的历史和当代发展．北京：人民出版社，2001：67.

⑤ 理查德·E.帕尔默．诠释学．潘德荣，译．北京：商务印书馆，2012：115-116.

(5)理解是人的存在方式。

海德格尔认为，理解和解释不是一种研究方法，而是作为“此在”的人的存在的基本方式和特征。“存在”是海德格尔哲学的中心问题。海德格尔认为，只有人关心存在的意义，质问自己为什么存在，应该如何存在，提出存在的意义问题。当人询问“在”的时候，人已经“栖身于”对“在”的某种理解之中，而且人本身就在存在着，只有人这种存在物具有这种特点，其他任何在者都不具有。因此，理解“存在”的关键在于如何理解关注“存在意义”的人[①]。

海德格尔认为人最基本的特性就是他对存在的理解，因为这正是区别于其他一切存在物的地方[②]。因此，海德格尔试图证明人的存在，他把人称为“此在”，以别于传统的一切关于人的定义。“此在”最基本的存在方式就是理解，“此在”的理解展示存在的意义。存在只有通过“此在”才能得到揭示，因为只有人在存在中询问存在的意义。因此，解释存在的意义必须从人开始。

理解是人的存在方式有以下几方面的含义：第一，“此在”理解自己的可能性就是“此在”的存在。“此在永远是向着未来，它具有无限的可能性。此在就是根据自己的可能性来决定他的前途，根据可能性来理解自己的存在”[③]。第二，理解“此在”对自己可能性筹划是此在的存在。理解就是此在把自己的可能性投向世界，走向现实性，这就是所谓的“筹划”。海德格尔指出：“作为领会的此在向着可能性筹划它的存在，由于作为展开的可能性反冲击到此在之中，这种领会着的、向着可能性的存在本身就是一种能在”[④]。因为“此在”是能在，理解对“此在”的可能性筹划，反映了“此在总是已经理解了自己，总是根据可能性将要理解自己，理解作为筹划，理解就是‘此在’‘在’的方式”[⑤]。所以，理解对“此在”的可能性筹划就是“此在”基本的存在方式。第三，生活世界中的“此在”在与他者相互理解中而存在。人是存在于现实生活世界中的。生活世界是一个活的属于人的交往共同体世界，是开放的、主体间共同拥有的世界。伽达默尔认为，生活世界是“最内在地理解、最深层次地共有的，由我们所有人分享的理念、价值、习俗，是构成我们生活体系的一切概念之总和”[⑥]。生活世界中的“此在”，要与他者共同拥有这个世界就要相互理解。“一方面，理解是获取被理解的过程；另一方面，理解的过程也是自身形成的过程”[⑦]。因此，相互理解才能有意义地生活，才能理解自身的存在意义，即生活世界中的相互理解是“此在”最基本的存在方式。

① 金生鈜．理解与教育——走向哲学解释学的教学哲学导论．北京：教育科学出版社，1997：35.
② 靳玉乐．理解教学．成都：四川教育出版社，2006：56.
③ 靳玉乐．理解教学．成都：四川教育出版社，2006：57.
④ 海德格尔．存在与时间．陈嘉映，王庆节，译．上海：生活·读书·新知三联书店，1987：81.
⑤ 靳玉乐．理解教学．成都：四川教育出版社，2006：57.
⑥ 贺来．现实生活世界——乌托邦精神的真实根基．吉林：吉林教育出版社，1988：133.
⑦ 靳玉乐．理解教学．成都：四川教育出版社，2006：57.

3. 导学讲评式教学的诠释学意蕴

理解，是学习的关键，也是 DJP 教学的根本。DJP 教学中，师生既是理解的主体，也是理解的对象。DJP 教学中的理解分为对文本(教材)的理解、对他人的理解和对自我的理解。诠释学中的理解理论对 DJP 教学中的理解提供了丰厚的营养。

(1) 诠释学为 DJP 教学中对教材的理解提供了方法论范式

教材，亦称课本，它是课程专家根据课程标准规定的教学目标、教学内容、教学要求以及学生的年龄特征和认知水平，并按照学科的特点以及教学法的要求，为学生编写的学习专门用书。它是教师备课、上课、布置作业和检查学生学业成绩的基本材料，也是学生自主学习的基本材料和主要内容，是教师“教”和学生“学”的主要依据[①]。在 DJP 教学中，教师和学生都是以教材提供的材料和内容为载体进行交流、讨论。在教学准备中，教师和学生都要深入地理解教材。教师在进行学案设计时要理解教材，学生在自主学习、探究的过程中的主要任务也是理解教材。而“诠释学是关于同文本相关联的理解过程的理论。”[②]因此，诠释学为理解教材提供了方法论范式。

诠释学对理解教材提供的方法论范式主要体现在以下几个方面：

第一，理解教材的关键在于理解文本的意义。

DJP 教学的第一步工作是准备，这时教师和学生均带着不同的任务开展对教材内容的理解。教师的任务是在理解教材的基础上设计学案；学生的任务是在学案的引导下自主学习，对教材内容意义的把握。由于教材的表现形式是文本，因此，理解教材就是理解文本。“意义是文本的本质，理解文本的关键在于把握文本的精神内容和意义，而不在于把握教材文本的物理符号和词语本身”[③]。

理解教材分为教师理解教材和学生理解教材。

教师理解教材包括两个方面的内容：一是教材中作品的理解，二是教材本身呈现方式和编写意图的理解。对教材中作品的理解，是理解教材的重点。由于作品意义的内在发展、由于作品内在的部分间的彼此关联及其与更大的时代精神之关联，诠释学的任务就变成了对作品的说明。语言学家和诠释学家阿斯特明确地将此任务划分为 3 个部分或者说把作品理解分为 3 个维度：历史的理解、语法的理解和精神的理解。历史的理解指对作品的内容的理解，也就是揭示什么内容构成作品的精神；语法的理解是指对作品形式和语言的理解，也就是揭示作品的精神的具体特殊形式，其中包括训诂、语法分析和考证等；精神的理解是指对个别

① 王光明，王富英，杨之．深入钻研数学教材——高效教学的前提．数学通报，2010，49(11)：8-10.
② 保罗・利科尔．解释学与人文科学．陶远华，等译．石家庄：河北人民出版社，1987：14.
③ 靳玉乐．理解教学．成都：四川教育出版社，2006：95.

作者和古代整个精神(生命)等理解。如果说历史的理解是内容的理解，语法的理解是形式的理解，那么精神的理解则是这两者的统一，它是对作品所反映的时代和文化的精神的揭示。此精神既是时代的普遍精神，也是作者卓越的个性(天才)。按阿斯特的看法，唯有精神的理解才是真正的最高理解[①]。这为我们理解教材内容提供了方向和方法。

教材，可以看成是编者的作品。因此，对数学教材的理解就是对数学教材内容、形式和精神 3 个维度的理解。对数学教材内容的理解就是在对数学教材作品的理解，而对数学教材形式和精神的理解主要是对数学教材呈现方式和编写意图以及隐藏其中的数学思想方法的理解。对教材形式和精神的理解是教师理解教材的重要任务。要准确把握教材的形式和精神，就要求教师在阅读理解教材时要思考以下几个问题：编者是怎样体现国家课程标准中的课程目标和课程理念的？教材选取这些材料的作用是什么？教材这样编排的目的是什么？教材设计的这些栏目价值何在？教材的结构体系是什么？所选材料这样编排的顺序目的何在？教材的内容以及编排顺序体现了何种数学思想方法？带着这些问题对教材的呈现和编写进行解释与说明，就是在与编者进行对话交流，就能走近编者的世界，理解编者的意图，进而理解教材的特点与风格，对教材的不足与多余部分就可以进行必要的补充和删减，从而避免被教材牵着走，真正实现“不是教教材而是用教材教”的意境。

DJP 教学中学生理解教材是指学生在学案的引导下根据自己的知识背景、思维习惯、情感去理解体验文本的意义，并在此基础上超越文本意义，建构属于自己的意义。学生在弄清教材中数学符号的基本意义后，在教师提出的带启发性问题的引导下，根据自己已有的经验去感悟和把握文本的精神内容和人文视界，从而进入作者的精神世界。

第二，理解教材的过程是翻译、解释和说明的过程。

对教材的理解过程就是对教材内容不断的诠释过程。诠释学中“诠释”的基本含义就是“翻译、解释和说明”。因此，对教材的理解就是对教材的“翻译、解释和说明”。教材中呈现的知识属于学术形态的知识。学术形态的知识是一种便于表述和传承的知识，但不是一种容易进入和自主学习的知识。为了便于学生自主学习，教师课前准备时要对教材进行认真钻研、深入理解，在此基础上，再把教材中学生不易理解的学术形态的知识转换为易于学生理解的学习形态的知识，这个过程就是在对教材进行的解释、说明和翻译的工作。“解释”就是对教材中较难理解的内容进行意义的分析与说明。诠释学指出：“所谓分析，事实上就是解释活动”[②]。在此基础上再进行“翻译”，即语言转换。语言转换就是把学

① 洪汉鼎．诠释学——它的历史和当代发展．北京：人民出版社，2001：65.
② 洪汉鼎．诠释学——它的历史和当代发展．北京：人民教育出版社，2001：3.

生较为陌生的教材语言转换成学生易于理解的、熟悉的语言后编写成引导学生易于自主学习、探究的学案。学生在学案的引导下对教材的理解，也是一个不断的解释和说明的过程。学生理解教材是面对教材内容，不断地利用自己的前理解去解释、说明和翻译文本的意义。

第三，理解教材的过程是一个再创造的过程。

理解教材就是对教材的解释与说明，这种解释和说明“不仅仅是对文本的再现和解释，而是解释者在自身独特性基础上对文本的再创造。”施莱尔马赫指出：“理解是对原始创造活动的重构，是对原来生产品的再创造，是对已认识东西的再认识。”“这一创造性活动不是简单的重复和复制，而是更高的再创造，是创造性的重新构造。”[①]

(2)诠释学为DJP教学中的讲解性理解奠定了坚实的哲学基础

DJP教学中的讲解性理解是指在教学中以学生讲解对话的方式，在多种视域的融合中，实现知识意义的生成、生命意义的建构和意义分享的过程的新的理解方式。它是一个开放的学习活动系统，是一种集理解、解释和应用于一体的理解图式[②]。在“讲授式教学”的课堂上，学生是通过倾听老师的解释来理解知识，继而通过模仿老师示范的范例来应用知识，解释、理解与应用常常是相互分离的。而在讲解性理解中，理解、解释与应用融为了一体——理解生成了知识的意义，解释为这种意义寻找理由并用恰当的语言表达出来，而应用则是操作实现理解中的意义；反过来，解释与应用促进、丰富、深化了理解中的意义，正如诠释学家伽达默尔所指出的，“理解总是解释，因为解释是理解的表现形式”，“理解总是包含被理解的意义的应用”[③]。在DJP教学中，学生在自我解释(为了说服自己)过程中生成了知识的意义，在小组交流或全班讲解(为了说服同伴或老师)中需要以明确的逻辑表征或具体事例将理解中的意义表达出来，而这里的逻辑表征或具体事例正是应用理解中的意义而形成的产物。特别是具体的事例，在列举出来之前，已在学生的脑海中以一种意象的形式经过了多次的“思想实验”，它已是理解的化身——意义化了的理解产品。

“对话”“讲解”是DJP教学提出的新的理解方式——“讲解性理解”的主要特征。讲解性理解就是以“对话”“讲解”的形式完成知识意义和生命意义的建构的。讲解前讲解者进行准备要与文本进行对话，讲解中要与同伴和教师进行对话，讲解后面对同伴的质疑进行反思要与自我进行对话，从而构成了一种多元主体间的对话结构。诠释学认为，“理解是以历史间多元主体的对话结构为基础，理解的过程就是理解者与理解对象之间的对话过程。对话是理解的基本方式

---

① 洪汉鼎．诠释学——它的历史和当代发展．北京：人民教育出版社，2001：80.

② 王新民，王富英．导学讲评式教学中的“讲解性理解”．教育科学论坛，2014，(6)：19-21.

③ 季苹．教什么知识——对教学的知识论基础的认识．北京：教育科学出版社，2009：67.

和途径，只有在对话基础上的理解才是真正的理解”[①]。这就充分说明，以“对话”“讲解”为主要特征的讲解性理解才是真正的理解，从而使“讲解性理解”有了坚实的哲学基础。

⑶诠释学为DJP教学中的意义生成提供了认识论基础

诠释学认为，意义存在于文本的“视域”和读者(解释者)的“视域”相交叉的“视域融合”中。意义的理解、生成过程是视域融合的过程。在DJP教学中，知识的意义是在对话性讲解中通过多种视域的融合而生成的。对话性讲解的过程中存在着四种不同的视域：文本视域、教师视域、讲解者视域与同伴视域。讲解者通过板书、解释、说明、补充等形式展示自己的视域，同伴通过对讲解者的提问、质疑和争辩展示自己的视域；老师通过点拨、提炼、修正、评价以及对重难点知识的解释与强调等渗透着自己的视域，而文本视域在这几种视域的交汇中则不断地被深化与丰富。通过师生、生生之间的交流和讨论，各种视域进行大碰撞、大融合，从而构建起多维度的和多层次的共享的知识意义世界。

在DJP教学的对话性讲解中，各种视域融合的过程也是教育意义的生成和生命意义的建构过程。对话性讲解使学生的思维从练习本上转移到了对话交流之中，使内在的思维变成了外在的语言交流，至此，思维成为了一种交流、沟通、共享的活动过程。同时，对话性讲解中，师与生、生与生通过解释、说明、倾听，分析、判断、质疑，争辩、包容、理解等一个个动作，不同思想的交流，多种思维的碰撞，构筑了一部丰富多彩的生命交响乐。每个学生都在参与并欣赏这一交响乐的过程中领悟他人的思想精神，学习做人的道理，从而使对话讲解建构了生命活动意义和教育意义。

⑷诠释学为DJP教学中人的理解提供了本体论范式

诠释学从方法论上升到本体论后，主要关注的就是人的理解，这就为DJP教学中人的理解提供了深厚的本体论范式。

DJP教学中人的理解包括自我理解和相互理解。“自我理解就是主体消除误解与障碍实现自我发展”[②]。在DJP教学中，通过讲解对话暴露自己的思想观点，在经受他人的质疑、批判后，个体对自身内在经验进行反省与感悟，这样既认识到自己的存在，又消除误解与障碍，进而改进自己的筹划，完成自我理解，实现自我发展。

相互理解是在交往对话中完成的，它包含师生之间的理解和学生之间的理解。

第一，师生之间的理解。师生之间的理解包括教师对学生的理解和师生的相互理解。

哲学诠释学关注人的“此在”本身，揭示人的存在方式，这对于教师对学生的

---

① 靳玉乐．理解教学．成都：四川教育出版社，2006：15-16.
② 熊川武．论理解性教学．课程·教材·教法，2002，(2)：16-20.

理解具有根本性意义。教师对学生的理解体现在以下两个方面：首先，要把学生看成一个具有主体性的“此在”的存在。学生是有丰富情感世界、兴趣爱好和自主性与能动性的鲜活的生命体，而不是单纯只会接受知识的容器。因此，学生与教师在人格上是平等的，这就要求教师要尊重学生。我们在 DJP 教学中提出要“高度尊重学生”就充分体现了这一点。其次，要把学生看作有自己独特前理解的人。尊重学生的已有理解，理解学生的特殊背景，这样才能真正保证理解学生，最终才能在跟学生的交往对话中尊重学生，倾听和接受学生的不同见解和意见，与学生进行平等的交流、沟通，真正理解学生的真实想法，走进学生的心里，实现教学由单纯的对知识的理解转变为进入到学生的精神世界，在对学生的理解中实现教育对学生的意义生成。

师生之间理解除了教师对学生的理解外，还有师生的相互理解。在 DJP 教学中，师生相互理解是指师生之间通过相互对话、相互倾听、相互尊重达到彼此理解，从而实现意义创生的过程。“对话是双方相互理解的过程”[①]。师生理解的途径是师生对话，通过对话，师生之间精神相遇、心灵沟通，在彼此“敞开”和“接纳”的过程中，师生相互理解对方，在理解中创生出新的意义。传统的教学缺少对话，缺少师生的相互理解，致使教师的教育教学方法缺乏针对性，教育教学的效果不佳，有的甚至出现严重的师生对立。DJP 教学要求把学生当作独立的个体看待，为此，我们提出“高度尊重学生，充分信任学生”，在理解学生的基础上进行教学，做到“以学定教”，从而使每一个学生尽可能地得到发展。

第二，学生之间的理解。诠释学认为，人的理解存在是在生活世界中相互理解后到达与他者共同拥有。学生之间的理解是在某一共同关心的话题展开讨论和交流中完成的。在功利性学习中，为了保持竞争优势而保守自己的方式方法以防别人超越自己，学生之间没有实质性的交往与对话，由此造成彼此不能相互理解。在这种状态下，学生之间既不能传播自己的思想，也不能了解他人的想法；既不能展开思维的碰撞和思想的交锋，又不能取长补短，互相促进，共同提高，从而既不利于自身的发展也不利于他人的发展。因此，在 DJP 教学中，我们将课堂话语权还给学生，让学生在自主学习的基础上充分表达自己的思想、观点，教师和同伴在认真倾听后，针对有关问题进行提问、质疑和争辩，从而相互走进了对方的心灵，达到了相互理解。这样，“一方面，理解是获取被理解的过程；另一方面，理解的过程也是自身形成的过程。”

综上所述，DJP 教学就是师生在相互理解、理解自我和理解文本的同时不断发展自己，以提高自身的学科素养和生命意义为目的的教学实践活动。DJP 教学的过程是对话与理解的过程，是教师和学生运用想象力来从事知识学习、生命意义创造和意义分享的过程。DJP 教学中人与人、人与知识的关系不再是一种主客

① 金生鈜．理解与教育——走向哲学解释学的教学哲学导论．北京：教育科学出版社，1997：131-132.

二分的对象关系，而是你中有我，我中有你，主体与客体对话、融合的意义生成的关系。DJP 教学关心的是学生的精神世界和精神生活，关心学生未来会成为一个什么样的人，他会怎样生活，以及生活得怎样等应具备的品质和关键能力。

二、对话哲学

当今世界，对话已渗透到人类生活的各个领域。通过对话，人们能体会到别人的感情，理解别人；通过对话，人们交流思想，丰富自己。对话，已成为人类社会生活的主要活动范式。在哲学领域，研究对话活动范式的是对话哲学。而且对话哲学一经兴起，就对各种思想领域产生了一定程度的冲击，对教育领域也提供了所必需的教育培育方式。对话哲学的核心问题是“对话”，因此，与以“对话”为基本特征的 DJP 教学直接相关并且必须讨论的哲学基础当属对话哲学。

1. 对话哲学概述

对话哲学是在 20 世纪中叶前后一场哲学对话所提升出来的理论成果之一。

在这场持续了半个世纪的哲学对话中，逐渐形成了广泛参与、思想纷争、视角各异而又广泛认同的对话哲学流派。对话哲学的理论包括马丁·布伯的关系性对话，伽达默尔的诠释学对话，哈贝玛斯的交互主体性对话，巴赫金的交往式对话，以及伯姆注重社会和教育运用的伯姆对话等众多的现代著名思想家的观点。

最早提出对话哲学思想的是德国犹太哲学家马丁·布伯。马丁·布伯的哲学思想博大精深，并带有浓厚的宗教色彩，其要点为以下几个方面[①]：

(1) 世界的二重性和人生的二重性。

马丁·布伯认为，人所生活于其中的世界具有二重性：“它”之世界与“你”之世界。前者是“为我所用的世界”，后者是“我与之相遇的世界”。由于人即筑居于“它”之世界，又栖身于“你”之世界，但只有“我—你”人生才是真实的人生，由此形成人生的二重性：“我—它”人生与“我—你”人生。在《我与你》中，马丁·布伯从犹太思想传统出发，对近代西方哲学进行了批判，他认为真正决定一个人存在的东西，不是与自我对立的种种客体，关键在于他自己同世界上各种存在物和事件发生关系的方式。这种方式由两个原初词“我—它”与“我—你”来表达。布伯把近代西方主客体二分的世界观归结为“我—它”关系。他认为“我—它”不是真正的关系，因为“它”(客体)只是“我”(主体)认识、利用的对象。在这种关系中，我不能发现自身的意义。马丁·布伯指出，“凡真实的人生皆是相遇”，即“我—你”相遇人生。这里的“你”是指相对于“我”

①靳玉乐．对话教学．成都：四川教育出版社，2006：34-35.

的“他人”。“我”的存在是在与“他人”的相遇中实现的。“他人”不存在“我”也就不成其为“我”。“只有向别人展现我自己，通过别人并在别人帮助下展现我自己，我才能意识到我自己，才能成为我自己”。因此，只有“我—你”人生才是真实的人生。

(2)关系的本体性。

本体论的研究一直是西方哲学的核心，从古代哲学的宇宙本体论，到中世纪的神性本体论，直到近代的理性本体论。本体论研究逃不脱实体概念的制约。也就是说，无论怎样变化，一种独立不依的实体存在始终是本体论的根本。从本体论的角度讲，马丁·布伯认为“本体乃关系”，关系先于实体，实体由关系而出，故他的本体论可称之为“关系本体论”。

那么究竟什么是“关系”呢？我们知道，在布伯那里有两个原初词“我—你”与“我—它”。马丁·布伯告诉人们，代表着西方哲学传统的“我—它”，本质上不是一种真正的关系，唯有认清“我—它”这种非本质的关系，才能确立“我—你”真正的关系。

“我—它”的关系在布伯看来只是一种经验和利用的关系。“我”是世界的中心，“我”去感知世界，“周围世界仅是感觉对象”。我对“它”的经验，表明我只是在世界之外去感知这个世界，而经验本身却在我之中，这就构成了西方近代哲学无法跨越的意识与存在、自我与世界之间的鸿沟。这是一种对立，而不是一种交融的关系。此外，“我—它”的关系是不平等的，“我”是主动者，“它”是被动决定的，“我”是经验“它”，利用“它”的主体。“我”主体具有对象化的能力，而“它”不过是对象而已。现代科学把这一点推向了极致，从而导致人对于自然的过度开发和利用。再者，“我—它”不是一种直接的关系，无论“我”对“它”的认识还是利用，都需要借助中介手段，这就削弱了“我”与“它”之间本可以有的亲密关系。海德格尔在后期讲“人是存在的看护者”，也就是要恢复人与世界的这种亲密关系。

与“我—它”关系相反，马丁·布伯强调“我—你”是一种真正的关系。这是一种根本的关系。只有在这种关系中，一切才是活生生的、现实的。在“我—你”关系中，“你”再不是“我”的经验物、利用物。“我—你”关系是一种亲密无间、相互对等、彼此信赖的关系，唯此才揭示了人生意义的深度。

(3)关系的直接性与相互性。

马丁·布伯是从“关系”这一本体来理解本源性的“生活世界”。在这个世界中，“我”面对的世界，决然不是一个“它”的世界，我视世界为“你”。这种本源性关系的一个首要特征是它具有“直接性”。马丁·布伯说：“与‘你’的关系直接无间，没有任何概念体系、天赋良知、梦幻想象横亘于‘我’与‘你’

之间，……一切中介皆为阻碍。”[①]强调“直接性”，就是要否定“关系”中的“中介”。“中介”是一种达到目的的手段。在“我”与“它”的关系中，我就视它为达到我的目的的手段。在理论中，概念即是“中介”，是把感知观念固定于存在中的手段。马丁·布伯要求摒弃一切中介，达到一种真正的直接关系，因为一旦纯粹关系夹杂了别的东西，就会使关系变质，“使关系本身丧失实在性”，我们就会迷失于中介中，而忘记了我们与世界原本即有的密切关系。

与“直接性”一样，“相互性”是本源性关系的另一基本特征。“关系是相互的，切不可因漠视这点而使关系意义的力量亏蚀消损”。在布伯看来，我们生活于相互性中，“栖居于万有相互玉成的浩渺人生中”。“我—你”的相互性不仅表现于人与人，同时也包括人与物。布伯借《圣经》中神人之相互交流而表明：“相互性”是所有存在的特点，我们不能漠视来自自身之外的一切音讯。

(4)“之间”领域的确立。

“之间”是与以往近代哲学中主体性领域相区别的标志，因为“之间”不可能在“我”之中发现，不可能在意向性中发现，不可能在主体的内在性中发现，也不可能在我理解的世界的对象性中发现。马丁·布伯认为，“之间”只存在于“我”与“你”的关联中，是存在者相遇的共有领域[②]。他强调的“之间”表明，他的出发点不在“我”，也不在“他者”，而是在我与你“之间”。“精神不在‘我’之中，它伫立于‘我’与‘你’之间”。这样，我与你虽结合在一起，但不会变成一个事物。“之间”的最好体现是“言谈”(conversation)。“言谈”使你与我既保持各自特点，又使我们联系在一起，这中间始终存在着一种张力。这与以往哲学相颠倒的说法旨在克服近代主体性哲学，但决不回到整体主义，如黑格尔那样。“我”与“你”有联系，可是不能淹没于整体中而丧失自身。

如果从动态来看这种“之间”关系，就是“相遇”。人们步入“之间”的领域，也即我与你的“相遇”。在“相遇”中，我与你共同走近，相互靠拢，只有这样才是相互平等的，才能相互看到对方，“相遇”是相互性的保障，是相互沟通的保障。在相遇中，他者虽外在于我，但我可以对他有同情的洞见，“当我们沿某种路径行走，有人践行他的路与我们相遇，我们只能知悉我们的路途，但在相遇中我们可以体察他的路途”。这样，“相遇”给交流创造了机会，给“言谈”创造了机会。“相遇”是“言谈”的前提。在“相遇”中，异在的东西与我“相遇”，这就使我超出自身，处于世界之中，而非固守于内在的自我。“相遇”不是我所能支配的，一种真正的“相遇”“决不依靠我但又决不可脱离我”。所以在“相遇”中“应该根除弃绝的非是‘我’，而是唯我独尊之妄虚本能，它使人回避关系世界，而进入‘对物的占有’”。“相遇”

① 马丁·布伯. 我与你. 陈维纲，译. 北京：生活·读书·新知三联书店，1986.
② 靳玉乐. 对话教学. 成都：四川教育出版社，2006：35.

的概念使布伯进一步脱离自我主义，它使我向世界敞开，接受生命中所遇之物，遂形成一无限的关系世界。

继马丁·布伯之后，哲学诠释学的代表人物，德国著名的哲学家、现代哲学诠释学的创始人和代表人物伽达默尔在1960年出版的《真理与方法》一书中系统地阐述了狭义或现代意义上的对话哲学。伽达默尔通过《真理与方法》一书从根本上要说明和建构的是理解本体论。他认为，理解是人的此在存在方式和普遍规定性。人的认识过程具有无法摆脱的理解和解释性质。理解和解释是人类整个世界经验的源泉，只有从理解入手才能洞悉人与世界最基本的状态和关系。在他看来，理解是主体与对象双向互动的交流，是一种对共同意义的分享。“达到理解”也就是达到“共同理解”，理解的目的在于与对话的“他者”建立一个“共同的世界”。因此，在伽达默尔看来，理解的目的就是通过“双向互动”的对话达到“共同理解”和“共同意义的分享”，理解的方式就是问与答的对话方式，理解的过程就是理解者与理解对象之间的双向互动的对话交流过程。从这个意义上说，对话就是理解。因此，为了践行对话，伽达默尔提出了两个支撑理论：一是“问答逻辑”。他认为，诠释学经验的历史性和开放性决定了其内在的逻辑不是封闭自给的，它是在理解者和文本的问、答、对话中不断地走向新的经验，交谈双方都有各自的视域，对话发生在特定的语境时空背景中，从而使经验、意义成为活生生的当下在场的事件。二是“视域融合”。他认为，理解是一种“视域融合”，是历史与现代的汇合或沟通。由于理解的对象是人及其一切活动，它们包括历史、文献、思想、创作等等文本，这些文本都是作者历史视域的产物，因而，当解释者以自己的视域去理解这些文本时，就出现了两种视域的对立，而只有把这两种视域“融合”起来，即把历史的融合于现代的之中，构成一种新的和谐，才会出现具有意义的新的理解①。由此可知，伽达默尔的对话是理解性对话。在理解性对话中，双方所反映的不是一种“我—它”的主客关系，而是一种“我－你”主主关系。这种关系包含着一种深刻的伦理原则，把理解对象当作与“我”对话的另一主体，哲学诠释学变成了一种对话哲学或对话本体论，理解的过程就是通过对话达成共识(视域融合)。伽达默尔的对话理论最终将被理解的对象主体化，完成了诠释学从传统的“我—它”主客关系的认知模式到“我—你”主体间关系的理解模式转化。

受马丁·布伯的“关系本体论”的影响，俄罗斯20世纪的思想家、美学家、文艺理论家巴赫金，把对话理论作为人的主体建构的哲学理论，他认为只有在自我与他人的对话关系中才能实现主体建构。巴赫金认为，存在的本质就是自我与他人的对话性对等关系，“存在就意味着进行对话的交际”。他指出：自我存在以他人的存在为前提，人的整体的组成部分包括自我与他人，自我与他

① 李铁成．伽达默尔的对话哲学给高校课堂教学的启示．鞍山师范学学报，2007，(6)：91-93.

人在对话中得以交往。[①]

巴赫金认为，生活的本质是对话，思维的本质是对话，语言的本质是对话，艺术的本质是对话。[②]对话的双方是平等的、独立的主体，只有双方的主体性和能动性得到重视，对话才能得以顺利进行下去。他认为构成对话应有对话者、对话内容和对话方式等几个因素。巴赫金认为对话性是同意和反对的关系、问和答的关系、肯定和补充的关系。在这种体系中，说话人和听话人双方是平等的、独立的主体，没有单纯的说话人和听话人。说话人发出信息符号后，必须接受对方的反馈信息，又变成听话人；而听话人在发出反馈信息后，同样变成说话人，只有双方主体性和能动性得到重视，对话才能得以进行下去。他人对自我的意义正表现在这里：与自我构成相互取向的关系，相互取向为交往提供了可能性，但交往的最终实现则是在对话中，其中特别强调了接受者的主体性和能动性的作用。[③]

2. 对话哲学的基本观点

根据几位对话哲学家关于对话哲学的思想和其他一些研究者的研究，我们归纳出以下对话哲学的基本观点。

(1)对话是人的存在方式

在对话哲学家看来，对话绝不仅仅是一种话语方式或者理解方式，而是具有本体论意义，是人的一种存在方式。在某种意义上说，人正是通过对话来认识和改造栖居于其中的世界的。如果没有对话，那么人永远只能停留在原始状态，不会有任何世界的发展。正如巴赫金所说："单一的声音什么也结束不了，什么也解决不了。两个声音才是生命的最低条件，生存的最低条件"。[④]因此，"存在的本质就是自我与他人的对话性"，"存在就意味着进行对话的交际"。

(2)对话是理解的基本方式和途径

在对话哲学看来，对话是理解的基本方式与途径。伽达默尔认为，理解的方式是问与答的对话形式，理解过程就是理解者与理解对象的对话过程。人们只有在对话、交流中达成理解，在理解的基础上建立起相互认同的人类共同体及其共同目标，而且理解现象本身就包含有对话结构。"只有对话基础上的理解才是真正的理解"。[⑤]人的理解包括对文本的理解、对他人的理解和对自我的理解。对文本的理解则需要与文本进行对话；对他人的理解则需要与他人进行对话才能走进对方的心灵，了解对方的思想从而达到对他人的真正理解；对自我的理解则是在自我反思的过程中，通过现在的"我"与过去的"我"的自我对话中才能获得。

---

① 吕佳．巴赫金对话理论对马丁·布伯《我与你》的继承与开拓．牡丹江师范学院学报(哲社版)，2014，(5)：71-73.
② 巴赫金．巴赫金全集(第4卷)．石家庄：河北教育出版社，1998：61.
③ 季芸．巴赫金对话理论对建构师生关系的启示．扬州大学学报(高教研究版)，2009，(8)：91-93.
④ 靳玉乐．对话教学．成都：四川教育出版社，2006：36.
⑤ 靳玉乐．理解教学．成都：四川教育出版社，2006：16.

因此，人只有在对话的过程中才能达到理解，而理解又是以对话开始的，正如伽达默尔指出的："理解借以开始的最先东西乃是能与我们进行攀谈"。所以，对话是理解的前提和基本方式。

(3)对话主体共生性

在对话哲学看来，对话主体是浑然一体而不可分割开来的，具有共生性。马丁·布伯在"我－你"关系本体意义上，表达了对话主体是一种亲密无间、相互对等、彼此信赖的关系。伽达默尔在强调理解的本体层面上认为，理解是一个双向的问题，也就是说，任何理解都不可能由理解者的单一向度构成，只有理解者和被理解者的合作才可以促成理解。

哈贝马斯立足于合理生活基础的思考，提出：人与人的交往应该是人与人之间的相互作用，以语言为中介，通过对话达到人与人之间的"理解"和"一致"。[①]

3. 导学讲评式教学的对话哲学意蕴

对话哲学对DJP教学的影响是直接的，特别是对话哲学对DJP教学中学习概念的建构和师生关系的确定等方面，提供了更加有益的深入思考。

(1)以对话为核心要素的学习内涵的重构

学习，是学生的主要任务，是学生生活的重要组成部分。而学习的关键是对学习对象意义的理解。根据对话哲学的观点，理解的基本方式和途径是对话。理解的过程就是理解者与理解对象的对话过程。只有对话基础上的理解才是真正的理解。因此，对话是学习的本质特征。

在DJP教学中，教师通过引导使学生进行独立的自主学习后，先在小组内与同伴交流，再面向全班同学进行讲解，师生围绕讲解的内容进行倾听、质疑、评价，教师进行点评、引申，在多种视域的融合中生成知识意义。这个过程本质上是一个多元对话过程：学生自主学习时是与本文的对话，与同伴交流讲解时是与他人的对话，师生质疑评价后引发的自我反思时是与自我的对话。在这种多元对话中，各种视域进行大碰撞、大融合，最后生成知识意义。这充分说明，在DJP教学中，学生学习的主要方式是对话，知识的意义是在多元对话中生成的，情感、态度价值观是在多元对话活动中逐渐形成的。由此可知，对话是DJP教学中学生学习的显著特征和核心要素。在DJP教学中，知识的意义是在生与师、生与文本、生与生的对话中多种视界的融合而生成的。这里的对话不是单一的师生"问答式"对话而是主体间的多元(与文本的对话、与教师的对话、与同伴的对话和自我对话)对话，所以，我们把这种学习叫做"多元对话性学习"，从而给学习的概念赋予了新的内涵。我们把这种以对话为核心要素和显著特征的学习界定为：学习是同客观世界的相遇和多元对话而习得的行为、能力和心理倾向比较持久的变化。这

① 靳玉乐．对话教学．成都：四川教育出版社，2006：37.

些变化不是因为生长、疾病或药物而引起的。这里的学习定义与我们已知的比较被公认的、引用最多的加涅给出的学习定义："学习是可以持久保持且不能单纯归于生长过程的人的倾向与能力"[①]不同之处在于强调了它的多元对话性。在多元对话性学习中，学习的内涵是：学习的过程就是一种对话性实践。这种重构的学习内涵体现在学习者同客体、自身与他人的关系之中形成的 3 种对话性实践领域。

第 1 种对话性实践是同客体的对话。这种实践是认知客体并把它语言化地表述的文化性、认知性实践。如在数学多元对话性学习中，学生在老师的引导下直面数学的概念、原理和结构，从事具体客体的观察、实验和操作，运用概括化的概念和符号，建构数学知识的意义世界并且构筑数学知识之间结构化的关系。

第 2 种对话性实践是与他人的沟通、交流。正如日本教育家佐藤学所说："一切的学习都内蕴了同他人之间关系的社会性实践。课堂里的学习是在师生关系和伙伴关系之中实现的。即便存在个人的独立学习的场合，在这种学习里也交织着同他人的看不见的关系"[②]。

第 3 种对话性实践是跟自己的对话。在多元对话性学习中，学习者在与他人的对话中，通过反省性思维，改造自己所拥有的意义关系，重构自己的内部经验。

由以上讨论可知，多元对话性学习是把学习作为意义与人际关系的重建加以认识的。这样，学习的实践就可以重新界定为"学习者与客体的关系、学习者与他人的关系和学习者与自身的关系。学习活动是建构客观世界意义的活动，是探索与塑造自我的活动，是编织自己与他人关系的活动"[③]。因此，多元对话性学习中的学习是互动对话的人际交往活动，是分享他人成果的感悟活动，是享受他人智慧的生活过程。

(2)共同在场的师生关系的重构

在传统的教育教学中，师生的关系是"我—它"关系。教师作为"我"主宰和控制着"它"(学生)。课堂上和教育中仍然是以"教师为中心"。随着教育改革的进行，又出现了另一种片面的倾向："以学生为中心"，其理论根据是杜威"以儿童为中心"的教育思想。其实，"以教师为中心"和"以学生为中心"都是受主客体等二元对立的思维方式的影响而出现的师生关系呈现割裂乃至断裂的现象，是两个极端的观念行为。而且，"以教师为中心"和"以学生为中心"都体现出了师生这一课堂教学中的两个对话主体之间不对等和彼此不信赖的关系。根据对话哲学的观点，对话主体是浑然一体而不可分割开的，具有在场共生性。在 DJP 教学中，学生知识意义的获得主要是通过师生之间和生生之间的对话而获得的，人与人之间的理解也是在人与人的交往和互动过程中，以语言为中介，通过对话而达到的。而人与人之间对话的前提是相互尊重、

① R.M.加涅．学习的条件与教学论．皮连生，等译．上海：华东师范大学出版社，1999：2.
② 佐藤学．学习的快乐——走向对话．钟启泉，译．北京：教育科学出版社，2004：39.
③ 佐藤学．学习的快乐——走向对话．钟启泉，译．北京：教育科学出版社，2004：38.

信任和平等，彼此之间是一种亲密无间、相互对等、彼此信任的关系。所以，DJP 教学超越了二元对立思维方式，体现的师生关系是“我—你”关系。对话哲学家马丁·布伯肯定了这一点并就此关系进行了深入的阐述：“真正的教师与其学生的关系便是这种‘我—你’关系的一种表现。为了帮助学生把自己最佳的潜能充分发挥出来，教师必须把他看成具有潜在性与现实性的特定人格……把他的人格当作一个整体，由此来肯定他，这就要求老师要随时跟学生处于二元关系中，把他视作伙伴而与之相遇。同时，为了让学生对自己的影响充溢整体意义，他不仅须从自己一方，且也须从对方的角度，根据对方一切因素来体现这一关系”[①]。这种“我—你”的关系就确定了在 DJP 教学中师生之间是平等的“合作式”关系。

第二节 导学讲评式教学的心理学基础

学生知识的获得是通过其内在的认知心理活动而达成的。因此，心理学的理论和观点对教师的教学将产生直接的影响，也就是说教师的教学要有效地运用心理学的理论和方法才能收到预期的教学效果。而不同心理学的理论和观点所支持的课程、教学在理念、目的、内容以及具体的教学策略和实施途径上是大不相同的。DJP 教学作为一种新的教学范式不仅仅使课堂教学观念和行为发生了革命性的变化，更重要的是使得师生之间、生生之间的心理交互作用过程和机制也在发生着根本性的变革。DJP 教学的心理学基础主要是建构主义学习理论。

一、建构主义学习理论概述

建构主义学习理论是由对行为主义学习理论的批判和超越提出的，它是行为主义发展到认知主义以后的进一步发展。现代建构主义学习理论的直接先驱是瑞士著名的心理学家皮亚杰(J.Piaget)和苏联著名认知心理学家维果斯基(Lev Vygotsky)。

皮亚杰是认知发展领域最有影响力的一位心理学家，他所创立的关于儿童认知发展的学派被人们称为日内瓦学派。皮亚杰关于建构主义的基本观点是，儿童是在与周围环境相互作用的过程中，逐步建构起关于外部世界的知识，从而使自身认知结构得到发展的。儿童与环境的相互作用涉及两个基本过程：“同化”与“顺应”。“同化”是指个体把外界刺激所提供的信息整合到自己原有认知结构内的过程；“顺应”是指个体的认知结构因外部刺激的影响而发生改变的过程。“同化”是认知结构数量的扩充，而“顺应”则是认知结构性质的改变。认知个体通过“同化”与“顺应”这两种形式来达到与周围环境的平衡：当儿童能用现

① 马丁·布伯．我与你．陈维纲，译．上海：生活·读书·新知三联书店，2002：114.

有图式去同化新信息时，他处于一种平衡的认知状态；而当现有图式不能同化新信息时，平衡即被破坏，这时就需要修改原有图式以创造新的图式，而修改或创造新图式(顺应)的过程就是寻找新的平衡的过程。儿童的认知结构就是通过同化与顺应过程逐步建构起来，并在“平衡—不平衡—新的平衡”的循环中得到不断的丰富、提高和发展。

苏联心理学家维果斯基(Vygotsky)创立了一种个体心理发展理论。他从人类生产劳动的社会性和意识一开始就是社会的产物的原理出发，认为个人的心理发展不仅以他个人的经验为基础，而且也以历史的经验(先辈的经验)和社会的经验(他人的经验)为基础。

维果斯基把儿童发展区分为自然路线和社会路线。自然路线下的发展，主要是受生理规律和某些比较简单反射的学习原则所支配，这与皮亚杰所说的婴儿期的感觉运动活动是相应的。

社会路线下的儿童发展，所遵循的是以交往为基础的原则。维果茨基认为，个体的高级心理机能，如有意注意、逻辑记忆、概念形成、意志发展以及个性和意识，全都是由社会性相互作用派生出来的，是在社会性相互作用中发现的模式、方法和结构的体现，是复制社会性相互作用。维果斯基强调言语的掌握在儿童心理发展中的作用，并认为个体的高级心理机能是由言语调节的。个体通过言语接收和内化历史经验与社会经验，进行思维和形成自我意识，计划和控制自己的行为。

所以，他把言语看作是把个体心理发展由自然路线转到社会路线的工具。列昂节夫继承并发展了维果斯基的观点。他认为“活动”是最根本的。儿童的心理起源于外部活动，是在与外部世界特别是与人的相互作用中发展的。而儿童心理发展，是外部活动逐步内化为内部的心理活动的过程。

维果斯基提出了“最近发展区”的理论。维果斯基认为，个体的学习是在一定的历史、社会文化背景下进行的，社会可以为个体的学习发展起到重要的支持和促进作用。维果斯基区分了个体发展的两种水平：现实的发展水平和潜在的发展水平，现实的发展水平即个体独立活动所能达到的水平，而潜在的发展水平则是指个体在成人或比他成熟的个体的帮助下所能达到的活动水平，这两种水平之间的区域即“最近发展区”。在此基础上以维果斯基为首的维列鲁学派深入地研究了“活动”和“社会交往”在人的高级心理机能发展中的重要作用。

建构主义学习理论的代表人物除了皮亚杰和维果斯基外，还有科恩伯格(O.Kernberg)、斯滕伯格(R.J.sternberg)、卡茨(D.Katz)、布鲁纳(Bruner)、维特罗克(M.C.Wittrock)等。在皮亚杰的“认知结构说”的基础上，科恩伯格对认知结构的性质与发展条件等方面作了进一步的研究；斯腾伯格和卡茨等人强调个体的主动性在建构认知结构过程中的关键作用，并对认知过程中如何发挥个体的主动性作了认真的探索。

由于不同的学者在建构主义理论问题上采取了不同的立场，从而形成了建构主义不同流派，主要可分为极端建构主义(个人建构主义)和社会建构主义。

(1)极端建构主义与个人建构主义

极端建构主义的主要代表人物是冯·格拉塞斯费尔德和斯戴福，其理论基础可追溯到皮亚杰的认知发展理论。极端建构主义有两个基本观念："第一，知识并非被动地通过感官或其他的沟通方式接受，而只能源自主体本身主动的建构。第二，认知的功能在于生物学意义上的顺应并趋向适应的、能存活的；认知乃在于组织起主体的经验世界，而非对于客观的最终本体的发现"[①]。极端建构主义突出强调一切知识都是主体自主建构的，因此，在极端建构主义看来，我们就不可能具有对外部世界的直接认识。这就是说，认识事实上就是一个"意义赋予"的过程，即主体依据自身已有的知识和经验构建出了外部世界的意义。这种对认识活动"个体性"的绝对肯定就成为极端建构主义的一个重要特征。这一特征表明，由于各个主体必然地具有不同的知识背景和经验基础(或者说不同的认知结构)，因此，既然是就同一个对象的认识而言，相应的认识活动也不可能完全一致，则必然地具有个体的特殊性。也就是说，"一百个人就有一百个主体，并会有一百个不同的建构"[②]。

因此，极端建构主义又常常称为"个人建构主义"。个人建构主义者关心个人如何建构自己的认知和情绪成分。他们对个人的知识、信念、自我概念感兴趣，所以有时又称他们为心理建构主义者。

(2)社会建构主义

正因为极端建构主义的极端立场，从一开始就有学者提出了尖锐的批评，并提出了与个人建构直接对立的社会建构主义。社会建构主义主要以维果斯基的理论为基础，其基本思想就是在心理发展上强调社会文化历史背景的作用，认为高级心理发展离不开人的活动和社会交往。维果斯基认为，社会相互作用、文化工具和活动影响个体的发展和学习，通过参与广泛的社会活动，学生体会到(内化)与别人共同工作所产生的成果。极端建构主义突出强调了个体智力发展的多样性和无规律性(自主性)，把个人因素放在了首要的地位，其他因素都处于次要或者从属的地位，而社会建构主义则将人与人之间的关系置于首位。在社会建构主义者看来，"社会—文化"环境不仅是个体智力发展的一个必要条件，而且也对个体的智力发展有着重要的规范作用，即在很大程度上决定了各个个体智力发展的实际方向。

---

① 郑毓信，梁贯成．认知科学建构主义与数学教育——数学学习心理学的现代研究．上海：上海教学出版社，1998：155.

② 郑毓信，梁贯成．认知科学建构主义与数学教育——数学学习心理学的现代研究．上海：上海教学出版社，1998：156.

二、建构主义的基本观点

建构主义流派尽管在认识论上、在研究的侧重点上存在差异，但他们在对知识观和学习观等一些基本问题的看法上还是有很多共同之处或可以互补的，概括起来建构主义主要有以下基本观点。

1. 知识观

(1)知识不是对现实的纯粹客观的反映，任何一种传载知识的符号系统也不是绝对真实的表征。它只不过是人们对客观世界的一种解释、假设或假说，它不是问题的最终答案，它必将随着人们认识程度的深入而不断地变革、升华和改写，出现新的解释和假设。

(2)知识并不能绝对准确无误地概括世界的法则，提供对任何活动或问题解决都实用的方法。在具体的问题解决中，知识是不可能一用就准，一用就灵的，而是需要针对具体问题的情景对原有知识进行再加工和再创造。

(3)知识不可能以实体的形式存在于个体之外，尽管通过语言赋予了知识一定的外在形式，并且获得了较为普遍的认同，但这并不意味着学习者对这种知识有同样的理解。真正的理解只能是由学习者自身基于自己的经验背景而建构起来的，取决于特定情况下的学习活动过程，否则就不叫理解，而是叫死记硬背或生吞活剥，是被动的复制式的学习。

2. 学习观

(1)学习不是由教师把知识简单地传递给学生，而是由学生自己建构知识的过程。学生不是简单被动地接收信息，而是主动地建构知识的意义，这种建构是无法由他人来代替的。

(2)学习不是被动接收信息刺激，而是主动地建构意义，是根据自己的经验背景，对外部信息进行主动地选择、加工和处理，从而获得自己的意义。外部信息本身没有什么意义，意义是学习者通过新旧知识经验间的反复的、双向的相互作用过程而建构成的。因此，学习不是像行为主义所描述的“刺激—反应”的联结。

(3)知识意义的获得是每个学习者以自己原有的知识经验为基础，通过新旧知识经验间反复的、双向的相互作用过程而建构的。在这一过程中，学习者原有的知识经验因为新知识经验的进入而发生调整和改变。知识在被个体接受之前对个体来说毫无意义，因此，不能把知识作为预先决定了的东西教给学生，学生对知识的接受只能靠他自己的建构来完成。

(4)同化和顺应是学习者认知结构发生变化的两种途径或方式。同化是认知结构的量变，而顺应则是认知结构的质变。“同化—顺应—同化—顺应……”循环往复，“平衡—不平衡—平衡—不平衡……”相互交替，儿童的认知就是在这样一个不断向上的螺旋式发展过程完成的。

(5)学习不是简单的信息积累，更重要的是包含新旧知识经验的冲突，以及由此而引发的认知结构的重组。学习过程不是简单的信息输入、存储和提取，是新旧知识经验之间的相互作用过程，也就是学习者与学习环境之间互动的过程。

3. 学生观

(1)建构主义强调，学习者并不是空着脑袋进入学习情境中的。在日常生活和以往各种形式的学习中，他们已经形成了有关的知识经验，他们对任何事情都有自己的看法。即使是有些问题他们从来没有接触过，没有现成的经验可以借鉴，但是当问题呈现在他们面前时，他们还是会基于以往的经验，依靠他们的认知能力，形成对问题的解释，提出他们的假设。

(2)教学不能无视学习者的已有知识经验，简单强硬地从外部对学习者实施知识的“填灌”，而是应当把学习者原有的知识经验作为新知识的生长点，引导学习者从原有的知识经验中生长新的知识经验。教学不是知识的传递，而是知识的处理和转换。教师不单是知识的呈现者，不是知识权威的象征，而应该重视学生自己对各种现象的理解，倾听他们时下的看法，思考他们这些想法的由来，并以此为据，引导学生丰富或调整自己的解释。

(3)教师与学生，学生与学生之间需要共同针对某些问题进行探索，并在探索的过程中相互交流和质疑，了解彼此的想法。由于经验背景差异的不可避免，学习者对问题的看法和理解经常是千差万别的。其实，在学生的学习共同体中，这些差异本身就是一种宝贵的课程资源。建构主义虽然非常重视个体的自我发展，但是它也不否认外部引导，亦即教师的影响作用。

4. 教学观

建构主义者认为，真正的教学具有以下特征：高水平的思维、知识的深层次理解、与现实的联系、大量的交流以及为学生的进步提供社会支持等。因此，建构主义的教学应做到以下几点[①]：

(1)教学应该使学生达到对知识的深层次理解；

(2)教学应引导学生开展高水平的思维活动；

(3)教学应当使学生认识学习中自我监控的重要性，使学生形成自我监控学习的习惯，掌握自我监控学习的技能；

① 曹才翰，章建跃．数学教育心理学．北京：北京师范大学出版社，2006：70-74.

(4)教师应当为学生营造一种能够充分沟通、合作和支持的课堂学习环境，构建学生的学习共同体，共创互动合作、支持双赢的学习文化；

(5)教学应当为学生提供全方位的、情境性的信息和有力的建构工具。

三、导学讲评式教学的建构主义意蕴

建构主义关于学习本质的理解及其所提出的知识观、学习观、学生观和教学观，为DJP教学提供了坚实的心理学依据，并广泛渗透和体现在DJP教学的各个方面。

1. 意义建构的知识学习

传统教学的知识学习是“听讲—记忆—模仿练习”的知识学习，秉承的是“熟能生巧”的古训和“刺激—反应”的行为主义学习理论。学生通过接受被传授、灌输的书本知识，习得可以测量的客观知识。而DJP教学重视的是意义建构的知识学习。DJP教学中的意义建构主要指知识意义的建构和生命意义的建构。DJP教学中学生在自主学习的基础上，要完成向他人讲解说明自己的见解，就必须利用自己已有的知识经验对学习内容进行解释、说明，即利用自己已有的知识经验对学习内容建构自己的知识意义，这与建构主义的“学习不是被动接收信息刺激，而是根据自己的经验背景，对外部信息进行主动地选择、加工和处理，从而获得自己的意义”的学习观完全一致。

在DJP教学中，学生在教师指导下的自主学习和对话讲解中，不但根据自己的知识经验建构了文本的意义，弄清了知识的来龙去脉，而且还不断生成自己新的理解与发现，提高了自己的探究发现能力，丰富了自己的个人经验和知识。同时，通过与他人的对话交流和对知识生成过程的反思、回顾、比较、鉴别、评价和欣赏的过程，提高对知识价值和作用的认识以及对文本作品的精神理解，增进与他人的交往能力和对他人的理解，进而也丰富了自己的情感，建构了自己的生命意义。

2. 合作对话的学习方式

DJP教学打破教师满堂灌的教学方式，“把学习的自主权还给学生，把课堂的话语权还给学生”，让学生在教师的引导下，在自主学习的基础上，在与教师、同伴和自我对话交流的过程中，通过多种视域的融合而形成了共同的意义世界而获得知识的意义，即DJP教学重视共识性知识意义的获得，实现思想的共享，完成群体对知识意义的建构。这与建构主义强调“合作”在意义建构中的作用，强调学习者与周围环境的相互作用在学习中所起的决定作用，即“个体的认识活动是在一定的社会环境中得以实现的，特别是，必然地有一个交流、反思、改进、协调的过程”① 的社会建构思想完全一致，而且还充分体现了建构主义强调的学习，即知识是个体根据自身的经验，跟他人通过磋商、对话、沟通等方式对所学知识的主动的意义建构过程。

3. 深度理解的认知活动

在传统的教学中，学生学习的主要任务是接受教师讲解的知识，追求的是“知其然”和“怎么做”，并通过大量的训练最后获得一个好的考试成绩。这种理解只停留在“工具性理解”的层面。而 DJP 教学追求的是深度理解。所谓深度理解是指除了理解文本内容的意义外，还包括文本内容的来龙去脉、价值和作用、比较与评价、人文精神等内容，即深度理解包括“关系性理解”和“价值性理解”两个方面。关系性理解指对符号的意义和替代物本身结构上的认识，获得符号指代物意义的途径，以及规则本身有效性的逻辑依据等②。即关系性理解是“知其所以然”和明白“为什么这样做”，知道知识是在什么背景下产生的，是如何推导出来的，它有何特征，它还可以向哪个方向发展等。价值性理解则是在“知其所以然”和“明白为什么这样做”的基础上，还要知道知识的价值和作用。这里知识的价值包含了 3 层意蕴：知识的科学价值、人文价值和社会价值。知识的科学价值指的是知识本身的科学性和真理性；人文价值指是知识探究过程中的交互性、探究性和知识中隐含的思想文化性；社会价值是指知识能解决哪些社会生活问题或其他问题，即知识的使用价值。价值性理解就是学习者要认识到知识的 3 种价值。而价值性理解又是在对知识生成过程的反思、回顾、比较、鉴别、评价和欣赏的过程中逐渐完成的③。

在 DJP 教学中，学生在教师指导下的自主学习知道知识“是什么”和“怎么做”，即先达到工具性理解，在与他人对话讲解中，要解释说明知识的意义和自己的理解和见解，则不但要根据自己已有的知识经验建构文本的意义，还要弄清知识的来龙去脉，要“知其所以然”，也即通过对话讲解达到关系性理解。同时，通过与他人的对话交流和对知识生成过程的反思、回顾、比较、鉴别、评价和欣赏，进一步提高对知识价值和作用的认识和文本作品的精神理解，增进与他人的交往能力和对他人的理解，丰富自己的情感，达到了价值性理解。由以上讨论可知，DJP 教学的理解是一种深度理解，是一种高认知水平的思维活动，这充分体现了建构主义的教学观：教学应引导学生开展高水平的思维活动，使学生达到对

---

① 郑毓信，梁贯成．认知科学建构主义与数学教育——数学学习心理学的现代研究．上海：上海教育出版社，1998：159.

② 马复．试论数学理解的两种类型——从 R．斯根普的工作谈起．数学教育学报，2001，(3)：50-53.

③ 王富英，王新民．让知识在对话交流中生成——DJP 教学中知识生成的过程与理解分析．中国数学教育，2013，(11)：3-6.

知识的深层次理解。

4. 民主、平等、合作与互为师者的师生关系

传统教学中，教师是作为知识传递者的权威出现的，在课堂教学中占据着主宰者地位，而学生是被动参与，处于绝对服从者地位。DJP 教学则强调教师要“变传授为引导，变一言堂为群言堂”，即教师不再是高高在上、不容挑战的知识权威，而是学生建构知识意义时的参与者与合作者。在 DJP 教学的过程中，教师和学生都以积极的态度参与对话。我说出了心中想让你知道的话，你说出了想让我知道的话，在相互了解彼此内心世界的基础上共同面对教学任务，共同面对自身的不足，合作完成“教”与“学”的目标。教师在促进学生发展的同时也提高了自身的专业水平和学术水平。讲解中学生解决问题的智慧也教育了教师，从而师生实现了共同发展。这正如巴西教育家弗莱雷指出的：“在理解与对话的教学中，教师不仅仅是授业者，在与学生的对话中，教师本身也得到教益，学生在被教的同时反过来也在教育教师，他们合起来共同成长”①。

在 DJP 教学中，教师与学生的关系还表现为互为师者的师生关系。当学生讲解时，学生变为教师，教师变为学生。这时的教师是“学生教师”，学生是“学生教师”。当教师针对学生学习中的重点、难点和薄弱点进行重点讲解和深化讲解时教师才回到原来的角色。因此，DJP 教学的整个教学过程中，师生关系由以前的“管”与“被管”转变为民主、平等与互为师者的师生关系。这种关系有着建构主义的心理学基础。建构主义认为，获得知识是个体依据自身的经验对外界信息进行意义建构的过程，教师不是向学生灌输知识而是引导学生自己建构知识，教师由知识的传授者变为引导者、指导者，学生由此真正成为教学情境中的主角，开始积极主动地参与到教学过程中来。

第三节　导学讲评式教学的教育学基础

教学，是教育学的重要领域。因此，作为一种新的“教”与“学”方式的建立，必然与教育学有着直接的血缘关系，并直接从教育学中吸取丰富的营养。DJP 教学的建立，在某种意义上是直接由主体教育理论、解放教育理论、理解教育理论、分享教育理论等诸多教育思想所润育出的结果。但体现最突出的是主体教育思想，因此，这里我们只讲述 DJP 教学的主体教育学基础。

① 保罗·弗莱雷．被压迫者教育学．顾建新，等译．上海：华东师范大学出版社，2001：31.

一、主体教育理论概述

主体教育理论是针对传统教育中忽视学生主体性而提出来的一种新的教育理念。主体教育理论的提出，对我国基础教育产生了较大的影响。

1. 主体教育形成的历史沿革

主体教育理论在我国的兴起，可以追溯到20世纪80年代，它是我国教育理论发展中具有本土特色的一股新的教育思潮。

长期以来，我国的学校教育运用的是苏联凯络夫的教育理论。课堂教学中采用的是以教师“讲授＋接受”为主要手段的凯洛夫“五步教学法”。这种教育理论主导下的课堂教学，忽视学生的自主性、主动性、创造性和自我发展的需要，把学生当作接受知识的容器，学生长期处于被动接受的状态，从而出现了学生主体意识的缺失，个性得不到弘扬，创新意识和能力得不到应有发展等一系列的教育弊端。我国一些学者和教育工作者认识到了教育教学中发挥学生主体性的重要性和必要性，但在相当长一段时间未形成教育的主导思想。随着传统教育弊端的日益凸显，针对传统教育中严重忽视“人的主体性”这一问题，人们开始重视了对主体教育的研究。

伴随着我国新时期改革开放，教育工作者们也放开了思维，人的“主体性”问题成为哲学和社会科学界关注、研究的重要课题，弘扬人的主体性是现代社会发展的主题。现代教育最重要的特征就是高扬人的主体性。20世纪80年代初，我国著名教育专家顾明远教授率先发表文章，提出“学生既是教育的客体，又是教育的主体”的重要观点，引起教育学界的一场大讨论。王策三、王道俊、张天宝、黄济等一些学者纷纷发表见解，支持并进一步阐发“学生是教育主体”的观点，形成了主体教育思想。与此同时，一些教改实验把确立、发挥学生的主体性作为一项重要原则来施行。从1992年起，由北京师范大学裴娣娜教授领导，在全国师范院校和部分科研单位的中青年教育专家、学者广泛参与下，开始了全面、深入的主体教育实验研究，并被原国家教委批准为“八五”人文社会科学博士点基金项目，继而成为全国教育科学规划“九五”国家级重点课题。

为深化“主体教育与少年儿童主体性发展”的实验研究，构建主体教育理论，实践“教育主体思想”，探索培养具有高度自觉能动性和创造性人才的教育模式和途径，课题组正式建立“主体教育·发展性教学实验室”。它是集教育理论探索、基础教育改革与发展服务、教育改革实验家培养三位一体的教育实验基地。实验室分别建在北京师范大学、华中师范大学、天津教科院和四川省教科所，它及时总结主体教育实验研究的丰富成果，不定期地以蓝皮书的形式发表。随着研究的深入和更多学者的参与，主体教育理论成果逐渐得到丰富。

2. 主体教育的含义与分类

什么是主体教育？要真正理解和把握什么是主体教育，就必须从构成主体教育的核心概念“主体”和“主体性”入手。

“主体”具有多种含义，比如“实体”“事物的主要部分”“物质的主要成份”“逻辑判断中的主语、主词”以及在活动过程中享受权利和担负义务的“人”。在哲学中，“主体”是相对于“客体”而言的，是指对客体有认识和实践能力的人。从教育学的角度，教育关注的对象是人，因此，“主体教育理论中的主体是认识论意义上的主体。这种主体是从认识和实践的角度加以界定的，主体是认识者、实践者，与之相对应的客体是被实践和认识的对象”[①]。由于学生是在教育活动中认识客观世界的认识者和实践者，因此主体教育中的主体主要是指作为认识者、实践者的学生。

“主体性”是指人在实践过程中表现出来的能力、作用、地位，即人的自主、主动、能动、自由、有目的地活动的地位和特性。主体性既是人作为主体所具有的性质，又是人作为主体的根据和条件。教育中，学生的主体性首先表现为较强的自主意识，具有自信、自主、自强的人格特征；其次表现于学习活动中的参与度，参与的广度与深度是学生主体性表现的可见的标志；最后表现在学习的发展层次上，学习由“主动”向“自主”发展，最高层次则是“创新”[②]。

由此可知，主体教育理论是立足于学生主体，尊重学生主体性的。

2004 年 1 月我国首届主体教育理论研讨会上，与会的研究者们就主体教育的概念达成了共识：所谓主体教育，就是依靠主体来培养主体性的教育，它包括 3 层含义：第一，把学生培养成未来社会生活的主体，弘扬人的主体性，这是主体教育的基本价值立场；第二，在教育活动中，学生是正在成长着的主体，有一定的主体性，又需要进一步培养和提高，这是主体教育人性论的体现；第三，只有发挥人(教育者和受教育者)的主体性，才能培养主体性强的人，这是主体教育所采取的基本策略。

主体教育的终极目标就是使每个人得到全面、自由、充分的发展。

从教育活动的角度看，主体教育认为，受教育者是教育活动的主体，教育就是要以发展受教育者的主体性为目的。教育要培养受教育者的主体性，教育活动和教育系统也必须具有主体性。如果教育活动和教育系统不具有主体性，而成为社会政治、经济活动的附庸，教育就不可能以人的发展为根本，也就不可能成为主体的教育，不可能把受教育者当作主体培养。所以，主体教育就是使教育以主体性的方式，建构和发展受教育者主体性的活动，它是主体性的教育目的和主体

① 孙迎光．主体教育理论的哲学思考．南京：南京师范大学出版社，2003：36.
② 高清海．主体呼唤的历史根据和时代内涵．中国社会科学，1994，(4)：95.

性的教育方式的结合。

主体教育可以分为 3 个相互联系的组成部分：受教育者的主体性、教育活动的主体性、教育系统的主体性。受教育者的主体性是主体教育的目的，教育活动的主体性和教育系统的主体性是培养受教育者主体性的方式和保证。在教育目的上，要发展受教育者的主体性，培养受教育者成为社会历史活动的主体，就必须在教育活动中把受教育者当作主体，承认并尊重受教育者在教育活动中的主体地位，将受教育者真正视为能动的、独立的个体，赋予他们自主活动、自主发展的空间，使教育活动成为以受教育者为主体的活动，这就是教育活动的主体性。教育系统的主体性反映的是教育和社会发展的关系，是相对于“教育的依附性”而提出的，是指教育作为社会中一个相对独立的子系统，在与社会政治、经济等其他子系统的关系中表现出的主体性，包括教育的相对独立性，教育坚持自身的价值和规律，教育对社会的主动超越性等。

3. 主体教育的基本观点

综合主体教育的研究成果，归纳起来主体教育有以下的几个主要观点。

(1)学生是课堂学习的主人

主体教育的目的是培养受教育者的主体性。而课堂是学生学习、交流的主要场所，根据建构主义的观点，学生的学习是在一定的社会文化场域中，在与他人的对话交流中利用自己已有的知识经验自主建构知识意义和生命意义的过程。学生的学习是学生自己的事，任何人也代替不了。因此，学生是课堂学习的主人，这既是课堂教学的必然也是课堂教学的应然。但长期以来，传统教育都只把教师作为课堂教学的主体，而把学生作为教育的客体。教师作为教学的主体，不但控制了学生学习的内容、时间，而且主宰了学生的一切活动，学生作为客体只能顺从教师的管理和控制，从而扼杀了学生的主体性。随着主体教育理论的提出，人们才开始在理论和实践中强调发挥学生的主体性，提升学生的主体地位，才在各种类型的课堂教学评价中把学生是否成为课堂学习的主人作为评价的指标，从而努力争取让学生成为学习活动的主人。

(2)每个学生都具有自身存在的价值

主体教育认为学生是具有各种潜能和个性特征的生命个体，教育的目的是要促进每个学生的各种潜能和个性得到充分的发展，而这种发展只有在学生的主体性得到有效发挥的前提下才能实现。而要发挥学生的主体性，首先要让学生清晰地认识到自己作为生命存在的独特价值。每个人都有自身存在的价值，只有正确地意识到自身的价值和作用，才能更好地发挥其潜能，才能帮助学生相信自己有能力并努力地去实现自己的价值。主体教育理论认识到这一点，并积极帮助教师去做到这一点。教师的工作最重要的就是要让学生了解自身的价值，尤其是传统意义上以学业成绩为标准衡量的所谓“差生”，教师更要发现和帮助其清楚地了解和认识到自己的价值，激发和鼓励每一个学生的自信心和自尊心。学生只有认识到了自身的价值，树立了自信心，主动性和积极性得到激发和调动，才会主动积极地投入到“教”与“学”活动中去，教学才会取得良好的效果。

⑶教育要挖掘学生潜能，培育学生个性

主体教育就是要在充分挖掘学生潜能的过程中，最大程度地发展学生的个性品质和健康人格。这就要求教师要善于观察和鼓励学生，要让学生对自己的潜能有着清醒的认识并富于自信，并促使学生认真努力，让自己的潜能发挥它应有的作用。

挖掘学生的潜能，培养学生的个性，要极力避免按照统一的规格去要求每一个学生与开展活动。在教育活动中，对不同个性的学生，教师要给予关心和保护。学生只有在自己的个性得以保留并被鼓励的时候，才会真正自愿、愉悦地投入到各种学习活动中去。这样，学生才能展现丰富多样、各具特色、各有优势的主体性。

二、主体教育理论对导学讲评式教学的意蕴

DJP 教学是基于提高学生的主体地位，弘扬学生的个性而提出来的。DJP 教学中处处蕴含了主体教育的思想，主要体现在学生观、教师观、课堂教学观等方面。

1. 学生观

传统的教育思想中，学生是一张可以由教师在其上任意画上各种美丽图画的白纸，是花园中可以由教师这个园丁任意修剪和培育的幼苗，是没有思想、一无所知的“无知者”。因此，在教学实践中，绝大部分教师都把学生简单地看成教育的对象，看成接受知识的容器，没有把学生看成主体意义上的人来对待，因而忽略了学生的兴趣、爱好、情感、心理和个性等内在的和作为学生发展的重要指标的因素。主体教育强调学生是具有丰富的情感和个性潜能的主体意义上的人。我们在 DJP 教学中提出了“要高度尊重学生”，就是根据主体教育理论，把学生看成具有主体意义的人。因此，DJP 教学要求教师树立这样的学生观：学生是具有主动性、差异性、具大智慧潜能和整体性、不断发展着的人，是在人格上与教师平等的人[①]。只有树立了这样的学生观，才能实现对学生的尊重。

对学生的尊重主要体现在以下几个方面：首先，教师要把学生当成与自己在人格上平等的人对待，不能当成无生命的接受知识的容器。在教学过程中，要蹲下来与学生对话。学生讲解过程中，要注意倾听学生的意见，不要随意打断其话

① 王富英，朱远平．导学讲评式教学的理论与实践——王富英团队 DJP 教学研究．北京：北京师范大学出版社，2019：85-96.

语，要让学生把自己的想法讲述完毕。当学生的见解与自己的意见不一致时，要以宽容的心态对待学生，并要站在学生的角度思考和理解学生的意见和见解，不要以教师的思维代替学生的思维。其次，要了解学生内心想法，遵从学生的个性特点，从学生的“学”出发进行“教”与“学”的设计。第三，要把学习的自主权还给学生，给学生充分的自主选择和自由安排的时间和空间，使学生真正成为学习的主人，不要把学生当成控制的对象而主宰学生的一切。

2. 教师观

传统教学思想中，教师是知识的化身，是知识的拥有者和传播者。教师有至高无上的权力和权威，因此在教学中，教师也成了教学活动的主角，学生则成了教学活动的配角和听众。“主体教育理念则要求教师把自己定位为教学活动的合作者、引导者和鼓励者，把单纯的传递知识的教学过程变成最大限度地发挥学生主体性的探究性学习过程，让学生自主学习、自我教育”[①]。DJP 教学中，我们基于主体教育的这一理念把教师定位为：教师是学生学习的组织者、引导者、参与者、合作者。教学中教师既是“教者”又是“学者”。在 DJP 教学过程中，教师通过编写“学案”引导学生自主学习、探究，在学生自学后组织学生进行交流讲解；在学生遇到困能不能解决时教师进行点拨、指导予以帮助，并与学生合作交流共同解决问题。当学生遇到实在不能解决的疑难问题时，教师要发挥自身的作用，进行深入的剖析和讲解，并要讲深、讲透对学生予以帮助。这时由于学生经历了自己探究过程中遇到不能解决的问题而产生困惑与不解，会产生强烈的内在的需求和期望，教师及时提供的讲解会使学生全神贯注，仔细倾听，细心理会，深切感悟，从而可提高学习的效率，也真正实现了“少教多学，以学定教”“少讲、精讲”的教学要求。由此可知，在 DJP 教学过程中，学生的主体地位加强了，教师的作用并没有削弱，而是恰如其分地充分发挥了主导作用。

3. 课堂教学观

传统课堂教学以教师的讲授为主，学生的任务就是无条件地接受教师教授的一切。教师至高无上的权威地位导致课堂教学气氛紧张，氛围沉闷，缺乏生机。学生受制于教师的权威不敢质疑，长此下去，课堂形成了一种“静默文化”。在这种课堂文化氛围中，学生的主体性自然得不到体现。主体教育的理念要求学生是认识、实践的主体，是课堂学习的主人。我们在 DJP 教学中，要求“把学生学习的自主权还给学生，把时间还给学生，把课堂的话语权还给学生”，从而使学生真正成为自己学习的主人、课堂学习的主人，就是基于主体教育的理论提出来

① 靳玉乐．对话教学．成都：四川教育出版社，2006：67.

的。在 DJP 教学中，教师的任务就是要营造一种宽松和谐的课堂氛围，走下高高在上的讲坛与学生一道交流、讨论，并鼓励学生积极思考、充分讲解、大胆质疑、争辩讨论。通过师生、生生之间的交往互动、讨论辨析，在对话中生成知识意义。通过互动交往、对话讲解、交流讨论就充分保障了学生的主体地位，极大地发挥了学生的主体性，从而也活跃了课堂氛围，长期下去就会形成一种“宽松自由，交往对话”的课堂学习文化。学生在这种课堂文化氛围中就会轻松愉悦地完成学习任务，健康快乐地成长。

第四章　导学讲评式教学的基本理念

导学讲评式教学所研究的基本问题是学什么、怎么学、学得如何，在进行教学实践时需要坚持“回归自然”的教育观，“参与者”的知识观、“合作式”的师生观、“教学对话”的教学观与“发展为本”的价值观。

第一节　“回归自然”的教育观

卢梭在《爱弥儿》中劝告我们“教育要受之于自然”，即教育要遵循自然。[①]夸美纽斯也强调：教育要依据人的自然本性，他说：“我们的格言应当是：凡事都要跟随自然的领导，要去观察能力发展的次第，要使我们的方法依据这种顺序的原则”。[②]因此，在DJP教学中，我们提出“人的教育要回归自然”的教育观。

“回归自然”的教育观包括3个方面的意蕴：教育要回归人的自然属性、回归教育的自然、回归学生的自然生活。

一、回归人的自然属性

所谓人的自然属性是指大自然赋予人的本质特性，这种本质特性是人的生理特性、潜在力量、存在的基本条件和人的生命特质。因此，人的自然属性包括以下几个方面：求知欲与学习、交往与对话、归属与尊重的需要等。

1. 求知欲与学习是人的生存属性

“求知欲”是指人在好奇心的驱使下都有探其究竟的欲望，特别是新奇的事物。虽然好奇心一些动物也有，但动物没有深入探其究竟的欲望，因此，求知欲是人的本性。学习是在求知欲的驱动下去进行认识事物规律的活动。人本主义心

① 卢梭．爱弥儿（上卷）．李平沤，译．北京：商务印书馆，2014：8.
② 王天一，夏之莲，朱美玉．外国教育史（上册）．北京：北京师范大学出版社，1993：127.

理学代表人物罗杰斯认为，人类具有天生的学习愿望和潜能，这是一种值得信赖的心理倾向，它们可以在合适的条件下被释放出来。这里所说的人的“天生的学习愿望和潜能”就是我们所说的“学习是人的自然属性”，它主要体现在以下几个方面。

首先，学习是大自然赋予人类的生存特质。由于人的生理结构具有“非特定化”和“未完成”的特征，“人在本能上是匮乏的：自然没有对人规定该做什么，不应做什么”。[①]人不能像其他动物那样经过少量的学习就能很快在自然环境中生存，这种“非特定化”和“未完成性”成就了人必须要经过后天较长时间的学习来弥补其“未完成性”的不足才能生存。因此，学习是人类自身生存的需要，也就是说，学习是人的生存属性。也正是由于人要经过这长达十多年的学习，从而使人能掌握前人发明和积累的知识经验，使人不仅能够适应自然，而且还能能动地改造自然，这就是人有别于动物的主动性和能动性。其实，人类之所以能在众多生灵中脱颖而出，成为具有智慧的、不断扩展自己和在实践领域成为独特的生灵，就是因为学习。在生物进化和发展的长河中，凡是不会学习、不能逃避危难的种群都被弱化，有的甚至被淘汰了，而只有善于学习的人类才越来越强大，走向了统领其他生物的地位。

其次，人的学习是自发的和无止境的。人在幼儿时期就表现出顽强的、坚持不懈的学习特质。如，在学习行走时，跌倒了又爬起来继续行走，绝不会因为跌倒而退缩；幼儿在与成人或同伴的交往中学会了母语；当幼儿能够说话时，对世界的一切都充满好奇，有十万个为什么？儿童询问许许多多个“为什么”，这种行为就是儿童的学习行为。儿童带着“十万个为什么”走进学校进行正规学习。有些儿童希望学校中的学习能回答他们心中许多的“为什么”，或者由于课程的设置不能满足其需要，或者由于教师的方法不当，经常的训斥、不给予表达的机会和平台，致使其不能得到想要的答案而逐渐失去学习正规课程的兴趣，最后他们不得不自己去寻求喜欢学习的东西（如打游戏）而被落为“差生”，而往往就是这些学校里的所谓“差生”进入社会后便去学习自己喜欢的东西，从事自己喜爱的事业，其中不少人都取得了成功。

人是精神动物，他不是只满足于吃饱穿暖，还要追求精神的充实和心理的满足。因此，人在获得生存的物质条件后，还要不断地学习文化知识以满足精神上的需求。如，听音乐、读书、看戏、看电视等，即使到了退休后，很多人还要上老年大学学习新的知识以满足精神生活的需要。因此，人的学习是无止境的，是终身的，也正如马斯洛在谈到认知需要时说的：“人的认知是没有止境的，人们在不断地受到激励”[②]时就会不断地去学习探究。

① M. 兰德曼. 哲学人类学. 阎嘉，译. 贵阳：贵州人民出版社，1988：195.

② 亚伯拉罕·马斯洛. 动机与人格（第三版）. 许金声，等译. 北京：中国人民大学出版社，2007：7.

我们说学习是人的自然属性，并不是说别人要他学习什么他就学习什么，而是学习者根据自己的兴趣和需要有所选择。但在现实的学校教育中，我们的一些教育工作者并没有充分认识到这一点。学校进行的是正规的课程学习，由于教师在教学中没有注意激发学生学习兴趣、发挥学生主动性与积极性，只是采取生硬的灌输式教学，从而使学生对学习内容缺乏兴趣而去选取自己感兴趣的东西学习，而这些自己感兴趣的学习内容往往又不是正规课程规定的，所以考试时自然就成为了“差生”。教学实践表明，只要我们在教学中注意激发学生的学习兴趣，发挥学生学习的主动性和积极性，这些所谓的“差生”往往都会取得优异的学习成绩。

事实证明，儿童有学习的天性，而学习天性的自由展现，必然带来真正学习热情和惊人的学习效率①。

2. 交往与对话是人的本质属性（社会属性）

马克思在《关于费尔巴哈的提纲》中说，“人的本质不是单个人所固有的抽象物，在其现实性上，它是一切社会关系的总和。”这就是说，人的本质不是单个人的，而是通过各种社会关系交织在一起的。作为个体人的一切行为不可避免地要与周围所有的人发生各种各样的关系，如生产关系、亲属关系、同事关系等等。因此，生活在现实社会中的人，必然是生活在一定社会关系中的人。

人要与社会发生关系，就必须要与他人交往与对话。人从幼儿起在与父母及同伴的交往中学会语言，在与他人交往与对话中学会人类积累的知识、学会交流、学会合作、学会做事、学会做人。因此，交往与对话是人的本质属性，也是人的存在方式。巴赫金说：“存在就意味着进行对话的交往。单一的声音什么也解决不了。两个声音才是生命的最低条件，生存的最低条件”。②对话作为人的生存方式，其意义深扎于人的生存本质之中。换言之，对话是生存意义存在的基本形式，自我与他人的对话关系构成了我们真正的生命存在。人就是一个言说者，即使他不愿意向他人言说，他也必须对自己言说，人正是在与人的对话中成为人的。因此，交往与对话是人的社会属性。

在传统的课堂教学中，教师独霸话语权，“一讲到底”充斥着整个课堂，没有给予学生交往对话的机会和平台，教学脱离了人交往对话的本质属性。在这样的教学中，对于学生来说，由于在课堂上没有表达的机会，也就没有了责任和担当，只是作为听众被动地听老师讲解，从而使他（她）们认为教师的讲解那只是教师的工作，讲多讲少是教师的事，与自己无关。而人都听觉疲劳，40 分钟一个面孔、1 个声调，即使再认真的学生也会产生听觉疲劳和精力分散。实际上，我

① 郭思乐．教育走向生本．北京：人民教育出版社，2001：41.
② 巴赫金．诗学与访谈．白春仁，等译．石家庄：河北教育出版社，1998：340.

们成人连续听两个小时的报告也会疲劳和分散精力，更何况学生要整天上下午八九个小时听同样老师的“报告”。同时，这种缺乏交往对话的课堂教学，使“教”与“学”完全分离，教师与学生没有交流，同伴之间缺乏沟通，人与人之间互不理解，教师教学的针对性完全缺失，因此，没有交往对话的课堂教学效率自然不会高。

在DJP教学中，由于让学生自学后再与同伴交流和在全班讲解，让每个学生充分地进行交往与对话，使学生真实感到自己的存在。同时，由于要在班上讲解自己的理解与见解，使学生感受到一份责任和担当，自然格外专注和认真，讲解前就会认真准备，全身心投入，从而主体性得到充分体现。在讲解的过程中，同伴就讲解的内容与讲解者进行交流，教师就讲解内容进行点评与引申，师与生、生与生展开了广泛的交往与对话，在对话中达成相互理解，互助合作，促进师生的共同发展。

3. 尊重与自我实现需要是人的生命价值属性

人的生命价值就是一个人的生命对作为主体的自身需要和作为主体的社会需要的满足。就是说人的生命价值体现在两方面：一是生命的自我价值即生命活动对自身的存在和发展的满足；另一方面是生命的社会价值即生命存在对社会发展的满足。生命活动对自身存在和发展的满足就是生命活动要满足自身发展需要，生命存在对社会发展的满足则是指对社会的贡献。

人作为主体的自身需要主要是指人的基本需要。马斯洛把人的基本需要由低级到高级排列成了五个等级[①]：①生理需要：满足体内平衡的需要。如，吃饭、喝水、睡眠等。②安全需要：生活有保障而无危险。如，安全、稳定、保护、免受恐吓、焦躁和混乱的折磨等。③归属和爱的需要：与他人亲近，受到接纳，有所归依。④尊重的需要：胜任工作，得到赞许和认可。⑤自我实现的需要：实现个人的潜在能力和抱负。

马斯洛指出：“如果生理需要和安全需要都很好地得到了满足，爱、情感和归属的需要就会产生，并且以此为中心”。“爱的需要既包括对别人的爱，也包括接受别人的爱”，因此“对爱的需要包括感情的付出和接受。如果这个需要不能得到满足，个人会空前强烈地感到缺乏朋友、心爱的人、配偶或孩子。这样的一个人渴望同人们建立一种关系，渴望在他的团体和家庭中有一个位置，他将为达到这个目的而努力。他希望得到一个位置，胜过希望获得世界上任何其他东西。”如果这种需要没有得到满足，“此时，他强烈感到孤独，感到被抛弃、遭受拒绝，举目无亲。尝到浪迹人间的痛苦”，因此，“对爱的需要的阻挠是造成适应不良

---

① 亚伯拉罕·马斯洛．动机与人格（第三版）．许金声，等译．北京：中国人民大学出版社，2007：16-30.

情况的根本性所在。”①

对于“尊重需要”，马斯洛指出：“社会上所有人都有一种获得对自己稳定的、牢固不变的、通常较高评价的需要和欲望，即自尊、自重和来自他人尊重的需要与欲望。”尊重需要的满足“导致一种自信的情感，使人觉得自己在这个世界上有价值、有力量、有能力、有位置、有用处和必不可少。然而这些需要一旦受到挫折，就会产生自卑、弱小以及无能的感觉。这些感觉又会使人丧失基本的信心，使人要求补偿或产生神经症倾向”。而自我实现的需要“指的是人对于自我发挥和自我完成的欲望，也就是一种人的潜力得以实现的倾向”②。当人凭借自己的努力获得成功而得到他人的称赞时会感到成功的满足和自我价值的实现，会更加自信，进而确定更高的目标和产生更大的动力。这种更高目标的实现则会为社会作出更多的贡献，从而体现出人的生命价值。

在五种基本需要中，体现人的生命价值存在主要是指五种需要中的后 3 种。这 3 种需要得到满足则体现了人生命的自我价值，即生命活动对自身的存在和发展的满足，而“自我实现需要”的满足既体现了人生命的自我价值也体现了人生命的社会价值，因为，它的实现既是生命活动对自身的存在和发展的满足又是生命活动对社会的存在发展的满足。马斯洛指出：归属与爱、尊重、自我实现等人的基本需要，是一种“类本能”，是由人种遗传先天决定的③。因此，我们说“尊重和自我实现的需要”也是人的一种自然属性，而这种属性体现生命的价值更加明显，故又叫作人的生命价值属性。

人的存在不只是生物性存在，而是不断追求体现其生命价值的存在。在我国社会进入小康之后，学生的生理需要和安全需要都得到了满足。因此，学生追求的就是要得到“爱、尊重”的需要，在这两种需要得到满足的前提下，他们会去追求最高需要——“自我实现需要”的满足。但遗憾的是，在现实的学校教育中，特别是灌输式教学中，学生的这些需要很少得到满足。因为，课堂上教师独霸话语权，把学生看成一无所知的、等待接受知识的容器，教学中完全采用灌输式教学。这实际上就是不信任学生、不爱学生和不尊重学生。由于这种教学没有给学生展示的机会和平台，学生的智慧和才华也就没有机会在同伴面前展示，因而也就得不到他人（同伴和老师）的爱与尊重。

二、回归教育的自然

夸美纽斯说：“要使方法能够激起求知的愿望，它的第一就必须来得自然。因为凡是自然的东西就无需强迫。水往低处流是无需强迫的。”④因此，人的教

① 亚伯拉罕•马斯洛．动机与人格（第三版）．许金声，等译．北京：中国人民大学出版社，2007：16-30.
② 亚伯拉罕•马斯洛．动机与人格（第三版）．许金声，等译．北京：中国人民大学出版社，2007：22-23.
③ 亚伯拉罕•马斯洛．动机与人格（第三版）．许金声，等译．北京：中国人民大学出版社，2007：140-141.
④ 夸美纽斯．大教学论．傅任敢，译．北京：教育科学出版社，1999：94.

育要来得自然，即要回归教育的自然，它包括两个方面内容：一是回归教育的本体，二是遵循教育的规律（包括学生的认知规律）。

1. 回归教育本体

何为“本体”？本体就是指事物的本身，引申为根本。在哲学上本体叫做事物的本质或本源。而教育的对象是学生，教育的目的是为了促进学生的发展。因此，学生的发展是教育的根本，即教育的本体是学生，学校的一切教育活动都是为了学生的发展。

2. 遵循教育规律

所谓规律，哲学上又称为法则。在辩证唯物主义哲学中，它是指客观事物发展过程中的本质联系，具有普遍性的形式。规律和本质是同等程度的概念，都是指事物本身所固有的、深藏于现象背后并决定或支配现象的方面。而本质是指事物的内部联系，由事物的内部矛盾所构成，规律则是就事物的发展过程而言，指同一类现象的本质关系或本质之间的稳定联系。因此，规律就是关系，是本质的关系或本质之间的关系。教育规律就是教育现象与其他社会现象之间本质的必然的联系或关系。当然，并不是任何关系都是规律，只有各种现象间本质的关系才是规律。

规律是现象中固有的东西，教育规律也就是教育现象中固有的、稳定的东西。规律又是现象中同一的东西，教育规律就是众多种类教育现象中同一的东西。教育现象千千万万，教育的类型和形式多种多样。但不管是小学教育、中学教育、大学教育、家庭教育、学校教育、社会教育，还是课内教育、课外教育、团队教育等等，虽其具体形态不同，但蕴含其中同一、普遍的东西只有一个，即它是促进个体身心发展的工具。这种同一的东西，就是教育中规律性的东西。

遵循教育规律就是指教育活动应该遵循教育中巩固的、稳定的普遍法则。如，教育的手段和方法要符合儿童不同发展阶段的认知特点，要满足儿童不同发展阶段的身心需要；教学的方法要符合学科教学的特点，等等。卢梭在《爱弥儿》中指出：“儿童有自己的观察、思考和感觉方式。”[①]遵循教育规律就要遵循儿童自己的观察、思考和感觉方式。但在现实的教育中，我们都是在用成人的思维去要求儿童。“总是在寻找儿童期的成人，从不考虑儿童在成人之前是什么”。卢梭进一步指出：“不适合儿童年龄阶段的任何东西对儿童而言既无用处也无好处”“要清楚的是教学的前提是心智的成熟”。[②]因此，教育要遵循学生不同发展阶

① 罗伯特·R.拉斯克，詹姆斯·斯科特兰．伟大教育家的学说．朱镜人，单中惠，译．济南：山东教育出版社，2013：138.

② 同①.

段的认知规律。皮亚杰提出了儿童认知发展有 4 个阶段①：感知运动阶段、前运演阶段、具体运演阶段和形式运演阶段。每一个阶段儿童的思维水平是不一样的，因此，教育教学中要按照儿童各个阶段的认知能力，有针对性地进行教学，不能超越或者颠倒不同阶段的学习任务。如，形式运演阶段的儿童的思维是一种假设性的思维，这种思维是建立在符号的基础之上的，而不是建立在实体基础之上的。而代数思维就是假设性思维，因此，具体运演阶段的儿童还不能很好地掌握代数运算，只有当儿童发展进入到形式运演阶段后，才具有学习代数的认知能力。

教育要遵循其规律，就像学习跳远必须先学习跑步，学习骑马要先学习走路一样。因此，夸美纽斯特别指出："在儿童年龄和智力既不需要也不允许的情况下，什么也不要教授"②。否则，不仅毫无效果，还会引发学生产生厌恶而失去将来学习这部分内容的兴趣。奥苏贝尔(Ausubels)提出教育的目的、要求，教育的内容、方法、步骤等，都应根据学生发展的不同阶段作出具体安排③。杜威提出"教育即生长"也充分体现了教育要符合人的自然发展规律。杜威说："人的成长是各种能力慢慢地生长的结果。成熟要经过一段时间，揠苗助长没有不反致伤害的。"④奥苏贝尔提出要在学生的"最近发展区"设计"教"与"学"活动，超越学生的"最近发展区"设计的学习内容学生会接受不了，教学效果自然就不会好。这都说明了教育要遵循教育本身的规律。

但在现实的教学中，违背教学规律的事时常发生。如，我们经常看到教师不讲述公式、定理的发现和证明过程，而要求学生机械记住公式，并采用大量的习题进行练习。我曾经到一个学校去听一节高中数学《二项式定理》的新课教学。上课时教师对学生说："这个定理的推导证明比较难我就不讲了，其实大家用不着懂得它的证明，只要记住公式能用它解题就行了"。于是便直接告知结论后就开始讲解例题，然后让学生模仿例题进行大量练习，目的是让学生经过练习达到对公式的熟记。据我经常到学校听课发现，诸如这类直接告知结论，忽略知识的发生、发展和形成过程的现象在教学中还大量存在。而且经常听到老师说："这些知识我讲过多次了，学生就是记不住"。其实学生的学习是在自己经验的基础上获得的，这就是杜威(John Dewey)主张的"从经验中学习"。而经验是过程与结果的联结。这种直接告知结论的教学，没有让学生经历知识发生和形成的过程，只有结果，从而不能形成学生的经验。这种结果的知识只是一种信息，不是经验。所以，这种教学违背了经验形成规律的教学，自然也就达不到教师需要的效果了。针对这种情况，夸美纽斯在《大教学论》中告诫老师们："凡是没有被悟性彻底

① 皮亚杰．发生认识论原理．王宪细，译．北京：商务印书馆，1981：22-57.
② 罗伯特·R.拉斯克，詹姆斯·斯科特兰．伟大教育家的学说．朱镜人，单中惠，译．济南：山东教育出版社，2013：84.
③ 王天一，夏之莲，朱美玉．外国教育史（上册）．北京：北京师范大学出版社，1993：59.
④ 赵祥麟，王承绪．杜威教育名篇．北京：教育科学出版社，2006：6，105.

领会的事情，都不可用熟记的方法去学习”①。

三、回归学生的自然生活

生活，是指人类生存过程中的各项活动的总和，范畴较广，一般指为幸福的意义而存在。生活实际上是对人生的一种诠释。生活包括人类在社会中与自己息息相关的日常活动和心理影射。生活也是体现人类所有的日常活动和经历的总和。广义上指人的各种活动，包括日常生活行动、学习、工作、休闲、社交、娱乐等职业生活，个人生活、家庭生活和社会生活以及玩味生活。

学生的自然生活是指学生在自然环境中的学习、休闲、社交、娱乐、成功、失败等日常活动和经历的总和。学生是生活在现实生活中的。现实生活中的事件对学生的思想、观念都会产生直接的影响。教育回归学生的自然生活，就是指教育要与学生的自然生活紧密联系起来，在学生的生活中进行教育。“教育必须从人的现实生活出发，对人的生活世界、生活问题、生活关系、生活意义进行理解，形成对现实的价值透视和意义洞察，探寻教育有效的引导方式，这样才能对学生进行意义引导。”②实际上，学生在日常生活中通过与他人的交往、交流和自身成功、失败的经历中不断丰富和积累个人的经验并利用经验增强指导自己生活的能力，从而受到了教育。正如杜威指出的：“教育并不是强制儿童静坐听讲和闭门读书，教育就是生活、生长和经验的改造”③。在杜威看来，生活和经验是教育的灵魂，离开生活和经验就没有生长，也就没有教育。而传统的教育不是在儿童的生活中进行，而是脱离儿童现实生活强制性灌输给学生，强迫其接受。这种脱离学生生活的教学，学生自然不乐意接受，效果也自然不会很好。

回归学生的自然生活，可以从以下 3 个方面进行：

第一，学校正规学习的教育活动要与学生现实生活紧密联系起来，尤其生活中猝发的牵动学生心弦的热点事件，更要抓住不放，利用这些事件来进行教育，这样的教育才能真正发挥作用。教育教学中不要脱离学生的现实进行空洞的说教，空洞的说教即使你说得天花乱坠，学生也不会感兴趣。如果在儿童现实生活中进行教育，就会叫儿童感到学习的需要和兴趣，产生学习的自觉性和积极性。由于他们自愿学习和在生活中真正理解事物的意义，这种教育乃是真实的、生动活泼的，而不是皮相的和残害心智的。

第二，让学生在日常生活中或者参与社会生活实践中进行自我教育。首先，让学生在日常生活中进行自我学习和自我教育。如，儿童时期的学生让他们自己管理自己的生活、学习，培养独立生活的能力；在与同伴发生矛盾时成人可以给

① 夸美纽斯．大教学论．傅任敢，译．北京：教育科学出版社，1999：100.
② 金生鈜．理解与教育——走向哲学解释学的教育哲学导论．北京：教育科学出版社，1997：72.
③ 约翰·杜威．民主主义与教育．王承绪，译．北京：人民教育出版社，2001：14.

出判断的标准让孩子自己分析处理，学会与人相处和与他们合作的能力。其次，引导学生主动去参与一些社会实践，让学生自己去经历一些成功与失败，从而积累和丰富社会活动经验。我们经常可以看到这样的现象，一些学生在读书时很不成熟，工作一两年后很快就成熟了，甚至一段时间不见后再看到时感到孩子成熟多了。这就充分说明社会生活是一个最能教育人、成就人的大课堂。但我们现在的一些教育，往往把学生与社会隔离，“两耳不闻窗外事，一心专读教科书”。有些家长为了让孩子专心读书，包揽了孩子生活的一切，使孩子独立生活能力很差，甚至离开父母自己不能生活，于是孩子上大学了母亲还要去陪伴，帮助孩子洗衣、做饭和日常生活照顾。这种家长包揽一切，不让孩子自己在生活中去磨炼，去经历失败与成功的体验，孩子永远也不会成熟。一些孩子大学毕业工作了都不能自理就是很好的例证。所以，人是自己在生活中不断地成长起来的，任何人也不能包办代替。

第三，学校本身也是一种社会组织，而教育是一种社会过程。杜威指出“学校便是社会生活的一种形式”。[①]学生在学校中要度过十几年的学习生活，而这又恰巧是人一生中最重要的时期。在这种学校社会生活里，学生通过科学文化知识的学习，与同伴和教师的交往而不断地自我更新。“生活就是一个不断更新的过程”。而这种“努力使自己继续不断的生存，这就是生活的本性，因为生活的延续只能通过经久的更新才能达到”“教育是生活的过程，而不是将来生活的预备”。[②]因此，学校的教育教学要紧密结合学生在学校内的各项社会生活实际，使学生在各种活动中不断成长和发展。

第二节 “参与者”的知识观

知识观即对于知识的态度与观念，是人们对知识的基本看法、见解与信念，是人们对知识本质、来源、范围、标准、价值等的种种假设，是人们关于知识问题的总体认识和基本观点。知识观所要探讨和回答的核心问题是关于知识和知识体系的性质、存在方式、价值和意义问题，它直接影响着学案设计时对知识的态度和相应的处理策略和方式。从知识与学习者关系的角度，可将知识观分为旁观者知识观和参与者知识观。

传统的教学论坚持的是基于理性主义和科学主义的知识观，认为知识具有客观性、确定性、普遍性、真理性、绝对性、可证实性、中立性等特性[③]。杜威把这

① 赵祥麟，王承绪．杜威教育名篇．北京：教育科学出版社，2006：3.
② 约翰·杜威．民主主义与教育．王承绪，译．北京：人民教育出版社，2001：14.
③ 石中英．知识转型与教育改革．北京：科学教育出版社，2001：129.

种知识观称为“旁观者知识论”，并且指出了这种知识观所存在的两个显著缺陷：一是认知的主体与被认知的对象是分离的，认知者如同“旁观者”或“局外人”一样，以一种“静观”的状态来获取知识；二是认知被理解为一种认识“对象”呈现给认知者的事件，认知者在认识中是被动的。[①]在“旁观者知识观”视域中，知识作为“对实在的‘静态’把握或关注”，成为了一种结果、一种定论、一种工具、一种产品、一种放之四海而皆准的真理；教师(作为知者)成为了传递这种先验知识的专业人员，学生则“是先验的旁观者，是教师和课本所传递的信息的接受者”[②]。

这种“旁观者知识观”在我国的数学教学实践中通常体现为下面两种“教学信条”：

一是“教什么”比“怎么教”更重要。因为将知识当作一种客观的、外在的、确定的东西，教师与学生均不参与知识的产生与形成过程，教学的主要任务就是让学生准确地理解和接受它们，这样便自然产生了一种“教什么”先于“怎么教”的认识。这种认识以张奠宙先生的观点最为鲜明，他说：“教什么永远比怎么教更重要。如，吃饭，吃什么永远比怎么吃更重要。果腹、营养、味道是饮食的核心。至于用筷子还是用刀叉，并非哪个先进，哪个落后，并不那么要紧。可是，有些事情硬是颠倒了。君不见，在教师教育中，都在讲外国的教育理念的先进(用‘刀叉’的优越)，而传统的‘启发式教学’‘数学双基教学’都不见了(用‘筷子’落后)。在‘教学表演中’，一些花里胡哨的东西大行其道，但是在检查学生学习效益面前不堪一击”[③]。这种把“教什么”放在数学教学首要位置的观点，在我国2001年颁布的《全日制义务教育数学课程标准(实验稿)》有着鲜明的体现，在其基本理念中指出：“人人学有价值的数学；人人都能获得必需的数学，不同的人在数学上得到不同的发展”[④]。这显然是把数学课程的落脚点放在了数学知识上，从而决定了数学教学的重心是“教什么”与“学什么”。

正因为“教什么”比“怎么教”重要，掌握所教知识是数学课堂教学的最为现实的目标，因而，“重点”知识与“难点”知识的确定就成为教学设计中必须解决的焦点问题。知识无限，而时间有限，在课堂教学中就必须选择那些“最有价值的”、起核心作用的知识为教学的重点，而把那些学生难以接受的知识作为教学的难点。

二是“考什么就教什么”。这种教学“信条”当然与我国愈演愈烈的“应试教育”有关，但更为深层的原因应该是这种“旁观者知识观”在作祟。将知识当作一种恒定不变的定论，正好迎合了考试的基本要求，因为只有确定的、大家公

① 郭法奇．探究与创新：杜威教育思想的精髓．比较教育研究，2004，(3)：12-16.
② 小威廉姆·E.多尔．后现代课程观．王红宇，译．北京：教育科学出版社，2000：200.
③ 张奠宙，赵小平．教什么永远比怎么教更重要．数学教学，2007，(10)：50.
④ 中华人民共和国教育部．全日制义务教育数学课程标准(实验稿)．北京：北京师范大学出版社，2001：1.

认的、具有标准答案的知识(或者说结构良好的知识)，才能作为考试的内容，并且以这样的知识作为考试内容方便于量化为统一的分数与划分等级。犹如小威廉姆·E.多尔指出的那样："今天的教师通过要求学生'注意''仔细听''认真观察'等以达到精确性。这些要求的理论基础就是假设学生与知识之间是旁观(不是建构)的关系。知识被假定外在于'那里'，……'最好的'学生是按照传递的方式接受知识的人。学生接受这种知识的好坏通过获得的分数等级来反映"[①]。

DJP 教学秉承的是"参与者知识观"，它是基于建构主义的一种知识观，认为知识具有主观建构性、境遇性和价值性；人人都是知识的创造者，"知识不再被当作是为了让教师进行分配和传递而从学术'发现者'处传递下来的私有财产，知识成为师生合作工作的产物"[②]。在"参与者知识观"的视域中，学习者不再是外在于知识的旁观者，而是知识发明的参与者与知识意义的建构者；教师也不再是知识的传递者，而是学生学习发展的促进者，是学习的组织者、引导者与合作者。

历史上，最早提出"参与者知识观"的是古罗马的伟大教育家奥里利厄斯·奥古斯丁(Aurelius Augustinus)，他强调指出，对事物的观察与理解都是需要本人积极地参与其中，并且认为，语言并不能直接传播知识，知识是从语言经验中获得的，那种"教师能够通过语言媒介向学生传播知识的观点是错误的"[③]。

在《义务教育数学课程标准(2011 年版)》中，将核心理念修改为："人人都能获得良好的数学教育，不同的人在数学上得到不同的发展"，把数学课程的落脚点从数学知识转到了数学教育，其目的不是掌握数学的逻辑知识，而是让学生获得良好的数学教育。特别是将"过程"作为课程内容的重要组成部分，课程内容"不仅包括数学的结果，也包括数学结果的形成过程和蕴含的数学思想方法"；强调"学生是学习的主体"，而"学生成为学习主体的重要标志是他们积极参与各种教学活动"[④]。发展与过程均与个体的参与密不可分，参与成为了教学活动的关键词。据笔者统计，《义务教育数学课程标准(2011 年版)》在"总目标"与"学段目标"中，用于表述参与(过程)的行为动词(参与、经历、体验、探索、表达、思考、回顾等)占所用行为动词总数的 46.5%。因此，可以说《义务教育数学课程标准(2011 年版)》所坚持的是一种"参与者知识观"。

"参与者知识观"强调的不是结果性知识，而是知识形成建构的过程，因此，在学习设计中，"怎么学"远比"学什么"更重要，即学会学习比学会知识更为重要。"学什么"总是拘泥某个范围之内，总有结束的时候，具有局限性、间断

---

① 小威廉姆·E.多尔．后现代课程观．王红宇，译．北京：教育科学出版社，2000：239-240．
② 麦克·杨．未来的课程．谢维和，等译．上海：华东师范大学出版社，2003：34．
③ 弗兰克·M.弗拉纳根．最伟大的教育家：从苏格拉底到杜威．卢立涛，等译．上海：华东师范大学出版社，2009：58-60．
④ 教育部基础教育课程教材专家工作委员会．义务教育数学课程标准(2011 年版)解读．北京：北京师范大学出版社，2012：263．

性；何况，所学知识总是现成的、过去的。因此，“学什么”专注于过去，具有过时性。而“怎么学”强调的是动机与方法，并不局限在某个学习内容上，而是放眼于整个学习生活。“怎么学”更具有拓展性、持续性、发展性。“学什么”是承载与孕育动机与方法的素材，而动机是获取与更新知识的动力，方法是获取与更新知识的智慧。

早在18世纪，卢梭在其名著《爱弥儿》中就指出：“问题不在于教他各种学习，而在于培养他有爱好学问的兴趣，而且在这种兴趣充分增长起来的时候，教他以研究学问的方法。毫无疑问，这是所有一切良好的教育的一个基本原则”[①]。20世纪60年代，布鲁纳就也强调过类似的观点，他说：“了解人类状况从而理解人类构建世界的方式远远比建立这些过程性结果的本体地位更为重要”[②]，“教某人学习这些学科，主要的并不是要他记住那些成果。毋宁说，是要教他参与可能构建知识的过程。我们教一个科目，并非要建立这个科目的许多小型的活动图书室，而是要使一个学生自己有条理地思考，使他考虑问题时像一位历史学家所做的那样，参与获得知识的过程。认识是一个过程，绝不是一个结果。”[③]这就是说，理解结果性知识远没有理解人类构建知识的方式重要，掌握了建构知识的方式，就能生成所需的知识。DJP 教学就是让学生理解和经历人类构建世界的方式与过程，其出发点不是结果性知识，而是构建知识的方式，包括获取知识的方式、更新知识的方式与应用知识的方式。

在信息时代，谁都不能再希望在自己的青年时代就能够形成足够其一生享用的原始知识宝库，人们必须有能力在自己的一生中抓住和利用各种机会，去更新、深化和进一步充实最初获得的知识，使自己适应不断变革的世界。要树立蕴含“参与者知识观”的终身学习理念，能够将自己的生活阅历和工作经验转化成知识，并且把已获得的知识用作发现新知识的基础，不断更新自己的知识宝库。

第三节　“多元化”的学习观

“学习”不论是作为一项人类的活动，还是作为一个教育中的概念，从古到今均是人们最为关注的一个主题。从孔子的“学而时习之”“温故知新”到夸美纽斯的“教员可以少教，学生可以多学”；从赫尔巴特(J.F.Herbart)的“统觉学习理论”到杜威的“做中学”；从布鲁纳(J.S.Bruner)的“发现学习”与奥苏伯尔(D.P.Ausubel)的“意义学习”到加德纳(Howard Garder)的“多元智能论”与弗赖

① 卢梭．爱弥儿(上卷)．李平沤，译．北京：商务印书馆，1983：223.
② 小威廉姆·E.多尔．后现代课程观．王红宇，译．北京：教育科学出版社，2000：186.
③ 布鲁纳．布鲁纳教育论著选．邵瑞珍，等译．北京：人民教育出版社，1989：29.

登塔尔(H.Freudenthal)的“数学化”与“再创造”，对“学习”的本质及其活动方式均有极其深刻的揭示和论述。随着社会信息化、多样化、国际化的不断加深，在学习方式上凸显了个性化与多元化的特征。

20 世纪 90 年代以来，世界上许多国家和地区都更加注重学习方式的改革和研究，形成了各具特色的数学学习方式。在美国《学校数学课程与评价标准》中强调基于培养“数学素养”的学习，而英国则重视学习的多样性，其课程理念是为所有学生提供有效的学习机会。荷兰追求的是基于“数学现实”的学习方式，在俄罗斯的数学课程标准中强调以促进学生发展为目的的学习方式，而日本为培养学生的“生存能力”更加强调自主学习和合作学习等。在德国数学课堂教学中，既有基于促进学生思维发展的“主动探究性学习”，又有基于社会需求的“合作社会性”学习。中国香港的数学课程纲要中强调学习的过程与学习的结果应受到同样的重视，让学生进行探究、传意、推理、构思数学概念和解决问题的学习活动。中国台湾的数学课程纲要中则强调要开展“人性化、生活化、适应化、统整化与现代化的学习活动”。中国大陆传统的数学学习方式受社会文化价值和考试文化的影响和制约，偏重于接受式学习和“精讲多练”。

《全日制义务教育数学课程标准(实验稿)》中指出：“学生的数学学习内容应当是现实的、有意义的、富有挑战性的，这些内容要有利于学生主动进行观察、实验、猜测、验证、推理与交流等数学活动。内容的呈现应采用不同的表达方式，以满足多样化的学习需求，有效的数学学习活动不能单纯地依赖模仿与记忆，动手实践、自主探索与合作交流是学生学习数学的重要方式。”[①]。《标准》所提倡的是自主学习、合作学习与探究学习，随着新课改的不断深入，这些学习方式已经以各种形式运用到了教学实践之中。然而，从整体上讲，当前我国课堂教学中所采用的学习方式仍以接受学习为主，这其中的原因是多方面的。如果从积极的方面来考虑，接受学习具有知识容量大、知识结构好、效率高以及易调控等优点，这些优点是独特的，是其他学习方式难以取代的。因此，无论如何接受学习仍然是一种重要的学习方式。

在 DJP 教学中，学生的学习方式不是单一的，而是多元的、综合的，是由接受学习、自主学习、合作学习与探究学习等学习方式组成的学习系统；4 种学习方式相辅相成，互为补充，发挥着各自的优势。

关于 4 种学习方式之间的关系，可从两个维度来分析，一是知识形成维度，主要以学习中知识意义的生成方式为出发点，接受学习与探究学习是这一维度的两极；二是活动形式维度，主要以学习活动的组织方式为出发点，自主学习与合作学习包含在这一维度之中。在 DJP 教学中，4 种学习方式均不是相互独立、截然分开的，它们只是各自强调了学习的某一个方面。在知识形成维度，接受学习

---

① 中华人民共和国教育部．全日制义务教育数学课程标准(实验稿)．北京：北京师范大学出版社，2001：2.

强调的是通过较为固定的方式来吸收同化确定性的文化知识，突出的是间接经验的学习，而探究学习强调的是通过“再创造”的过程来生成发现具有生长意义的知识经验，突出的是直接经验的学习。在实际的学习过程中，很难将二者严格区分开来，常常是“接受”中有“探究”，而“探究”中有“接受”。在活动形式维度，自主学习强调的是学生的主体作用，突出的是学习中的个性化特点，而合作学习强调的是师生之间的“视域融合”，突出的是学习中的社会化特点。同样，教学中，自主学习与合作学习也是相辅相成、不能分开的，“自主”中有“合作”，“合作”中有“自主”。不但如此，学习的两个维度之间也是相互交叉、相互融合的，我们可以用下面的二维坐标系来描述它们之间的关系：

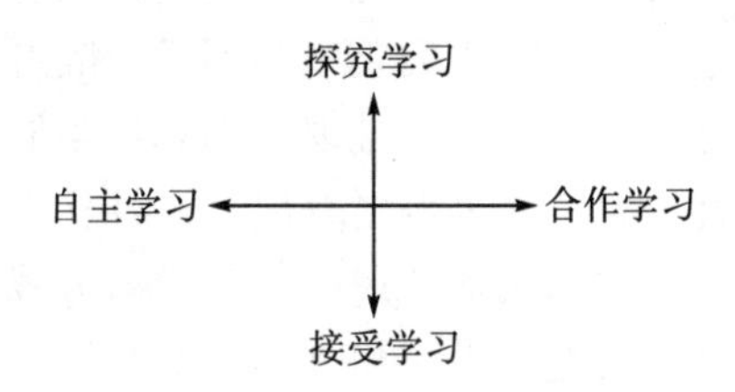

图 4-1 4 种学习方式之间的关系图

通过这样的认识，我们提出了多元化的学习观：任何一种有效的学习都是多种学习方式有机整合的产物。任何一种真实有效的学习方式均含有接受、探究、自主与合作这 4 种成分，只是不同的学习方式中各种成分所占比例的不同而已。在接受学习中，“接受”的成分所占的比例最大，而在自主学习中，“自主”的成分最大。从学生发展的角度，课堂教学中学生的学习一般可分为 3 种层次和水平①：一是主动接受；二是自主发现；三是意义创造。在实际教学中，根据教学目的、教学内容以及学生发展的需要，可以建构不同形式的组合式学习方式，如自主性接受学习、自主性探究学习、合作性接受学习与合作性探究学习等。

第四节 “合作式”的师生观

“合作式”的师生观可分为教师观与学生观分别加以论述的。教师观是指教师对教师职业的特点、责任、教师的角色以及科学履行职责所必须具备的基本素质等方面的认识；学生观是指教育者对学生在教育教学活动中的性质、地位、特

① 裴娣娜. 教学论. 北京：教育科学出版社，2007：67.

征和具体实践活动的基本看法与认识。

在传统教学中，对人们特别是一线教师的师生观影响比较大的是以下两条格言：一条是我国唐代教育家韩愈提出的："师者，传道、授业、解惑者也"，意味着，教师是知识的传授者，而学生是知识的接受者。另一条是俄罗斯教育家米哈伊尔·伊凡诺维奇·加里宁(Mikhail Kalinin)提出的："教师是人类灵魂的工程师"，意味着"人类灵魂"是可以设计的(按规律)，从而是可以生产的(批量生产)。教师是设计者，学生是被设计者。这两条格言都是将教师放在了主动的一方，而将学生放在了从动(被动)的一方，形成了一种"主从式"师生观。

《义务教育数学课程标准(2011年版)》中提出了一种新的师生观，认为在数学教学活动中，"学生是学习的主体，教师是学习的组织者、引导者、合作者"，这肯定了教师与学生在教学中形成的一种平等合作的关系。在这种关系中，教师与学生都是主动的参与者——学生是主动的学习者，而教师是主动的引导者，可以把这样的师生观称谓"合作式"师生观。

传统的教学论坚持的是"主从式"师生观，教师是教学活动的决策者与行动命令的发出者，学生从属于教师的决策与命令，只是被动执行者。教师把自己从大纲、教材、数学文献和教学法文献中得到的信息以及学生水平和思维能力方面的信息加以加工，并且使用一定的手段把教学的信息传输给学生；学生接收从教师、教科书和其他来源得来的信息并且加工，再按教师的要求用答问、练习和解题的形式把关于掌握教材的质量和思维发展程度的信息传输给教师[①]。学生所获得的信息只是拘泥于教师所传授的信息，也只能按照教师所规定的方式开展学习活动，没有自己提供的信息、也没有自己的创造。教学设计成为了精心安排教师行为活动的过程，而学生的学习活动的系统设计则被忽略了。这种教学设计下的课堂教学情景，叶澜教授曾给出如下生动形象的描述："'死的'教案成了'看不见的手'，支配、牵动着'活的'教师与学生，让他们围绕着它转；课堂成了'教案剧'出演的'舞台'，教师是主角，好学生是配角中的'主角'，大多数学生只是不起眼的'群众演员'，很多情况下只是'观众'与'听众'"[②]。

DJP教学坚持的是"合作式"师生观，教师以平等、尊重的态度鼓励学生积极参与教学活动，启发学生共同探索，与学生一起感受成功和挫折、分享发现的成果；"学生在教学中的角色，不仅是学习活动的承担者，而且是教师教学过程中的合作者，是与教师一起组成的教学活动的承担者，是教学活动展开的推进者和创生者"[③]。这意味着，教师不再是知识的传授者，也不是学生学习的旁观者，而是学习活动的参与者、交往互动的引导者、共同发展的合作者。也就是说，教师不能是"人类灵魂的工程师"，而只能是"学生心灵世界的引导者"。在DJP

① A.A.斯托利亚尔．数学教育学．丁尔升，等译．北京：人民教育出版社，1984：9．
② 叶澜．"新基础教育"论——关于当代中国学校变革的探索与认识．北京：教育科学出版社，2006：275．
③ 叶澜．"新基础教育"论——关于当代中国学校变革的探索与认识．北京：教育科学出版社，2006：271．

教学中，教师与学生均具有一种双重身份：“教师学生”与“学生教师”。

第五节 “对话性”的教学观

教学观就是教师对教学的认识，其中最为本质的问题是关于“教”与“学”的关系问题。历史上，众多专家学者曾提出了多种形式的教学观，概括起来有特殊认识说、认识发展说、传统说、学习说、实践说、交往说、关联说、认识实践说、层次类型说等。从“教”与“学”的关系的角度，《学记》中提出“教学相长”的观点；皮亚杰认为“教学不能超越发展”，而维果斯基则认为“教学应该走在发展的前面”；杜威提出“教育即是经验的改造或改组”和“在做中学”，而弗莱雷则提出“教学即对话”。为了分析高效数学教学的构成要素，我们把我国数学教学实践中具有实质影响的教学观划分为三种类型：先教后学、先学后教与教学对话[①]。

一、先教后学

“先教后学”是一种以教师的“教”为主的教学观，它强调教师中心，主要追求的是“教”的有效性，教学活动的表现形式是“教师牵着学生走”。在教学中，教师按事先设计好的教案，主要通过口头语言向学生讲解数学事实、解释数学概念、论证数学定理和阐明数学方法，而学生通过静听、练习加以吸收。这种教学观在实践中主要体现出以下 4 个特点：

一是预设性。学习内容是设定的，学习的目标或任务是设定的，活动的环节是设定的，甚至每个环节的活动时间也是设定好的。

二是控制性。教师的讲授、课堂的规范及课堂纪律等，对于学生而言，具有“权威性与合法性”。老师是权威指令的发出者，让学生做什么，学生就做什么，教学过程是“一个受尊敬的长者传输知识给处于服从地位的年少者”[②]。学生只能在设定好的跑道上活动，必须在规定的时间内，以近乎相同的学习方式完成相同的学习任务。

三是被动性。教学以知识的传接为主，教师是知识的拥有者。在教学中，教师传什么，学生就接什么，教师传多少，学生就接多少即以教定学；教师总是训练者、塑造者，而学生总是被训练、被塑造。

四是功利性。为了让学生跟着老师走，就需外摄一些被牵着走的“好处”，

---

① 王新民，王富英．高效数学教学构成要素的分析．数学教育学报，2012，21(3)：20-25.

② 顾泠沅，易凌峰，聂必凯．寻找中间地带——国际数学教育改革的大趋势．上海：上海教育出版社，2003.

如分数、名次以及由此带来的“入重点中学、进名牌大学”等。学生学习动力不是来自知识本身的价值、学习活动的乐趣，而是为了得到这些外在于知识的“好处”。

二、先学后教

“先学后教”是一种以学生的“学”为主的教学观，它强调学生中心，注重的是“学”的有效性。教学活动的表现形式是“教师跟着学生走”。在教学实践中，“先学后教”主要由两个大的教学环节组成，一是“先学”，是指在教师讲课之前，学生先对数学教材进行自主学习，独立完成一定的学习内容；二是“后教”，是指教师根据学生“先学”的情况和所存在的问题进行有针对性的讲解与评析即以学定教。根据维果斯基的最近发展区理论，在“先学后教”的教学过程中，“先学”解决的是真实发展水平的问题，而“后教”解决的是潜在发展水平的问题。概括地讲，“先学后教”体现出以下一些实践特点：

第一，自主性。一是在“先学”中，学生通过自主学习达到认知发展的真实水平。“先学”不是一般意义下的“预习”，而是一个具有基础性的教学环节；二是在“后教”中，学生可以自主选择听课的角度，自主地确定听课的重点内容和所要解决的问题。学生数学学习中的这种自主性加大了学生情感参与的强度，增加了认知参与的维度和力度，特别是学生的思考走在了教师的前面。

第二，针对性。一是指学生在行为、认知以及情感方面的倾向性。在“先学”的过程中，学生根据自主学习的情况会对“后教”产生一种听课的价值取向，使听讲具有某种方向性，他们会带着问题、带着学习的需要去听课；二是指教师讲课的侧重性，在学生“先学”的基础上，教师针对学生那些理解不深的知识以及解决不了的问题进行重点的讲解，在一定程度上避免了传统数学教学中的那种面面俱到的讲解。

第三，多向性。一是指学习的起点不同，学生通过“先学”，达到各自真实的发展水平，在“后教”中进入各自的“最近发展区”；二是指学习的终点不同，学生因为自己的数学现实、学习能力、学习旨趣不同而走向不同的终点，特别是不再把知识的掌握当作学习的唯一目标，可有多种不同的发展方向，可以是“数学双基”，也可以是数学情感、数学经验和数学能力等；三是学习步调不同，学生可以根据自己的情况确定学习的速度，按需要安排自己的学习时间，老师也可以根据学生的“先学”情况灵活地调整讲课的节奏。

值得指出的是，“先学后教”的“先学”是在学生具有高度的自觉性和一定自律学习能力的前提下进行的。这对全体学生而言，若没有教师的指导，“先学”的质量和效果不一定高，因此，在教学中真正有效实施具有一定的困难，而要提高“先学”的有效性则必须加强教师的指导和帮助，不过这已不是纯粹的“先学”了。

三、教学对话

“教学对话”把教师和学生看作是教学的两个主体，教师是“教”(引导)的主体，学生是“学”的主体，二者构成的是一种双向的、平等的、和谐的“你—我”对话的关系，追求的是师生生命活动的有效性，强调的是“学习中心”。教学活动的表现形式是“教师和学生一起走”。“教学对话”的说法主要是为了强调教与学之间的关系是一种相互交融的平等对话关系，就如保罗·弗莱雷所说的：“通过对话，学生的教师和教师的学生不复存在，代之而起的是新的术语：教师式的学生、学生式的教师，教师不仅仅去教，而且通过对话被教，学生在被教的同时，也同时在教”[①]。通常，“教学对话”主要指的是一种教育理念或一种教学原则，而不是一种具体教学活动方式。为了使“教学对话”走进课堂，我们在DJP教学改革实践中[②]，提出了“对话性讲解”这一具有操作性的教学对话活动方式(详见本书第六章的相关内容)。

相比较而言，“先教后学”强调的是“教”的有效性，把学生的学放在了规定的跑道上，使学生的发展受到了很大的限制，因为学生的发展具有丰富性与复杂性，是不能被完全预设的。“先学后教”强调的是“学”的有效性，极大地提高了学生学习的主动性与参与性，但却在整体上削弱了教师“导”的作用。而“教学对话”将“教”与“学”融合为一体，既强调学生主体性的凸显，又注重教师主导性的发挥，使学生的学习处在一个具有生命活力的生态系统之中，增进了他们发展与成长的真实性、丰富性和有效性。

无论是在理论研究中，还是在教学实践中，传统的数学教学中主要坚持的是“先教后学，以教定学”的教学观，把数学教学看做是“教师借助于一系列辅助手段(教科书、直观教具、教学技术手段)来实现的一种复杂的控制过程”[③]。通过预设学生的发展(实际上仅仅是掌握知识的教学目标)，强调“教学应走在发展前面”的“教师时刻”(教师在学生“最近发展区”中所发挥的决定性作用)，将学生有效地控制在一个固定的、序列化的、易于量化的“跑道”上。

DJP教学坚持的是“教学对话”的教学观，把数学教学看做是“师生积极参与、交往互动、共同发展的过程”，赋予学生充分的话语权与决策权，特别是把“教”看做是一种必要的、有效的学习方式，通过“多重观点、自觉假设和个人主观化的利用”，为学生提供一种能够充分发挥学习的主体性、具有多种可能的发展通道，使他们能够利用自己的智慧学习和创造生存智慧。可以说学习设计就是为学习者提供一种尽可能地发挥他们智力的学习环境。

---

① 胡典顺，何晓娜，赵军．数学教学　走向对话．数学教育学报，2008，17(6)：11-13.

② 王新民，王富英．高效数学教学构成要素的分析．数学教育学报，2012，21(3)：20-25.

③ A.A.斯托利亚尔．数学教育学．丁尔升，等译．北京：人民教育出版社，1984：9.

DJP 教学中的“教学对话”表现在 3 个阶段：一是学案设计阶段。学案设计是教师在认真钻研教材，分析学情的基础上，根据数学课程标准的要求，把学习的目标、学习内容、学习指导与教学的要求等要素有机地融入学生的学习过程中而进行的系统安排和规划。[①]学案设计的过程就是“教”与“学”的对话过程；二是学生在学案引导下自主学习探究阶段。在学习过程中，学生面对学习内容进行独立思考，遇到困难再看学案中教师的“思路启迪”，并根据教师的指导进一步学习探究，这是“学”与“教”的对话；第三阶段是课堂上的对话性讲解，这是师生面对面的教学对话。

第六节　“发展为本”的评价观

传统教学的价值取向主要是“知识本位”，以知识作为制订教学目标最重要的甚至是唯一的要素，教学被看成是传授—接受知识的过程，主要任务是把人类“共同的文化要素传授给年轻一代”。知识在衡量教学效果中起到举足轻重的作用，常常以占有知识的多少来评价师生的优劣——衡量一位教师的好坏是以该教师掌握知识的多少作为标准，衡量一名学生的好坏也是以其掌握知识的多少作为依据[②]。在现实的教学中，传统教学把完成教学任务当做实现教学目标的标志，似乎教师只要完成了所预设的教学任务，学生自然就达到了所预设的教学目标。从形式上看，教师是完成了所规定的教学任务，但学生却未必完成了学习任务，有些学生可能还差得很远。这种满足于教师自己完成教学任务的教学，对学生的发展真正能起多大作用，连教师自己也说不清。这种教学的最大的“好处”，恐怕只是为教师一节课苦口婆心的劳作提供一点儿心理安慰而已——“总算上完了！”

DJP 教学的价值取向是“发展本位”，以学生的全面、主动、和谐发展作为制订目标的主要依据，“学习的目的和报酬，是继续不断生长的能力”[③]。把知识当作学生智慧作用的对象，作为促进学生发展的素材与工具，强调“学会学习”比单纯地占有知识更有意义，把“培养具有主动发展的意识与能力，能在不同和变化着的具体情境中努力开发自己潜力的人作为主要直接目标”[④]。在学习过程中，学生是学习活动的主人，是学习目标的追求者与实践者，他们能够随时感受到学习的进程、学习的状态、能力的大小、经验的积累，感受到兴趣与智慧之所在，

① 王富英．行走在实践与理论之间——特级教师王富英教育教学研究．成都：西南交通大学出版社，2019：51.
② 裴娣娜．教学论．北京：教育科学出版社，2007：99.
③ 约翰·杜威．民主主义与教育．王承绪，译．北京：人民教育出版社，1990：111.
④ 叶澜．“新基础教育”发展性研究报告集．北京：中国轻工业出版社，2004：16.

感受到生命的活力。学习目标不是外在于学习过程的某种“任务”，而是与学习活动融为一体的成长进步的阶梯，是学生证明自己生命存在与发展程度的标志。

关于学生的全面发展，新中国成立以来，一直是教育教学中最为关心的话题，其内涵也不断在发生变化。新中国成立初期，毛泽东在教育方针中提出“德、智、体全面发展”，后来演变为“德、智、体、美、劳全面发展”。20 世纪 80 年代末期，在“素质教育”中的提法是“两全一发展”——“让所有学生都得到发展，让每一个学生的每一个方面都得到发展，让学生生动活泼地、主动地发展”。而在 21 世纪初开展的新课程改革中的提法是：“一切为了学生，为了一切学生，为了学生一切”。很明显，这些提法均是方向性的，是理念层面上的论述，并没有指出“全面发展”的具体的实质性内容。

2007 年，史宁中教授撰文指出了素质教育的具体内容[①]：“素质教育是把教育过程中的学生培养成现实的人、人性的人、智慧的人、创新的人的教育。实施素质教育的根本目的，一是为了学生更好地发展；二是为了社会更好地发展。”并且指出了“素质”的具体内涵：“人通过合适的教育和影响而获得与形成的各种优良特征，包括学识特征、能力特征和品质特征。……学识特征主要指基础知识、基本技能、基本思想和基本活动经验；能力特征主要指发现与提出问题的能力、分析与解决问题的能力。能力的集中表现是智慧，智慧的基础是演绎思维与归纳思维两种思维方法的交融；品质特征主要指道德修养、精神境界和个人品位。”特别是“四基”(基础知识、基本技能、基本思想和基本活动经验)的提出，使得学习者对数学知识的学习更加完整和谐，为培养学习者的数学素养进一步明确了方向。

近年来，核心素养成为了国内外教育界关注的热点。顾明远指出：“当今世界各国教育都在聚焦对于人的核心素养的培养。”特别是在《教育部关于全面深化课程改革落实立德树人根本任务的意见》(2014 年)提出将“研究制订学生发展核心素养体系和学业质量标准”这个具有导向的意见之后，核心素养成为了教育教学的根本出发点，将素质教育提升为素养教育。因为“素质教育是相对于应试教育提出的，‘素质’对应的主体是‘教育’；而发展核心素养是相对于教育教学中的学科本位提出的，‘素养’对应的主体是‘人’(学生)”，故素养教育比素质教育更本质地体现了“发展为本”的教育理念。

① 史宁中，柳海民．素质教育的根本目的与实施路径．教育研究，2007，311(8)：10-14．

第五章　导学讲评式教学中的数学学案及其设计

在社会文化的发展过程中，生产工具的变革发挥了决定性的推动作用，如蒸汽机的出现引发了工业革命，计算机的发明引发了信息技术革命等。教学作为社会文化的亚文化活动系统，同样经历类似的发展过程。在教学的历史发展过程中，随着班级授课制的出现，教案成为了教学(特别是课堂教学)的主要工具和手段，它承载着知识教育的使命，汇集着教师的教学理念和教学智慧，通过教师掌控着教学活动系统的运转。随着信息时代的到来，“学会学习”成为了教学的主旋律，一种引导和帮助学生学习的工具和手段——“学案”便应时而生。学案的出现，改变了教师的课程观、教材观和知识观，改变了学习的价值观和评价观，特别是改变了课堂学习活动方式。从一定意义上讲，学案作为从我国教学文化土壤中生长出来的、以学生的“学”为标志的学习工具，正在引领着一场自下而上的课堂教学改革运动。

数学学案是引导学生自主学习、探究的工具。设计一份好的数学学案，是有效实施 DJP 教学的前提。本章将系统介绍数学学案的基本理论及各种类型数学学习的学案及其设计。

第一节　数学学案的基本含义与特点

一、数学学案的基本含义

1. 学案的形成过程

“学案”在我国历史上，最早是指一种以编纂和研究传统思想史的著述方式而撰写的学术史专著。“学”，即学者、学术，主要指儒学人物之生平事迹、学术活动、学术贡献；“案”即评论和考订，即“辨章学术，考镜源流”。一般认为，明清之际黄宗羲《明儒学案》的面世，是学案体形成的标志。黄宗羲被学者尊称为“梨洲先生”。梁启超说：“中国自有完善的学术史，自梨洲之著学案始”[①]。“学案”的体例，一般是每一学派设立一案(其中卓然成家的大师又别为立案)，前有“序录”，叙述学术渊源、学术特点，略当小序。其次是案主“小传”，传后是案主的“语录”及重要学术观点“摘要”。以下再根据与案主的关系，分列流派中人的传记和语录。这类图书又称为“学案”体著作。

“学案”作为教学范畴中的一个概念，出现在20世纪90年代末，是我国从事基础教育的一线教师，在进行教学改革的过程中，为了突出学生的主体性而提出的。“学案”与任何一个“教学生物”一样，均不是偶然产生的，需要经历一个孕育、产生、发展的过程。从教学实践的角度来看，可以说学案是逐步从教案中蜕变出来的。概括地讲，学案的形成经历了3个发展阶段。

(1)学案的孕育阶段。

20世纪80年代初，为了扭转片面追求升学率而以“记忆教学”为主的教学局面，在“加强基础、发展智力、培养能力”的课堂教学改革目标的引导下，全国兴起了规模宏大的教学改革运动。其中的一个基本思想是强调培养学生的自学能力和提高学习的主动性。为了组织和引导学生进行自学与主动参与，就需要在教案中设计相应的自学内容，如尝试教学法中的“尝试题”、六课型单元教学法中的“自学提纲”以及作为教案延伸部分的“一课一练”等。这些自主学习内容，虽然是从教师的“教”的角度来编写的，是配合“教”的辅助性学习材料，却也发挥着组织、引导、帮助学生进行自学和主动参与的作用。可以说它们是孕育学案的“种子”。

(2)讲学案形成阶段。

从20世纪90年代末期开始，我国教育界对传统课堂教学的弊端进行了较为彻底的反思与批判，发挥学生学习的主体性成为了课堂教学发展的必然要求。教学中，由关注教师的“教”向更加关注学生的“学”转化，自主探究学习是课堂教学中所追求的主要学习方式。这种学习方式要求学生进行全程式(课前、课中与课后)的参与探究，在教师用教案上课时，学生同样需要一个引导参与探究的学习方案，因此，一种师生共用的教学文本“讲学稿”就应运而生了。讲学稿既是教师讲课的教案，也是学生参与学习的方案，它带来的最大变化是使师生在课堂上“共享”了同一份教学方案，特别是对学生而言，如同有了一个听课的脚本。但是从本质上讲，讲学稿的重心仍然在“教什么”与“怎么教”上，学生的“学”在很大程度上还是在配合着教师的“教”。

(3)学案形成阶段。

进入21世纪，随着新的课程标准的颁布以及新课程的全面实施，以提倡自主

① 朱义禄．论学案体．哈尔滨工业大学学报(社会科学版)．1999，1(1)：111-114．

学习、探究学习与合作学习为重要学习方式的多元化学习理念逐步为广大教师所接受，培养学生的实践能力、创新能力、学习能力等成为了教学的主要目的。特别是课堂教学的实践诉求由“学会知识”转向了“会学知识”，“学会学习”成为了教学的关键词，这需要从学习者的视角来思考教学的方方面面。在这种改革的背景下，以引导和帮助学生学习的方案——学案便在我国的教学实践的热土中产生了。

2. 学案的基本含义

当前，关于“学案”内涵的定义有十多种，学术界尚未形成统一的说法。这说明学案的含义是丰富的、多层面的。如果从课程论、教学论与学习论 3 个维度来思考，学案应该具有以下 3 个层面的含义。

(1)学案是一种学的课程资源。

这是从课程论的角度来界定学案内涵的，认为学案是从学生的角度开发的学习材料或课程资源，也包括那些学生在学习过程所生成的课程资源。属于这类学案定义的有：“学案是根据课程标准或教材以及学习资源、学生实际(知识基础、能力水平、学法特点和心理特征等)编制的，培养学生的创新精神，训练和发展学生学习能力的校本课程”[①]。“所谓‘数学学案’，是教师在教案的基础上，为开发学生智力设计的一系列问题探索、要点强化等情景形成纲要式的学习方案，印发给学生，供学习使用，并由学生完成的一种主动求知的特殊案例”[②]。“学案是师生共用的一种课程资源，它是教师面对具体学情，在整合教科书和其他各种教辅资源的基础上，以课时为单位编制的具有教学合一功能的学习设计方案”[③]。

从课程资源的角度看，学案既不是教材内容的简单复制，更不是知识点的“题单式”罗列，而是教师运用教育智慧，在整合多种教育教学元素的基础上形成的一种关于学的课程资源。学案中这种学的课程资源的整合主要体现为两个统一：一是逻辑顺序与心理顺序的统一。学案并没有弱化教材中知识固有的逻辑体系，而是在知识结构中融入了“思想的过程”，并且按照学生心理发展的特点对教材内容进行重组、加工与拓展，目的是使学生易于进入，进入之后易于遐想、易于探究、易于品味。二是预设与生成的统一。学案中有明确的学习目标，有核心概念、原理性知识理解与应用所应达到的水平和标准，有学习进程的整体安排，但在内容的呈现形式与学习活动方式上并没有预设固定的程式，而是开放的、动态的。学案中预设了各种形式的认知性“空白”，学生在学习时可以进行猜测与质疑，可以进行多种可能性的操作，可以对知识进行多重解释，并由此生成个性化

① 赵加琛，张成菊．学案教学设计．北京：中国轻工业出版社，2009：2.
② 丁邦勇．高中数学学案的设计和运用．中学数学，2000，(6)：10-12.
③ 步进．学案教学：内涵、程序与成效．教育发展研究，2013，(2)：64-67.

的知识意义以及相伴随的情感和意志信息。

(2)学案是“教学合一”的方案。

教学是“教”与“学”的双边活动，既然教师的“教”需要有一个“教”的方案(教案)，那么学生的“学”也应该有一个“学”的方案。而“教”与“学”是相辅相成、相互融合的，二者既不可分离，也不能偏废。因此，在教学中就需要一个“教学合一”的活动方案。从这个角度出发，便提出了“讲学稿”“导学案”等概念，其意义是将“教”的方案与“学”的方案融合为一体，既要体现“怎样教”，又要体现“怎样学”。如张海晨教授对“导学案”的定义是：“导学案是在新课程理念的指导下，为达成一定的学习目标，由教师根据课时或课题教学内容，通过教师集体或者个人研究设计并由学生参与，促进学生自主、合作、探究性学习的师生互动‘教学合一’的设计方案”①。又如，“讲学稿”创始人，江苏省东庐中学陈康金校长把“讲学稿”定位为:“讲学稿是集教案、学案、作业、测试和复习资料于一体的师生共用的教学文本”②。

这种意义下的学案，是根据教材内容的知识结构体系与学生的认知规律，将相关知识的复习与组织、概念的形成与理解、结论的发现与证明、方法的探究与概括、知识的反思与评价等学习活动过程，按照学生认知学习进程的自然顺序来呈现。一方面，学生可以根据学案中较为明显的认知性标识与提示，“按图索骥”般地开展学习活动；另一方面，教师也可利用学案来组织课堂教学活动。

(3)学案是引导学生学习的方案。

毋庸置疑，学生的学习离不开教师的引导，无论是接受学习，还是自主学习、探究学习、合作学习，都需要教师的引导、支援和护理；不论是学案的理论研究，还是学案的教学实践，最为看重的是学案在引导学生学习上所发挥出来的强烈而独特的作用。因此，将学案界定为引导学生学习的方案是合理的、科学的，因为这样的界定既强调学生的“学”，也看重教师的“教”，将二者融合为一体，使学案具有了一种合力。如陆书环教授所给出的定义：“所谓学案是指教师在充分调查了解学情、大纲、教材内容的基础上，根据教材特点和教学要求，从学习者的角度为学生设计的指导学生进行自主学习的导学材料”③。

从学案的形成发展过程来看，学案承载着“学的课程”理念，肩负着引导学生学会学习、培养学生探究创新能力的使命，同时还需充分地体现教师的指导和帮助作用。因此，可以将学案定义为：

“学案”，是以学生的“学”为出发点，把学习的内容、目标、方法以及教师指导等要素有机地融入学习过程之中而编写的一种引导和帮助学生自主学习、

① 张海晨，李炳亭．高效课堂导学案设计．济南：山东文艺出版社，2010：31．
② 吴琦．“讲学稿”是创新教学过程的有效载体．新课程研究(教师教育)，2007，(9)：48-49．
③ 陆书环，傅海伦．数学教学论．北京：科学出版社，2004：116．

探究知识、主动发展的方案①。

学案的上述定义包含着以下具体含义：

第一，学案是以学生的“学”为出发点和归宿，其着眼点在于学生“学什么”和“如何学”，所追求的是让学生学会学习、主动发展，体现了“以学生发展为本”的教学理念。

第二，学案既是学生的学业与进程的结合，是对学习内容的安排与学习过程的规划；又是学习预设与生成的结合，是各种课程资源的整合。因此，学案具有课程的属性，是一种学的课程。

第三，学案中既有学生自主学习的活动过程，也有教师对学生学习的要求和学法指导，特别是它将教师的指导以“有形的文字”渗透到了学生的学习过程之中，因此，学案是学生的“学”与教师的“教”相互融合的产物，是引导和帮助学生学习的有效工具和手段。

第四，学案将学生的学习带入一个易于进入、易于探究、易于遐想的知识意义与学习意义的建构过程之中，为学生问题意识的形成、创新能力的培养以及主动健康的发展提供了一个有效通道。

二、数学学案的基本特点

数学学案作为数学学习设计的一种有形的产品，自然要体现出数学学习设计的基本特点，但作为学生数学学习活动的方案与脚本，又有其独特性。

1. 学习活动的主体性

学案是以学习者的视角编制的学习工具，学案中每一部分无一不体现着学生在学习中的主体地位。学习目标是学生学习的意向和判断学习进程的基准，学习重难点是学生奋斗的焦点，学习过程是学生自组织的过程，而学习评价又是一个自我反思、自我认识的过程。学案所追求的目的是：“方法让学生探索总结，过程让学生亲身经历，结论让学生自己得出，困难让学生设法攻克，规律让学生自己发现，精彩让学生充分展示”②。学案为学生的自主学习提供一种高效的“认知地图”。学案并没有否定教师“教”的作用，但教师的“教”只是作为学生的“学”的一种手段体现在学案中的。也就是说，在学案中“教”是手段，“学”是目的，“教”是为“学”服务的。

① 王富英，王新民．数学学案及其设计．数学教育学报，2009，(1)：71-74.

② 续明亮．实践课改理念走全面发展育人之路———山西省灵石县第四中学“学案教学”的探索与实践．教育理论与实践，2008，(2)：29-31.

2. 学习资源的整合性

学案作为一种“学”的课程，整合了各个层面、各种类型的课程资源，主要体现在三个方面：一是教材内容与各种教辅资料的整合。在学案中，根据认知规律与学生学习发展的需要，将教材、教师用书以及教辅资料等各种学习资源中“好”的内容有效地组合在一起，为学生的学习提供一桌“营养搭配”合理的“满汉全席”，消除了各种学习资源之间相互分离的弊端。二是教师“教”的方案与学生“学”的方案的整合。在讲授式的课堂教学中，教案一般也是不让学生看的，以免“泄露天机”，学生在听课时总是在“等待”与“揣测”，事先难以见到教学过程的全貌，心中没底。学案将所设计的一节课的整个学习过程全部呈现给学生，使他们对整个一节课的学习有所安排、有所选择、有所侧重，使他们从“揣测”老师的意图中解脱了出来。由此，学案消除了横亘在“教”与“学”之间的藩篱。三是课堂学习笔记与各种作业的整合。在教案教学的课堂学习中，一般需要两个本子，一个是课堂笔记本，需要把教师讲的东西记下来，以备复习和考试用；另一个是作业本，为了巩固强化课堂上所学知识，需完成老师统一规定的习题。让老师与家长难以接受的是，常常有那么一些非常勤奋认真的学生，课堂笔记记得详细、整洁，但学习效果却并不理想。许多学生的笔记与作业是两张皮，不能相互支持、相互补充，不能协同地发挥学习作用。学案将笔记本与作业本合二为一，学生可以采用批注的方式，在学案上随时记下各个学习阶段(课前、课中、课后)中自己认为有用的东西，也可以在学案上完成各种类型的作业。

此外，学案也是集体智慧整合的产物，它凝聚了备课组或教研组所有教师的教学经验和教学智慧，也凝聚了教学研究者与相关专家的思想与观点。

3. 学习过程的开放性

比较而言，教案具有显著的规定性、单向性与封闭性，教学目标是确定的，教学内容与教学环节均是按时间设定好的，必须要在规定的时间内，把相同的内容以相同的方式传授给每一个学生。实际上，教学是一个复杂的非线性系统，不确定性是它的一个最为本质的特征。学案以其广泛的开放性比较充分地体现了教学的这一特征，具体表现在 3 个方面：一是内容上的开放性。首先，学案中的学习内容是分层设计的，可以满足学生不同学习需求。其次，学案中所要学习的内容常常是以“材料+问题+学法”的形式给出的，知识的形成过程以及知识的意义建构均是在实际的学习活动中生成的。在学案引导下的学习过程中，随时有新信息或不同的知识意义的加入与交换，因此，它具有保持教学系统动态稳定性的能力。二是学习方式上的开放性。基于学案的学习并没有设定统一的学习方式，学生可以根据自己的学习习惯与风格，选择适合自己的学习方法，可以采用接受学习，也可以采用自主学习、探究学习、合作学习等。三是时间上的开放性。学案中没有明确设定每一学习环节所需的时间，学生可以根据自身的主客观条件自主确定，所学习的内容(部分或全部)可以在课前完成，可以在课中的任何一个学习环节(学习准备中、小组交流中、全班展示中、对话性讲解中、反馈练习中等)中完成，还可以在课后完成。

学案的这种开放性，为学生的学习提供了多种可能的发展，学生可根据自己的实践与需要自主地选择学习的方向与路径，而不是像教案那样，把所有的学生都安排在一列火车上，沿着一条轨道，一起到达同一个目的地。

4. 学习方法的引导性

引导性本来就是学案的题中之意，“‘导学案’应起到‘导学’作用，而不能是‘操练’作用，这是其存在合理性、必要性的基础”[①]。相比较而言，在教案教学中，教师对学生学习的引导与帮助比较集中地体现在课堂教学之中，几乎所有的问题均要在课堂予以解决，往往有顾此失彼之感，从而严重地影响了教师引导和帮助的质量和效益。而在学案的设计中，伴随着学习目标、内容、问题的呈现，可以将老师在“动机上的诱导、知识上的疏导、思想上的引导、探究上的辅导以及学法上的指导”等有机地融入学习的各个环节之中。当学生依学案进行学习时，在各个学习阶段(课前、课中、课后)均能享受到这种“无声胜有声”的引导和启迪。因为这些引导和帮助在启发学生进行认知思考的同时，也传递着教师的激励、期盼、关心等情意信息，使他们更加真切地感受到了老师的“存在”。学案就好像是老师的一个“化身”，不时地给学生以学习上的激励和支援。如在学案“同底数幂相乘”的“变式练习”环节中设计了这样的提示语：“及时练习了！底数变复杂了！负号来捣乱了！公式反着用了！”这样既可以提醒学生应该做什么，还可以使他们明确自己学习的进行情况以及所达到的认知水平，从而能够对自己的学习做到心中有数。

教学是一个文化活动系统，具有稳定性和不易改变性，要从根本上改进教学，就必须改进它的文化脚本[②]。班级授课制自产生之日起就赋予了“把一切知识教给一切人”的使命，其信念和愿望是“找到一种方法，使教师少教而使学生多学”[③]，教案是承载这种信念的载体，是完成这种使命的主要工具。然而，学案是带着“让学生学会学习”的使命出生的，其愿望是让学生多学、会学、乐学，是一个更为先进、更具有发展意义的教学文化脚本。在教学中，如果能用学案代替教案，必将引起持续逐步改进的根本性教学变革。

---

① 吴永军．关于“导学案”的一些理性思考．教育发展研究，2011，(20)：6-10.

② James W Stigler，James Hiebert.The Teaching Gap．New York: A Division of Simon & Schuster Inc，1999.

③ 夸美纽斯．大教学论．傅任敢，译．北京：教育科学出版社，1999：1，2.

第二节　数学学案的基本内容

数学学案的基本内容构成了学案的整体框架，为学案设计提供了具体的栏目和操作要求。根据数学学习设计的基本要素与学案的基本内涵特征，学案应含有学习目标、学习内容、学习方法和学习评价，还应含有引导学生学习的线路与环节，即学习过程。因此，一份完整的学案应包含以下基本内容：学习课题、学习目标、学习重难点、学法指导、学习过程、学习评价与学习链接。其中学法指导渗透在学习过程的各个环节之中，故一般不单独列出。

一、学习目标

以前人们很少触及学习目标的研究，主要研究的是教学目标。近年来随着学案教学的兴起，人们才注意到学习目标。关于学习目标的明确定义，学术界还不多见。目前所见到的只有赵加琛、张成菊给出的定义："学习目标是指在具体的学习活动中由学生遵循的所要达到的结果或标准。"[①]很明显，这个定义是针对结果性目标而言的，并没有提及过程性目标。我们认为，学习目标是指学生学习活动过程与结果的任务指向[②]。这里的"任务"包含"知识与技能"的任务、"过程与方法"的任务，以及"情感态度和价值观"的任务。"指向"含有"方向"和"归宿"的意思。一个学习目标就是一个学习向量，它既有确定的学习起点和方向，又有明确的学习层次方面的要求。

由此可见，学习目标是下达给学生学习的任务书，是指引学生自主学习的导航仪，是学生规范自己学习行为、自我检测学习效果的评价的依据与标准。在教学中，教师要培养学生具有目标意识，自觉遵循学习目标的要求进行学习，否则，学习目标就不能发挥其应有的作用，只是作为一种摆设，被束之高阁而毫无价值，导致学生学习充满盲目性，学习效率低下。

二、学习重、难点

学习重、难点的确定是进行学案设计时必须面对和进行的工作，而能否正确地确定学习的重、难点是高效率学习的前提。

---

① 赵加琛，张成菊．学案教学设计．北京：中国轻工业出版社，2009：38．
② 王新民，王富英，谭竹．数学学案及其设计．北京：科学出版社，2011：56．

1. 学习重点

学习重点(简称重点)是指学习过程中需要解决的主要问题，是学习的重心所在。主要包含以下3个方面的内容：[①]一是从学科知识系统而言，重点是指那些与前面知识联系紧密，对后续学习具有重大影响的知识、技能，即是指在数学知识体系中具有重要地位和作用的数学知识、技能；二是从文化教育功能而言，重点是指那些对学生有深远教育意义和功能的内容，主要是指能使学生终身受益的数学思想、精神和方法；三是从学生的学习需要而言，重点是指学生在学习中遇到的、需要及时得到帮助解决的疑难问题。

数学学习重点是由其在数学知识体系和数学育人系统以及在学生学习发展中的地位和作用决定的。它是数学教材中最重要的基础知识、基本技能、基本思想和基本活动经验，同时又能够对学生的学习发展产生深远的影响的数学核心素养。

“学习重点”对学生进一步学习其他内容和数学核心素养的形成起着主导和关键作用，具有应用的广泛性、后继学习的基础性和育人性。同时，它又具有一定的层次性，不同层次的重点具有不同的地位、作用与特性。全书重点和章节重点在本书、全章节或单元的学习中始终处于一个重要的地位并在学习中起着主导作用。因此，它贯穿于全书或该章节或单元学习的始终，具有持续的稳定性。而课时重点则具有暂时性，它的地位和作用只限于该节课本身。对重点内容的练习设计，必须提供给学生一定数量的、不同层次的练习题，既要有单项练习还要有变式练习和综合练习。

2. 学习难点

学习难点(简称难点)是指那些抽象性高、综合性强、离学生生活实际较远、过程复杂、学生难于理解和掌握的知识、技能与思想方法。难点的形成主要有以下4个方面的原因[②]：一是该知识远离学生的生活实际，学生缺乏相应的感性知识；二是该知识较为抽象，学生难于理解；三是该知识包含多个知识点，知识点过于集中；四是该知识与旧知识联系不大或旧知识掌握不牢所致。

在学案设计中，应弄清难点所产生的原因，不同的难点应有不同的设计要求。属于第一种原因形成的难点，可以通过创设学习情境，增加生活性的背景知识，延长知识的体验过程等策略来突破。第二种难点，可利用直观手段，尽量使知识直观化、形象化，使学生看得见，摸得着。如“数学归纳法原理”就很抽象，学生理解起来很困难，学案设计时可通过列举多米诺骨牌试验、放鞭炮等实例，将抽象的归纳原理中的“递推过程”具体化、直观化，使学生实际地“看见”递推

① 王富英．怎样确定教学的重、难点．中国数学教育，2010，(1-2)：17-18．
② 张大均．教学心理学．重庆：西南师范大学出版社，1997：119．

的过程与所发挥的作用，从而帮助学生突破、化解归纳法原理理解的难点。第三种难点，则应分散知识点，设计出“问题串”，各个击破。第四种难点，则应在学案的“学习准备”中查漏补缺，加强旧知识的梳理与复习。

三、学习过程

学习过程是学案的核心部分。学习过程包括学习准备、学习探究、变式练习、学法指导、学习反思 5 个方面。在学案中学法指导不作为一个栏目单独列出，而是结合学习内容，通过“提示”“建议”“注意”“要求”等指导性词语，有机地融入学习的各个环节之中。

1. 学习准备

“准备”的英文单词是“readiness”，译成中文是“准备状态”，也可译成“准备性”。在教育心理学中，“学习准备”是指学生在从事新的学习时原有的知识水平或原有的心理发展水平对新学习的适合性[①]。我们知道，学习的关键在于对知识的理解，而理解的本质是建立新旧知识的内在联系，将新知纳入到原有的认知结构之中[②]。所以，要顺利地进行学习，建构知识意义，就必须要使新旧知识相互作用、建立联系，而要进行这种联系性的学习活动，一个前提性的条件是学生大脑中要有一个支撑学习的“基础图式”。

这个“基础图式”就是学习者原有认知结构中与将要学习的内容有密切联系的已有知识结构。它是新知识学习的认知前提，大多数情况下也是新知识的生长点和附着点。只有当学习者头脑中的这个基础图式十分清晰、稳定时，学习活动才能顺利和有效地进行。但是，学生在进行自主学习时，往往并不知道学习本节内容将要用到哪些知识，或者对这些已学过的知识由于时间过久已经遗忘，或者对这个基础图式由于原先学习时未能真正理解而模糊不清，这就需要组织和引导学生进行必要的梳理与复习，使学生熟悉和建构起学习新知识所需要的基础图式。当学习者具有了学习新知识的基础图式后，就会使新学习的内容与学习者原有认知结构中已有的知识建立起非人为的和实质性的联系，而且使新学习的材料所具有的逻辑意义更加明确、真实。

要使学生的学习更为有效，除了学习者建立起适当的基础图式外，还要使学习者以积极的态度、高昂的热情主动地参与到学习活动当中。学习者需对即将学习的内容产生浓厚的学习兴趣和好奇心，又要拥有积极主动地把新知识与学习者认知结构中原有的适当知识建立联系的倾向性，即有一个学习的“心向”。学习者在学习心向的驱动下，才会积极主动地把具有潜在意义的新知识与其认知结构

① 邵瑞珍等．教育心理学——学与教的原理．上海：上海教育出版社，1983：158．
② 李士锜．PEM:数学教育心理．上海：华东师范大学出版社，2005：65．

中有关的旧知识发生相互作用，从而使旧知识得到改造，新知识获得实际意义，即心理意义，进而完成新知识的学习[①]。这种学习的“心向”也就是学习者在学习时所具有的一种良好的情绪与心态，我们把它称为情感准备。

由于学案是引导和帮助学生自主学习、探究的方案。因此，帮助学生建构良好的基础图式和情绪状态是学案中“学习准备”的重要任务与职责，也是学案能否成功引导和帮助学生顺利完成自主学习和探究任务的关键。

所以，学案中的“学习准备”就是帮助学生建立新旧知识的联系，为学生学习新知识扫清知识障碍，为学生在学习新知识前组建好相应的基础图式，建构好一定的心理基础，做好知识与情绪上的准备和铺垫，为学生学习活动的顺利进行提供了重要的保障。具体来讲，“学习准备”有两方面的含义：一是为学习本节内容做好知识、方法、情感和工具上的准备，为学生顺利进入新课学习做好铺垫，扫清知识、方法上的障碍，并激发学生学习的求知欲，起到“先行组织者”的作用。二是学会学习准备，即通过学案的引导，使学生树立学习准备的意识，掌握学习准备的方法。

数学学案中的学习准备包括知识准备、方法准备、情绪准备和工具准备 4 个方面的内容。[②]一是知识准备。主要是学习新内容应具有的知识储备，即学习新知识前相应的基础图式。它是为学习新知识做好知识铺垫，起到“先行组织者”的作用，是学习准备的核心内容。二是方法准备。是指把学习新知识所需的数学思想方法或数学思维方式，在学习准备中加以明确和强化。三是情感准备。就是创设学习情境，激发学生的学习兴趣，使学生产生学习的欲望和心向，为学习新知识作好情绪状态上的准备。学习的欲望和心向是属于学习的动力部分，情感准备的作用就是激发学生的求知欲，以增强学习的内驱力，使学生尽快进入学习状态。四是学习工具准备。主要指提示学生把学习过程中需要用到的学习材料、学习用具等进行事先准备。

2. 学习探究

“学习探究”是学习过程的核心部分，它有两方面的含义：一是对新知识和运用新知识解决问题的探究。二是学会如何探究。“学习探究”具有三种形式：[③]一是阅读探究，是指学生利用学案的引导去阅读教材和理解教材，属于有意义接受学习的范畴。二是发现探究，是指在学案的引导下经历探索发现所学知识的过程，属于探究式学习的范畴。三是两者的结合，指一份学案中既有阅读探究又有发现探究，是有意义地接受学习和探究式学习的整合。

---

① 邵瑞珍等．教育心理学——学与教的原理．上海：上海教育出版社，1983：158．

② 王富英．学案中“学习准备”的设计．中学数学教学参考(中旬)．2010(6)：68-69．

③ 王富英，王新民．数学学案及其设计．数学教育学报，2009，18(1)：71-74．

(1)阅读探究

我们知道，学生所学的知识主要是书本知识，即教材中的文本知识。文本知识具有抽象性、系统性和较强的逻辑性，学生一般不易读懂，需要教师对教材进行相应的解读。这种解读表现在学案中就是把学生不易读懂或把握不准的内容通过教师解读后分解为一个个便于学生理解、思考、探究的小问题，用解释、提问或填空的形式在学案中反映出来，或者指出需要查阅的相关参考资料，引导学生自主地去理解教材知识内容的意义，这时的学习属于有意义地接受学习的范畴。在具体进行学案设计时，要把阅读教材的方法设计进去，以指导学生掌握有效阅读的策略和方法，达到学会阅读的目的。

在以往的教学中，一般都是先由教师对教材进行挖掘和加工处理，然后再传输给学生，学生的学习方式则是“听讲解—记笔记—做作业”，完全处于被动接受的状态。这种教学虽然学生也有一些思考，但思考的时间位于教师讲解之后，部分能够自己独立解决的问题都由教师代劳了，使得学生的自主探究既不充分也不深入，从而影响了学生探究能力的培养。而在学案的教学过程中，教师按照学生学习的特点，将学习内容以问题串或填空的形式设计于学案之中，以引导学生自己去挖掘、建构知识的意义，把学生的思考置于教师的讲解之前。这样，不但可以使学生深入理解教材，还可以培养学生的阅读理解能力和探索发现能力。

(2)发现探究

“发现探究”就是引导和帮助学生经历知识的形成与发现过程。在学案的设计中，应提供给学习者一些探究的素材和探究的方法，并按知识发生、发展过程，引导学生通过观察比较、分析、归纳、概括、猜想、验证、证明来获得知识。

3. 变式练习

“变式练习”是具有中国特色的“本土化”的教学经验，是促进学生有效数学学习的教学方式，是在国际上得到认同的、最完善和最有成效的中国数学教育理论。实践表明：“变式教学概括了中国数学教学的特点，即使是大班额授课，采用这种教学形式，仍可以使学生主动参与学习过程并取得优异成绩[①]。顾泠沅先生对变式教学的研究发现：“通过问题的多次变式构造，不仅使学生对问题解决过程及问题本身的结构有一个清晰的认识，而且也是有效帮助学生积累问题解决的经验和提高解决其他问题能力的一个有效途径”[②]。因此，学生在探究与交流当中获得知识方法后，需进行一定量的、不同层次的变式练习，才能巩固并掌握所获得的知识方法，才能将所获新知识纳入到已有的知识结构之中，并内化为个人知识。

学案中的变式练习主要有 3 个方面的价值和作用：一是熟悉、巩固、消化获

① 张奠宙．中国数学双基教学．上海：上海教育出版社，2006：72．
② 张奠宙．中国数学双基教学．上海：上海教育出版社，2006：79．

得的结论；二是提高运用结论分析解决问题的技能与能力；三是检验学习的效果，发现存在的问题。变式练习的设计要遵循循序渐进的原则，体现出基础性、层次性和发展性。

根据变式的形式、内容、过程、方法及功能，变式练习可分为不同的类型。如“概念性变式”“过程性变式”(顾泠沅等，2001)、“形式变式”“方法变式”“内容变式”(肖凌戆，2000)；“公式变式”“图形变式”“解法变式”(黄蕴魁，2001)等。我们认为还可划分出“背景变式”“语言变式”“位置变式”；“顺向变式”与“逆向变式”等。学案中的变式练习可通过变形式、变内容、变条件、变结论、变背景等方式进行设计，也可以采用“题组”的形式分层推进。设计时一般遵循“形变质不变”的原则，通过对知识内容非本质的外在形式的不同变式，来揭示和凸显其内在的本质特征，以帮助学生理解和认识知识内容的本质。同时，我们也应该有所突破，不要把“变式”仅局限于对非本质的、背景的、形式的改变上，而应该扩展到本质的、内容的层面上去，让学生在改变“前见或定见”的过程中，有所发现、有所创新。

4. 学习反思

“学习反思”是学习的重要环节，也是提高学习效率、学会学习的重要策略。“学习反思”有两方面的含义：一是对知识、方法和自我体验与感悟的反思；二是学会如何反思。在学案的设计中，“学习反思”应贯穿于整个学习过程之中。“学习反思”可以在某一个具体知识的获得后或某一具体问题解决后进行，也可以在全课结束时进行。前者常采用“想一想”“解题反思”“思考与探究”等形式引导学生；全课结束时的“学习反思”是一个学习栏目，是一个独立的学习活动环节，它相当于我们平常说的“反思小结”或“课堂小结”，是对整个学习活动的反思总结，但它与“课堂小结”又有一定的区别。“课堂小结”重在对知识的归类整理，而“学习反思”除了对知识的归类整理外，还包括对学习策略、方法和数学活动经验以及学习感悟的反思总结。“学习反思”的主要内容可分为 3 个方面：一是反思自己学习中的得与失，调节自己的学习策略与方法；二是反思所学内容与其他知识的内在联系，建构知识网络，完善认知结构；三是反思某些数学问题解决的过程与方法，积累数学活动经验。除此之外，在反思的基础上对某些知识进行进一步的引申与拓展，把学习内容和活动从课内延伸到课后。

5. 学习评价

“学习评价”不但是教师与学生及时了解学生学习质量的一种反馈手段和重要途径，也是学生学习的一项重要内容和策略，是学习活动不可或缺的组成部分。“学习评价”应该有两方面的含义：一是对学习行为和结果的评价；二是学会如何评价。因而，“学习评价”是“学案”的重要组成部分，它具有反馈的功能、强化的功能、补偿的功能、调节的功能和认知的功能。

学案中的学习评价有 3 种方式，即对学习的评价、为学习的评价和学习内评价。对学习的评价是对一节课学习结果的评价，一般采用“测评”的方法进行，其主要目的是反馈学习效果，在教学中要杜绝把它作为对学生“排名次、划等级”的手段或依据。学案中主要以“达标测评”的形式来设计这方面的评价内容。为学习的评价主要是对学生学习行为与学习表现的评价，是动态的、伴随学习过程而进行的评价活动，在学案中不大好具体体现出来，常常是在学案中预设一些“空白”，使那些有价值的学习表现和学习结果随时记录在学案当中，为评价提供丰富的素材。

学习内评价是学案中发挥着独特作用的一种新型评价方式，它是一项学习内容，也是一种学习过程，同时还是一项重要的学习策略。学习内评价的目的不是为了“证明”与“改进”，而是为了明了和认识，通过评价学习活动评出意义、评出理解、评出价值、评出情感、评出自信、评出生命活动的状态等。学习内评价是在学习活动中产生的，并且是在学习过程中进行的，因此，它应该体现在学习的每个环节之中，具体在“感受与收获”的栏目中有较为集中的体现。关于学习评价的详细内容，见本书第十章。

四、学习链接

“学习链接”是指结合学习内容提供和介绍相关的学习材料、问题解答与探究的结论。前者是引导学生去查阅和阅读，以开阔学生的眼界，拓展丰富他们的思想或思维。内容可以是新领域、新知识、新方法的介绍或是专题讲座、数学史话、名题欣赏、数学应用、案例评析和与其他学科知识的联系等。方式可采用文本描述、网址链接等。如通过著名数学应用案例的评析、数学技术的介绍、优秀数学应用成果的展示等，以开阔学生应用数学的视野，认识数学的应用价值，激发应用数学的兴趣和愿望。同时，可将数学文化教育渗透其中。

后者是提供给学生自主学习探究时的相关信息。在学生独立地进行探究学习活动时，不是把探究的结论直接呈现出来，而是放在学案最后的“学习链接”之中。这样做有 3 个方面的作用，一是不会由于探究的结论的先入为主而干扰学生的自主探究学习活动；二是当学生探究获得结论后，再与学习链接中的内容进行对比，可以发现自己结论的优缺点，从而起到自我评价的作用；三是当学生不能获得相关的结论时，再去看学习链接，可以起到提示的作用。

以上所讨论的栏目与内容是数学学案的一般性构成，在进行具体的学案设计时，可以根据学习内容和学习目标要求灵活地进行调整、补充或删减。如解题学习学案的栏目可调整为：学习课题、学习目标、学习重点、学习过程(学习准备、典型例析、变式练习、学习反思)、学习评价、学习链接等；复习学习学案的栏目可调整为：学习课题、内容分析(地位作用、相互联系、考试要求等)、学习目标、学习重点、学习过程(知识结构、知识点整理、典型例析、变式练习、学习反思)、学习评价及学习链接等。

第三节　数学学案的设计

美国心理学家 L.W.安德森将知识分为 4 种类型[①]：一是事实性知识，是指学生通晓一门学科或解决其中的问题所必须知道的基本要素，包括术语知识、具体细节和要素的知识；二是概念性知识，是指能使各成分共同作用的较大结构中的基本成分之间的关系，包括分类或类目的知识、原理和概括的知识、理论、模型和结构的知识；三是程序性知识，是指如何做什么，研究方法和运用技能、算法、技术和方法的标准，包括具体学科的技能和算法的知识、具体学科的技术和方法的知识、决定何时运用适当程序的标准的知识；四是反省认知知识，是指一般认知知识和有关自己的认知的意识和知识，包括策略性、情境性和条件性的知识在内的关于认知任务的知识与自我知识。结合数学学习的内容——数学概念、数学命题、数学解题以及以整合性学习为目的的数学复习，我们把数学知识分为概念性知识、命题性知识、解题性知识与复习性知识，其中的概念性知识中包含“事实性知识”；命题性知识中包含技能性的“程序性知识”；解题性知识包含策略性的“程序性知识”。在 4 种知识中，均包括有反省认知知识。这样，就可将数学学案相应地分为四种类型：概念学习学案、命题学习学案、解题学习学案与复习学习学案。这四种学案不但相互之间具有良好的独立性，而且几乎涵盖了数学学习的所有内容，这里的“几乎”是因为它们较少涉及研究性学习、数学建模、数学竞赛等方面的内容。本节讨论的是这 4 种数学学案的设计。

一、概念学习学案的设计

数学是由数学概念、命题(包括公理、定理、公式、法则)、数学思想和数学精神构成的一个完整的结构系统。其中数学概念和命题是数学的知识性成分，是“数学美女”的骨架，数学思想和数学精神是数学的观念性成分，是填充骨架的肌肉与灵魂，三者的结合才能构成“数学美女”完整而光辉的形象。而在知识性成分中，数学命题又是建立在数学概念之上的，没有明晰的数学概念就不可能建

---

① L.W.安德森等. 学习、教学和评估的分类学——布鲁姆教育目标分类学(修订版). 皮连生主，译. 上海：华东师范大学出版社，2008：43.

构起准确清晰的数学命题。因此，数学概念是建构数学大厦的基石，也是学习数学的基础和前提，学生对数学概念的理解掌握程度也是判断学生数学学习好与差的重要标志。

1. 概念学习的基本过程

数学概念对整个数学学习十分重要，很多学生在解题中经常犯一些低级错误，甚至许多成绩优异的学生常常在简单题上出错，都是由于概念不清而不能自如地运用概念造成的。但许多教师在概念教学上却舍不得花时间，在教学中直接给出概念后就急急忙忙将大量的时间用于解题训练上，他们也许认为概念很简单，直接给予学生就可以了。实际上“知识和概念是不能直接给予学生的。‘我的’知识或者概念也很难转化为‘他的’的知识或者概念，根本原因在于每个人的知识都必须有一个形成和发展的过程”①。因此，要学好数学概念，就必须亲历概念形成的过程，在“再创造”的过程中理解数学概念的本质，体会蕴含在概念中的思想方法。

一般地，数学概念学习要经历以下几个基本过程：操作—想象—概括—固化(逗留)—应用—结构。

第一，操作。指个体通过一步一步的外显性(或记忆性)指令去变换一个个客观的数学对象的过程。操作就是让学生“回到事实面前”，通过观察、实验、尝试等活动，为概念的形成积累丰富的感觉经验。操作活动是学生理解概念的一个必要条件，可使学生亲身体验和感受概念的直观背景与概念间的关系。操作可分为具体行为操作和思维操作。如，在学习等差数列的概念时，先让学习者观察概括几个数列前几项的特点所进行的学习活动就是一种思维的操作。只有学习者经历一定量的操作后，才能形成一定的感性认识，为下一步想象的开展提供直观基础和感性经验。因此，在数学概念的学案设计中，要提供给学生一定量的隐含概念本质特征的事实材料，并提出具体的操作要求，让学生主动地、有目的地开展丰富多样的行为操作和思维操作活动。下面是代数式概念学习学案中所设计的操作活动。

案例 5-1：代数式概念学习操作活动

活动 1：一首永远唱不完的儿歌：

1 只青蛙 1 张嘴，2 只眼睛 4 条腿，1 声扑通跳下水；

2 只青蛙 2 张嘴，4 只眼睛 8 条腿，2 声扑通跳下水；

3 只青蛙 3 张嘴，6 只眼睛 12 条腿，3 声扑通跳下水；

……

●想一想：x 只青蛙________张嘴，________只眼睛________条腿，________声

① 季苹．教什么知识——对教学的知识论基础的认识．北京：教育科学出版社，2009：233.

扑通跳下水。

活动 2:需要多少根火柴棒

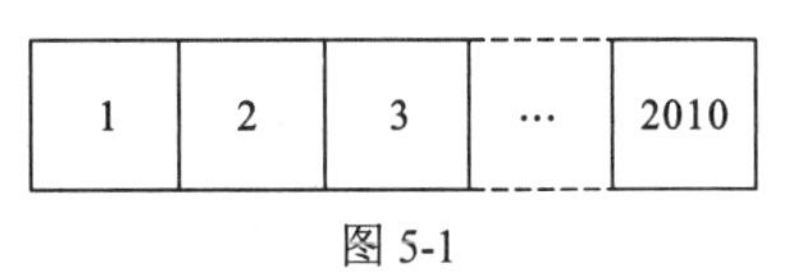

图 5-1

如图 5-1，李莉同学想用火柴棒按下面形式从左往右摆放 2010 个正方形，为了能够搭建成功，需要事先准备多少根火柴棒？

(1) 搭 1 个正方形需要多少根火柴棒？（　　）

搭 2 个正方形需要多少根火柴棒？（　　）

搭 10 个正方形需要多少根火柴棒？（　　）

(2) 搭 n 个正方形需要多少根火柴棒？（　　）

(3) 搭 2010 个正方形需要多少根火柴棒？（　　）

活动 3：直接用含字母的式子填空：

(1) m 表示长方形的长，n 表示长方形的宽，长方形的周长是____，面积是____。

(2) a,b,c 分别表示长方体的长、宽、高，则长方体的体积为____。

(3) 圆的半径用 r 表示，它的周长是____，面积是____。

(4) 一辆汽车 t 小时行驶 s 千米，那么它的速度就是____千米/小时。

(5) 小明的爸爸原来工资为 a 元，现在工资涨了 15%，则现在工资为______。

学生通过上述操作活动，亲身体验与感受了各个代数式从实际背景中的产生过程。之所以设计如此多的实际操作活动，就是要学生积累足够量的代数式产生的直观体验和感觉经验，使得代数式的本质特点在不断的“侧显”中能够被学生的心智所捕获，以形成一种代数式的直观印象。这一点非常重要，切不可操之过急，否则操作就成为走过场，流于形式，什么也得不到。

第二，想象。想象是对操作过程的压缩与内化。想象的前提是具体事例“共同性印象”的形成，而“共同性印象”的形成的前提是一定量直观感知经验的积累。当“操作”经过多次重复而被个体熟悉后，就可以引起联想或想象而转化为内容的心理操作活动(即产生“内观”)。学习者就可以直接想象这个“操作”，而不需要通过外显的直观操作过程。进而，他还可以对这个过程进行逆转以及与其他程序进行组合。如，通过对数列前 3 项 2，4，6 的观察，可以想象得出第 4 项为 8，第 10 项为 20，等等。因此，想象是在操作的基础上向抽象跨出的第一步。在以往的概念教学中，由于缺少了想象这一环节，使得所形成的概念或者只停留在感觉经验的层面上，或者只是一些纯粹的抽象符号或术语。

在学案的设计中一般通过设计一些思考问题来帮助学生进行反思、联想和想象。如，案例 5-1 中，在操作活动 1、2、3 之后，为了引导和激发学生进行想象，可设计一些思考性的问题。在操作活动 1、2 后可设计反思性问题：字母 x、n 分别表示什么？字母有何作用？在操作活动 3 后可设计反思性问题：①在活动 1、2、3 中各问题的答案是由什么组成的？从中你能否发现“字母”可以表示什么？②这些答案的共同特点是什么？③你能想象出一些类似的式子吗？

第三，概括。在经历“操作”与“想象”两个过程后，结合对具体操作事实材料的观察思考和想象得出的具体事例，再通过“由表及里，去伪存真，由此及彼”的反复运作过程，归纳抽象出概念的本质特征，由此而得出科学的概念。如，在对数列①2，4，6，…；②0，5，10，15，…；③1，-1，-3，-5，…进行观察操作与想象类似数列后，通过比较与区分，便可以概括出这类数列的共同特征：从第二项起，每一项与前一项的差都是同一个常数，在此基础上给出等差数列的定义可以说是水到渠成的事了。又如，在案例 5-1 中，通过学生对活动 1、2、3 的特点和想象的概括，可以抽象出所得答案与所想象的式子的共同特征：“它们含有加、减、乘、除、乘方等运算”“都含有字母”“字母可以表示具有一般性的数”“含有字母的式子可以表示一般规律、运算律以及一些事物的数量关系”等。在此基础上，提出代数式的概念就比较自然。

第四，固化(逗留)。大家应当明白“概念不能一次性学会”[①]。给出了概念的定义并不意味着概念就形成了，而只是概念形成的开端。因此，在给出概念的定义之后，不要急忙往前走，应在概念的定义处作一些逗留。因为概念的内涵具有丰富性，但这些丰富性是抽象的，它们并不会自动地显现出来，只有专心地“逗留”其面前，以宁静的心态对待它，概念的内在丰富性才可能显现出来，由此也才能丰富对概念的理解和认识。根据现象学的观点，“逗留”就是“回到事实本身”的一种具体方式[②]。但遗憾的是，教学中教师并不逗留在概念面前，带领学生从各个不同的角度和层次去审视概念，而是急忙进入到“题海”训练之中，就如现象学家海德格尔所说的那样：“放任自己从一个事实到下一个事实，追逐不停”，从而割断了学生探究和感受概念丰富性的道路。

逗留，不是停下来休息，而是对概念进行进一步的挖掘与分析、对概念的形成过程进行回味、思考概念定义语句的特点和含义，通过正反例析和各种不同角度的审视，以达到内化概念、固化概念和认识概念的目的。如，在给出等差数列的概念后，要审视、分析定义的语句特点和关键词的含义，结合正例与反例的辨析，使学生从各种角度挖掘和感受等差数列概念的丰富性。我们用下面的例子来加以说明。

例：判别以下数列是否为等差数列，若不是请说明理由。

(1)-1，3，6，9，12，15，18；

(2)2，4，6，8，11，14，17，20，…；

(3)2，3，2，3，2，3，…；

(4)10，7，4，1，-2，-5，…。

数列(1)从第三项起每一项与前一项的差都是常数 3，但第二项与第一项的差

① 季苹．教什么知识——对教学的知识论基础的认识．北京：教育科学出版社，2009：233.

② 季苹．教什么知识——对教学的知识论基础的认识．北京：教育科学出版社，2009：277.

却是 4，不符合定义中的“从第二项起”；数列(2)的前四项和后四项中，每一项与前一项的差都是常数，但不是同一个常数，由此可使学生体现或感受到“每一项与前一项的差是同一个常数”这一本质特征的真正含义；数列(3)从第二项起，每一项与前一项的和是常数，而相应的差不是常数。只有数列(4)符合要求是等差数列。通过这样正反几个例子的辨析，使学生感受与理解了定义中“从第二项起”，“每一项与前一项的差”“都是同一个常数”等关键词的真正含义，深化了对“等差”这一本质特征的认识；明白了为什么叫“等差数列”而不叫“等和数列”“等积数列”的道理。同时还可以引发学生去进一步联想和思考有没有“等和数列”“等积数列”等问题。

第五，运用。是指通过运用概念去分析解决具体的问题，以进一步加深对概念的理解，进而达到活化概念的理解水平。当然，在“固化(逗留)”时也在运用概念去辨析真伪，但主要目的是为了认识和理解概念的本质特征和定义本身的特点与含义。而这里的运用主要是运用概念解释实际现象和分析解决具体的问题，使概念内化为学生的认识的一种观念，成为他们解决问题的工具或经验。

第六，结构。是指一个概念通过“操作”“想象”“运用”以及与相关概念、原理的联系所形成的一种在个体头脑中的认知框架，它可以用于解决与这个概念相关的问题。“结构”既是一个静态的结果，也是一个动态的过程，需要在长期的学习活动中不断丰富和完善。起初的结构包含反映概念的特例、抽象过程、定义及符号，通过不断应用逐步建立起与相关概念、原理、事物、背景的联系，在头脑中形成一种具有丰富性的认知结构。在学案设计中，通过操作、想象、概括、固化(逗留)、运用的学习环节的设计，积累丰富的基本活动经验，深化对概念含义及其价值的理解和认识，广泛地与其他概念建立联系，以形成清晰、稳定、有效的认知结构。

我们提出概念学习的 6 个基本过程，是对数学概念所特有的思维形式——“过程和对象的双重性”(Sfard，1991，1994)进行切实分析的基础上提出的，比较真实地反映了学生学习数学概念过程中的思维活动。其中的“操作”阶段是学生理解概念的一个必要条件，通过“操作”让学生亲身体验与感受概念的直观背景以及概念产生的最初形态。“想象”阶段是学生对“操作”活动过程进行压缩、内化的过程，是由直观感知向概括抽象过渡的必然环节。“概括”阶段是通过对“操作”“想象”中所形成的各种具体属性进行区分、抽象与综合，认识到概念的本质属性，并对其赋予形式化的定义及符号表示，使其达到精致化而成为一个具体的对象实体，在以后的学习中以此为对象去进行新的活动。“固化”“运用”阶段是通过正反例析和运用概念分析问题和解决问题的过程，进一步巩固和加深对概念本质特征的理解以及概念内涵与外延的认识。“结构”阶段的形成要经过长期的学习活动来完善，起初的概念包含典型特例、抽象过程、定义及符号，经过学习建立起与其他概念、规则、图形等的联系，在头脑中形成综合的心理图式。

2. 概念学习学案的基本特点

“概念学习学案”是从学生的“学”为出发点，帮助和引导学生经历数学概念的形成过程、理解概念的本质、构建数学概念体系、形成概念运用的基本活动经验的学习方案。概括地讲，数学概念学习学案有以下 4 个特点：

(1)现实化

“数学概念作为具有概括性、抽象性、精确性等特征的科学概念，在学习中，无论是概念形成的方式还是同化的方式，都需要以学生头脑中已有的某些自发性概念(即日常概念)的具体性、特殊性成分为依托，从中分化出它的理论侧面，使之能借助经验事实，变得容易理解”[①]。概念学习学案中设计了大量实际背景材料，为学生提供了面对实事与现象的机会，能够使他们宁静地“逗留”在实事与现象面前，进行观察、实验、比较、想象等有效的学习活动，以形成丰富而强烈的经验直观，为概念的获得奠定丰厚的直观经验基础。这在用教案教学的课堂中是很难实现的，因为学生听课的关键是要跟上老师讲课的思路，根本没时间“逗留”于实事与现象面前，也没有多少机会去想象。

(2)操作化

概念的形成离不开操作活动，学生不但可以操作学案中提供的实例，而且还可以根据需要列举出自己的例子来，这一点在基于学案的教学中表现得特别突出。学生在对话性交流中，在讲道理或解释时，大都采用举例的方法。学生能够举出相应的实例，不但说明学生已形成了关于概念的本质直观，也就是能够“一般地看”一类事物(所举实例便是这种“一般地看”下的产物)，而且也说明，学生已开始在思想方法的层面上操作相应的概念了。概念学习学案使学生真实而充分地经历了想象与抽象的过程，切实提高了人类所具有的两项特别的能力——想象能力和抽象能力[②]。

(3)数学化

数学概念最为突出的特点是它的抽象性，但这个抽象是在直观想象的基础上建立起来的。康德指出：“人类的一切知识都是从直观开始，从那里进到概念，而以理念结束。”[③]学生获得概念的过程经历了把具体的、不太严格的自发性概念(即日常概念)转变为抽象的、严格的科学概念的数学化过程，具体有两次抽象过程，第一次是直观描述，完成对具体对象的抽象；第二次是符号表示，完成对概念的再抽象。概念学习学案为学生创造了利用语言来表征概念的机会，特别是提供了大量的运用概念符号来表达与思维的练习机会。这种概念的应用不是被动形

① 涂荣豹，王光明，宁连华．新编数学教学论．上海：华东师范大学出版社，2006：109.
② 史宁中．试论教育的本原．教育研究，2009，355(8)：3-10.
③ 康德．纯粹理性批判．邓晓芒，译．北京：人民出版社，2004：544.

式的使用，而是自觉地、自然地、有意义地在使用。

(4)结构化

概念学习学案展示了概念获得的完整过程。纵向上讲，通过概念学习的“六个过程”，使学生经历了操作、过程(内化了的操作)、对象以及运用图式的建立等概念意义形成的整个过程；在横向上，提供了各种形式、各种层次的变式练习，可以使学生形成联系广泛的概念网络。

概念学习学案为学生概念的获得提供了多种可能的方式和渠道，除了概念形成与概念同化这两种方式外，学生也可以采用直观的看(通过想象而形成的一种“本质直观”)来获得，还可以通过“理性类型”(利用典型分类的方式)来获得。概念获得的途径，可以是看资料、听老师讲以及同伴合作等方式，当然也可以是自己的独立思考的方式。学案学习从根本上避免了传授式教学中那种只有老师讲的一种声音的单向传授的学习方式。学生的发展本来就有差异，他们的家庭背景(包括遗传、家庭文化等)不同、成长经历不同、学习能力(包括知识基础、学习需求、学习志向等)不同，等等。这就要求在教学中，为学生开辟一个有多种发展可能性的通道。从实践的角度看来，可以说学案是当前教学中可以看到的富有多种发展可能性的最有效的学习载体。

由此可知，数学概念的 6 个过程，有利于发展学生“数学抽象”与“直观想象”核心素养。

3. 概念学习学案案例

案例 5-2：互斥事件与对立事件学案

【学习目标】

1.能够举例说明何为互斥事件或对立事件；

2.能够说出互斥事件与对立事件的区别与联系；

3.能在具体问题中正确辨别互斥事件与对立事件。

【学习重点】互斥事件与对立事件概念的理解与运用

【学习过程】

一、学习准备

1.“至少有一个成立”与“恰有一个成立”有何区别和联系？

2.如图 5-2：1 个盒内放有 10 个大小相同的小球，其中有 7 个编有不同号码的红球，2 个编有不同号码的绿球，1 个黄球，从中任取一个球，我们做如下约定：

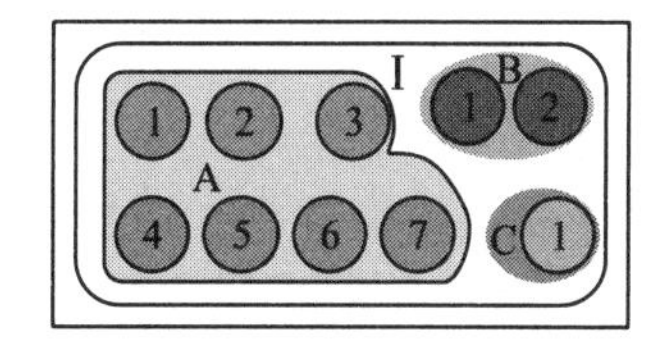

图 5-2

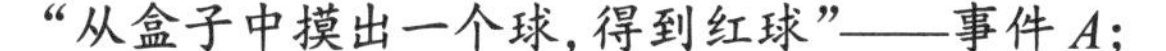
“从盒子中摸出一个球，得到红球”——事件 A；

“从盒子中摸出一个球，得到绿球”——事件B；

“从盒子中摸出一个球，得到黄球”——事件C；

“从盒子中摸出一个球，得到红球或绿球”是一个事件，我们记为事件D；

“从盒子中摸出一个球，得到黄球或绿球”是一个事件，记为事件E；

“从盒子中摸出一个球，得到红球或绿球或黄球”是一个事件，记为I。

思考分析这几个事件之间的关系，并完成下列填空：

$A\cap B=$____；$B\cap C=$____；$A\cap E=$____；$D\cap C=$____；$D\cup C=$____；$A\cup E=$____；$A\cup B=$____；$B\cup C=$____。

二、学习探究

1.互斥事件的概念

●观察思考

观察“学习准备”中的几个事件回答下列问题：

(1)“得到红球”和“得到绿球”这两个事件A、B可以同时发生吗？它们的交事件是什么事件？即$A\cap B=$________________________。

(2)“得到红球”和“得到黄球”这两个事件A、C可以同时发生吗？它们的交事件是什么事件？即$A\cap C=$________________________。

(3)“得到绿球”和“得到黄球”这两个事件B、C可以同时发生吗？它们的交事件是什么事件？即$B\cap C=$________________________。

(4)上面3个例子中的两个事件之间的关系有何共同特征？举出一些类似的例子与同学们交流。(链接1)

●归纳概括

我们把具有上面3个例子中两个事件之间关系的事件称为互斥事件，你能否给互斥事件下一个定义？

(1)互斥事件的定义：若____________的两个事件叫做互斥事件(或称互不相容事件)。

想一想：互斥事件的定义中的关键词是什么？

(2)从集合的角度看，两个事件互斥所含的结果组成的两个集合分别为A与B，则A与B所满足的条件是____________________。

(3)一般地，如果事件A_1，A_2，…，A_n中的任何两个都是互斥事件，那么就说A_1，A_2，…，A_n彼此____________，其中的关键词是________________。

2.对立事件的概念

●观察思考

在“学习准备”给的材料中，观察思考以下问题：

(1)D、C两个事件可以同时发生吗？它们的交事件是什么事件？即$D\cap C=$______；它们的并事件是什么事件？即$D\cup C=$___________。

(2)A、E两个事件可以同时发生吗？它们的交事件是什么事件？即$A\cap E=$_____；

它们的并事件是什么事件？即$A \cup E=$____________________。

(3) (1)、(2) 中的两个事件之间关系的共同特征是什么？(链接 2)

●归纳概括

一般的，我们把具有 D、C 两个事件和 A、E 两个事件之间关系的事件称为对立事件。请你给对立事件下一个定义。

定义：____________________事件叫做对立事件。事件 A 的对立事件记为 $\overline{A}$。

想一想：

(1) 两个事件是对立事件的条件有：__________________________。

(2) 从集合的角度看，由事件 $\overline{A}$ 所含结果组成的集合与全集中由事件 A 所含结果的集合之间的关系是什么？答：____________________。

(3) 两个事件是对立事件，则这两个事件一定是互斥事件，反之是否成立？由此可得，两个事件是对立事件是这两个事件是互斥事件的什么条件？

①互斥事件与对立事件的联系是：__________________________；

②互斥事件与对立事件的区别是：__________________________。

(4) 互斥事件的概念可以推广到 n 个事件的两两互斥，对立事件的概念可否推广到 n 个事件的两两对立？为什么？由此可得到结论是____________________。(链接 3)

●变式练习

(1) 在“学习准备”的图形中，“从盒中摸出 1 个球，得到的不是红球(即绿球或黄球)”记作事件 $\overline{A}$。则事件 A 与 $\overline{A}$ 是____________事件。

(2) 班上有个同学说“学习准备”中的事件 A 与事件 B 的交事件是不可能事件，所以它们是对立事件，你认为他的说法正确吗？为什么？

3.互斥事件与对立事件的运用

例：从 40 张扑克牌(红桃、黑桃、方块、梅花，点数从 1～10 各 10 张)中，任取一张。思考下列各对立事件：

(1) “抽出红桃”与“抽出黑桃”；

(2) “抽出红色牌”与“抽出黑色牌”；

(3) “抽出的牌的点数为 5 的倍数”与“抽出的牌的点数大于 9”。

判断上面给出的每对事件是否为对立事件？是否为互斥事件？并说明理由。

思路启迪：(1) 看到题目所提供信息，你首先想到了什么？是对立事件与互斥事件的概念，还是其他什么？(2) 40 张牌的颜色有几种？(3) 红色牌与红桃有何关系？

●解题回顾：这类判断题的关键是什么？解题的方法有哪些？你获得了什么经验或策略？

三、学习反思

1.互斥事件是不可能同时发生的两个事件，对立事件除这两个事件不同时发生外，还需二者之一必有一个发生这一条件。

2.对立事件是互斥事件，是互斥中的特殊情形；但互斥事件不一定是对立事件。“互斥”是“对立”的____________条件。因此要判断一个事件是否是对立事件必须先判断它是否是互斥事件。

3.从集合观点考虑下面问题

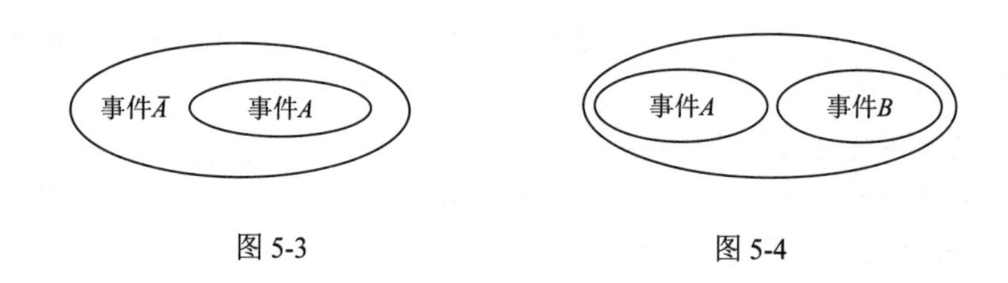

图 5-3　　图 5-4

A与$\overline{A}$是________事件　　A与B是________事件

如图 5-3，事件A与$\overline{A}$所含结果组成的集合分别为M，N，则M与N的关系是____________。

如图 5-4，事件A与B所含结果组成的集合分别为M，N，则M与N的关系是____________。

4.互斥事件、对立事件的判定方法为：________________________。

四、学习评价(略)

【学习链接】

链接 1：两个事件不可能同时发生，即它们的交事件为不可能事件。

链接 2：两个事件不可能同时发生但必有一个发生，它们的交事件为不可能事件，它们的并事件是必然事件。

链接 3：两个事件是对立事件的条件有两个：一是它们的交事件是不可能事件，二是它们的并事件是必然事件，即事件A和事件B在一次实验中有且只有一个发生，而不能同时发生。两个事件对立必互斥；两个事件互斥不一定对立，即两个事件对立是这两个事件互斥的充分而不必要条件。对立事件与互斥事件的联系是它们的交事件都是不可能事件，即在一次实验中两个事件都不可能同时发生，区别是对立事件的并事件是必然事件，而互斥事件的并事件不一定是必然事件。从集合的角度看，两个对立事件对应的集合要满足两个条件：$A\cap B=\varnothing, A\cup B=I$。因此，对立事件只是对两个事件而言的，不能把对立事件推广到n个事件，即不能说n个事件相互对立。

链接 4：(1)是互斥事件，不是对立事件；(2)既是互斥事件又是对立事件；(3)不是互斥事件，也不可能是对立事件。

本学案中互斥事件与对立事件两个概念的学习过程都经历了操作、想象、概括、固化(逗留)、运用和结构 6 个学习活动过程。“学习准备”提供的两个问题，为新概念的学习提供了观察的背景材料，为概念的获得做好了铺垫。在互斥事件与对立事件两个概念得出前，都设计了几个供学生观察思考的问题。前几个问题是引导学生先个别观察和重复观察学习准备中提供的背景材料。学生通过“重复地看”，可以直观感知互斥事件与对立事件的共同性特征，再用第一个问题引导学生进行想象，以突出互斥事件与对立事件的本质特征，为下一步概念的概括做好铺垫。学案在“归纳概括”的学习栏目中，以问题的形式来引导学生进行概念的概括。两个概念的定义得出后，设计的“想一想”是让学生在给出概念的定义面前进行“逗留”。通过问题的引导，让学生面对定义静下心来，从不同的角度观察思考，以丰富和加深对概念本质特征的认识。接下来给出的一道概念应用例题，不是直接给出解答，而是通过“思路启迪”“解题回顾”和“变式练习”的形式引导学生自己去审读题意，根据概念分析解题思路，在得出解答后再进行回顾总结和变式练习，使学生亲历波利亚所提出的解题的 4 个步骤，即理解题目、拟订方案、执行方案和解题回顾。最后的“学习反思”引导学生对整堂课所学习的知识方法进行反思梳理，与原有的知识建立联系，将新概念纳入原有的概念体系之中，使原有的认知结构得到充实，进而形成新的认知结构。

二、命题学习学案的设计

命题是数学的主体，是支撑数学大厦的骨架，命题学习是数学学习的重要内容。本节主要讨论命题学习学案的基本涵义、内容、特点及其结构，并结合案例对两种命题(公式和定理)学习学案的设计进行了详细的说明。

1. 命题学习的基本过程

数学中的命题主要是指公理、定理、公式、法则等。命题学习基本过程为：命题的发现、命题的确认、命题的挖掘、命题的应用、命题网络的构建。

(1)命题的发现

命题的发现一般要经历以下 3 个环节：第一，从一些背景材料中感觉到存在有某种东西，但具体是什么还不很清楚，只是一种直观感觉；第二，通过分析思考使问题明朗化，明确提出要探究的问题；第三，通过观察、操作、实验、联想、类比、归纳、直观猜测等活动得出猜想，发现命题。在“学案”中要充分体现命题发现的过程，特别是要让学生经历归纳(包括类比)的思维过程，积累归纳活动经验，强化归纳意识，树立归纳的信心和信念，提高学生“数学抽象”的能力。

(2)命题的确认

命题被发现后就需要确定命题的正确性。在数学学习中，确认一个命题的正确性，常用下面两种方法。

一是类属性证明。所谓的“类属”，是指处于在一般性水平下的某一“类”

或某一“属”的对象，也即下位概念。类属性证明就是利用了一些典型性的例子来解释说明一般性的结论。类属性证明不是真正意义上的数学证明，只不过是一种验证或解释，本质上是一种归纳验证的思想方法(通常称为“后归纳”)。但在对命题的理解和认可方面，常常比证明的效果要好，与证明相比，类属性证明显得更真实、更有意义。类属性证明的真正意义在于“讲道理”而不在于“讲推理”，一般运用于公理以及暂不要求证明的定理(包括公式、法则等)的确认当中，在初中数学学习中的运用极为广泛。由于类属性证明是利用一些典型的例子来解释、说明一般性结论，因此，在学案设计中，为命题学习所提供的例子要具有典型性和代表性，而且例子之间要有较大的差异性。波利亚曾指出：“一个猜想性的一般命题，假如在新的特例中得以证实，那么它就变得更可信了”[①]。这里的新是指不类同的、不常见的特例。

二是演绎证明。即根据一些已经确定了真实性的命题来判断某一命题真实性的思维过程，主要形式就是所谓的“三段论”——由两个含着一个共同项的性质判断(具有从属关系，处于上位的叫大前提，处于下位的叫小前提)而推出一个新的性质判断(结论)的推理。关于演绎证明的技能(这里不说能力，这种技能主要用在规范的、结构良好的数学问题的解答中，并没有运用到解决实际问题当中，即它还没有真正成为学生的一种力量，仍然处在知识的层面上)。一般认为，中国学生这方面在当今世界上是最强的。1989 年，在 13 岁学生的国际数学测验(IAEP)中，中国大陆以 80 分的正确率位居第一，中国台北以 73 分位居第二[②]。而另有一则报道指出：中国学生计算能力在世界上顺数第一，而想象力在世界上倒数第一。这说明，中国学生在演绎思维方面，主要强在固定的演绎套路的运用上，而不是在演绎思路与方法的想象与创建上。学案中关于演绎证明的设计要让学生经历证明思路与方法的产生、证明过程的表述以及证明之后的反思(思想方法的提炼)等有头有尾的完整的演绎思维过程。不能只是单纯的学习形式推理，不能拘泥于推导的细节，要引导学生认识推理本身的价值与意义，体会肯定事实、确认结论的必要性。

由此可知，命题的确认，有利于发展学生“逻辑推理”核心素养。

(3)命题的挖掘

命题确认后，为了能对命题有更加深刻的理解，还要在已确定的命题面前作些“逗留”，对命题作更仔细、更深入的审视探究，这就是命题的挖掘。命题的挖掘是命题学习的重要环节，也是丰富命题意义的关键环节，是深刻理解和灵活运用命题的重要前提和保障。遗憾的是，许多教师在教学中忽略甚至完全丢失了这一环。当确定命题后便急忙进行相关的解题训练，让学生机械的套用命题，而

① G. 波利亚. 数学与猜想：数学中的归纳和类比(第一卷). 李心灿，王月爽，李志尧，译. 北京：科学出版社，2001：6.

② 张奠宙，宋乃庆. 数学教育概论. 北京：高等教育出版社，2009：35.

不能灵活地运用命题。实际上，命题不是一次就可以学会、学透的。拉卡托斯(Lakatos)指出：一个命题的确认，是经过了反复的猜想与批评，证明与反驳而逐渐发展形成的①。因此，在确定命题后作些“逗留”，对命题进行反复的猜想与批评、证明与反驳、想象与联系。经过这样的挖掘过程，一则可以使学生有时间熟悉命题，准确把握命题的特点；二则可以再回过头来重新认识命题，丰富与加深对命题价值意义的理解和认识。在学案设计中，命题的挖掘要根据具体命题的内容来确定。若是数学公式，则要引导学生挖掘以下内容：①公式的结构、特征；②公式成立的条件；③公式适用的范围和公式的变化形式等。若是定理，则引导学生挖掘：①定理的条件与结论的内在联系；②定理的适用范围与作用；③定理的变化形式(逆命题，否命题、逆否命题各是什么？是否成立？可否推广？特殊情况如何？)；④证明定理的方法是否可用于解决其他问题？等等。

值得强调的是，命题的挖掘重在命题的结构特征、内在规律、证明方法的一般性等。此外，在命题的应用与命题的拓展中还可以继续挖掘命题的价值、作用和命题间的相互联系。由此可知，命题挖掘有利于发展学生数学思维的深刻性品质。

(4) 命题的应用

命题的应用有两个方面，一是在数学学科领域内容的应用，通过设计各种类型的变式练习，让学生经历命题的正用、逆用、变用、连用等过程，从不同的侧面来感知命题的结构特点以形成比较丰富的基本活动经验。学案以滚动的方式来安排练习活动，以形成由简单到复杂、由具体到抽象、由常规性练习到开放性练习的操作命题活动系统。二是在现实情境中的应用，通过将现实问题转化为数学问题的“数学化”的过程，使学生能够将命题看作解决实际问题的一个模型或工具，同时感受或欣赏命题的实际意义与价值从而发展学生数学建模核心素养，提高数学建模能力。这种实际问题，对学生的思维水平要求较高，解答时需要时间也比较多，因此，在学案中所设计的实际问题，背景要简单，并且为学生所熟悉。

(5) 命题网络的构建

命题网络的构建就是通过命题的发现、确认、挖掘和应用后，再回过头来重新审视命题，寻找它与其他命题之间的关系，建立起命题结构体系，形成网络化的命题知识组块。学习心理学研究指出，网络化的知识组块，具有良好的稳定性、清晰程度、可辨别性和可利用性，有利于保持、提取和迁移。为了构建命题知识组块，学案中可设计两个方面的学习活动：一是构建命题之间的关系，通过强抽象(加强条件)、弱抽象(减弱条件)与广义抽象(命题间的逻辑连接)形成一个关于该命题的命题网络。学案中，建构命题网络常常安排在学习过程的最后阶段的“学习反思”环节，以提问的形式引导学生进行联系、归类整理；二是探索命题的推

① 李士锜．PME:数学教育心理．上海：华东师范大学出版社，2001：134．

广，不但使命题具有生长、发展的“生命活力”，而且能够让学生感受到发现或发明的快乐。在学案的设计中，命题的推广一般在获得命题后或者在“学习过程”的后期，以“反思延拓”或“探索思考”或“学习反思”的形式来引导学生思考探究。对于以例题给出的命题，则在解答完例题之后的“解题回顾”中以问题的形式引导学生进行思考探究。

2. 命题学习学案的基本特点

命题学习学案是以学生的“学”为出发点，引导和帮助学生在经历命题学习的过程中，获得命题的内容及其意义，掌握命题的条件与结论之间的逻辑关系以及与其他命题之间的关系，形成应用的技能与基本活动经验的学习方案。数学命题学习学案有以下特点：

(1) 问题性

“问题是数学的心脏”。可以说数学命题是从问题中产生、在问题中发展、在问题中被意义化的。命题学习学案将学生带进问题的世界之中，从命题的发现、命题的确认、命题的运用、到命题知识网络体系的建立，均围绕问题这条主线而展开。总体上，让学生经历了一个发现问题、提出问题、分析问题和解决问题的“再创造、再发现”的认知过程，使他们在探究问题的过程中“学数学、做数学、用数学”。学生在经历这样的学习过程时，不但可以逐步强化创新的意识、积累创新的经验，而且还能培养起学习的兴趣，树立进步的信心，激发创造的激情。

(2) 思维性

苏霍姆林斯基提出：“让学生生活在思考的世界里”[①]。归纳(包括类比)思维与演绎思维是数学中最为基本的两种思维(关于归纳和演绎，作为推理的方式时，称为“归纳推理”和“演绎推理”；作为认识事物的方法时，称为“归纳法”和“演绎法”；作为思考问题的策略时，称为“归纳思想”和“演绎思想”。不论是作为思维、推理，还是作为思想方法，其本质上没什么区别，在不发生歧义的情况下，一般不加区分)，它们是命题学习的两个轮子，是命题学案设计的根本出发点。

一般认为，在命题的发现与提出、命题的验证以及命题的推广过程中，主要运用的是归纳思维，而在命题的证明、命题运用的过程中，主要运用的是演绎思维。在命题学习学案中，是将两种思维融合为一体的(本来就应该是一体的)，归纳之中有演绎，演绎之中也有归纳。在命题的发现过程中，归纳的关键在于辨别或分解出所隐藏的本质特点或规律，而这些本质特点或规律往往需要演绎的参与(组织、加工归纳信息时，需要演绎思维的参与)才能够被发现；在归纳过程中，当归纳最初猜想出某种性质或规律后，演绎便利用此性质或规律(作为大前提)，指导后面的思维活动，用演绎所得的结果来检验猜想的正确性，决定归纳过程是

① B.A.苏霍姆林斯基．给教师的建议．杜殿坤，译．北京：教育科学出版社，1984：209．

否继续进行下去。因此可以说，演绎对归纳有支持、维持的作用。

在命题的证明与应用过程中，演绎思维(应该说思想)提供了逻辑连接的方式(三段论)，归纳在其中所起的作用是探寻研究的思路、把握演绎的方向和选择演绎的策略等。在演绎的过程中，推测某种中间结果或连接的策略。需要指出的是，归纳思维与演绎思维的这种融合，只有在学生自主而完整地经历了命题学习的 4 个阶段后，才能较好地体现在学生的思考中。真正的思维只有在积极主动的活动中才能发生。

(3) 说理性

《普通高中数学课程标准(实验)》强调：“数学课程要讲推理，更要讲道理。”教育心理学研究指出：“学习证明如果只是学逻辑推理，仍有可能对证明本身的意义及作用这个最重要的道理没有弄清楚。”“如果一个证明的有效只是由其形式的力量来确定，不必考虑其内容的话，那么对学科的理解就不会有什么帮助，甚至不能使人信服”[①]。这说明，在学习中，证明是一回事，要接受这个证明及其所证明的命题是另一回事。相比较而言，学生更愿意接受生活中的“道理”。数学中的证明与生活中的“道理”有着完全不同的含义，前者是纯理性的、形式的，一般不会产生具有生活经验意义上的效果，给人一种虚的、不实在的感觉。而后者包含有一定的经验成分，常常是大家常用的、认同的，对生活思维有直接影响的。因此，要让学生真正理解接受一个定理，除了通过证明确定其正确性外，还要通过“讲道理”让学生相信它，认识证明与定理本身的意义和价值。

在生活中“讲道理”的方式一般有以下几种：①个人经验；②权威认可；③观察到实例；④举不出反例；⑤结论的有效性；⑥根据惯例；⑦类推等。学案为学生提供了讲道理的机会，因为学案不但是学生自主学习的方案，也是他们合作学习的方案，还是对话交流、展示思维过程的方案。在学习中，当面对一个定理及其证明时，不但要先说服自己，而且还要说服同伴，甚至还要说服更有权威的老师。在基于学案的课堂学习中，学生“讲道理”采用的方式主要有：①举实例；②借用同学们当堂承认了的做法或观点；③举反例；④利用命题的实际意义。在课堂上还可以看到一个有趣的现象，学生所欣赏的并不是那些严谨的逻辑证明，而是同学所举出的典型的、新颖生动的实例。

华盛顿儿童博物馆里有一句格言：“听到的，过眼云烟；看见的，铭记在心；做过的，沦肌浃髓。”[②]我们还要加上一句：讲出的，了然于心。因此，学案应该成为学生讲道理的方案。

(4) 文化性

为了在学生的学习中消除“大多数数学知识是无用的”“数学是一些枯燥的

① 李士锜．PME：数学教育心理．上海：华东师范大学出版社，2001：132，134.
② 涂荣豹，王光明，宁连华．新编数学教学论．上海：华东师范大学出版社，2006：131.

符号游戏”甚至“数学是可恨的”等对数学的错误认识和不良感受，在数学新课程中特别提倡数学文化的教育，通过“适当反映数学的历史、应用和发展趋势，数学对推动社会发展的作用，数学的社会需求，社会发展对数学发展的推动作用，数学科学的思想体系，数学的美学价值，数学家的创新精神”①等，使学生比较全面地了解与认识数学的文化价值，改善对数学的情感，树立正确的数学观。但是在“以教定学”的教学中，由于各种原因，数学文化无法也无力真正走进课堂，更无法走进学生的心灵世界。在实际教学中，所谓的数学文化教育，只是讲一些数学史话，对学习只起到一点点缀或调节的作用，使学生所受的数学教育很难达到“文化”的层次上。

学案的产生为数学文化的教育开辟了一条有效的通道，成为了数学文化走进课堂的有效载体，为学生感受数学文化提供了一个有效工具。在命题学习学案中，可以3种方式来涉及数学文化的学习活动：一是将命题产生发展的历史背景或生活背景作为命题学习的“先行组织者”，依此来激励和引导命题的发现或命题证明方法的发现过程；二是将数学历史上一些“著名证明”作为探究学习的对象，让学生亲历“再发现、再创造”的过程；三是通过由学生来呈现或展示数学文化内容的方式，让学生欣赏和体会数学的文化价值；四是通过“资源链接”环节，引导学生查找、收集和阅读有关数学文化的学习资料。实际上，在学案的设计理念上，就是要把学案设计成为学生进行数学文化学习的方案，在他们进行知识学习的同时，进行数学文化教育，将知识学习与文化教育融为一体，使他们既具有丰富的数学知识，又具有较高的数学文化品位。

3. 命题学习学案案例

案例5-3：“直线与平面垂直的判定定理”学案及点评

【内容分析】

直线与平面垂直的判断是人教版新课标教材《数学A版必修2》第二章“直线、平面垂直的判断及其性质”第一节的第一个定理。本节课含有两个知识点，一个是直线与平面垂直的定义，另一个是直线与平面垂直的判断定理。由于直线与平面垂直判断定理证明的难度较大，教材没有要求对定理进行证明(原来的教材对定理进行了证明)，这样降低了大家学习的困难。直线与平面垂直是直线与平面相交的特殊情况。直线与平面垂直的判定又是后面研究平面与平面垂直的重要依据，因此，它在研究线面关系和面面关系中具有重要的地位与作用，同学们必须认真学好这个定理。

点评：【内容分析】简述了本节内容在教材中的地位和作用，使学生对该节

① 中华人民共和国教育部. 普通高中数学课程标准(实验). 北京：人民教育出版社，2003：4.

内容事先就有一个大致了解和整体认识，同时也使学生认识到本节内容在今后学习中的价值，可激发学生学习的求知欲。

【学习目标】

1. 能通过实验获得直线与平面垂直的概念；能举例说明直线与平面垂直定义中的关键字词的作用；

2. 能用实验获得直线与平面垂直的判定定理，能用文字语言、符号语言和图形语言准确表述判定定理；

3. 能运用判断定理证明一些简单的线面垂直问题；

4. 通过经历线面垂直的定义和判断定理的形成过程，加深对“转化”思想的认识，掌握将空间问题转化为平面问题解决的基本方法。

【学习重点、难点】

直线与平面垂直的定义和判定定理。

【学习过程】

一、学习准备

1. 空间两条直线有几种位置关系？________________________________;

2. 在空间，直线与平面的位置关系有几种？__________________________;

3. 在平面内，到线段两个端点距离相等的点在__________________________;

4. 在平面内，过一点与已知直线垂直的直线有____________条，在空间呢？________。

二、学习探究

(一) 直线与平面垂直的定义

●实验观察：

1. 请同学们观察教室门竖直的边缘线与地面有何关系？

2. 请同学们做一个实验：将书打开竖直放在桌面上。观察思考以下问题：书脊 AB 和各页面与桌面的交线有何关系？若将各页面与桌面的交线视为桌面内的直线，书脊 AB 视为一条直线，任意翻动书的各页，这时直线 AB(书脊)与各页面与桌面的交线有何关系？

反之，若把书脊 AB 视为一条直线 l，桌面视为平面 α，则由此可得直线 l 与平面 α 内的任意直线 m 有何关系？

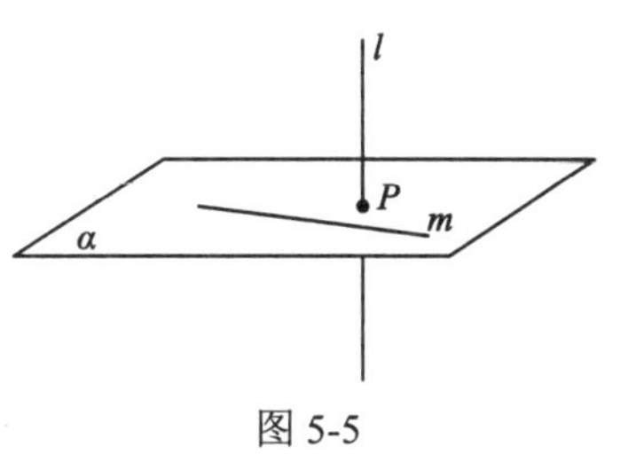

图 5-5

●归纳概括：由上面的实验，结合图 5-5，你能否用一句话概括出直线与平面垂直的定义？

直线与平面垂直的定义：____________________。

其中直线 l 叫作平面 α 的垂线，平面 α 叫作直线 l 的垂面。直线与平面垂直时，它们唯一的公共点 P 叫作垂足。直线 l 与平面 α 互相垂直记作：$l\perp\alpha$。

●想一想：

1. 定义中“任意一条”可否换成“无数条”？为什么？

2. 若直线l与平面α垂直，则直线l与平面α内的任意一条直线有何关系？于是可得什么结论？(链接 1)

3. 你还能举出生活中直线与平面垂直的例子吗？

点评：上述学习活动属于概念学习，在设计上体现了概念学习的环节和过程(关于概念学习学案的设计请参见本节“概念学习的学案设计”)。

由直线与平面垂直的定义可知，判断直线与平面垂直，实际上转化为判断直线与直线垂直了。这是立体几何中的一种重要的数学思想方法——划归转化思想。同学们要认真体会，它在今后的学习中要经常用到哦！

(二)直线与平面垂直的判定定理

我们已经掌握了直线与平面垂直的概念，那么，我们能否用它来判断直线与平面垂直呢？我们注意到，要证明直线和平面垂直就是要证明这条直线和平面内任意一条直线都垂直。但平面内有无数多的直线，要证明每一条都垂直，难以操作，是否有更简单的方法呢？能够通过直线和平面内的有限条直线垂直就可断定这条直线就和这个平面垂直？现在我们就来一起探究。

●实验探究

我们先做一个小实验：如图 5-6，拿出一个三角形纸片，如图 5-7，过三角形的顶点A，翻折纸片得到折痕AD，将翻折后的纸片竖起放置在桌面上(BD，DC与桌面接触)。

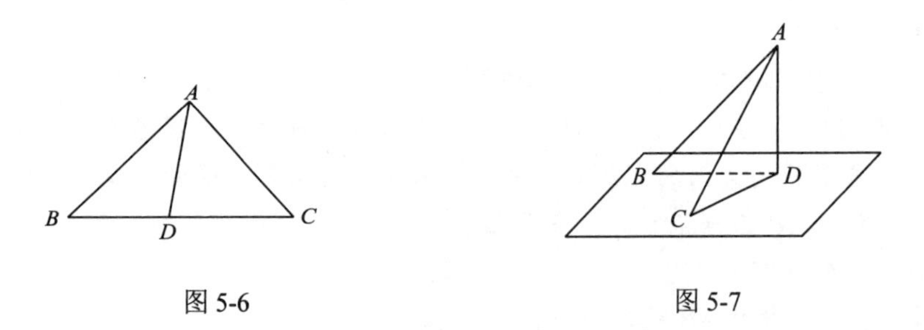

图 5-6　　图 5-7

思考：

1. 怎样的翻折过程可使折痕AD与桌面垂直？当折痕AD与桌面垂直时，AD与BD、DC有何关系？

2. 再任剪一个三角形纸片重复上述实验观察，当折痕AD与桌面垂直时，观察AD与BD、DC是否仍然有这种关系？

3. 由上面的两次实验结果，你可猜想得出一个什么样的结论呢？AD要与桌面垂直，AD需与桌面内的几条直线垂直？桌面内的这些直线有什么样的位置关系？

点评：这里的设计是让学生通过多次动手实验操作，并对实验进行观察、猜想得出结论。在定理的学习中，实验操作的目的是通过实验引导学生观察思考，发现定理。从现象学的角度来看，这个发现的过程一般要经历“个别地看”“重复地看”“想象地看”和“一般地看”等过程。设计中让学生思考“当折痕 AD 与桌面垂直时，AD 与 BD、DC 有何关系？”这就是“个别地看”，通过第二问让学生再任剪一个三角形纸片重复上述实验并观察，是让学生“重复地看”。通过“个别地看”“重复地看”使学生形成线面垂直的经验直观，再通过第三问引导学生进行“想象地看”，从而为“一般地看”奠定基础。这种通过实验观察、猜想获得定理的方法，是定理发现的一种重要方法，同时也是发展学生“直观想象”核心素养的重要途径。

●归纳概括

由以上实验你能得出判断一条直线与平面垂直的什么方法吗？请把你得出的结论用一句话概括写出来。再用一个三角形纸片重复做一次这样的实验是否还可得到同样的结论？

点评：在学生经历了实验观察过程中的“个别地看”“重复地看”“想象地看”后就可以进行“一般地看”了，这时让学生“用一句话概括写出得出的结论”也就顺理成章。从“个别地看”“重复地看”到“一般地看”运用的是从特殊到一般的归纳推理方法，有利于发展学生“逻辑推理”核心素养。由于线面垂直判定定理的证明较复杂，现在的课标教材中都没有进行证明，学案设计中要求学生用实验再对观察得出的结论进行验证，这也是定理学习中“定理确定”中的“类属性证明”，虽然这不是严格的逻辑演绎证明，但能使学生确信它的正确性，对定理获得一种“认识地看”，这是日常“证明”中常用的一种方法。

线面垂直判定定理：如图 5-8，一条直线与一个平面内的________________都垂直，则该直线与此平面垂直。

你能根据图 5-8 用符号来表示线面垂直的判定定理吗？（链接 2）

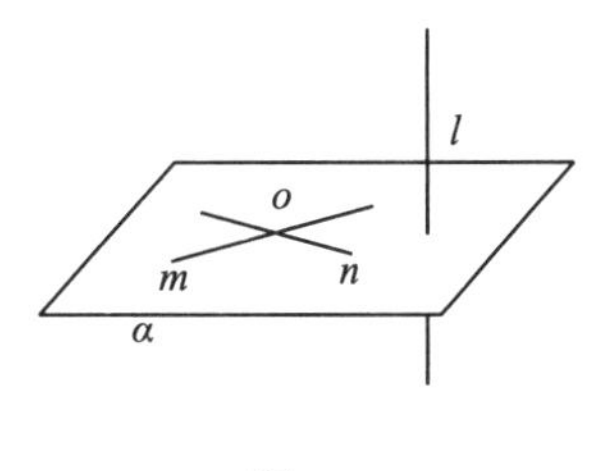

图 5-8

点评：3 种语言的互译与转换，是几何学习中的一项基本要求和任务，只有学生能够无障碍地进行 3 种语言的互译，才能灵活地运用定理，同时也有利于发展学生“数学抽象”与“直观想象”核心素养的形成和发展。

●想一想:

1. 定理中的“两条相交直线”能否换成“两条平行直线”？能否举例说明你的结论？

2. 直线与平面垂直的判定定理可以简述为“线线垂直，则线面垂直”，“线线垂直”的含义是什么？

3. 该定理的否命题和逆命题是否成立？

点评：这里“想一想”是在引导学生对定理进行挖掘。

三、巩固练习

例 1：如图 5-9，有一根旗杆 AB 高 8m，它的顶端 A 挂有两条长 10m 的绳子，拉紧绳子并把它的下端放在地面上的两点(和旗杆脚不在同一条直线上) C、D。如果这两点都和旗杆脚 B 的距离是 6m，那么旗杆就和地面垂直。为什么？

●思路启迪：这是一个什么问题？由此你想到了可以利用的哪个定理或方法？

写出你的解题过程:

●解题回顾：解这类实际问题的关键是什么？

例 2：如图 5-10，已知平面 $\alpha \cap$ 平面 $\beta = EF$，且 $AB \perp \alpha, AC \perp \beta$，垂足分别为 B、C。求证：$EF \perp$ 平面 ABC。

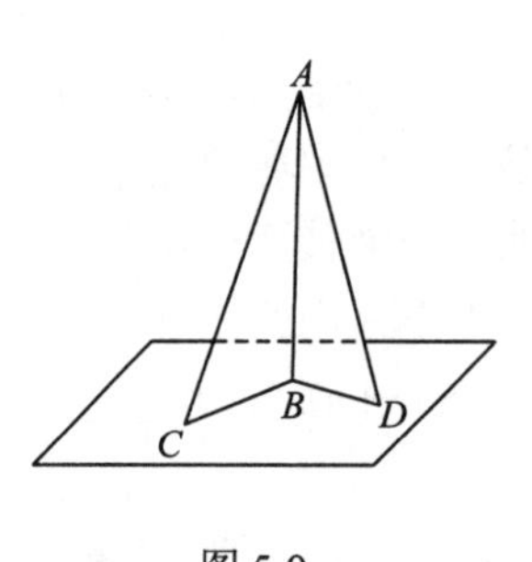

图 5-9

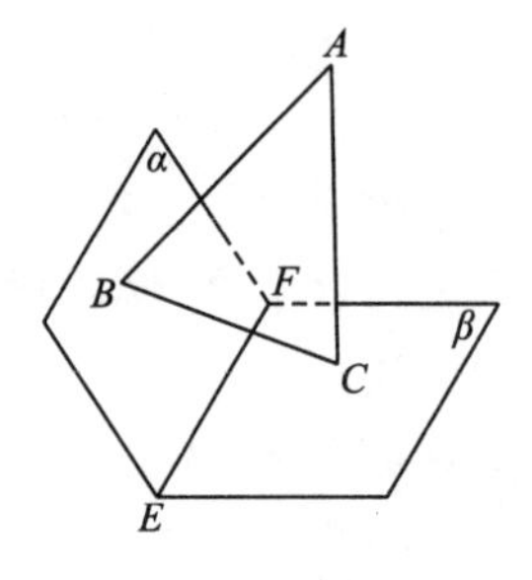

图 5-10

●思路启迪：要证明 $EF \perp$ 平面 ABC，可利用的定理或方法有哪些？哪个最简单？由已知可得出运用这些定理或方法的条件吗？

写出你的解答:

●解题回顾：用判定定理证明线面垂直的关键是什么？这类证明中要用到哪些定理？证明中用到了什么数学思想方法？

●变式练习

1. 如图 5-11，$PA \perp$ 平面 ABC，$\triangle ABC$ 中 $BC \perp AC$，则图中直角三角形的个数为______。

2. 如图 5-12，P 是 $\triangle ABM$ 所在平面外一点，$PA \perp$ 平面 ABM，$\angle AMB = 90^{\circ}$，

$AN \perp PM$，垂足为 N。

求证：(1) $MB \perp$ 平面 PAM；(2) $AN \perp$ 平面 PMB；(3) $AN \perp PB$。

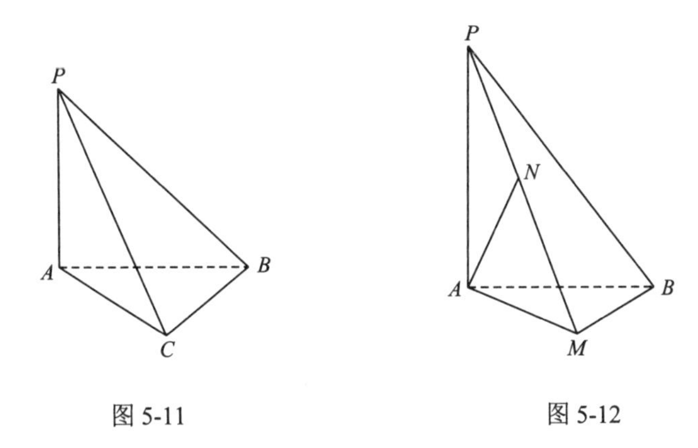

图 5-11　　　　图 5-12

思路启迪：题目的已知条件能推出哪些结论？要证明直线垂直平面关键是要证明什么？题中的已知条件能否得出所需要的条件？

写出你的解题过程：

●解题回顾：要证明线面垂直，则需要证明什么？要证明线线垂直，则又需要证明什么？这里面体现了什么数学思想方法？由此你有何体会与感悟？

点评：在 3 个例题中，不是只给出例题或者只给出例题的解答，而是设计“思路启迪”“解题回顾”，引导学生去思考、总结解题规律。这样就把学法指导有机融入解题学习的过程之中了，从而体现了学案的本质特征和学案设计的“指导性原则”。

【学习反思】

1. 定义中的“任何一条直线”与“无数条直线”有何不同？

2. 线面垂直的定义有何作用？

3. 线面垂直判定定理相对于线面垂直的定义有何优点？

4. 定理的发现和定理的确定中有何数学思想方法？(链接 3)

【学习评价】(略)

【学习链接】

链接 1：可得直线 l 与平面 α 垂直的充要条件为：$\left.\begin{matrix} l \perp m \\ \forall m \subset \alpha \end{matrix}\right\} \Leftrightarrow l \perp \alpha$（符号“$\forall$”表示“任意”）

链接 2：$\left.\begin{matrix} m \subset \alpha,\ n \subset \alpha, m \cap n = o \\ l \perp m, l \perp n \end{matrix}\right\} \Rightarrow l \perp \alpha$

链接3：

1. 定义中的"任何一条直线"这一词语，与"所有直线"是同义语，但与"无数条直线"不同。特别是"无数条直线"并不能说明是"任何一条直线"。

2. 利用线面垂直的定义可判定线线垂直，即当直线和平面垂直时，该直线就垂直于这个平面内的任意一条直线。

3. 线面垂直的判定定理可简述为"线线垂直，则线面垂直"，线面垂直的判定定理比线面垂直的定义更容易操作，前者考虑的是"有限"，而后者需考虑"无限"。从而就把"无限"的问题转化为"有限"的问题来解决，体现了"转化"的思想方法。

在定理学习学案设计中，要注意以下问题：

(1)注意定理的条件、结论和变形。忽视定理的条件而产生错误，是学生在学习中的一种普遍现象，学案设计时予以高度的重视。在定理学习中，应让学生准确地掌握定理的条件部分和结论部分，了解定理中诸条件的性质和作用，掌握定理的各种等价形式。

(2)注意研究定理的反面。研究定理的反面，是训练学生逆向思维能力的有效途径，教师应当有这种意识。

(3)注意练习题的渐进性和多样性。新学习的定理要以题组的形式，设计一定数量的顺用定理的习题、逆用定理的习题和变用定理的习题。同时还要以多种形式在不同层次上应用定理，习题类型包括：直接用定理的类型、用定理证明方法的类型、用定理变形的类型等。

(4)进行定理的推广。在定理学习学案设计中，要根据学生的知识水平和接受能力，将定理进行一定程度的推广，以开拓学生的视野，使其受到数学研究思想方法的熏陶，逐步提高他们的创造性思维能力。

(5)要解决好定理的文字语言、图形语言和符号语言三者之间的互译或转换。

三、解题学习学案的设计

解题学习是中学数学学习的重要内容，是理解数学和掌握数学、发展学生数学"逻辑推理""数学运算"核心素养和数学"四能"的重要途径。如何培养和提高学生的数学解题能力，解题学习学案承担着重要的任务。

1. 解题学习的基本过程

关于数学解题学习的认知过程，专家学者从不同角度进行了探讨分析，提出了多种解题理论与解题模式，其中影响较大的是波利亚在"怎样解题表"中提出的解题四阶段模式[①]：

第一，理解题目

① G.波利亚．怎样解题：数学思维的新方法．涂泓，冯承天，译．上海：上海科技教育出版社，2007.

未知量是什么？已知数据是什么？条件是什么？条件有可能满足吗？条件是否可以确定未知量？或者它不够充分？或者多余？或者矛盾？画张图，引入适当的符号。把条件的不同部分分开。你能否把它们写出来吗？

第二，拟定方案

你以前见过它吗？或者你见过相同的题目以稍有不同的形式出现吗？你知道一道与它有关的题目吗？你知道一条可能有用的定理吗？观察未知量！并尽量想出一道你所熟悉的具有相同或相似未知量的题目。这里有一道与你的题目有关而且以前解过。你能利用它吗？你能利用它的结果吗？你能利用它的方法吗？为了有可能应用它，你是否应该引入某个辅助元素？你能重新叙述这道题目吗？你还能以不同的方式叙述它吗？回到定义去。

如果你不能解决所提出的题目，先尝试去解某道有关的题目。你能否想到一道更容易着手的有关题目？一道更为普遍的题目？一道更为特殊化的题目？一道类似的题目？你能解出这道题目的一部分吗？只保留条件的一部分，而丢掉其他部分，那么未知量能确定到什么程度？它能怎样变化？你能从已知数据得出一些有用的东西吗？你能想到其他合适的已知数据来确定该未知量吗？你能改变未知量或已知数据，或者有必要的话，把两者都改变，从而使新的未知量和新的已知数据彼此更接近吗？你用到全部的条件了吗？你把题目中所有关键的概念都考虑了吗？

第三，执行方案

执行你的解题方案，检验每一个步骤。你能清楚地看出这个步骤是正确的吗？你能证明它是正确的吗？

第四，回顾

你能检验这个结果吗？你能检验这个论证吗？你能以不同的方式推导这个结果吗？你能一眼看出它来吗？你能在别的什么题目中利用这个结果或这种方法吗？

2. 解题学习学案的基本特点

根据解题学习理论与学案构成的基本要素，数学解题学案应具有完整性、探究性、生成性、反思性等特点。

(1)完整性

解题学习学案的完整性表现在以下两个方面:

一是学案中所设计的数学题，在类型上表现出了一种完整性。从封闭性的、结构良好的习题到开放性的、结构不良的问题；从解决现成的常规性问题到发现问题、提出问题，都经历了一个由低级学习到高级学习的过程。这里的低级学习是指完成“低阶目标”的学习，“低阶目标”主要是以掌握基本知识、形成基本技能为主；高级学习是指完成“高阶目标”的学习，“高阶目标”是指“批判性地思考、获取信息，解决问题，反思和改进自己的工作，并且创造新的想法、产品和解决方案[1]。

二是解题学习构成的完整性。在讲授式的教学中，“理解题目”常常是老师的工作。老师做好铺垫后，才让学生按照指定的线路前进，没有意识到要去如何引导和教会学生“理解题目”和“拟定解题计划”，而是直接叙述解题的过程。在解题教学中，追求的是例题的答案，而不是过程，一旦教师分析出解题思路，解题的任务就完成了。在听课的过程中，经常会看到，给出一道例题后，教师就直接讲解解题的思路，思路一旦讲清了，马上就讲下一个例题。更有甚者，一旦写出例题后，马上就写出解答过程，一边写一边读，解题过程写完了例题也就讲完了，根本就没有解题思路的分析，而解题后的“回顾”更是可有可无。有些课上虽然有解题回顾，但也只是由老师比较随意地指出解题的关键或易出错的地方。由于教师没有进行解题回顾和有目的地引导学生进行“回顾”的意识，教学中偶尔进行的“回顾”往往也不会引起学生的兴趣。

由于长期的传授式解题教学，老师们已形成了“解题的目的就是找答案”的教学观念，形成了“烧中段，去两头”这种残缺性解题教学的弊端，这是致使解题教学效率低下的主要原因。但许多教师没有真正明白这个原因。有许多教师讲解了大量的例题，结果学生的解题能力仍然不高，有些教师经常感叹，“昨天我才讲了的题，今天考试原题都不会做！”实际上错的不是学生而是教师自己。我们必须清楚：数学不是讲会的，数学题是讲不完的，讲了的学生也不一定都懂。要使学生学会解题，最为有效的方法就是让学生完整地经历解题学习的4个阶段。

解题学习学案应为学生提供完整经历解题4个阶段的条件与机会，特别是“理解题目”阶段和“回顾”阶段，“学案”中要有比较详细的设计。关于“理解题目”，“学案”设计时可利用以下“元认知提示语”[2]：

①它是什么？如何表示？能否表示成其他形式？②它有什么性质？如何表示？能否表示出其他形式？③它们有什么关系？如何表示？能否表示成其他形式？④它是否与其他问题有联系？能否利用这个联系？关于“回顾”的启发性问句是：你能概括出本题的解题步骤吗？在解题中运用了什么样的数学思想方法？你有更好的解法吗？等等。

(2)探究性

解题过程本质上是一个“尝试—顿悟”的过程。这里的顿悟既包括对“错误”(不正确的但未必是无意义的联系)的顿悟，也包括对“正确”(条件与目标之间有意义上的联系)的顿悟。尝试成功的效率取决于经验的有效性(包括熟练程度、准确性以及与问题本身的关联程度)与思维的品质等。在这种意义上，不论是错误的解题还是正确的解题，只要是主动参与其中，就都是一种有意义的学习活动。学

① 冯锐，缪茜惠．探究性高效学习的意义、方法和实施途径——对话美国斯坦福大学 Linda Darling-Hammond 教授．全球教育展望，2009，38(10)：3-7.

② 涂荣豹，王光明，宁连华．新编数学教学论．上海：华东师范大学出版社，2006：126.

案为学生提供了“在解题中学习解题”的机会，使他们能够亲身经历“尝试—顿悟—发现意义”的过程。在解题学习活动中，他们自己去选择信息、寻找思路，在问题与结论之间建立具有个性化的意义联系，这种联系不是盲目碰巧的，而是按照一定的“线路”(学案的引导)建立起来的，它既减少了纯粹自学中那种方向不明的盲目尝试的次数(所谓弯路)，也避免了教师讲解中那种舍弃尝试过程而直接呈现“成功联系”从而使学生的解题学习仅停留在“模仿”层次上的弊端。

张奠宙先生指出：“问题解决”的初始阶段，专注于波利亚的现代启发法研究上，虽然取得了进展，但相应的教学却未能取得预期的效果，学生已经具备了足够的数学知识，似乎也已掌握了相应的解题策略，但仍然不能有效地解决问题①。学生解题学习效果不佳，核心不是解题理论或解题策略是否完善或有效的问题，而是是否真正做到了让学生经历解题的完整过程，是否让学生在亲历解题过程中去感悟、去发现、去积累解题经验，是否让思想从学生的脑子里产生出来。波利亚在他的解题理论中反复强调如下的解题学习准则：“学习任何东西的最佳途径是自己去发现”②。可是，在教学中，我们给了多少让学生发现的机会？也许有一条大家公认的理由：“让学生发现太难了，太浪费时间了！而实际上，不是不能为也，而是不想为也！”学案就是一个让学生自己去发现的学习方案，不夸张地说，解题学习学案就是波利亚《怎样解题》理论走向实际的有效工具或实施方案。

(3)生成性

在教学中，“生成”是和“预设”相对的一个概念，是指教学内容与资源不断发展与创造的过程。解题学习学案中没有完整的“例题”，学生解题时，一般没有可以直接模仿的对象(当然学生可以在教材、其他教辅资料上去找，这也要求学生在认知参与下去比较、选择)，特别是对变式性习题、应用性问题、拓展性问题与情境性问题等更是如此。从理解题意、制定解题方案、执行解题方案，到解题回顾，可以说，每个阶段都是一个生成的过程。

从现象学的角度，每个习题都可以看作是一个“事实”，当解题者辨认出题中信息的特点时，就发现了相关的一些现象，而一旦看出或发现问题的类型，解题者就可以“一般地看”这个问题了，即形成了此问题的本质直观，问题也就成为了一种事实；解题回顾则使得这个事实更加丰满。因为解题的过程中蕴含有处理信息的具体方法，使得这个事实的特点在解题者的脑海中更加清晰透彻，而会更加“一般地看”这个问题，即把它看作一般大的同类型下的一个个别的问题，这样就可以举出或想象出许多相类似的问题，甚至还能将其进行推广。如果解题者能够“一般地看”某个题目，那么他获得的不是一个题的解题方法，而是一类题的解题方法，即方法具有了一定的普适性。如果把一种解法看作是题目的一种

---

① 张奠宙，宋乃庆．数学教育概论．北京：高等教育出版社，2009：194．

② 乔治•波利亚．数学的发现：对解题的理解、研究和讲授．刘景麟，曹之江，邹清莲，译．北京：科学出版社，2006：283．

方法性的事实，那么，一个题目就可以产生出多个方法性的事实。

解题学习学案的设计，要让学生经历一个“个别地看”，想象同类型的问题，到形成“一般地看”(即把问题看成是一般的同类型问题的一个个别问题)的生成过程。在这个过程中，学生不但生成了解题方法，更为重要的是还生成了一个具有明晰性的解题事实，它代表着一类问题的共同特征和解决方法。这个解题事实既具有一般性，又具有方法性，因此，学生很容易将其作为一种经验，运用到今后的解题当中。

在学案中，正是没有老师“先入为主”的例题讲解，这就为学生的“非标准思路”(这是与老师提供的“标准思路”相对的说法)的产生提供了机会。学生的“非标准思路”虽然常常表现为钻牛角尖、奇思异想，甚至带有一定程度的幼稚和荒诞，但它们确实是学生自己的创造发明，是学生智慧的产物。对学生的发展而言，是极其难能可贵的。在传授式的教学中，学生的这种“非标准思维”，常常不被重视，甚至受到压制，使它们处在一种“自生自灭”的状态，从而造成了一种思想的浪费、经验的浪费、甚至是一种创新精神的泯灭。学案为学生提供了一个宽松自由的解题学习平台，他们面对问题愿意怎么想就怎么想，想怎么解就怎么解，只要能说服自己就行，写出的解法完全带有个性化的色彩，并且这些“非标准思路”将要被带到课堂上去展示、去讲解，使它们拥有了发展壮大的空间。

(4)反思性

苏格拉底说：“未经审视的生活是没有价值的生活”[①]。学习作为学生的基本生活方式和生命成长过程更需要审视，需要学习者时时刻刻查问和审视自己的学习过程、学习状态和所接受与产生的各种知识经验，唯有此，学习才是有效的、富有价值的。这里的查问和审视就是所谓的反思。著名美国教育家杜威将反思界定为：“所谓的思维或反思，就是识别我们所尝试的事和所发生的结果之间的关系”[②]，即是要把经验中智慧的要素抽取出来。在传授式的教学中，学生习惯于“教师讲，学生听”“教师传，学生接”的学习方式，秉承“熟能生巧”的学习理念，耽于大量的重复训练之中，学生没有机会、也没有意识到要进行反思，即使有时也强调反思，那也是被动的、形式的，具有一定的强迫性，反思没有真正成为学生自觉有效的学习行为。

反思是解题学习学案的一个核心要素，并不是专门设计一个反思的环节放在学案的最后，而是将反思贯穿于学案的始终，在各个学习阶段都有反思的设计。概括地讲，解题学习学案中的反思有以下一些形式：①关于解题思路的反思。是对自己整个解题过程进行追忆性的反思，回顾思路产生的“念头”、所走的弯路、所遇到的障碍等。②关于理解题意的反思。主要反思理解题意中的教训，如遗漏

① 罗纳德·格罗斯．苏格拉底之道．徐弢，李思凡，译．北京：北京大学出版社，2005：25．
② 约翰·杜威．民主主义与教育．王承绪，译．北京：人民教育出版社，1990：158．

了什么信息、看错了什么条件、建立了什么错误的联系等。③关于解题步骤的反思。主要是对解题过程进行程序性的压缩，如归纳概括出解题步骤、指出解题的关键等。④关于思想方法的反思。这是最为重要的一项反思内容，包括两个层面，一是数学思想的反思。重要的数学思想有归纳的思想、演绎的思想、化归的思想与数形结合的思想；二是数学方法的反思，常用的数学方法有消元法、配方法、解析法、待定系数法、反证法等。⑤关于解题结果的反思。主要有两项内容，一是解题方法的探讨，寻求多种解题方法，并进行优劣比较；二是对结论进行引申，对问题进行推广，提出新的问题。

3. 解题学习学案案例

案例 5-4：函数奇偶性的应用学案与点评

【学习目标】

1. 经历解题学习的 4 个环节：审题、分析思路、表述解答过程与解题回顾，体会数学解题的策略与方法；

2. 在函数奇偶性应用的过程中，进一步理解奇偶函数的图象特征、数量特征，体会数学的“对称美”在解题中的引导作用；

3. 能够熟练地运用函数的奇偶性解决函数图象、解析式、函数值、单调性等方面的问题，归纳出相应的解题方法与策略。

点评：解题学习的目标不同于概念学习与命题学习的目标，后者主要以掌握基本知识与形成基本技能为主，即主要实现“双基”目标；前者主要以掌握数学基本思想、积累与改进解题活动经验为主，从整体上实现“四基”(基础知识、基本技能、基本思想、基本活动经验)的学习目标。

【学习重点】

利用函数的奇偶性解决有关函数图象、解析式、函数值、单调性等方面的问题。

【学习过程】

一、学习准备

我们已经研究了函数的奇偶性，你能梳理出有关的知识、解题方法与思想策略吗？

1. 知识梳理

(1) 函数奇偶性的种类有________________________________。

(2) 奇函数图象特征是________________________________，数量特征是________________________________。

(3) 偶函数图象特征是________________________________，数量特征是________________________________。

注意：奇(偶)函数的定义域特点是____________________。

2. 方法梳理

函数奇偶性的判断方法：

(1) 图象法：____________________。

(2) 定义法：____________________。

(3) 运算法：____________________。

3. 经验、思想、策略梳理

运用函数奇偶性的基本思路：若函数 $y=f(x)$ 是奇(偶)函数，根据对称性，我们通过研究函数在 $[0,+\infty)$（或 $(-\infty,0]$）部分的性质来研究整个函数的性质；或利用函数在 $[0,+\infty)$（或 $(-\infty,0]$）上的性质来研究函数在 $(-\infty,0]$（或 $[0,+\infty)$）上的性质。

点评：解题学习本质上就是学习者通过操作自己的知识经验、思想策略等，以生成和改进解题经验的过程。因此，已有的相关知识、方法、经验、思想策略等是解题学习的"先行组织者"，是解题学习的基础。此外，梳理知识既是一种有效的学习策略，又是一项基本的学习能力，在学习中应该让学生经历梳理知识的过程。

二、学习活动

活动 1：利用奇偶性求函数的解析式

例 1：已知定义在 R 上的偶函数 $y=f(x)$，当 $x\in[0,+\infty)$ 时，$f(x)=x^2-x+1$，求 $f(x)$ 的解析式。

(1) 审题：你能将偶函数的数量特征表示出来吗？你能够画出本题中函数的大致图象吗？试试看！

(2) 分析解题思路：题中好像已有一个解析式，那么"求 $f(x)$ 的解析式"还要我们做什么？你能找到解题的方向吗？审题中的数量特征或函数图象能够提供什么帮助？你能够大致构想出解答本题的思路吗？

(3) 按你的思路写出本题解答过程。

(4) 解题回顾：你能归纳出利用函数奇偶性求函数解析式的步骤吗？你认为在解答本题的过程中最为关键的一步是什么？你还有其他方法吗？你能写出一个同类型的题目吗？

点评：这样做，似乎把解题过程复杂化了。实际上，真正有意义的解题学习活动是一个非常复杂的心理活动过程。首先，要聚焦题目中的信息，对其进行理解或恰当的表征，并且激活提取大脑内部的相关信息；其次，确定解题方向，选择信息加工的策略，明确解题线路等；再次，完整地表述解答过程；最后，总结解题经验，凝练解题思想方法等。那种"一看就会，一解就对"的解题只是已有的某项技能的重复而已，已没有多少学习的意义了。

学生刚开始按照这种要求进行解题学习时，4 个环节要完整，启发性问句可以具体详细一些。当他们熟悉或成为习惯以后，便可以简略一些，而且可以根据题目的难易程度和学习的需要着重突出某几个环节。

●变式练习

已知定义在 R 上的奇函数 $y=f(x)$，当 $x\in(0,+\infty)$ 时，$f(x)=x^2-x+1$，求 $f(x)$ 的解析式。

●想一想：奇偶函数的“对称性”对解题有什么样的引导作用？

点评：活动 1 的学习目的是体会如下思想方法：利用奇偶函数的数量特征，由函数某一段上的解析式，利用对称变换求出另一段上的解析式，即将图象的对称性通过数量上的变换来进行刻画；同时感受“转化思想”与“换元思想”在其中所发挥的作用。

活动 2：利用奇偶性求函数值

1. 基本练习：已知函数 $y=f(x)$ 为奇函数，且 $x\leqslant 0$ 时，$f(x)=x(2-x)$，求 $f(4)$。

点评：基本练习可直接利用奇函数的对称性得到所求答案，为例 2 的探究提供了基本的思路。

2. 典例分析

例 2：已知函数 $f(x)=ax^7+bx^5+cx^3+dx+8$，$f(-5)=-15$，求 $f(5)$。

(1) 审题：题中的函数是奇函数吗？与奇函数有关吗？你能改变或组合出新的数量关系吗？

(2) 分析思路：$f(-5)$ 与 $f(5)$ 具有对称关系吗？你能从它们的表达式中找出相同的或有联系的部分吗？你能把本题转化为基本练习的题型吗？如果你能看出一个奇函数对解答本题是很有帮助的，试试看！

(3) 按你的思路写出解答过程。

(4) 解题回顾：奇偶函数的对称性在解题中发挥了什么样的作用？在具体运用中有什么样的思想策略？你能通过画图或图象变换解答本题吗？

●变式练习：

(1) 若 $f(x)=x^6+ax^4+bx^2-8$，$f(2)=-15$，则 $f(-2)=$__________。

(2) 已知定义在 R 上的奇函数 $y=f(x)$，当 $x\geqslant 0$ 时，$f(x)=2^x+2x+b$（b 为常数），则 $f(-1)=$（　　）

A.3　　B.1　　C.−1　　D.−3

●想一想：

1. 奇函数的数量特征“$f(-x)=-f(x)$”可以改写成运算的形式“$f(x)+f(-x)=0$”，那么，这种形式对解题有怎样的帮助？举几个具体例子试一试；还有其他的运算形式吗？

2. 你能够写出偶函数的数量特征的运算形式吗？

点评：活动 2 的学习目的是通过一组变式性习题，从多种角度来体会奇偶函数的对称性在解题中的引导作用。具体地讲，让学生体会和掌握如下解题策略：一是利用整体代换的思想；二是利用图象的对称性直观求解的策略；三是利用奇函数数量特征的“运算形式”，通过“加减消元”进行求解的策略。

活动 3：探究奇偶性与单调性的关系

问题：已知奇函数 $y=f(x)$ 在区间 $(a,\ b)(a<b)$ 上是增函数，

(1) 根据奇函数的图象特征，你能判断出函数 $y=f(x)$ 在区间 $(-b,\ -a)$ 上的单调性吗？画个草图看一看，或许一看便知哦！

(2) 你能用单调性的定义对你的判断给出严格的证明吗？回忆一下单调性证明的步骤。

(3) 你能总结出“奇函数与单调性的关系”的一般结论吗？

(4) 若函数 $y=f(x)$ 是偶函数呢？由此，你能给出“偶函数与单调性的关系”的什么结论？

●归纳小结：

(1) 奇函数 $y=f(x)$ 在区间 $(a,\ b)(a<b)$ 上是增（减）函数，则函数 $y=f(x)$ 在区间 $(-b,\ -a)$ 上是__________；

(2) 偶函数 $y=f(x)$ 在区间 $(a,\ b)(a<b)$ 上是增（减）函数，则函数 $y=f(x)$ 在区间 $(-b,\ -a)$ 上是__________。

●变式练习：利用函数的奇偶性与单调性的关系解答下列各题：

(1) 定义在 R 上的偶函数 $y=f(x)$ 在 $(-\infty,\ 0]$ 上是增函数，则 $f(-2)$，$f(0)$，$f(1)$ 的大小关系为________________；

(2) 定义在区间 $(-1,\ 1)$ 上的奇函数 $y=f(x)$ 是减函数，且 $f(1-a)+f(1-a^2)<0$，求实数 a 的取值范围。

●想一想：

在解答上述有关不等式问题中，函数的奇偶性主要起了什么样的作用？运用了什么样的思想方法？

点评：活动 3 是一个探究性学习活动，学习者需经历由图象直观发现结论，到演绎证明结论，再到运用结论解决问题的学习过程。整个活动过程并不复杂，但其意义是深远的——学生经历了一个科学发现的完整过程，其中所积累的发现创新的经验将成为他们创造性思维能力的有机组成部分。

三、学习反思

想一想下面的问题，看看你对函数的奇偶性是否有了完整的认识？

1. 奇偶函数的图象特征、数量特征是什么？

2. 奇偶函数的判断方法有哪些？若函数存在奇偶性，其定义域应有怎样的特点？

3. 利用奇偶性解答函数的图象、解析式、函数值、单调性等问题的基本思路是什么？你能总结出一些基本方法吗？

4. 奇偶函数的“对称美”在解题中有什么样的引导作用？你能够写出一些具体的思想策略吗？

点评：这里的“学习反思”是“学习准备”中知识梳理的继续，是对奇偶函数知识模块的进一步扩充。从知识层面上，建立了更强、更丰富的知识联系，特别是将函数图象对称性中“对折重合”与“旋转重合”与代数运算中的变换联系了起来；从思想方法层面上，增加了思考的维度，丰富与改进了解题的经验策略，体会了奇偶函数的“对称美”在解题中引导作用的过程，增加了对转化思想、代换思想、数形结合思想的体验与认识。

“学习反思”是解题学习中不可或缺的环节，因为解题是一项思维实践活动，它不但需要知识与技能，更需要思维策略与活动经验，而那些有效的、具有普适性的解题经验策略，只有在不断的反思中才能生成与成长起来。那种舍弃了学习反思而一味的“赶速度，求效率”的解题训练，充其量也只是提高了某种技能的熟练程度，而并不能自发地形成有价值的解决问题的策略与经验，更不能生成一种解题的智慧。

四、学习评价

1. 感受与认识

(1) 针对本节课的学习，学习目标完成的质量如何？你最大的收获是什么？最让你感兴趣的是什么？

(2) 在学习过程中，对自己的表现满意吗？你最精彩的表现是什么？

(3) 不明白或还需要进一步理解的问题是什么？

2. 学习测评(略)

点评：学习评价是学案构成要素之一，应该贯穿学案的每个学习环节之中。这里的学习评价是总结性的，是对本节整个学习活动的评价，评价内容既包括过程性评价，也包括结果性评价；评价方法既有定性评价，也有定量评价；评价主体是学习者自己。通过这样的学习评价，不但可以树立与强化自我意识、目标意识、质量意识，而且通过评价自己的学习表现，明确学习收获，可以放大自己学习中的“闪光点”和自我效能感，从而增进学习数学的积极情感与自信心。

在学习评价中，我们特别强调学习内评价，把评价作为学习的核心要素，它既是一项有价值的学习内容，也是一种有效的学习策略。学生通过学习内评价，不但要评出知识的意义与价值，评出思维的策略与解决问题的经验，评出学习数学的兴趣与信心，而且还要学会比较、鉴别、欣赏、评价等，以提高他们的认识水平与学习品味。

【学习链接】

函数的奇偶性只是揭示了在特殊位置对称(关于 y 轴对称与关于原点对称)的

函数图象的数量特征（$f(-x)=f(x)$ 与 $f(-x)=-f(x)$），那么，在一般位置对称的函数图象的数量特征又是什么样子呢？如，函数 $y=f(x)$ 的图象关于直线 $x=a$ 对称（或关于点 $(a, 0)$ 对称），那么函数 $y=f(x)$ 有与奇偶函数相类似的数学特征吗？试试看，也许你会有惊奇的发现！

点评：这里的“学习链接”是一种知识拓展的探究性课外作业，是专门为具有数学特长的学生的学习设置的，其目的是拓展学生的知识面，开阔思维的角度，使他们经历发现问题、提出问题、分析问题、解决问题的过程，培养他们的实践能力与创新能力，进而有效完成《课程标准》的“四能”目标。

案例 5-4 是“习题课”上学生使用的“学案”。这种“学案”设计的重点应放在新学知识的综合应用、思想方法的提炼、解题经验的积累与改进、知识方法的拓展以及知识结构网络的建构上。

四、复习学习学案的设计

数学复习是数学“教”与“学”的一个重要环节，它是在学生学完了初中或高中数学的某一个章节或全部内容之后，进行的一次系统、全面的回顾与整理，以达到构建数学知识的结构体系、完善学生的数学认知结构、提高学生综合解题能力的目的。[①]因此，复习学习具有综合性强、容量大、内容不确定等特点。

1. 复习学案的基本内容

数学复习学习学案是以学生的“学”为出发点，引导与帮助学生有效地梳理知识技能、总结数学思想方法、反思学习过程、提升数学基本活动经验、扩充与完善数学认知结构，提高综合运用知识能力的学习方案。具体包括以下几个方面的内容：

(1) 梳理知识

围绕核心概念与基本概念，帮助学生梳理知识，形成知识网络，使知识系统化、结构化，以加深对知识的理解，明确与强化知识之间的内在联系；通过查漏补缺，弥补平时学习的薄弱环节，生成新的知识意义，建立新的联系。通过知识网络的构建，深化对基本概念、基本的公式、定理、法则的理解和认识，提高整体把握数学知识结构的能力，提高综合应用知识的能力。

(2) 优化学习活动经验

通过对基础知识、基本技能全面、系统的复习和综合应用，帮助学生进一步巩固和掌握基本技能以及基本的数学思想方法，引导学生通过回顾与反思，把在各个阶段、各个环节学习中所产生那些微弱的、零散的基本活动经验系统化、概

① 王富英．数学总复习的目的任务、功能、特点和教学原则的探究．数学通报，2003(2)：14-16.

括化、条理化，特别是学习中成功的经验与失败的教训，使它们真正成为学习的经验、解题的经验，成为一种学习生活的智慧与财富。

(3) 总结解题方法

帮助学生揭示解题规律，总结解题方法，进一步提高学生分析问题、解决问题的能力。引导学生掌握一些整理解题方法的有效策略，如将典型例题分门别类地加以整理、建立“错题集”、进行一题多解等，使他们能够把复习看作是一种有意义的、有价值的、更为重要的学习活动，而不是陷身于“题海”进行简单的机械重复。

(4) 达成高层次的教学目标

分析、综合、评价属于智能水平的发展目标，是数学认知领域内的高层次教学目标。这种高层次的目标是以低层次目标为基础，强化思维训练，是从量的积累到质的飞跃的结果。它涉及学生数学知识的掌握和经验的积累。通过对数学知识的复习和整合，使学生明确各知识点之间的逻辑关系，能够对各知识点进行比较、鉴别、取舍、融会贯通并将其综合运用到更为复杂的问题解决之中。提高学生分析、综合、评价等高层次智能发展目标，这在新授课时没有条件实现，只有在复习时才有可能真正得到落实。

2. 复习学习学案的基本特点

(1) 系统性

系统论告诉我们：系统地组织起来的材料所提供的信息，远远大于部分材料提供的信息之和。创造心理学的研究也表明：新的发明创造主要取决于整体性的“认知框架”的转换。对数学学科而言，只有将各个单元和分散的知识纳入数学知识的整体结构之中，形成整体性的“认知框架”，才能显示出其应有的活力。宏观上讲，数学复习学习学案就是一个整体性的“认知框架”，它是设计者对知识整体结构和各个单元知识之间的关系做了仔细的分析、研究后，按数学知识之间的逻辑关系与学习的心理顺序而设计的梳理知识、构建联系的线路图。依据这个线路图，学生可把那些单元的、局部的、分散的知识以及解题的数学思想、方法和规律，进行纵横联系，“以线串珠”，使之系统化、结构化、网络化。这里，“联系”成为了复习学习学案的一个“关键词”。同时，这个线路图也具有规划和引导的性质，它可以使学生有条不紊地开展复习学习活动，避免了调查中所指出的“复习缺乏计划性”“缺乏教师的具体指导”等弊端。[①]

(2) 综合性

这里的综合是针对知识以及数学方法的应用而言的，是综合应用已有的知识技能、经验方法，从不同的角度解答学习中的问题，表现在学案中就是“一题多解”“一题多变”和“多题一解”。通过这种综合应用，可使原有的那些孤立的、

① 王富英，柏丽霞．数学高考复习效率的调查与分析．数学教育学报，2008，17(14)：40-42.

零散的知识技能和解题经验联结起来而生成新的解题经验和智慧。用著名数学家庞加莱的话说就是形成一种能够随机组合的带钩子的“观念原子”[①]。复习学习学案中的例题或习题不同于其他学案，具有更高的典型性和代表性，有一种“牵一发而动全身”的性质，是各种相关知识技能的联结点，也是不同经验方法的汇集点；同时，这些例题或习题还具有较大的可塑性，可以演变出许多新问题。此外，复习学习学案的方法是“通性通法”与“特技特法”的综合，即强调对“通性通法”的掌握，也提倡“特技特法”的创新。复习学习学案的这种“综合性”，避免了调查中所指出的复习中“照搬复习资料，练习和例题缺乏针对性”的缺点。[②]

(3)发展性

这里的发展是针对知识、思想方法而言的，是指对基本知识有一种新的理解或联系，对思想方法有一种新的认识以及形成新的解决问题的经验等，即发展意味着方法的掌握和经验的增加。关于发展，杜威曾指出：“发展并不是指仅仅从心灵里获得某些东西的意思，它是经验的发展，发展成真正需要的经验。”复习学习学案本质上就是一种引导学生操作、组合自己的知识、经验及思想的方案，它把焦点放在方法性知识与价值性知识的学习上，通过联系性操作、反思性比较以及鉴别性评价等，使学生感悟与提升对知识、方法价值的认识，从而优化和改进他们解题经验、复习学习经验。因此，在复习学习学案中，反思、比较、评价具有重要的地位和独特的价值。复习学习学案的“发展性”可以改善调查中所指出的复习中学生“过于依赖于老师的讲解，缺乏独立思考、交流讨论的习惯和能力”“反馈不及时”等问题。[③]

3. 复习学习学案设计案例

复习学习学案中的学习过程主要由知识梳理、典例分析与学习反思 3 个学习环节组成。

(1)知识梳理的设计

知识梳理是复习学习的重要任务和内容，也是复习学习的重要特点。知识梳理不是知识点的简单罗列，而是要明确知识的本质特征、价值和作用，理清知识内在的联系，建构知识网络结构等。知识梳理包括知识框图的建构、知识要点的梳理、方法的梳理和典型题型的梳理。

①知识结构框图。

构建知识结构框图是帮助学生建立知识内在联系、从整体上把握知识与方法的有效手段。但知识结构框图的构建对于学生来说有一定的难度，因为建构的前提是

---

① 徐利治，王前. 数学与思维. 大连：大连理工大学出版社，2008：109.

② 王富英，柏丽霞. 数学高考复习效率的调查与分析. 数学教育学报，2008，17(4)：40-42.

③ 同②.

对一章或单元知识要有透彻的理解和整体性把握，而且还要掌握一定的建构知识结构框图的方法。所以，对于知识结构框图的建构，不能要求一步到位，应遵循循序渐进原则，分阶段、分步骤地进行，具体设计时可采用三步走的策略：

第一步(开始学习阶段)：直接呈现知识结构框图，要求学生阅读框图并能说出框图的具体内容，理解知识结构框图中各部分知识之间的关系(实际上就是学习理解知识结构框图)，依次解答各节点的相关问题。

案例 5-5："数列求和"的知识结构框图

如图 5-13，请认真阅读下面数列求和的知识结构框图，说出框图内每个知识的具体内容，体会各个框图内知识之间有何联系。对于每种求和方法你能举出一个例子吗？这里的知识结构框图是按什么标准建立的？你能否根据自己对这部分知识的理解建立一个数列求和的知识结构图？

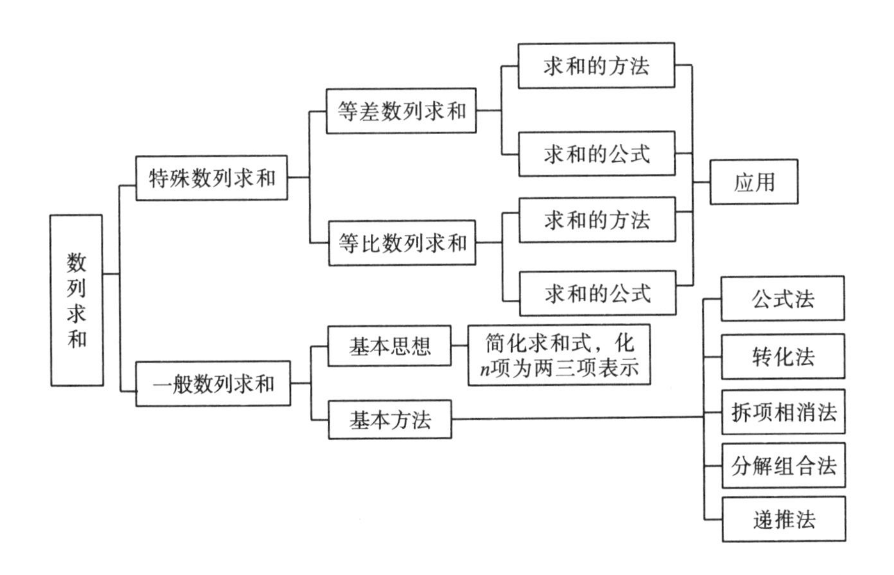

图 5-13

这是为开始学习建构知识框图阶段的学生设计的。虽然没有让学生自己去建构，但要求学生认真阅读，细细体味，通过模仿，学习如何建构自己的知识结构框图。

第二步(半独立学习阶段)：呈现知识结构框图的框架，让学生补充有关的具体内容。教学中，可组织学生将补全的知识结构图进行小组交流和对照反馈，对照反馈时可以选用学生原有的知识结构框图。

案例 5-6：二项式定理复习的知识结构框图设计

如图 5-14，请仔细阅读下面的知识结构框图，在空白方框内填上具体内容，并思考以下问题：(1)框图中箭头的含义是什么？(2)每个方框内的具体内容是什么？(3)你还可以建立其他的知识结构图吗？

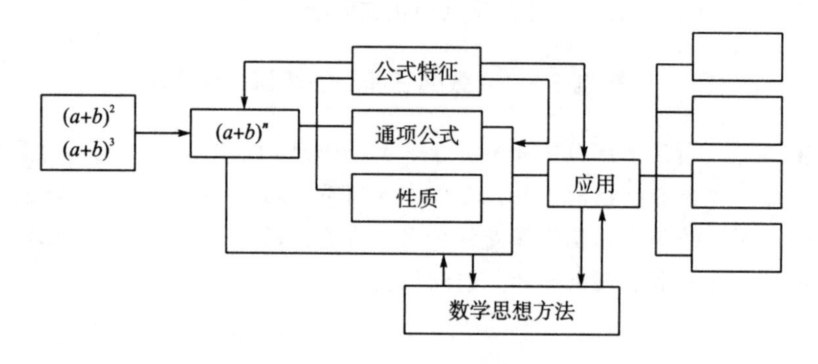

图 5-14

这里的知识结构框图是为半独立学习阶段的学生设计的。设计者在给出知识结构框图后，只填写了部分内容，其余的要求学习者完成，并且在框图前提出了要求和思考的问题。学习者要完成这样的知识结构框图，必须十分熟悉相应章节的知识，并且还要认真分析和探索本章节知识之间的内在联系，从而可以促进学生对相应章节知识的整体把握和深入理解。

第三步(独立完成阶段)：在学生经历了第一、二阶段的学习，对建构知识结构框图有一定的认识，并做了一定的尝试，掌握了一定方法后，就可以让学生独立地去构建知识结构框图。在学案设计时可以提出以下问题引导学生自己去建构："本单元学习了哪些知识？""它们相互之间具有什么关系？""你能仿照以前的做法，用适当的框图整理出相关知识吗？"等等。

3 个步骤的设计，经历了"由扶到放"的过程，从而教会学生学会建构、学会总结，进而学会复习学习。

②知识要点归纳。

知识结构框图的建立只是从宏观和整体上理解、把握知识的内在联系，要真正理解和把握还要在微观上加以细化、充实，需要对相应章节的具体知识进行梳理，这就是紧随其后的知识要点归纳。知识要点包括重点、难点、关键点和易错点。设计时只写出知识点的提纲，具体内容要求学习者自己去完成。在刚开始使用的学案中，可以给出全部知识要点，让学习者去阅读思考，课堂上再让他们讲出自己的理解。但这个过程不要太长，进行 2～3 节课后就要引导学习者自己去完成知识要点的归纳，这样才能使他们尽快学会相应的复习策略。

案例 5-7：两角和与差的正弦、余弦和正切公式的知识要点归纳

前面我们在单元知识结构框图中已明确了各个公式之间的相互关系，下面我们对本单元主要的知识点进行梳理：

●重点：运用两角和与差的正弦、余弦和正切公式进行化简、求值、证明。二倍角余弦公式及其变形的灵活运用。

●难点：公式间内在联系的把握，熟练地运用公式及其变形(特别是二倍角余弦公式的变形)进行三角恒等变换，二倍角余弦公式及其变形的灵活运用。

●知识点(请按下列要求进行填空梳理)：

1. 两角差的余弦公式：________________________。

(1)公式的结构特点是________________________；

(2)公式推导的方法是________________________；

(3)公式与诱导公式的关系是________________________。

2. 两角和的余弦公式：________________________。

(1)公式的结构特点是________________________；

(2)公式推导的方法是________________________；

(3)公式与诱导公式的关系是________________________。

3. 两角和(差)的正弦公式：________________________。

(1)公式的结构特点是________________________；

(2)公式推导的方法是________________________；

(3)公式与诱导公式的关系是________________________。

4. 两角和(差)的正切公式________________________。

(1)公式的结构特点是________________________；

(2)公式推导的方法是________________________；

(3)公式的变形有________________________。

5. 公式中角的常用变形有________________________。

6. 两角和三角公式的特例——二倍角公式

(1)二倍角的正弦公式及其变形为：________________________；

(2)二倍角的余弦公式及其变形为：________________________；

(3)二倍角的正切公式及其变形为：________________________；

(4)二倍角公式中两个角的倍数关系的多种形式为：________________________。

●易错点

(1)本单元公式较多，容易混淆。消除办法：注意公式的来龙去脉和推导方法，把握公式的结构特征。

(2)公式的变换较复杂，容易出错。有函数名称的变换、角的变换、幂的升降变换、和积变换等。消除办法：弄清每种变换的方法、特征和规律。

(3)公式的运用灵活，有顺用、逆用、变用，分不清楚则会导致出错。特别是二倍角的余弦公式表现形式较多，变形较多，最易出错。消除办法：把握公式的结构特征及其变形公式的结构特征和作用。

请仔细阅读以上 3 点，并细细体味，反思自己在这几点上容易出错吗？你还有哪些易错点，整理出来并加以澄清。

梳理知识要点的方法可以采用填空式，也可以采用提问式。在开始阶段可以采用填空式，到一定的时候，就可以采用提问式。

③思想方法梳理。

数学思想方法是数学的精髓与灵魂，它与数学解题策略一样都是学生解题认知结构的重要组成部分。数学思想方法是隐藏在数学知识与解题过程之中的，复习时要进行总结提炼，并运用其指导解题。常用的解题策略是提高解题速度的有效手段和方法，复习时也应进行梳理总结。

“思想方法梳理”是对某章节内容中常用到的数学思想和数学解题方法的梳理。具体设计中，不仅要求列举出相关的解题方法，还要要求说明方法使用的条件，最好还能举出一个典型的例子。

案例 5-8：数列求和思想方法的梳理

1. 请举例说明下列数列求和方法，并指出每种方法的使用条件。

(1)分组求和(拆项求和)法：________________________________。

使用条件：____________________，例：____________________；

(2)倒序相加法：________________________________。

使用条件：____________________，例：____________________；

(3)裂项相消法：________________________________。

使用条件：____________________，例：____________________；

(4)错位相减法：________________________________。

使用条件：____________________，例：____________________。

2. 数列求和中常用的数学思想有：____________________。

案例 5-8 是采用填空的方式来引导学生进行数列求和中常用数学思想方法的梳理。这种填空的形式已经把思想方法按一定的顺序进行了整理，它起到了提示的作用，在学生经历了一段时间后，就可以放手让他们按照自己的思路进行思想方法的整理了。

④题型梳理。

这是指对课本中某章或单元中的例题和习题，按典型习题的类型进行归类梳理，引导学生重视课本。典型例、习题是单元知识运用的主要类型和代表，它承载着运用单元知识解题的主要规律和数学思想方法，它是形成解题技能与提高数学能力的载体和途径。因此，对章节中典型例、习题进行梳理，不但可以帮助学习者提高对单元知识的理解与掌握，而且容易在学习者头脑中形成完善的解题认知结构，从而提高学习者的数学解题能力。

在学案设计时，不是将典型例、习题进行简单的罗列，而是引导学生通过归类整理，对例、习题进行系统深入的研究。归类时可以按题型归类，也可以按解题方法归类，或者按知识要点归类。研究的内容为：它代表了哪种类型，能否推广到一般？其中蕴藏的数学思想方法有哪些？这些方法能否用于解决其他的问题？它的变式有哪些？等等。

(2)“典例分析”的设计

首先，所选例题要具有典型性和代表性，通过对典型例题的剖析能够总结提炼出运用基本公式、定理解题的主要题型、方法和规律。其次，要注意题与题之间的搭配，要有层次、有梯度。最后对于较难的例题要给予必要的提示，可用“思路启迪”“想一想”“解题回顾”等术语来引导学生进行解题后的反思总结。学案中的“解题反思或回顾”，通过点评和引导，把问题进行拓展，把学生的理解引向深入，使学生的思维到达一个更广阔的天地。

(3)“学习反思”的设计

“学习反思”不要只有一个栏目标题，而要以问题的形式给予必要的引导、提示，以帮助学生进行反思和总结。具体设计时仍然采用三步走的策略，由“扶”到“放”，使学生逐步学会如何进行学习反思。

第六章　导学讲评式教学中的对话性讲解

对话性讲解是DJP教学的中心环节和独特的课堂教学形态。实践表明，对话性讲解在学生学习理解数学知识和形成数学核心素养上有其独特的作用。对话性讲解的实施使课堂讲解的内容、形式及其功能发生了根本性的转变，讲解成为了学生进行数学学习的一种有效策略，成为了学生获得数学知识意义的创生过程，成为了他们交流沟通数学思维、个人思想与精神的有效方式。

第一节　对话性讲解的内涵

一、对话性讲解的概念

对话性讲解是相对于传统的教师个人独白式讲解而言的。独白式讲解是传统教学中教师最常见的教学行为，是“师讲生听”的知识单向度的输出与输入式的课堂教学活动，是只见知识不见人的教学方式。在这种方式的教学中，知识的灌输变成了课堂上唯一的教学主题。独白式讲解的主要功能是向学生提供适宜的学习内容或对象，教学各要素之间是冰冷的机械链接，学生一直处于被动接受的学习状态。在DJP教学中，我们把课堂话语权还给学生，讲解的主体由单一的教师转换为师生、生生多元交互式主体，即各对象之间互为主体，师生之间、生生之间“由听讲变为主讲”或“由主讲变为听讲”交互进行。讲解的多元主体之间是以对话的方式开展活动的。教学的过程不是单向的灌输过程而是多向的互动过程，不是按预设程序静态传授过程而是瞬息变化的动态交流过程，从而使对话性讲解成为DJP教学的核心要素与中心环节，彻底改变了教师独霸话语权的独白式讲解。课堂由教师的“独家讲坛”变为了师生的“百家讲坛”，课堂真正焕发出了生命的活力。

那么，到底什么是对话性讲解呢？对话性讲解是由“对话”和“讲解”两部分构成的一个全新的概念，它含有“对话”和“讲解”两种意蕴。因此，要清楚对话性讲解的含义，首先必须明白“对话”和“讲解”的含义。我国的汉语大词典对“对话”的解释为：所谓对话则是指两个或更多的人之间用语言进行的交谈。英文中对话“Dialogs”一词含有“意义之流动”的意思，这种流动能够导致某些新的理解产生，从而在团体中形成某种“共享的意义”，作为保持群体或社会团结一致的黏合剂[①]。而德国学者伽达默尔(H.Gadamer)认为，对话就是对话双方在一起相互参与着以获得真理[②]。因此，对话必须有说话者和受话者。正如苏联文学理论家、批评家米哈伊尔·巴赫金所说：“单一的声音什么也结束不了，什么也解决不了。两个声音才是生命的最低条件，生存的最低条件”。在一般社会生活中的对话，则强调的是对话参与者的投入，没有使对话参与者产生变化的交谈不能称之为“对话”。通过“对话”，人们能体会到别人的感情，理解别人；通过“对话”，人们交流思想，丰富自己。“对话”，已成为人类社会生活的主要方式。因此，米哈伊尔·巴赫金认为，生活就其本质就是“对话”，思维的本质就是“对话”。在教学中的“对话”，则如美国伊利诺斯大学教育学者尼古拉斯·C.伯布勒斯(Nicholas. C.Burbules)与伯特伦·C.布鲁斯(Bertram. C.Bruce)指出的：“对话则是一种教学关系，它以参与者持续的话语投入为特征，并有反思和互动的整合所构成。”[③]因此，对话是一种交互主体的、有机的、动态的教学关系。

“讲解”则是由“讲”和“解”两种行为所构成的。根据汉语大词典的解释。“讲”是指用言语进行表达，具有“说、说明、论述”之意；“解”作为动词意指“解释”[④]。由此可见，“讲解”的基本含义是讲出、解释、说明与论述。英文中讲解一词“explain”含有“说明、解释、阐明”“吐露、讲出、明说”的意思。这种讲出和吐露出来的东西，需要进一步的解释、说明，才能被他人所接受和理解。由此可知，“讲解”含有两种意蕴：一是向他人明确讲出要表达内容的意义；二是向他人传递自己获得的信息。而夸美纽斯指出“当所得的知识传给其他同伴的时候，那就是在教”[⑤]。因此，“讲解”又含有“讲授”的意思。根据讲授学中“讲授”的定义，“讲授”就是自己消化以后，用言语和其他辅助手段进行的系统的、科学的讲述活动[⑥]。

根据以上分析，我们给DJP教学中的“讲解”以下定义：

“讲解”就是讲解者在自己消化了要讲述的内容后，用言语和其他辅助手段向他人对讲解内容进行系统的解释、说明和论述的活动。

在这个“讲解”的定义中，我们对“讲解”作了以下4个方面的限制条件：第一，讲解者要对讲解的内容具有一定的认识和理解；第二，讲解者要对讲解内

① 米靖．论基于对话理念的教学关系．课程·教材·教法．2005，(3)：20-25.
② 伽达默尔．赞美理论．上海：夏镇平，译．生活·读书·新知三联书店，1988：69.
③ Burbules，N.C., Bruce，B.C. Theory and Research on Teaching as Dialogue. In Richardson. V.(Ed.) (2001).Hnadbook of Research on Teaching(Fourth Edition). Washington DC: American Educational Research Association，2001：1112-1113.
④ 中国社会科学院语言研究所词典编辑室．现代汉语词典(第6版)．北京：商务印书馆，2012：642，665.
⑤ 夸美纽斯．大教学论．傅任敢，译．北京：教育科学出版社，1999：117.
⑥ 杜和戎．讲授学．北京：华语教学出版社，2007：13.

容进行加工整理，以便于倾听者能够接受和理解；第三，必须要用言语和辅助手段进行表达；第四，讲解的内容必须具有系统性。也就是说，只有满足了这4个要求的讲述活动才能叫做“讲解”，这也就说明了“讲解”具有这4个基本特性。

由以上“对话”与“讲解”的意义分析，我们就可以给对话性讲解下一个定义了。

对话性讲解是学习者在“学案”的引导下进行自主学习的基础上，讲解者二度消化讲解内容后用语言和辅助手段就共同关心的话题讲述自己的思想和观点，倾听者与之对话交流、协商沟通，实现知识意义生成与思想观点分享的学习活动。

从这个定义可以看出，对话性讲解不同于独白式讲解，它具有以下几个构成要素：

第一，讲解者和倾听者都必须就讲解的内容(共同关心的话题)事先进行一度消化的准备，即在学案的引导下自主学习。所谓一度消化，是指学习者对将要学习的内容根据自己已有的知识经验(前理解)进行加工，其目的是为了求得自己对学习内容的理解。这里一度消化的准备有两种意蕴：一是讲解者在讲解前对讲解内容要先求得理解，为讲解内容的加工改造做准备；二是倾听者为有效听取讲解者的讲解要先求得对听取内容的理解，为有效的倾听做准备。

第二，对话性讲解的内容必须是共同关心的话题。这里共同关心的话题就是学习研究的内容，也即是课堂上讲解者和倾听者都要学习研究的内容。

第三，讲解者必须对将要讲解的内容进行二度消化。二度消化是讲授学中的一个重要概念。所谓二度消化是指讲解者在一度消化的基础上，为了使倾听者更好地理解，在讲解前对将要讲解的内容进行教授法的加工。根据讲授学中关于讲授的定义：讲授就是讲解者在消化了讲授内容以后，根据教学目标和倾听者的实际，通过语言和其他辅助手段对系统的学科内容进行讲述的教学活动[①]。因此，所谓讲授法的加工包括以下几个方面：一是对讲解的内容进行深入的钻研和整理，使模糊的清晰化、杂乱的条理化；二是弄清讲解内容的来龙去脉，即不但要知道是什么，还要知道为什么，也即对讲解的内容要达到关系性理解，这样才能在讲解时面对倾听者的质疑、提问进行有效的解释说明；三是要结合讲解的内容选择其他辅助手段(如多媒体、挂图等)，以便使倾听者能更加有效地理解。因此，二度消化的目的是为了更好地使倾听者理解、记忆和运用[②]。同时，讲解者要有效地进行讲解也必须进行二度消化，因为讲解的目的是为了使他人认同或者理解自己讲解的内容，因此讲解者不但要自己理解(一度消化)，还必须使倾听者也理解，因而就必须要对讲解的内容进行教学法的加工改造，即二度消化。一个人只要认识教材中的文字和符号，他就可以宣读教材，但“宣读不是讲解”。[③]因此，不管

① 杜和戎．讲授学．北京：华语教学出版社，2007：13.
② 同①.
③ 杜和戎．讲授学．北京：华语教学出版社，2007：14.

是书的作者或是其他人来讲课，如果讲的和书上写的完全一样，就是“照本宣科”，就只是在“宣读”，这不能算作是合格的讲解了[①]。

第四，讲解者与倾听者必须进行对话交流、沟通协商。对话性讲解一个重要的构成要素是“对话”，而“对话”必须是两个或更多的人之间用语言进行的交谈。对话性讲解中的“对话”，是讲解者与倾听者之间就讲解的内容进行质疑、提问、解释、说明、争辩。当讲解者讲述完自己的理解与思想观点后，若倾听者发现与自己理解不一致或者讲解者没有解释清楚的内容，便会就此提出疑问要求讲解者进一步解释、说明从而构成对话交流。在对话性讲解中，当双方对同一问题持有不同的理解时，不是一方强制性地要求对方无条件地接受自己的意见，而是在民主平等的氛围中，各自阐述自己的思想观点进行沟通协商。虽然有时会发生激烈的争辩，但正是这种通过双方或者多方的争辩和思想的交锋，才能辩明是非曲直，获得共识，各自都才会在原有认识的基础上有所发展和变化。所以，“没有对话参与者的投入，没有使对话参与者产生变化的交谈不能称之为对话”。没有这种“以参与者持续的话语投入为特征，并有反思和互动的整合所构成”的讲解者与倾听者之间的对话交流、沟通协商的讲解就不是对话性讲解，即没有对话的讲解就不能叫做对话性讲解，只能算是独语式讲解或独白式讲解。所以，对话交流是对话性讲解区别于其他讲解的一个显著特性。

第五，对话性讲解的目的是为了达成知识意义的生成和思想观点的分享。在DJP 教学中，对话性讲解不是单纯地向他人传递信息、教导他人，而是在表达自己的思想观点与他人分享的同时，提出自己理解不透或者自己还不能理解的问题与他人共同研讨，通过与参与者的对话交流、沟通协商最后达成共识，以获得知识意义的准确理解，即达成知识意义的生成。正如伽达默尔所说的“对话双方在一起相互参与着以获得真理。”这是对话性讲解的主要目的，也是对话性讲解的本质特性，是对话性讲解区别于其他讲解的又一特性。

第六，对话性讲解的对话双方必须通过有声语言来进行表达。语言，是人类所特有的用来表达思想的工具，是由语音、词汇和语法构成的一个系统。语言分为无声语言和有声语言。无声语言是指用文字、符号、肢体等表达意义、传递信息；有声语言是指能发出声音的口头语言，是人类最早形成的自然语言，它是人类最常用、最基本的信息传递媒介。对话性讲解中对话的双方主要用有声语言为主并借助辅助手段和肢体等无声语言来进行表达、解释和说明。这是因为有声语言比文字携带着更多信息，更多带有个人特色的信息，而且是更容易触动听众感情的信息。另外，任何其他手段都不如讲话方便、及时和灵活。所以，有声语言具有显著的个性、亲切感、吸引力、方便、及时而又灵活的特性，正是这些特性，使得有声语言在讲解中占有了一个独特的位置，起着主要的作用。因此，没有有

① 杜和戎．讲授学．北京：华语教学出版社，2007：14.

声语言的表达与传递就不能叫做讲解，更不叫对话性讲解了。

二、对话性讲解的内涵

从以上对话性讲解定义的分析中我们得出对话性讲解的基本内涵有以下几个方面：

1. 对话性讲解是一种有效的学习方式

一般地说，学习有两个要素：一是与外界的相遇与对话[①]；二是因经验的获得而引起行为、能力和心理倾向发生比较持久的变化[②]。相遇与对话是学习的过程，而行为、能力和心理倾向发生的变化是学习的结果。只有两个要素均实现了才算是完成了一次学习活动[③]。在对话性讲解中，首先，学习者要认真学习钻研将要讲解的内容，这是在与讲解的内容(文本)的相遇与对话；其次，在学习过程中遇到了困惑要与同伴或老师进行交流、讨论，这是在与同伴和老师的相遇与对话。在经过这些相遇和对话后，学生获得了经验，进一步理解了知识意义，进而其行为、能力与心理倾向均会发生相应的变化。在对话性讲解的过程中，学习者亲身经历了知识生成的过程，知识意义在头脑中的印象就会十分深刻。同时，学习者在与他人的交流碰撞中积累了丰富的个人经验，进一步促进了自身的反思与行动，因此对话性讲解是一种有效的学习方式。夸美纽斯在《大教学论》中大力推荐这种学习方式，他指出："假如一个学生想获得进步，他就应该把他正在学习的学科天天去教别人"[④]。

这里的学习不同于简单的"记忆—模仿—练习"的被动接受式学习，而是在"自主—合作—探究—交流"中进行的主动对话式学习，因而是一种全新的学习方式。在对话性讲解过程中，一方面学习者以话语的方式向他人表达自己的理解与发现，这一过程是自身与讲解的内容(文本)进行相遇与对话后对知识理解的外显过程。学习者通过外显的表达展示自己对知识意义的理解并同时暴露知识理解中存在的不足，从而触发自己的自查自纠，加深对知识意义的理解。另一方面教师或同伴通过倾听、提问、质疑、评价等方式互动交流，这一过程将促进学习者对自身知识意义建构的再理解。同时，在互动交流的对话过程中，由于不同主体间的知识、经验、背景、观点等方面存在差异，这种差异在自由碰撞中就会产生新的问题，而新的问题又会引发新的思考与新的解释，这样循环往复，层层深入，从而推动学习者对知识意义理解的更新和创造。因此，对话性讲解是一种更加有效的学习。

---

① 佐藤学. 教师的挑战——宁静的课堂革命. 钟启泉，陈静静，译. 上海：华东师范大学出版社，2012：4.
② 施良方. 学习论. 北京：人民教育出版社，1994：5.
③ 王富英，赵文君，王海阔. 数学教学中学生讲解的内涵与价值. 数学通报，2016，(10)：19-20.
④ 夸美纽斯. 大教学论. 傅任敢，译. 北京：教育科学出版社，1999：117.

2. 对话性讲解聚焦于共同关心的话题

课堂上，对话性讲解是围绕共同关心的话题(学习任务)而展开的，而不是漫无目的地自由发言。话题就是对话性讲解的主题。对话性讲解中共同关心的话题就是学习者共同对话交流、探讨的主题，也就是课堂上需要共同探讨完成的学习任务。围绕共同关心的话题展开的对话性讲解具有以下 3 个方面的意蕴：首先，共同关心的话题是对话性讲解开展的基础。因为有了共同关心的话题，不同主体的学习准备就有了相同的目的和方向，问题更加聚焦，从而对话性讲解才能有效开展。其次，共同关心的话题使对话性讲解更加深入。因为对话讲解时围绕共同关心的话题展开讨论交流，进行相互思想观点的碰撞，会使同一话题的讨论更加深入。再者，共同关心的话题会更有利于合作交流。完成共同的学习任务也是对话性讲解的目的。为了完成共同的学习任务，不同主体之间就不会各自为政，而是相互依存、不分彼此。在对话性讲解的过程中，讲解者和倾听者不仅要利益共享，同时还要责任共担，倾听者在倾听讲解者的讲解时，都会带着质疑倾听，带着问题互动，带着思想交流，大家思维碰撞，沟通协商，相互理解，合作共赢，从而在互动对话、合作交流中顺利完成共同的学习任务。

3. 准备是对话性讲解的需要与探究动力的启动

首先，准备是讲解的需要。杜威指出："从学生一方面来说，讲课的第一需要是学生的准备。最好的、实际上是唯一的准备，是引起一种对那些需要解释的、意外的、费解的、特殊的事物的知觉作用"[①]。学习者要进行有效的讲解就必须要有充分的准备，即对讲解内容(文本)的预先知觉，这种预先知觉也就是讲解者在自己独立思考后获得的对文本的理解。若没有这种预先知觉(准备)讲解就无法有效进行。而且学习者有了充分的准备，讲解才能有深度和高效。有了不同学习者之间差异的学习准备，交流互动便应需而生、应景而生。大家充分准备，带着困惑、带着问题，主动参与讨论，主动发表意见，怀着"分享""交流"和"寻求帮助"的需求应然而然自觉地投入到学习探究活动之中。

其次，准备是探究动力的启动。在预先知觉中，一些费解的内容会使知觉者产生困惑的感觉，而"当真正困惑的感觉控制了思想的时候，思想就处于机警和探究的状态"[①]。这种内发的"问题的冲击和刺激，使心智尽其所能地思索探寻，如果没有这种理智的热情，即使是最有效的教学方法也不能奏效"[①]。而当尽其心智还不能解决的问题继续困扰其思想时，便会在"愤""悱"的驱动下进一步产生探究和寻求帮助的期望(动力)，进而带着问题走进课堂并寻求与同伴和教师的对话。

---

① 约翰·杜威．我们怎样思维·经验与教育．姜文闵，译．北京：人民教育出版社，2005：219.

4. 对话性讲解是一个不断诠释的过程

从诠释学的视域来看，讲解具有“讲”、“解”和“翻译”3个方面的意义，而对话性讲解就是在学习共同体内开展的“讲”、“解”和“翻译”活动。其中：“讲”就是说或陈述，即口头讲说；“解”就是解释与说明，即分析意义。“所谓分析，事实上就是解释活动”[①]；“翻译”即转换语言。“翻译”总是以完全理解陌生的语言，而且还以对被表达东西的本来含义的理解为前提，再“把他人意指的东西重新用语言表达出来”[②]，即翻译就是语言转换。对话性讲解就是发生在学习共同体内的语言翻译，即语言转换，“一种从一个世界到另一个世界的语言转换”“一种从陌生的语言世界到我们自己的语言世界的转换”[③]。通过“讲”“解”和“翻译”活动，学习者加深和扩大了对知识意义的理解。

对话性讲解是学习者在学习共同体内对知识意义不断诠释的过程。在DJP教学中，学习者首先根据学案完成自主学习，而自主学习的过程也就是自我诠释(为了说服自己)的过程，是对文本解读的工具性理解过程。在这个过程中，学习者生成对知识意义的初步理解。接下来，学习者“以被表达东西的本来含义的理解为前提”，重新用倾听者理解的语言，并以明确的逻辑表征或具体事例将最初的理解在小组内或全班表达出来，此时的表达是以对话的方式进行的，学习者的个体表达便会引起学习共同体内同伴或老师的“共鸣”和“质疑”，进而引发所有参与者的不断地争辩、解释，在不断解释(诠释)的过程中，学习者完善了对知识意义的理解。正如诠释学家伽达默尔所指出的“理解总是解释，因为解释是理解的表现形式。”“理解总是包含被理解的意义的应用。”[④]在不断解释的过程中，互动交流的思维碰撞便在多元主体之间不断产生新的火花，学习者获得的知识不再是单个片面的知识，而是网络化、结构化的知识，对各知识之间的相互关系理解更加透彻，从而学习者对知识意义的理解便由工具性理解上升到关系性理解。

5. 对话性讲解实现了多种视域的动态融合

诠释学中的“视域”是指从个体已有背景出发看问题的一个区域。这个区域囊括和包容了从某个立足点出发所看到的一切[⑤]。因此，学习者和同伴或教师都有各自的视域。学习者对文本的解读是“原初视域”，它与同伴或教师的视域之间存在较大的差异，二者之间通过师生、生生的对话，不断诠释对知识意义的理解，学习者的视域和同伴或教师的视域不断交融，从而扩大和丰富自己的“原初视域”，最终达成学习共同体共享的意义世界，形成学习者的新视界，也就是学习者“现

① 洪汉鼎．诠释学——它的历史和当代发展．北京：人民出版社，2001：2.
② 洪汉鼎．诠释学——它的历史和当代发展．北京：人民出版社，2001：3.
③ 同②.
④ 王新民，王富英．导学讲评式教学中的“讲解性理解”．教育科学论坛，2014，(6)：19-21.
⑤ 洪汉鼎．诠释学——它的历史和当代发展．北京：人民出版社，2001：3，67，65，80.

在的视域”，这种不同视域不断融合的过程就是“视域融合”[①]。对话性讲解完成了学习者对知识意义的从工具性理解到关系性理解的不断诠释过程，这一过程最终实现了多种视域的融合，正如海德格尔所说，“理解其实总是这样一些被误认为是独立存在的视域的融合过程”。

对话性讲解在对知识意义的诠释过程中实现了多种视域的动态融合。诠释学认为，知识意义存在于不同“视域”相交叉的“视域融合”中，意义的理解、生成过程是视域融合的过程。在 DJP 教学中，知识意义是在对话性讲解中通过多种视域的融合而生成的。在 DJP 教学的对话性讲解中存在着 4 种不同的视域[②]：学习者视域、文本视域、同伴视域、教师视域。学习者已有的知识和经验是学习者视域，文本中知识的意义是文本视域，学习者通过解读文本形成自己的“原初视域”，并通过板书、解释、说明、补充等形式展示自己的“原初视域”。同伴已有的知识和经验是同伴视域，教师已有的知识和经验是教师视域。同伴通过对学习者的提问、质疑和争辩展示不同的视域；教师通过点拨、提炼、修正、评价以及对重难点知识的解释与强调等渗透自己的视域，多种视域在交汇中不断被补充、深化与丰富，形成学习者动态的“现在视域”。对话性讲解通过生本(文本)、师生、生生之间的交流和讨论，各种视域进行大碰撞、大融合，从而构建起多维度的和多层次的共享的知识意义的世界，最终实现学习者视域与文本视域、同伴视域、教师视域之间多种视域的动态融合。

6. 对话性讲解是师生精神相遇与经验共享的过程

首先，对话性讲解是师生精神相遇的过程。德国文化教育学家斯普朗格认为：“教育绝非单纯的文化传递，教育之为教育，正在于它是一个人格心灵的‘唤醒’，这是教育的核心所在”。教育的最终目的不是传授已有的东西，而是把人的创造力量诱发出来，将生命感、价值感“唤醒”[③]。在对话性讲解中，师生的交往实际上是教师的精神和学生的精神在对话讲解中的相遇。在相遇中，师生双方平等交流，相互理解。在学生讲解中，教师通过倾听学生的讲解，知道了学生所思、所想和困惑所在，即使学生有不正确的理解也可发现其中有合理的成分而理解学生，从而教师走进了学生的精神世界；在教师讲解中，学生通过倾听教师释疑、点评与重难点的讲解，知道了教师所思、所想。由于这些教师讲解的内容正是学生需要解答而自身不能解决的问题，故能够完全接纳，从而学生在这种接纳中走进了教师的精神世界。在这种相互走近对方的精神世界、在精神相遇中达到了相互理解。正是在这种精神相遇中达成的理解才能相互获得对对方的信任，从而注意倾

① 王新民，王富英．导学讲评式教学中的“讲解性理解”．教育科学论坛，2014，(6)：19-21.
② 同①.
③ 邹进．现代德国文化教育学．太原：山西教育出版社，1992：73.

听并接纳对话的意见和思想。这时教师的言语和教育才能把学生的创造力诱发出来，才能真正把学生人格的心灵“唤醒”，把学生的生命感、价值观“唤醒”。

其次，对话性讲解的过程是经验共享的过程。所谓“共享”，是指师生作为独立的自我相遇和理解，在二者的平等对话中共同摄取双方的经验和智慧[①]。在对话性讲解中，讲解者把自己获得的知识、经验和感悟通过讲解表达出来，同伴通过对讲解者的质疑、评析也把自己对同一知识的理解、经验与感悟表达出来，教师通过点评再把自己的知识、经验、思想等提供出来，从而使每个参与者都能借鉴他人的理解、经验和感悟来修正完善自己的思想、观点，使得师生、生生在多方的精神相遇中达到经验的共享。

第二节 对话性讲解的特征

前面我们讲述了对话性讲解的含义，而要深入理解对话性讲解，把握对话性讲解的本质，了解对话性讲解的特征是一个必不可少的环节。

DJP 教学中的对话性讲解具有以下特征[②]。

一、民主、平等

对话性讲解中的“民主”是指学习环境或氛围的民主，“平等”是指师生关系的平等。民主的学习环境和氛围主要体现在两个方面：首先是学生有了表达权或发言权，课堂不再是教师的“一言堂”，学生也有表达或发言的时间和空间；其次是学生有了辩论权，学习者以话语的方式向同伴或教师表达自己的理解与发现后，教师和同伴都可以通过倾听、提问、质疑、评价等方式互动交流。

在对话性讲解中，师生之间的关系不再是主体与客体、中心与边缘、控制者与被控制者之间的关系，而是互为主体、相互依存、平等对话的合作关系。这种平等的合作关系主要体现在以下 3 个方面：

首先，是师生人格的平等。教师与学生在人格上没有贵贱之分，都是以具有独特个性的人而存在。这种师生人格的平等在对话性讲解中表现为教师不是把学生当成单纯接受知识的容器，而是高度尊重学生，注意倾听完学生的讲解，不随意打断学生的讲解和否定学生的观点，更不会辱骂体罚学生，师生之间彼此尊重、相互关爱。

其次，是师生地位的平等。在对话性讲解中，教师不再是以高高在上的知识

① 张增田，靳玉乐．论新课程背景下的对话教学．西南师范大学学报(人文社会科学版)，2004，(5)：77-80.
② 王富英，王新民．学生讲数学的含义与特征．中小学教材教学，2015，(7)：48-51.

的权威者自居，而是教师放下身段，将自己换变为“学生”角色，认真倾听学生的讲解。这时教师的角色既是“教师”也是“学生”，即“教师学生”。同样，学生不再盲目地被动听取教师的讲授，而是带着自己的理解提问，带着自己的思考质疑，学生的角色既是“学生”也是“教师”，即“学生教师”。因此，在对话性讲解中，教师与学生相互学习，地位完全平等。

最后，是师生在真理面前的平等。马克思主义哲学原理告诉我们，“实践是检验真理的唯一标准，在真理面前人人平等”。在对话性讲解中，教师和学生都具有不断探索真理的权利，教师不再采用强迫武断的方式让学生被动接受或服从自己的观点。在课堂上对问题的探究不再是教师一个人说了算，而是谁的意见正确，就听谁的，从而真正实现了在真理面前人人平等。

二、自主自决

对话性讲解过程中，讲解的内容、方式和讲解的程序都是由学习者自主设计和自主决定的。同时，在DJP教学中，我们要求“把学习的自主权还给学生，把课堂话语权还给学生，把时间还给学生，把课堂还给学生”。学生在教师的组织引导下，方法由自己去探索总结，困难由自己去设法攻克，规律由自己去探索发现，结论由自己去归纳概括，过程由自己去亲身经历，策略由自己去反思调节，从而使学生真正成为学习的主人，主体性得到充分体现。

对话性讲解中学生的自主自决主要表现在学生学习的主观能动性上，体现在学生以学习主人翁的意识和态度参与课堂对话交流活动中。课堂上，学生不再是被动的信息接受者，同时也是主动的信息发布者。学生通过学案的引导自学，积极主动地向教师和同伴表达自己的理解与发现，学生的学习状态由被动接受转向主动参与，学习态度由完全依赖服从转向自主自决。

三、尊重倾听

在“独白式讲解”中，教师高高在上，独霸话语权，讲解过程就是一种要求和规定的过程。课堂上，学生只能被动地听取和服从。教师对学生学习情况的“误判”，学生对教师教学的“应付”成为师生教学关系的真实写照。久而久之，教师越是带着“神圣”的面具讲解，学生便越是不露痕迹地隐忍“应付”，教师缺失对学生真正的关爱，学生缺失对教师真正的尊敬，课堂师生之间存在彼此误解而不能形成相互尊重与信任。在对话性讲解中，师生、生生之间彼此信任，相互理解，师生和生生之间是一种彼此尊重与倾听的学习关系。这种尊重倾听表现在以下两个方面：一方面，学习者要使自己讲解的内容被老师或同伴理解接受，就要“为别人设身处地想一下，看它和别人的生活有何接触点，以便把经验整理成这样的形式，使他能领会经验到意义”[①]。这种“为别人设身处地想”就是在尊重别人。同时，学习者为了提高自己的讲解水平，使自己的讲解更加具有吸引力，在老师或同伴讲解时，他便会更加注意倾听、观摩学习他人好的讲解方法与讲解艺术。这种“注意倾听、观摩别人”是在尊重别人的前提下进行的。在DJP教学中，我们常常听到学生这样说：“每个人都有上去讲的机会，慢慢地我们就会学着去倾听别人的讲解，可以让我们能更好地去尊重别人的想法和思维，因为这个可能就是我也要用的”。学习者在长期的“为别人设身处地想”和“注意倾听、观摩”的行为中就可养成一种良好的习惯，从而形成理解、尊重别人，学习他人长处的优良品质。另一方面，当教师将自己的角色转换为“教师学生”认真倾听“学生教师”的讲解时，教师对学生的学习情况就会有更准确的把握，给予学生换位思考后的真正理解，这充分体现了教师对学生的尊重。因此，尊重倾听便成为对话性讲解的课堂上的一个明显的特征。

四、交往互动

所谓“交往”，就是存在于主体之间的相互作用、相互交流、相互沟通、相互理解，这是人的基本存在方式[②]。对话性讲解的过程就是师生、生生共同建构的交往过程。在对话性讲解的过程中，教师和同伴认真倾听讲解者的讲解，并在倾听的同时结合自己的理解对讲解者讲解的内容进行质疑、提问和评析，进而讲解者对他人的提问进行解释和说明，即与同伴和教师进行互动交流。同时，在这一过程，讲解者也因为倾听他人的质疑和不同意见，“内心会产生一些矛盾和困惑，正是这些矛盾和困惑又促使自己去思考、去追问、去感悟，也即是去跟另一个自我进行对话”[③]。因此，对话性讲解的过程就是你来我往不断对话的过程，是“你的”与“我的”思维的相互碰撞过程，是一个交往互动的过程。

五、动态开放

在“独白式讲解”中教师只想着传递给学生一成不变的知识，学生只想着接受教师传递的现成知识，教师与学生在封闭的环境中进行知识的复制与再现，课堂呈现的是静态的、封闭的样态。在对话性讲解中，学习者与教师、同伴围绕共同关心的话题(学习任务)开展探究活动：发表不同的意见，提出不同的问题，讨论不同的解法，进行多种变式等。课堂上经常会看到这种现象：解决了一个问题，得到一种新的认知后接着又会出现新的问题，这些问题不是课前预设的，而是随着问题解决的过程而自发生成的，而且这些问题的产生是持续的，没有终点的。

---

① 赵祥麟，王承绪．杜威教育名篇．北京：教育科学出版社，2006：115.
② 肖川．论教学与交往．教育研究，1999，(2)：58-62.
③ 靳玉乐．对话教学．成都：四川教育出版社，2006：20.

因此，对话性讲解不是封闭的、固定不变的系统，而是一个由多方参与、多种视域组成的动态开放的系统。

对话性讲解的开放性具体表现在3个方面：一是学习内容上的开放性。对话性讲解的前提是先独立自学，学习内容以体现知识的学习形态的数学学案予以表征。学案中的学习内容常常是以“材料+问题+学法”的形式给出，引导不同层次的学生进行自主学习，其学习内容对不同的个体具有相对的开放性；二是学习方式上的开放性。基于学案的学习并没有设定统一的学习方式，学生可以根据自己的学习习惯与风格，选择适合自己的学习方法，可以采用接受学习，也可以采用自主、探究、合作等方式学习；三是学习时间上的开放性。教学中没有明确设定每一学习环节所需的时间，学生可以根据自身的主客观条件自主确定，所学习的内容(部分或全部)可以在课前完成，可以在课中的任何一个学习环节(学习准备中、小组交流中、全班展示中、对话性讲解中、反馈练习中等)中完成，也可以在课后完成。

六、创造生成

在对话性讲解的过程中，教师与学生、学生与学生就共同的学习内容进行交流沟通，来自他人的信息被自己吸收，自己既有的知识被他人唤起，不同意见在碰撞中生成新的意义，每一个主体都获得对原有水平的超越，在合作中通过文本、教师、同伴和自己多种视域相互融合生成或建构自己的认知，整个过程是一个动态的生成过程，充满了创造性。

对话性讲解的创造生成性具体体现在两个方面：一是在对话性讲解之前的对文本知识意义理解的创造生成性。讲解的前提条件是对将要讲解的知识意义有所认识和理解(否则讲解不能开展)。而知识“意义不是从文本中提炼出来的，它是从我们与文本对话中创造出来的”[①]。对文本知识意义的创造体现在讲解者利用自己的前理解对当下讲解内容所赋予的新的理解。正如施莱尔马赫指出的：“理解是对原始创造活动的重构，是对原来生产品的再创造，是对已认识东西的再认识”[②]。二是对话性讲解时的解释和说明的创造生成性具体又包含两个方面的意蕴：一方面是学习者主体用自己的语言对数学知识意义和方法的解释和说明。这种解释和说明“不仅仅是对文本的再现和解释，而是解释者在自身独特性基础上对文本的再创造”，“这一创造性活动不是简单的重复和复制，而是更高的再创造，是创造性的重新构造”[③]；另一方面是同伴或老师在倾听学习者表达的同时也会主动与其分享他们具有独特性的差异理解，这种差异化的互动交流可能产生不同甚至相

① 小威廉姆·E.多尔．后现代课程观．王红宇，译．北京：教育科学出版社，2000：193.
② 洪汉鼎．诠释学——它的历史和当代发展．北京：人民出版社，2001：80.
③ 洪汉鼎．诠释学——它的历史和当代发展．北京：人民出版社，2001：80.

反的结果，但它们都将是对话性讲解过程中的重要生成部分，都将促使学习者重新审视自己观点，修正或扩大自己的理解，重新形成对知识意义的再理解，学习者便收获了从原初认知到新认知的创造生成性知识。

七、分享发展

在“独白式讲解”中，师生之间是主体与客体的关系，教师的任务是“讲授”，学生的任务是“接受”。由于教师讲授的内容、进度和提出的问题都是教师自己设计的，因此教师经过多轮教授同一课程后对所教授的内容已烂熟于心，不用准备都可以熟练地讲授，从而失去了再进修学习提高的需要和动力，即“教者不学”。同时，学生依附于教师的讲授，完成教师布置的作业，不需要给别人讲授，也就没有深入钻研的需要，即“学者不教”。同时，学生的学习是记住教师讲授的知识再模仿例题进行题型练习，从而提不出多少有价值和深度的问题，即使一些爱思考的学生提出一些较难的问题也大多未能超出教师的经验所及，从而“教学不相长”。长此下去就出现了大学同班同学工作几年后“教小学数学的就只有小学数学的水平，教中学数学的就只有中学数学的水平”的现状。所以，这种教学方式便成了教师发展的桎梏。

21世纪的社会是多种多样的人彼此尊重差异共同生存的社会，人们寻求的是相互之间毫无保留地提供自己的见解，并谦虚听取他人的见解，从而形成当代教育学追求的“互惠学习”。所谓“互惠学习”是指彼此贡献见解，求得互惠与善意的学习①。在对话性讲解中，学生以“学生教师”的身份通过讲解是在表达、贡献自己的见解与解决问题的智慧，教师针对学生存在的问题进行重点讲解时也是在表达、贡献自己的见解与解决问题的智慧。师生、生生在分享彼此的见解和智慧时就是在进行“互惠学习”。在这种表达分享的“互惠学习”过程中，师生、生生是在“作品化的学习报告”中，个性化地表达自己的理解方式并加以评价的。而以多样化的方式表达各自的理解方式，形成课堂中“彼此切磋的共同体”则就是对话性讲解追求的课堂学习的样态。在这种“彼此切磋的共同体”中，师生、生生彼此表达、贡献各自的见解，彼此分享各自解决问题的智慧，而彼此解决问题的智慧又启发倾听者产生重新审视自己的观点，从而促进新的观点的涌现和创生。这正如我国学者张华指出的“正是在分享别人的不同观点的基础上，自己的观点被相对化、重新审视并获得新的发展契机”②。因此，对话性讲解的过程是一个共同分享彼此见解和智慧的过程，也是一个表达分享“互惠学习”的过程，而这一过程也必将促进师生的共同发展。

---

① 佐藤学. 学习的快乐——走向对话. 钟启泉，译. 北京：教育科学出版社，2004：19.
② 张华. 对话教学：涵义与价值. 全球教育展望，2008，(6)：8.

第三节　对话性讲解的类型

前面我们讲述了对话性讲解的含义、特征，为了便于对这一新的学习方式的研究，需要对对话性讲解进行分类。为此，本节就对话性讲解的类型进行阐述。

对话性讲解的定义告诉我们，对话性讲解是在师生或生生之间进行的对话交流活动。从对话主体的角度来看，对话性讲解可分为师生对话性讲解和生生对话性讲解、师生和生生交互式对话性讲解 3 种类型。

一、师生对话性讲解

师生对话性讲解是指教师与学生之间就某一共同的话题通过言语表述的方式展开的讨论与交流，是师生之间话轮的不断转移诠释对知识意义理解的过程。在现实的课堂教学中，“问答式”是最常见的对话形式，但大多数时候都是教师设计好一个个很细的问题，再要求学生根据教师设计的问题进行回答，给予学生思考的时间很少，而学生的回答大多为“是！”“对！”等“群答”方式居多。教学中，若学生的回答超出教师的预设则被教师终止，再经过教师的启发必须回答得到教师需要的答案上来，学生的整个思维是被教师牵着走的。这种停留在表面的、缺乏心灵沟通的“一问一答”“一问群答”的“问答式”对话，是徒有对话之名，没有对话之实的对话。马丁·布伯指出：真正的对话是“从一个开放心灵者看到另一个开放心灵者之话语”[①]。因此，师生对话性讲解“不仅仅是指二者之间狭隘的语言谈话，而且是指双方的‘敞开’和‘接纳’，是对‘双方’的倾听，是指双方共同在场、相互吸引、互相包容、共同参与的关系，这种对话更多的是指相互接纳和共同分享，指双方的交互行为和精神的互相承领”[②]。在 DJP 教学中，师生对话性讲解是在民主、平等的基础上，双方敞开心扉进行面对面的交流，没有任何强加于对方的意图，即使有不同的观点也是心平气和地提出来进行讨论，最后求得共识。下面的案例 6-1 就充分说明了这一点。

案例 6-1：一元二次方程的概念

我们来看一看北师大版教材九年级上册第二章第 1 节教学案例《认识一元二次方程》一节课中针对“一元二次方程概念形成”展开的师生之间的对话性讲解片段。

① 靳玉乐．对话教学．成都：四川教育出版社，2006：4．
② 金生鈜．理解与教育——走向哲学解释学的教育哲学导论．北京：教育科学出版社，1997：131．

师：在讲解之前我想先问大家几个问题，这三个方程 $7^2+(x+6)^2=10^2$；$(7-x)^2+(6+x)^2=10^2$；$x^2+x^2=10^2$ 是不是整式方程？

生合：它们都是整式方程。

师：它们都有几个未知数？它们未知数的最高次数是多少？

生合：有 1 个未知数，未知数的最高次数都是 2。

师：我们现在将这 3 个方程化简整理成右边为零的形式，它们各为什么形式？

生 1：它们分别为 $x^2+12x-15=0$，$2x^2-2x-15=0$，$x^2-50=0$。

师：下面大家观察一下这 3 个化简后的方程，它们有哪些共同点？然后小组代表来分享一下你们组的讨论结果。(学生观察思考教师巡回指导)

生 2：它们都是整式方程，都有一个未知数，且未知数的最高次数是 2。

师：还有没有其他的共同点呢？小组内同学可以进行补充说明。

生 3：它们还有一个共同点是它们都可以化简成 $ax^2+bx+c=0$ 的形式，其中 $a\neq0$。

师：对，并且这里 a，b，c 为常数，这也很重要。非常好！请坐！那现在我们一起回顾一下我们以前学习的一元一次方程的定义是什么？

生4：只含有一个未知数且未知数的最高次数为 1 的整式方程叫一元一次方程。

师：他回忆了一元一次方程的概念，这里的关键词就有：一元、一次、整式方程。并且一元一次方程都可以化作 $ax+b=0$ 的形式($a\neq0$)。你们能否类比一元一次方程的定义给出一元二次方程的定义？先大家思考，小组内可以讨论。

师：哪个小组先来分享一下你们组的结论？

生 5、生 6：只含有一个未知数且未知数的最高次数为 2 的整式方程叫做一元二次方程。(生 5 与生 6 合作，生 5 讲解，生 6 在黑板上板书)

师：他们给出了一元二次方程的定义，那方程 $x^2-2=x^2-x$ 是不是一元二次方程？

生 5：是！因为它满足条件：“只含有一个未知数且未知数的最高次数为 2 的整式方程”。(很多学生也同时说“是”)

师：还有没有不同意见？(学生一时限于沉默、思考，一会生 7 提出不同意见)

生 7：它形式上看起来是，但它化简后是 $bx+c=0$ 的形式，不是 $ax^2+bx+c=0$ 的形式，(a，b，c 为常数，$a\neq0$)。因此，我认为不是。

师：他(生7)说得非常好！这里我要强调一点的是：最后都可以化简成 $ax^2+bx+c=0$ (a，b，c 为常数，$a\neq0$)的形式。

好，那现在哪位给一元二次方程一个准确的定义？

生 7：我认为，只含有一个未知数，未知数的最高次数为 2 的整式方程，并且都可以化成 $ax^2+bx+c=0$ (a，b，c 为常数，$a\neq0$)的形式，这样的方程叫做一元二次方程。

师：好，他给出了一元二次方程的定义，避免了生 5 给出定义的不足。现在大家打开教材(北师大版《义务教育教科书数学》九年级上)32 页，看看教材上一元二次方程的定义与你们给出的定义有何区别。

(学生阅读教材，与生 7 给出的定义进行比较，发现没有“未知数的最高次数为 2”，教师引导：是否可以不要这一条件？于是学生议论纷纷，开展讨论，一会儿就有学生发表意见)

生 8：我认为应该要这一条件，因为若没有这一条件，那就不是一元二次方程了！(特别强调了“二次”)

生 9：我认为，可以不要！因为“都可以化成 $ax^2+bx+c=0$ (a，b，c 为常数，$a\neq 0$)的形式”这一条件就包含了“未知数的最高次数为 2”这一条件。

师：好！大家要注意，给概念下定义，必须要条件最少，表达要精炼。现在大家总结一下，一个方程被称为一元二次方程必须具备几个条件？

生 10：由刚才他们几位的讲解和老师强调指出的条件可以得出，一个方程是一元二次方程必须具备以下 3 个条件：

(1)首先必须是整式方程；

(2)只含有一个未知数；

(3)最后都可以化简成 $ax^2+bx+c=0$ (a，b，c 为常数，$a\neq 0$)的形式。

生众：对！

……

这个案例中，在生 5 讲出“只含有一个未知数且未知数的最高次数为 2 的整式方程叫做一元二次方程”时，教师显然觉得生 5 得讲解不完整，认为还应有“都可以化简成 $ax^2+bx+c=0$ (a，b，c 为常数，$a\neq 0$)的形式”这一条件。从教学中可以看到，课堂上教师虽有不同的观点但没有把自己的观点强加给学生，而是提出“方程 $x^2-2=x^2-x$ 是不是一元二次方程？”与大家一起讨论。在生 5 肯定的情况下，并没有直接否定生 5 的说法而是包容学生的意见，进一步提出思考问题：“还有没有补充的？”以启发学生再思考。当生 7 补充完这一条件后，教师再强调这一条件的重要性，并提出“一个方程被称为一元二次方程必须具备几个条件？”引导学生进行总结。最后，在师生对话交流、共同讨论的过程中，达成了一元二次方程应满足 3 个条件(由生 10 总结完成)的共识。

二、生生对话性讲解

生生对话性讲解是指学生与学生之间就某一共同的话题通过言语表述的方式展开的讨论与交流，是生生之间话轮的不断转移诠释对知识意义理解的过程。在传统教学中，没有真正的、实质性的交往与对话。虽然课堂上我们也经常看到学生之间在进行讨论和交流，但很多情况下都是教师提出问题后不给学生思考的时间马上就叫学生讨论。这种没有经过独立思考、深思熟虑的讨论，无法深入触及到问题的本质，而且很多问题是教师提出的，而不是学生需要讨论的问题，学生的兴趣也不大。我们经常看到课堂讨论时许多学生在聊天，有的甚至相互打闹混时间。所以，这种生生对话是徒有虚名的合作交流，只是在表面的热热闹闹，缺乏真正的、实质性的交流与对话。

“DJP 教学”中的生生对话性讲解，则是一种真正的、实质性的对话，主要体现以下几个方面：第一，学生在自主学习和独立思考后，就会产生很多自己的思考与想法并想与同伴交流，有的问题自己不能解决就想寻求同伴的帮助。所以，这时的生生对话性讲解是在自主探究之后与同伴交流自己的想法和思考，会直接触及到问题的实质和满足自己真正的需要。因此，每个学生都会积极参与、认真讨论。第二，由于学生在知识水平、心理发展的各个方面都比较接近，容易产生心理安全感，生生对话性讲解更容易被同伴接受。第三，在生生对话性讲解中，生生之间更多的是一种“我—你”关系，这使得他们更容易充分表达和展现自我。在生生对话讲解时，他们之间没有了跟老师对话时的那种紧张与约束，讲解者更容易发表自己的看法、贡献自己的智慧，更能向对方敞开心扉，毫无顾忌地讲出自己的观点与困惑，形成独立思考的习惯。第四，生生之间通过切磋、思维碰撞可以迸发出思想的火花，产生灵感，使思想得到升华。第五，生生通过相互交流思想，讲述思维过程，从而学会学习、学会合作。第六，在生生对话性讲解中，相互走进对方的心灵，学会理解和尊重他人，学会欣赏和分享他人成果。

生生对话性讲解是小组内对话交流的主要方式。

三、师生、生生交互式对话性讲解

师生、生生交互式对话性讲解是指教师与学生、学生与学生之间不断交替，就某一共同的话题通过言语表述的方式展开的讨论与交流，是师生、生生之间话轮的不断转移诠释对知识意义理解的过程。师生对话性讲解过程中可能会产生新的具有探究价值的问题，这时教师应尊重学生的思维，调整教学预设，放手开展生生对话性讲解，让学生间的思维充分碰撞。同样的，在生生对话性讲解中，往往也会遇到彼此见解不同，争执不下的问题，这时就需要教师适时介入，参与讨论和点拨，开展师生对话性讲解。所以，师生、生生对话性讲解往往不是孤立存在的，而是由师生到生生再到师生的不断交替的交互式对话活动。师生、生生交互式对话性讲解表现在以下两个方面。

第一，师生对话性讲解是在民主平等的氛围中开展的，教师不一定要说服学生，强求学生对问题的理解和教学预设一致，因此师生对话性讲解的过程充满启发和挑战性。随着师生对话性讲解的不断深入，教师可能会遇到自己提前没有预设到的学生对问题的新理解，需要其他学生共同来思考，这时教师不能中断学生的独特思维，武断下结论，而应尊重课堂学习的真实发生，调整教学预设，将话语权交还给学生，放手让学生间适时展开生生对话性讲解，让学生之间进行充分的思维碰撞后再次开启师生间新的对话性讲解。

第二，生生对话性讲解让学生间的交流有了时间和空间的保障，同伴间少了拘谨和约束，更能够畅所欲言，或分享彼此不同的解法，或思维碰撞相互启发，当然时不时也会出现彼此见解迥异，相互不能说服对方，这时他们就对老师的指导和裁判翘首期盼，此时教师不能立判对错更不能直接给出自己的答案。正确的做法应该是通过对话的方式点拨、引导学生们展开讨论，进而开展的师生、生生对话性讲解将把学生们的思维引向纵深，使得对问题的理解更加透彻。

下面的案例 6-2 就充分说明了师生、生生交互式对话性讲解将使问题的探究和理解更加深刻。

案例 6-2：二元一次方程与一次函数

我们来看一看北师大版教材八年级上册第五章第六节教学案例《二元一次方程与一次函数》一节课中针对“二元一次方程组的解与两个一次函数的图象的交点的关系的练习”展开的师生、生生之间的对话性讲解片段。

师：请大家先独立完成这个练习：

若函数 $y=kx+b(k\neq 0)$ 的图象经过点 $A(-1,\ 2)$，$B(2,\ 0)$，则方程组 $\begin{cases}kx-y=-b\\2x+y=0\end{cases}$ 的解为 ________。

师：哪位同学来说说你的答案和解题思路。

生 1：我的答案是 $\begin{cases}x=-1\\y=2\end{cases}$。把两个点的坐标代入到函数 $y=kx+b(k\neq 0)$ 中就可以求得函数表达式为 $y=-\dfrac{2}{3}x+\dfrac{4}{3}$，再解方程组 $\begin{cases}y=-\dfrac{2}{3}x+\dfrac{4}{3}\\y=-2x\end{cases}$ 就可以得到答案 $\begin{cases}x=-1\\y=2\end{cases}$。

师：那他用到的是哪些知识呢？

生 2：待定系数法求函数表达式和解二元一次方程组。

生 3：我觉得这个方法有些麻烦，运算量有点大，容易运算出错，应该有其他方法吧？

生 4：可不可以根据今天学的新知识“方程(组)与函数的关系”来解呢？

师：是呀，能不能运用今天所学新知识找到更简洁的方法呢？请同学们独立思考后再小组交流。

(各个小组内展开热烈的生生对话性讲解。)

师：哪个小组代表来分享一下你们小组的结论？

生 5(第 3 小组代表)：今天我们学习的新知识是“二元一次方程组的解与两个一次函数的图象的交点的关系”，于是我们把方程组$\begin{cases}kx-y=-b\\2x+y=0\end{cases}$转化为两个函数 $y=kx+b$ 和 $y=-2x$，已知点 $A(-1,\ 2)$ 在函数 $y=kx+b$ 的图象上，非常开心的是我们发现点 $A(-1,2)$ 也满足函数关系 $y=-2x$，所以 $A(-1,2)$ 就是函数 $y=kx+b$ 和 $y=-2x$ 的图象的交点，那所求方程组$\begin{cases}kx-y=-b\\2x+y=0\end{cases}$的解就应该是$\begin{cases}x=-1\\y=2\end{cases}$。

师：讲得太精彩了，掌声送给第 3 小组。那同学们更喜欢哪种解法，说说你的想法？

生 6：第二种方法大大降低了运算量，我喜欢第二种方法。

生 7：第一种方法思维更直接，第二种方法需要厘清方程组的解与函数图象的交点坐标的关系，我需要加强对方程与函数关系的学习，特别是对数形结合思想的进一步理解。

生 8：我有一个新发现，第一种方法必须用到点 $A(-1,\ 2)$，$B(2,\ 0)$ 两个条件，而第二种方法只需要点 $A(-1,\ 2)$ 的条件，点 $B(2,\ 0)$ 的条件是多余的，如果下次题目中没有给点 $B(2,\ 0)$ 的条件，那就只能用方法二了。

师：同学们都说得很好，特别是小杨老师(生 8)的精彩发现，让我们对问题的思考和方法的理解就更加深刻了。实际上，数形相依，以“形”助“数”，以“数”定“形”的“数形结合思想”在数学学习中有着广泛的应用，我们在后续学习中将继续感受它的美妙。

……

这个案例中，在生 4 讲出“可不可以根据今天学的新知识‘方程(组)与函数的关系’来解呢？”时，教师感觉到学生们还需要时间思考，于是没有立刻作出回答，而是切换话题为“是呀，能不能运用今天所学新知识找到更简洁的方法呢？请同学们独立思考后再小组交流。”，从而将话语权转交给学生，让学生间展开生生对话性讲解。当学生的思维有了充分的碰撞以后，教师再收回话语权，请小组代表分享讨论后的结论，既尊重了学生，让课堂学习真实发生，又突出了团队评价。因为有了对话性讲解的时间和空间保证，使得接下来的学生对话讲解精彩纷呈，远远超出教师的课前预设，将学生的思维引向纵深。

由以上的讨论可知，DJP 教学的整个过程是一个不断地对话交流的过程。这种对话交流，是师生、生生在民主平等、相互尊重信任的氛围中，把自己的知识、经验、思想和问题提供给对方(同伴或教师)，对方把他(她)的理解、感悟和质疑又反馈给自己，自己再针对质疑和反馈进行解释、说明，在这一来一往的对话过程中相互走进对方的心灵，实现视域的融合与知识意义的生成、生命意义的建构和意义的分享。在这种对话交流的过程中，双方都不把对方看作对手，而是跟对方一起相互承认，共同参与，密切合作，共同享受着理解、沟通、和谐的对话人生。

第四节　对话性讲解的价值

对话性讲解具有什么样的价值？能发挥什么作用？这是我们研究对话性讲解必须回答的基本问题之一，也是现实中具体实施 DJP 教学和评价等一系列问题得以解决的重要依据。我们通过对教学录像的分析、教师访谈、学生访谈以及学生学习行为变化的观察，发现对话性讲解具有以下重要的价值和作用①。

一、提高了学生的自我效能感，有助于满足学生的多种需要②

“自我效能是指个体对自己能否在一定水平上完成某一活动所具有的能力判断、信念或主体自我把握与感受，是个体在面临某一活动任务时的胜任感及其自信、自珍、自尊等方面的感受。”③学生的自我效能感不但影响着学生的学业成就，而且也影响着学生的生活态度与人生追求。在对话性讲解的过程中，师生之间、生生之间是一种平等的对话合作关系。在民主、宽松、开放的学习环境中，学生通过展示和参与学习活动的各个方面，可以获得多向度、多层面的情感体验，从而滋养与提升着他们的自我效能感，满足他们的各种需要。

首先，对话性讲解满足了他们获得他人尊重的需要。对话性讲解的学习过程能够以多种方式“触及学生的情绪和意志领域，触及学生的精神需要”④，当他们的表现得到老师与同学们的关注与肯定时，其自尊心便得到极大的满足；当所提出思路、方法等被同伴采纳时其自豪感便会油然而生；同伴由衷的掌声、老师的积极评价，不但激发了学习的热情，而且提升他们的生命状态与自身价值。如在访谈中学生提到：“老师经常表扬我，同学们也喜欢听我讲，我就觉得特别满足，就越来越喜欢去讲”。

其次，对话性讲解满足了学生向同伴学习的需要。一方面，在学习过程中，同伴间更容易产生思维的共鸣性，对话性讲解充分展示讲解者分析和解决问题的思维过程，学生可以从中学习到别人的思维方法，满足了想向别人学习的需要。另一方面，在讲解与展示的过程中，同伴在认识、思想、观点和方法等认知方面的突出表现，容易成为“观察学习”的对象而树立起认知型的学习榜样，如“思维的榜样”“方法的榜样”“表达的榜样”“提问的榜样”等，使他们从“分数

① 王富英，赵文君，王海阔．数学教学中学生讲解的内涵及价值．数学通报，2016，(10)：18-21，24.
② 王新民，王富英．“讲解性理解”的基本含义及其价值．内江师范学院学报，2010，25(4)：89-94.
③ 吴增强．自我效能：一种积极的自我信念．心理科学，2001，24(4)：499.
④ 赞科夫．教学与发展．杜殿坤，等译．北京：人民教育出版，1985：106.

的榜样”与“名次的榜样”等功利型榜样所形成的禁锢中解放出来。

再次，对话性讲解满足了学生获得更多成功体验的需要。对话性讲解为学生提供了一个展示自己风采与能力的平台，在这个平台上，不但可以使学生在解题逻辑上获得成功，而且可以使他们在思想沟通、语言表达、情感交流、能力表现等多向度方面获得成功。虽然这些方面的成功常常是微小的、短暂的，但却是真切的、具有生命体验的，更具有成长的意义与价值。

通过学生讲解行为与心理影响的相关性分析表明：学生讲解与自我效能感呈现显著正相关，对促进学生快乐学习，健康成长的价值明显(见本书第十一章)。

二、可以准确地了解学生学习的真实情况，有利于促进教师的专业发展

在“独白式”讲解中，教师常常口若悬河，一厢情愿地认为自己的“精彩讲解”才能帮助学生快速理解知识，只要逻辑清晰并把问题讲解透彻了，自己也就放心了。殊不知，这完全是对学生学习情况的“误判”，听懂并不意味着理解，按照“金字塔学习理论”，学生被动“听讲”获取知识 24 小时后的保持率只有 5%，这就是使很多教师困惑的“学生能听懂却不能完成作业”的重要原因。

对话性讲解给足了学生机会和时间让学生的思维全过程得以展现，由原来“看不见的学习”变为“看得见的学习”。一方面，对话性讲解便于教师及时了解学生学习的真实情况，发现学生的智慧和存在的问题，并根据学生学习中的疑点、难点以及忽略点与薄弱点进行有针对性的重点讲解，从而真正做到了“精讲”和“以学定教”；另一方面，在对话性讲解中，当教师将自己的角色转换为“教师学生”认真倾听“学生教师”的发言时，教师就会给予学生换位思考后的真正理解，从而更能站在学生思维的角度设计教学内容。如有老师提到：“学生的对话性讲解是他思维的外显过程，更能反映学生是怎么想的和怎么做的，有助于我对教学设计的反思，促进我的专业发展”。

三、培养了学生敢于质疑的意识，有助于提高学生的创新能力

在“独白式”讲解中，教师以绝对的权威身份独占课堂和独霸话语权，高居学生之上，把学生当成“纯粹的无知者”，这类似于黑格尔辩证法中被异化了的奴隶那样的学生，他们唯老师是从，老师讲的内容无条件地接受，即使教师讲错了，学生不敢也不会质疑。教学过程关注的是整齐划一的同一目标的达成而未关注每个学生生命个体的独特性。

相反地，对话性讲解更多的是关注每个学习者个体的独特性，关注他们在学习过程中的创生性。从创新教育的角度看，创新的前提是敢于质疑，对话性讲解过程中学生的敢于质疑贯穿于整个学习过程。正如一个学生所说：“同学讲的时候，由于大家地位平等，我就会用怀疑和批判的眼光去认真倾听，当同学有讲得

不对的地方我会马上指出来：‘你讲的是错的！’但如果是老师讲的话，即使讲错了我也根本不敢说”。在对话性讲解过程中，倾听者带着批判质疑的意识从讲解者的思路和理解中激活自己的思维，及时产生一些“新”的理解与见解，同时，讲解者本人也会于新情境中即时产生一些“新”的想法，这里的“新”不仅体现在倾听者和讲解者都作为学习者对知识意义理解的完善补充、纠错改正，还体现在学习者将获得超乎自己认知水平的新视域、新境界，是对自己知识的扩展。在对话性讲解中，学习效益的高低不仅反映在每个学习者在探究过程中获得对知识意义理解的广度和深度上，还反映在学习者收获了多少事先无法预测的精彩观念和美好体验，因此对话性讲解是一种动态的创生学习过程。

四、提升了学生的归类整理能力，有利于加强对知识意义的深度理解

在对话性讲解中，学生都希望把自己的观点表述清楚，并想方设法说服别人赞同和相信自己的观点，而要说服别人，首先就要说服自己。学生要使自己讲述的内容易于表达，易于被别人接受和理解，讲解前就会主动地去认真阅读、钻研，就必须对要讲的内容进行归类整理，将杂乱的思考条理化，正如杜威指出的“要把经验传给别人，必须把它整理好”“把经验整理成一定的次序和形式，使经验容易传达”[①]。而学生在多次进行整理的过程中就可逐渐提高归类整理的能力。

当学生把自己准备要讲解的内容进行归类整理后，学生对知识的理解就逐步从模糊走向清晰，而这个清晰化的过程就是深度理解的过程。同时，在对话性讲解中，讲解者要将自己“所得的知识传给其他同学的时候，就是教”“而且‘教’的本身对于所教的学科可以产生更深刻的理解”[②]。“教”就需要逻辑清晰、表述明了，就离不开讲之前的归类整理。关于这一点学生有深刻体会：“为了讲清楚一道题，对于这道题的每个细节，具体是怎么回事，都要弄明白。自己做的时候，就是模模糊糊的，但是要讲的话，就会想得更细，自己也会想得更多，理解更加深刻”“首先我要把这个题每点都弄懂。如果没有弄懂的话，也不敢上去讲。讲后同学提问时自己也加深了印象。”

五、所学知识容易进入长时记忆，有利于提高课堂的学习效率

对话性讲解的过程既是在教别人也是在教自己。亲自讲过的知识很容易进入长时记忆，有些甚至刻骨铭心，终生难忘，正如阿希姆·福尔丁斯(Joachin Fortius)指出的“假如任何事情他只听到或读到一次，它在一个月之内就会逃出他的记忆，但是假如他把它交给别人，它便成了他身上的一部分，如同他的手指一样，除了死亡以外，他不相信有什么事情能够把它夺去”。而学生学习的东西一旦进

① 赵祥麟，王承绪．杜威教育名篇．北京：教育科学出版社，2006：115.
② 夸美纽斯．大教学论．傅任敢，译．北京：教育科学出版社，1999：117.

入长时记忆，学习效率也就自然提高了。正如学生谈的：“对我来说，自己讲的印象最深刻，有的很久都不会忘记”“我上去讲，能让我对这道题有更深刻的印象”。在我们的研究中，一个来自十分落后学校的一位数学教师采用这种教法，一学期后学生的数学成绩就超过了本校同年级其他班级的成绩，就是很好的例证。

六、讲解的过程具有丰富的教育意义，有利于促进学生的发展

在“独白式”讲解中，教师们过于偏重分数成绩，忽视学生个性禀赋和其他特长的发展，忽视学生学习过程的参与体验，忽视对学生的学习交流、学习精神、学习情感等的关注。学生不懂得如何与他人和睦相处，不会谦逊地赞赏别人，不能学以致用解决实际问题，从而导致学生中出现“高分劣品”或“高分低能”的现象，这样的教学只能产生短期效益，不利于学生的发展。

与独白式讲解相反，对话性讲解的过程充满了丰富的教育意义，有利于促进学生的发展。首先，在对话性讲解中，教师和学生的身份是多重的，教师既要对教学内容进行必要的引导阐释，也需要教师作为“教师学生”认真倾听小老师的发言或主动参与到学生的研讨活动中；学生既要对自己的学习情况进行讲解展示，也需要作为“学生教师”对同伴或老师的讲解进行质疑和评价。因此，对话性讲解既关注学生学习的效果，还关注学生学习的方式、学习的精神，关注学生的全面学习状态。其次，对话即分享，根据马斯洛的需要层次理论，每一个个体都有得到他人尊重和认可的需求，同时，每一个个体又都有异于他人的独特的经验，在与他人交往、分享彼此的经验的过程中扩大或改变自己的经验，从而使自己的认识和心理发生变化。因此，人的成长是在分享他人资源的过程中逐渐完成的。对话性讲解满足了师生得到他人尊重和自我实现的需要，是成就个人发展的重要途径。再次，在对话性讲解中，学生要使讲解的内容被别人接受，就要“为别人设身处地想一下，看它和别人的生活有何接触点，以便把经验整理成这样的形式，使他能领会经验到意义”[①]。同时，为了提高自己的讲解水平，使自己的讲解更加具有吸引力，在别人讲解时，他便会更加注意倾听、观摩学习别人好的讲解方法与讲解艺术。学生在长期的“为别人设身处地想”和“注意倾听、观摩”的行为中逐步形成理解、尊重他人，学习他人长处的良好品质，而这一良好品质将有助于促进学生发展。

---

① 赵祥麟，王承绪．杜威教育名篇．北京：教育科学出版社，2006：115.

第七章　导学讲评式教学的教学模式

一个完整的教学理论，除了有核心概念、基本理念和坚实的理论基础外，还必须有将理念转化为教学实践的课堂操作体系，才能有效发挥理论的价值和作用。这个课堂操作体系包括教学模式、教学原则、教学策略和教学评价。本章先就 DJP 教学的教学模式进行介绍，其余将在后面几章陆续介绍。

第一节　导学讲评式教学模式的概念

教学模式(Model of Teaching)一词最初是由美国学者詹姆斯·乔伊斯(James Joyce)和韦尔等人提出的。1972 年他们出版了《教学模式》一书，提出了 23 种教学模式，并用较为规范的形式进行了分类研究和阐述。近年来，我国随着课堂改革的深入进行，出现了对教学模式研究的热潮。一线教师从教学实践中总结提炼出了很多教学模式，学术界对教学模式也进行了广泛的研究，并在 20 世纪 80～90 年代达到高潮，但学术界对教学模式的界定却众说纷纭，并未达成共识。如，从教学方法的角度来定义教学模式的，认为教学模式是“教师根据教学目的和教学任务，在不同的教学阶段协调应用各种教学方法过程中形成的教学系统”[①]；从教学结构范畴来定义教学模式，认为教学模式是“人们在一定的教学思想指导下对教学客观结构作出的主观选择”[②]；从教学程序的角度来定义教学模式，认为教学模式“指的是在一定教学思想指导下，为完成规定的教学目标和内容，对构成教学诸要素所设计的比较稳定的简化组合方式及其活动程序”[③]；从教学设计的角度来定义教学模式，认为“教学模式是在教学实践中形成的一种教学设计和组织教学的理论，这种教学理论是以简化的形式表达出来的”[④]；从教学风格的角度来定义教学模式，认为“教学模式是指具有独特风格的教学样式，是就教

① 白成华．试论教学模式．教育丛刊，1989，(3)：31-33．
② 全国教学论第二届学术年会综合报道．教育研究，1987，(12)：70-72．
③ 吴恒山．教学模式的理论价值及其实践意义．辽宁师范大学学报，1989，(3)：16-20．
④ 张武升．关于教学模式的探讨．教育研究，1988，(7)：40．

学过程的结构、阶段、程序而言的”[①]；从教学范型的角度来定义教学模式，认为“教学模式就是在教学思想的指导下，围绕着教学活动设计的某一主题，形成相对稳定的、系统化和理论化的教学范型”[②]。

这些观点无疑从一定的角度反映了教学模式的一些本质特征，但又都尚欠科学。因为，从教学方法的角度看，教学模式既不属于教学方法论，也不属于一般教学方法的范畴，它是介于二者之间的一种对教学活动的组织形式。教学方法论属于教学哲学的范畴，它对教师的整个教学活动具有一般的指导意义。显然，教学模式要接受教学方法论的指导但它不属于教学方法论本身。教学方法是教师教学活动结构中的一个要素，而教学模式则是实践活动结构的外在表现。在这里，教学方法只是其中的一个构成要素。因此，教学模式高于教学方法，它既不是教学方法也不是教学方法的综合。从教学结构的角度来看，教学模式不是一般的教学理论范畴意义上的教学结构，而是教学实践活动结构；从教学设计的角度来看，从范畴上讲教学模式属于教学设计的一个方面，而非全部，教学设计包括课程设计、内容设计、目标设计、方法设计、评价设计等，教学模式只是其中的一个方面；从本质上讲，组织和设计教学活动并不是教学模式的独特本质，组织和设计教学活动仅仅依靠教学模式是远远不够的；从教学程序来看，一个完整科学的教学模式其内涵要比教学程序丰富得多，教学程序只是教学模式的一个外在表现形式；从教学范型的角度来看，没有揭示出教学模式的本质，教学模式既不是可供人们模仿的一个标准样式，也不是一般的教学计划；从教学风格的角度来看，教学模式与教学风格有本质的不同，教学风格是教师在长期的教学实践中形成的个人独特的教学个性，不可完全模仿，而教学模式具有再现性和模仿性的特点，可为广大教师所掌握。当然，教师在掌握和运用教学模式的同时，可以体现自己的教学风格，但绝不等同于教学风格本身。

从以上的分析我们发现，虽然以上这些对教学模式的界定存在一些不足，但它们仍从一些角度反映了教学模式的本质特征，这为我们对教学模式的界定提供了很有参考价值的作用。从以上诸多教学模式的定义可以发现，任何教学模式都含有理论基础、教学目标和操作程序几个要素。这是因为任何教学模式的提出都必须具有一定的教学理论作为基础，都是为了达到某一特定的教学目标，并具有具体可操作的、稳定的操作程序。我们把“理论基础”“教学目标”和“操作程序”称为教学模式的基本要素，而这些基本要素也是定义教学模式的基本要求。

综上所述，我们认为：教学模式是在一定教育理论的指导下，为特定教学目标的达成，将“教”与“学”诸要素融为一体而形成的稳定的教学程序为外在表征的教学活动结构体系。

---

① 刁维国. 教学过程的模式. 教育科学，1989,（3）：19-22.

② 李秉德. 教学论. 北京：人民教育出版社，1991：256.

由该教学模式的定义可知，教学模式不是一个单一的操作程序，它是由理论基础、教学目标、操作程序、实施条件和教学评价等基本要素及相互关系构成的稳定的结构系统。[①]

基于以上教学模式的讨论，我们对导学讲评式教学模式作如下界定：

导学讲评式教学模式是指在导学讲评式教学理念的指导下，为达成学会学习、主动发展的总目标，将“教”与“学”诸要素融为一体而形成的稳定的教学程序为表征的“教”与“学”活动结构体系。

第二节　导学讲评式教学的基本教学模式

所谓“基本教学模式”，是就一般的DJP教学而言的，在具体教学中，教师根据具体的数学学习内容和课型还可以进行必要的调整和修改。本节我们基于前面对教学模式的理解建构DJP教学的基本教学模式。该教学模式是由内涵结构、基本理念、教学目标、操作程序、实施条件等要素构成的教学结构体系。

一、内涵与结构

该教学模式是从学生的“学”为出发点，以形成和发展学生终生发展需要和社会发展需要所必备的品格和关键能力——会学习、会合作、会探究、会交流、会评价——为目的，根据DJP教学的基本理念和3个核心要素，将“教”与“学”诸要素融为一体而形成的、以稳定的教学程序为其外在表现形式的教学活动结构体系。

该教学模式稳定的教学程序是由“引导自学”“对话讲解”“评析反思”3个环节组成，每个环节对应学生两个学习步骤。对应3个环节，教师的教学过程有“示案指导”“组织精讲”和“点评引申”3个阶段。在每个阶段中教师对学生学习的指导渗透到学生的每个学习步骤之中。由于该教学模式有3个环节，学生的学习有6个步骤，故称该教学模式又称为“三环六步”DJP教学基本模式。其结构如图7-1。

① 曹一鸣．中国数学课堂教学模式及其发展研究．北京：北京师范大学出版社，2007：46-50．

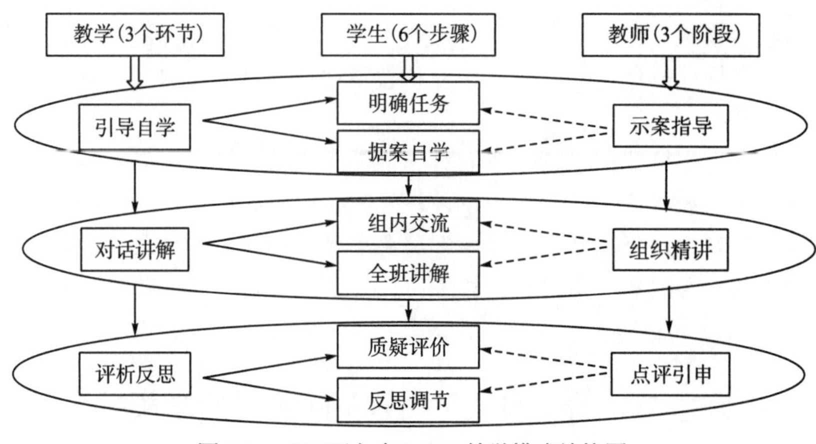

图 7-1 “三环六步”DJP 教学模式结构图

二、基本理念

DJP 教学的基本理念是由其教育观、教学思想和核心理念等要素构成的观念系统。

DJP 教学遵循的是“人的教育要回归自然”的教育观。它包括以下 3 个方面意蕴：回归人的自然属性、回归教育的自然规律、回归学生的自然生活（见本书第四章第一节）。

DJP 教学的教学思想为：高度尊重学生、充分信任学生、一切为了学生的发展。教育的对象是学生，而学生是具有生命活力、主动性、差异性、智慧潜能和整体性的人。教学中，教师面对的学生是一个“发展中的人”（并非接受知识的容器），在人格上与教师是平等的。因此，教师理应尊重学生。而且尊重学生是教育的基础，也是教育的本身；尊重满足了学生的需要，是对学生的责任。[①]学生是具有智慧潜能的人，因此，在教学中教师要充分信任学生，要相信他们凭借自己的智慧和已有知识能够学懂大部分知识，能够经过独立思考或与同伴合作交流解决学习中的一些问题。学生是学校教育的本体，一切为了学生的发展是学校教育的宗旨。学生的发展包括身体的发展、心理的发展和智能的发展。[②]在教学中，DJP 教学的教学思想具体表现为：让知识在对话中生成，让情感态度价值观在活动中形成，让学生在探究中成功，让学生在合作中成长。

DJP 教学的核心理念为：参与者知识观、多元化学习观、合作式师生观和对话性教学观，发展为本的评价观（见本书第四章）。

---

① 王富英，朱远平．导学讲评式教学的理论与实践——王富英团队 DJP 教学研究．北京：北京师范大学出版社，2019：115-118.

② 同上，119-122.

三、教学目标

该教学模式的教学目标为：学生在教师的引导下，在自主学习探究的基础上，通过师生对话、生生对话和自我对话，达到理解文本、理解他人、理解自我，从而自我增进一般科学素养、提高数学文化修养，形成和发展数学品质，最后达到“五个学会”：学会学习、学会合作、学会探究、学会交流、学会评价。

四、操作程序

该教学模式的主要操作程序是“引导自学”、“对话讲解”和“评价反思”。

1. 引导自学

这是DJP教学的第一个环节。有效的独立自学是DJP教学中“对话讲解”的基础和前提。为了使学生的自学有效，这里强调的是在教师引导(指导)下的自主学习。因为缺乏教师指导的自主学习是低效的，对于有些难度大的内容甚至是无效的。教师的指导可以渗透到学案中，也可以融入在课堂上学生学习的过程之中。DJP教学的自学也不同于一般的预习。预习是指在课堂教学之前进行自学准备以达到更好的学习效果。但预习时学生不承担任何责任，故其主动性和积极性不高，有的只是简单看一下，主要还是依赖课堂上教师的讲解。而DJP教学中的自学则不同。自学时学生是带着讲解的任务进行，因而承载着一份责任和担当。故自学时就不是简单的看一看的预习，而是力求学懂弄明白。自学中自己不懂的内容要查阅资料、认真思考，还不能学懂的内容则要记下来便于寻求他人帮助；若遇到他人也感到困难的问题则要进行互助合作、共同研究；最后还不能解决的问题则请求教师的帮助。因此，“引导自学”既体现了学生的主体地位，也发挥了教师的主导作用，是“教”与“学”的合一。

本环节教师的任务是“示案指导”。这里的“案”既可以是现场指导的“案”(如向学生提出的学习任务要求、受困时的思路启迪等)，也可以是编写好的学案。若是编写好的学案则先将学案发给学生，并提出要求指导学生如何根据学案进行自学。如到时要检查学生学习的情况，并根据学习的情况进行考核等，从而提高学生自学的效果和质量。

本环节学生的任务是“明确任务，据案自学”。学生在明确了教师的学习要求和任务后，在教师的指导下或者学案的引导下进行独立思考、探索研究。只有在独立自学的基础上，自己才能明白哪些内容已经懂了，哪些内容虽然懂了但理解不够深入，哪些内容不懂需要寻求他人帮助。只有这样，上课听他人讲解或与他人交流时针对性才更强，重点才更突出，听课和讨论才更加聚焦与深入。

2. 对话讲解

这是 DJP 教学的第二个环节，也是 DJP 教学的中心环节。学生据案自学后就需要寻求与他人交流已确认自己的理解是否正确，从而自然进入到对话讲解的环节，正如苏格拉底所说："如果谁自己弄明白了一个道理，他就会到处找可以与之交流的人以共同确认"①。

这个环节的对话讲解既包括教师的讲解又包括学生的讲解，但我们更注重学生的讲解。这里的对话讲解是指学生个体或学习小组围绕某个学习主题，面向全班展示、表达、解释自己或小组讨论的观点、想法与发现等，教师与其他学生通过倾听、提问、质疑、评价等交流互动的学习活动②。对话讲解具有 4 个主要特点：第一，学生在讲解中不但提供了包含自己理解或创造的学习内容或对象，而且展示了学生特有的思维方式与理解过程；第二，课堂上的讲解是全体学生和教师人人都参与其中进行的对话交流，而且讲解也不是单向度的阐述、发送信息，而是在讲解的过程中随时有信息的反馈与新信息的加入；第三，在讲解的过程中，参与者不但理解了知识，还理解了各种不同的思维方式与表达方式；第四，讲解者在老师与同学的肯定当中感受到了自己的精神状态与生命价值，在思想沟通、感情交流当中也多层面地理解了同伴和老师。

本环节学生的任务是"组内交流，全班讲解"。这时学生的对话讲解有两种形式：一是在组内的对话讲解；二是在全班的对话讲解。组内的交流讨论有以下任务：一是每个成员交流自己自学时的理解和意见，同时提出不懂的问题寻求组内同伴的帮助；二是讨论研究组内大家都不能解决的问题；三是讨论教师分配给小组将要讲解的内容；四是讨论确定选派代表小组在全班讲解的人选。全班讲解是小组代表面对全班讲述小组集体的意见和自己新的理解与见解。

本环节教师的任务是"组织精讲"。具体任务有以下几个方面：一是分配各学习小组讲解的任务，以便于小组讨论和准备；二是对学生的讲解给予指导，提出讲解的具体要求。特别是才开始实施 DJP 教学的班级，教师不但要对学生的讲解进行指导，还要对这种教学法的价值和操作规则进行介绍从而使学生的讲解更加有效。正如夸美纽斯指出的："无论什么事情，除非已经把它的性质向孩子们彻底讲清了，又把进行的规则交给了他们，不可叫他们去做那件事情""假如教师叫学生去工作，却不先向他们彻底加以解释，或指示他们怎样一个做法，当他们初次试做的时候不去帮助他们；假如他让学生去苦干，干不成功便发脾气，这从教师方面说是残酷的"③；三是注意倾听学生的讲解，捕捉学生解决问题的智慧

① 罗伯特•R.拉斯克，詹姆斯·斯科特兰．伟大教育家的学说．朱镜人，单中惠，译．济南：山东教育出版社，2013：12.
② 王新民，王富英．导学讲评式教学中的"讲解性理解"．教育科学论坛，2014，(6)：19-21.
③ 夸美纽斯．大教学论．傅任敢，译．北京：教育科学出版社，1999：100.

和存在的问题；四是针对学生讲解中都不能解决的问题进行精讲。

值得注意的是，在学生自学后教师一定要“把话语权还给学生”，给学生展示、表达的机会和平台。学生在自己独立思考、自主学习后会产生很多思考和感受，也有很多困惑和问题，这时教师组织学生先在小组进行交流，再在全班进行讲解，则既可满足学生交流表达的欲望也可以了解学生学习的情况，发现学生的智慧和存在的问题，教师再根据学生存在的问题进行重点精讲，做到“以学定教”。如果教师不给学生自学后表达的机会，仍旧由教师讲解，则会出现以下 3 种状况：一是不能满足学生表达的需要，使学生失去自学的动力，学生会认为“反正教师要讲，学不学不重要”；二是不能发现学生学习中存在的问题，教师的讲解失去针对性；三是学生仍然处于被动听讲的状态，主动性和积极性得不到激发和调动。

3. 评析反思

这是 DJP 教学第 3 个环节。这时的评析是学生和教师对学生讲解的内容进行比较、鉴别、分析和评判。学生讲解后必须得到及时的评析，通过评析固化正确认识、纠正错误认识，从而帮助学生建构知识的正确意义，获得对知识的深化理解。因此，这时的评析是学生学习的对象和内容，是学生认知活动的有机组成部分，是一个不可或缺的学习环节。

本环节学生的任务是“质疑评价，反思调节”。同伴在倾听讲解者的讲解后对不清楚的地方进行质疑、提问和评价；讲解者则在回答同伴和教师的质疑提问后反思、检查、修正自己的认识，并调节自己的学习策略和方法。

本环节教师的任务是“点评引申”。教师在组织学生进行质疑评价，引导学生反思本节的学习内容与以前学习的哪些知识有联系，从而把新学习的知识纳入学生原有的认知结构。对于学生评析不透彻的地方和内容，教师要及时进行总结性点评；对于一些典型的问题教师要进行进一步的拓展讲解，从而把学生的思维带到一个更高、更广的领域，使认识得到升华。

本环节中的评价方式有学生的自评、互评和教师的点评。在学生倾听他人的讲解时头脑中在不断地比较自己的理解与他人理解的差异，不断地纠正自己的错误认识，建构知识意义的正确认识。这是学生在学习过程中自觉进行的内在的自我评价，我们称为“学习内评价”[①]，它是内在于学习活动之中并随着学习活动的开展而自发生成的。在师生相互评价的过程中，通过教师的点评、分析，学生自己的正确见解或学习成果得到肯定而感受到成功的喜悦，从而完善和固化已有理解，错误认识与疑难在对话中得到消除，从而促进知识的内化。而且，通过相互评价还可以激活思维，将学生的思维引向深入，诱发创新意识。同时，这时的评价还可对学习内容和解决问题的智慧与方法进行比较、分析、欣赏等活动，通过

① 王新民，王富英．学习内评价的含义及基本特征．教育科学论坛，2011，(5)：5-7.

比较、分析使学生能充分感受到所学知识与方法的美妙，认识到所学知识的价值和重要性，从而提高了他们的学科鉴赏力和欣赏水平。若学生长期进行这种学习、探究后的自我反思、评价，就会养成一种自觉反思的习惯和反省思维能力，而“习惯养成是核心素养形成的行动路径”[①]。故自我反思评价会不断丰富和积累数学活动经验，改进调节自己的学习行为，逐渐达到学会学习，从而促进学生数学核心素养的形成和发展。

五、实施条件

由于 DJP 教学是一种全新的教学，因此，该教学模式的实施需要专家对教师和学生先进行培训。教师要理解 DJP 教学的基本内涵、特征，理解和掌握 DJP 教学的几个主要环节的含义与价值；教师要树立起 DJP 教学的教育观、知识观、教学观、学生观、评价观。这样，才会在教学中高度尊重学生，充分信任学生，才会放手让学生自主探究、合作交流。同时，一些课需要编写“学案”，由于“学案”的编写对教师而言也具有较高的要求，故需要专家的指导和培训。学生的培训是要让学生明白这种教学的意义和操作程序，让学生知道如何进行自主学习、小组合作交流和如何进行讲解，这样学生才会积极配合。另外，刚开始实施时，学生还没有较强的讲解能力，如果教师的课堂调控能力不够，教学时间较紧，教学内容一节课较难完成，但学生一旦熟悉了这种教学，就会消除这一现象。因此，教师遇到这种情况一定要坚持下去。只要坚持下去，学生的综合素养和能力会有很大的提高，教学的效率就会很高，收获也会很大。

六、教学原则

该教学模式遵循的教学原则为：四还给原则、三少三多原则(详见第八章)。

七、评价

该教学模式是将 DJP 教学的基本理念和思想观点有机融合在一起而形成的一种稳定的教学实践活动结构，它为教师提供了一个具体实施 DJP 教学的稳定的操作程序，从而使 DJP 教学在课堂教学中能够顺利开展。有了这一基本教学模式，教师就可以通过 DJP 教学的实施过程对其内涵、特征、基本理念有更加深刻的理解，对 DJP 教学的各个环节也更加明确，在课堂教学中实施 DJP 教学时就可以有序、有效进行。同时，在教学实践中教师还可以总结和提炼出更多实施 DJP 教学的策略方法，进一步丰富和完善 DJP 教学的理论体系。

---

① 朱永新. 习惯养成是核心素养形成的行动路径——新教育实验推进“每月一事”的理论实践. 课程·教材·教法，2017，(1)：4-15.

第三节　导学讲评式教学模式的教学案例

案例 7-1：利用均值不等式求函数最小值问题解题学习课教学实录与点评①

本案例是成都市太平中学在推广应用 DJP 教学时黄芳老师在学生学习了基本不等式“$\frac{x+y}{2} \geqslant \sqrt{xy}$($x>0$，$y>0$，当且仅当$x=y$时取“=”号)”后采用“三环六步 DJP 教学模式”上的一节知识应用的解题学习课。下面是该课的教学实录与点评。

(一)提供学案，指导自学

师：同学们，我们昨天学习了均值不等式，今天我们来学习如何运用均值不等式解决一些数学问题。现在大家根据学案(见《附录一》)的要求，(边说边把学案发给学生)先独立思考解决问题 1(例 1)、问题 2(例 2)，并注意探索多种解决问题的方法，从中总结出解决问题的规律。

(在学生明确学习目标和学习任务后要求学生在学案的引导下自己独立思考解答学案中的两个问题，教师则深入学生中巡回指导。)

点评：要提高学生自主学习探究的有效性，必须要有教师的指导帮助。教师的指导既要有引导学生思考的问题还要有具体的要求和建议。在 DJP 教学中，教师的指导帮助作用主要体现在两个方面：一是学案中的指导。由于每个学生在独立思考、探索解决问题的过程中，会遇到不同的问题需要教师的指导，但在我国大班额的情况下教师根本无法在课堂上针对每个学生遇到的问题进行指导。而学案是教师在认真钻研教材，分析学情的基础上，根据课程标准的要求，把对学生在学习中将会遇到的困难进行分解，以及将学习方法与探究方法的指导写入学案之中，这样学生在自主学习、探究遇到困难时就可以根据学案的提示、建议和要求进行学习探究，从而提高了学生的学习效率。二是现场的巡视指导。教师现场的巡视指导既可以帮助不同类型学生解决遇到的困难、督促学生认真进行独立思考，还可以发现学生学习探究中存在的问题，提高教师评价讲解时的针对性。

(二)对话性讲解，学习性评价

在学生自主学习探究后，进入在全班交流发表、师生对话性讲解和质疑评价环节。由于在实际教学中，对话性讲解与学习性评价是紧密联系在一起的，因此，在下面的课堂实录中我们完全按课堂教学顺序进行课堂对话性讲解与学习性评价

① 王富英，黄芳．对话讲解是培养学生数学核心素养的有效途径——以基本不等式求最值的教学为例．教育科学论坛，2017，(12)：47-50.

的实录与点评。

1. “学习准备”的对话性讲解与学习性评价

师：我看大家都基本上完成了学案上的问题了，现在请大家先讲解一下学案中学习准备的两个问题。

生1：均值不等式是指不等式$\frac{x+y}{2}\geqslant\sqrt{xy}$，成立的条件是：$x>0$，$y>0$；取“=”号的条件是：当且仅当$x=y$时取“=”号。

生2：由均值不等式的特征可知，当两正数和为定值时，它们的积有最大值；当两正数积为正数时，它们的和可取得最小值。因此，利用均值不等式可以解决数学中一类最值问题。

师：他两讲得都很好！生1讲清楚了不等式成立的条件和取等号的条件。生2讲出了不等式最重要的一个应用——可以用它求数学中的一类最值问题。那么怎样运用它解决数学中一类函数的最值问题呢？求最值的条件是什么？今天我们先来研究“怎样利用均值不等式求一类函数的最小值问题”。

点评：解题学习学案的学习准备的内容是复习解题中将要用到的基础知识和方法。这里让学生先完成学案上学习准备的内容，再让学生在全班讲解，即复习了前一天学习的知识，通过讲解也加深了对这部分知识的理解与记忆。这里教师在对生1和生2讲解进行评价后接着提出“怎样运用它解决数学中的最值问题呢？”这一“大问题”，并开门见山地提出了本节课要研究解决的核心问题：怎样利用均值不等式解决数学中的一类函数的最小值问题（“大问题”下的“小问题”也是本节课的“核心问题”）。

2. 例1的对话性讲解与学习性评价

例1：已知$a>\frac{1}{2}$，求$a+\frac{8}{2a+1}$的最小值。

师：现在请大家对学案中例1的解决思路与方法进行交流讲解。可以先在组内交流自己的解题思路与方法，然后各组代表在全班讲解。

生3:由基本不等式可知，当两正数积为定值时和有最小值。但本题中的两项之积不是定值。由于第二项的分母是$2a+1$，要想乘积为定值，就必须将a变形构造出$2a+1$的式子，由此可将原式变形为“$\frac{1}{2}(2a+1)+\frac{8}{2a+1}-\frac{1}{2}$”，这样前两项之积就是定值，问题即可解决。

生4：他构造中出现了分数，计算会比较麻烦，若令$y=a+\frac{8}{2a+1}$，然后在等式两边乘以2得：$2y=2a+\frac{16}{2a+1}=(2a+1)+\frac{16}{2a+1}-1$，这样前两项之积为定值，问题即可得解。

生5：受他们两位解法的启发，我发现要构造一个与分母相同的式子，则关键是

必须与分母字母 a 的系数相同。由于第一项是 a，只需把分母的字母 a 的系数也变成 1 就好办了。因此，我的解法是从分母变起：$a+\frac{8}{2a+1}=a+\frac{4}{a+\frac{1}{2}}=\left(a+\frac{1}{2}\right)+\frac{4}{a+\frac{1}{2}}-\frac{1}{2}$，这样前两项之积就是定值 ，问题就可解决了。

生6：我认为本题的困难主要是分母不是单项式，我采用的方式是换元法，把分母变成单项式，这样问题就好解决了。令 $b=2a+1$，则 $a=\frac{b}{2}-\frac{1}{2}$，原式$=\frac{b}{2}+\frac{8}{b}-\frac{1}{2}$，这时前两项之积为定值，问题就解决了。

点评：这里 4 位同学对同一例题讲解了不同的解决问题的思路和方法，而生 4、生 5 和生 6 解决问题的思路与方法不是凭空想出来，而是在倾听前一个讲解者的基础上产生的。因此，在学生讲解时，倾听者可以从讲解者解决问题的思路与方法中受到启发从而激活自己的思维，产生一些新的想法或发现新的解决问题的方法，从而充分体现了学生讲解具有“有助于培养学生创新意识和能力”的功能和价值。

师：同学们的解法很好，都抓住了基本不等式的本质特征，而他们的几种解法具有不同的视角和特点。生 3、生 4 和生 5 采用的是构造法。生 3 和生 4 是着眼于第二项分母 a 的系数进行构造 $2a+1$，生 5 是着眼于第一项整式 a 的系数，将分母 a 的系数化为 1 后再构造式子 $a+\frac{1}{2}$。生 6 采用的是换元法，直接将分母变换成单项式 b。他们的解法都体现了化归转化的数学思想，即通过构造法和换元法将原式转化为基本不等式来解决问题。现在大家思考一个问题，这几种不同的解法中哪个具有一般性，哪个最简单？

生 7：生 4 的做法让我眼前一亮，他令 $y=a+\frac{8}{2a+1}$，然后等式两边乘以 2，问题就迎刃而解。不过，最后别忘了除以 2，因为我们计算的是 y 的最值而不是 $2y$ 的最值。

生 8：我喜欢生 6 的解法。她这个解法我完全没想到，她利用换元的思想，将问题变得非常简单，值得我学习。

生 9:我认为生 4、生 5、生 6 的解法都很好，生 6 的解法更简单，也具有一般性。

师：好！现在我们把例 1 推广到一般情形：

已知 m，l，k 均为大于零的常数，且 $x>-\frac{n}{l}$，求函数 $y=mx+\frac{k}{lx+n}$ 的最值。

大家能够解决吗？

生众：能！

（学生们都积极进入了对该问题的解答之中，很快许多学生顺利地完成了该题的解答。一个学生主动上讲台展示了他的解题过程，他用的是换元法）

师：很好！看来大家对这类问题的解题规律都掌握了，那现在给大家 4 分钟时间完成例 1 的 4 个变式练习。

（由于学生理解和掌握了本题的一般规律，对于“学案”中本例的 4 个变式练习也很快就完成了）

点评：在学生讲解完例 1 的 4 种不同解法后，教师没有让学生马上进行下一个例题的讲解，而是引导学生对这几种解法进行解题后的反思与评析。学生在评价他人的解题思路与方法时，与自己的解法进行比较，调节了自己的思维和思考方法，获得了丰富的个人解题经验(在本课结束时的“学习反思”中，很多学生谈到了自己的个人经验和体会)。在学生对 4 个学生的解题思路与方法进行评析后，教师作为参与者对学生的不同解法进行点评和引申推广，从而把学生的思维提升到一个更高的境界，使学生掌握其中的解题规律与方法，达到了“解一题，通一类”的效果。这种解题后的反思与评价是解题学习提升学生数学思维和解题能力的关键。

3. 例 2 的对话性讲解与学习性评价

例 2:已知 $a>0$，$b>0$ 且 $2a+b=1$，求 $\frac{1}{a}+\frac{2}{b}$ 的最小值。

师：刚才我们利用均值不等式解决了一类非附加条件的函数的最小值，现在我们来研究例 2 这类含有限制条件的函数的最小值问题。请大家先思考讨论再讲解你们的解题思路与方法。

生7:由已知 $a>0$，$b>0$ 且 $2a+b=1$ 得，$0<ab\leqslant\frac{1}{8}$，所以 $\frac{1}{ab}\geqslant 8$，又因为 $a>0$，$b>0$，所以，$\frac{1}{a}+\frac{2}{b}=\frac{2a+b}{ab}=\frac{1}{ab}\geqslant 8$. 当且仅当 $\frac{1}{a}=\frac{2}{b}$，即 $b=2a$ 时，“=”取得. 所以，所求最小值为 8.

生 8:我是采用把已知代入所求式化简再利用不等式求最值。因为 $1=2a+b$，所以，$\frac{1}{a}+\frac{2}{a}=1\cdot\left(\frac{1}{a}+\frac{2}{b}\right)=(2a+b)\left(\frac{1}{a}+\frac{2}{b}\right)=4+\frac{b}{a}+\frac{4a}{b}\geqslant 4+2\sqrt{\frac{b}{a}\cdot\frac{4a}{b}}=4+4=8$. 当且仅当 $\frac{1}{a}=\frac{2}{b}$，即 $b=2a$ 时，“=”取得，所以，所求最小值为 8.

师:生 7 是对已知用均值不等式得出 $ab\leqslant\frac{1}{8}$，再将所求时进行变形后得出 $\frac{1}{ab}\geqslant 8$ 获得解答；生 8 是将已知的 1 代入对所求式进行变形再用均值不等式获得解答。生 8 这种解法很巧妙哦！这两种解法哪种更具有一般性？请大家看“学案”中例 2 的“解题回顾”，已知条件不变，所求式改为 $\frac{2}{a}+\frac{1}{b}$，再用两种思路进行解答，能否完成？现在请同学们先独立思考后可以小组内讨论，然后再讲解你们的解决问题的思路和结果。

生9：根据刚才生7的解题思路，我是这样做的：由已知 $2a+b=1$ 得，$0<ab\leqslant\dfrac{1}{8}$，则 $\dfrac{1}{ab}\geqslant 8$，又因为 $a>0$，$b>0$，所以，$\dfrac{2}{a}+\dfrac{1}{b}=\dfrac{2b+a}{ab}\geqslant 8(2b+a)$．又 $2b+a\geqslant 2\sqrt{2ba}\geqslant 2\sqrt{2\times\dfrac{1}{8}}=1$，所以，$\dfrac{2}{a}+\dfrac{1}{b}\geqslant 8(2b+a)=8$．所以，所求最小值为8.

生10：我用的是生8的解题方法。由已知 $2a+b=1$，得 $\left(\dfrac{2}{a}+\dfrac{1}{b}\right)\times 1=\left(\dfrac{2}{a}+\dfrac{1}{b}\right)\times(2a+b)=4+\dfrac{2b}{a}+\dfrac{2a}{b}+1\geqslant 5+2\sqrt{\dfrac{2b}{a}\dfrac{2a}{b}}=9$（当且仅当 $\dfrac{2b}{a}=\dfrac{2a}{b}$，即 $a=b$ 时，取“=”）

所以，所求最小值为9.

师：刚才两位同学得出了两个不同的结论，这里肯定有一个是错误的。由于找出错误有一定的难度，因此各个小组内开展对这两种解法进行研究，找出是哪种解法出了错，并分析出错的原因。通过对这个错误的分析得出我们在运用不等式求最值时需要注意什么？

生11：我们小组讨论了生10的做法。我们没有看出他的做法有什么问题。均值不等式使用的条件：“一正，二定，三相等”没有任何疑问哦！因此，感觉是对的。但对于生9的做法，感觉有点问题，但说不出来。

生12：我们小组讨论的是生9的做法。我们发现他在做本题时使用了两次均值不等式。在一道题中能否多次使用均值不等式？如果能，为什么出错了呢？我们想应该是可以多次使用的，只是可能需要注意什么？于是，我们小组带着这样的疑问又再讨论了一下。结合均值不等式的使用条件，我们发现他的前两个条件都符合“一正，二定”的条件。于是我们在想，那是不是第3个条件有问题？所以，我们重点研究了一下他的“取等”条件。结果，还真就找出问题了。我们看，$2b+a\geqslant 2\sqrt{2ba}\geqslant 2\sqrt{2\times\dfrac{1}{8}}=1$．他在这一步使用均值不等式的时候，取等条件是什么？是 $2b=a$，再结合已知得 $a=\dfrac{2}{5},b=\dfrac{1}{5}$．但在“由已知 $2a+b=1$ 得，$ab\leqslant\dfrac{1}{8}$”这一步的时候取等的条件是 $2a=b$，再结合已知得 $a=\dfrac{1}{4},b=\dfrac{1}{2}$．(掌声响起来了)显然，大家已经知道问题在哪里了。两次取等号的条件不一致，肯定有问题了。

生13：我小组研究生9的解法后发现，生9的解法本身就是错误的。错误出在由 $0<ab\leqslant\dfrac{1}{8}$ 只能得 $\sqrt{2ab}\leqslant\sqrt{2\times\dfrac{1}{8}}$ 而不是 $\sqrt{2ab}\geqslant\sqrt{2\times\dfrac{1}{8}}$，因此 $2b+a\geqslant 2\sqrt{2ba}\geqslant$

$2\sqrt{2\times\frac{1}{8}}=1$ 不成立。正确的应该是 $2b+a\geqslant2\sqrt{2ab}\leqslant2\sqrt{2\times\frac{1}{8}}$，但这里不等号的方向不一致，所以按这种思路根本求不出最小值，所以他的解法是错误的。

师：你们的研究很好，这是在运用不等式时容易犯的一个错误哦！从以上3位小组代表的讲解，大家应该清楚本题的正确解法了吧。那我们在使用均值不等式时需要注意什么?哪个组能解决这个问题？

生14：我觉得在一道题中如果多次使用均值不等式的话，应该注意“取等”条件是否一致。如果一致的话，应该没有问题，如果不一致的话，肯定有问题。

生15：我认为，在解答这类具有限制条件的最值问题时，最好不要两次运用均值不等式，而是要充分利用条件，将“1”代换对式子进行变形只用一次均值不等式，从而避免出现错误。

生16：我认为，在多次运用不等式时一定要方向一致，否则得不到需要的结果。

师：他们三位总结出了运用均值不等式解题的注意事项。很好！把我要讲的都讲了，大家以后解题时要注意这3点。由上面大家的讨论，我们可以发现做这类型题目时更一般的方法应该是“1的巧用”哦。(很多学生会意地点头)因为它避免了多次运用不等式带来的容易忽略两次取等号的条件和不等号方向不一致的问题，从而不易出现错误。

点评：当同学们看到两个答案不一致时，同学们议论开了。此时，教师没有说直接评判谁对谁错，而是运用“延迟判断”的评价策略和“少告多启，以启促思”的教学原则，提出探究的问题，让学生在小组内对两种做法进行深入地研究、讨论，小组讨论后各小组代表再在全班讲解他们小组的研究结论，有效地进行了小组合作学习。最后，学生不但指出了出错的地方和原因，还指出了运用不等式解题的注意事项。这种由学生从具体事例中抽象总结出一般规律和结论，有效地发展了学生“数学抽象”核心素养。在分析寻找错误解法和原因的过程中，使学生形成了“重论据、有条理、合逻辑的思维品质和理性精神，增强交流能力”①，有效地发展了学生“逻辑推理”核心素养。同时，在本课中，学生讲解了自己如何分析、解决问题的思路与方法，展示了他们解决问题的智慧，获得了成功的满足，同伴在分享他们解决问题的智慧中也学会了如何分析问题和解决问题的思路与方法，学会了学习。

在本课中，学生讲解后，其他学生在教师的引导下对同学关于两个例题解决问题的思路和方法进行了分析评价，最后教师作为参与者对学生的不同解法进行点评和引申、推广。通过师生的评价分析，学生对利用均值不等式分析、解决两类函数最小值问题的思路和方法，以及解决问题的容易出现错误的地方和需要注意的事项均有了更加深入的理解。在师生对话讲解的过程中，通过互动交流，使

① 中华人民共和国教育部．普通高中数学课程标准(2017年版)．北京：人民教育出版社，2018：4-5.

学生既学会了利用均值不等式解决最值问题的思路和方法，弄清了解题中易犯的错误，又获得了解决这类问题的更一般的数学思想方法，提高了对均值不等式价值的认识和理解。

本课例教学采用的是“三环六步”DJP 教学模式。它较传统的灌输式教学在教学目标、教学价值和教学方式上均发生了实质性的改变。本节课若是采用传统的灌输式教学，课堂上例 1、例 2 的解题思路和方法则会全由教师代替学生的思维去分析、讲解。课堂上“教师不是去交流，而是发公报，让学生耐心地接受、记忆和重复储存材料”①。这种教学由于教师代替了学生的思维，解题思路的分析、解题规律的总结提炼均全由教师完成，学生只是被动地接受和记忆。这对学生数学思维能力的培养毫无帮助。正如巴西教育家弗莱雷指出的：“学生对灌输的知识储存得越多，就越不能培养其作为世界改造者对世界进行干预而产生的批判意识”②。而在数学 DJP 教学中，教师把学习的自主权还给了学生，把课堂话语权还给了学生。学生在教师创设的问题情境中和指导下，独立思考、自主探究、合作交流完成了“分析问题”“解决问题”和“反思问题’的探究活动，并利用 DJP 教学中的对话性讲解进行互动对话，分享智慧，互惠学习。

在本课的教学中，例 1 的几种不同解决问题的思路和方法不是教师直接讲解告知的，而是学生在自己独立思考和别人讲解的启发下生成的。学生在交流讲解完自己的分析、解决问题的思路和方法后，通过教师的启发引导，对几种解决问题的思路和方法的评价分析，最后总结得出解决这类问题的一般思路与方法。例 2 的两种不同解法和变式练习中出现答案不一致问题的分析也不是由教师直接告知的，而是学生自己经过独立思考、对比分析总结得出的。这种通过学生独立思考，再与同伴和教师展开充分对话的交流中，经过师生、生生多种视域的融合而生成知识的意义的过程，是通过数学学习学会数学思维的过程，也是发展学生数学核心素养的过程。而且，通过倾听别人的讲解受到启发，进一步激活了思维，从而真正促进了学生更为积极地去思考，并能逐步学会“想得更清晰、更全面、更深入、更合理”，这不仅使学生的数学探究能力得到提高，对数学思维的清晰性、严密性、深刻性、全面性、综合性和灵活性以及创造性等思维品质也能得到培养和提升。同时，这样通过独立思考、互动对话获得的知识是学生自己的个人知识，学生的参与是高认知参与，对知识意义的理解和解决问题方法的掌握与运用会更加深刻与牢固，因而这种学习是深度学习和高效学习，这样的课堂教学也是一种高效的课堂教学。

---

① 保罗·弗莱雷．被压迫者教育学．顾建新，等译．上海：华东师范大学出版，2014：35-36.
② 保罗·弗莱雷．被压迫者教育学．顾建新，等译．上海：华东师范大学出版，2014：37.

案例7-2：《二元一次方程组》单元复习课课堂实录与点评

本案例是王富英指导原成都市龙泉驿区同安中学何远忠老师在学生学习完义务教育教科书《数学》八年级上(北师大版)第五章："二元一次方程组"后按DJP教学模式上的复习课。下面是这节课的实录与点评。

师：同学们，今天这节课我们一起来复习研究二元一次方程组及其解法这一章的内容。昨天我请大家根据学案(见附录二)把二元一次方程组这部分知识进行归类、整理。现在哪位同学先来展示一下你的研究成果？

点评：这里教师是让学生展示他们的研究成果，而不是要求学生回答教师提出的问题，是把学生作为一个研究者来看待。这既反映了教师的教学观和学生观，也把学生真正作为学习的主人来对待，充分发挥了学生的主体作用。

生1：我是按教材的编写顺序整理的(展示台展示)(略)。

师：不错！哪位同学还有不同的整理方法？

生2：我是从二元一次方程组的整体结构进行整理的，我分为4部分：

1．二元一次方程(组)的有关概念
- (1) 二元一次方程
- (2) 二元一次方程组
- (3) 二元一次方程的解
- (4) 二元一次方程组的解
- (5) 解二元一次方程组

2．二元一次方程组的解法
- 加减消元法
- 代入消元法（例：略）
- 图像法

3．二元一次方程组与一次函数之间的关系:一个二元一次方程的图象是一条直线，因此，二元一次方程组解的情况就可由平面上方程组对应的两条直线的位置关系确定。两条直线平行时方程组无解；两条直线相交时方程组有一个解；两条直线重合时，方程组有无穷多组解。反过来也成立。

4. 二元一次方程组的应用。(1)求待定字母的值(例：略)；(2)解应用问题(例：略)等。

师：两位同学从不同的角度对本章知识进行了归类整理，都很不错。但比较而言，你们更喜欢哪位同学的？

生众：生2!

师：第一位同学是按教材的顺序进行整理，这对于初学整理的同学也是一种常用的方法，但是第二位同学的整理把握住了这章知识的整体结构，她对每一种情况还举例给予了说明，理解得更加深刻。两位同学的都不错!大家以后再进行整理总结时要向她们学习。这里，我也对这一章的知识进行了归纳整理，现在大家可以看一看。(用多媒体展示，结果与同学的比较，还不如第二位同学的好)。同学们可以看出，老师整理的还不如你们整理得好，同学们比老师还聪明。其实只要大家勤于思考，多动脑、动手，一定会有重要的发现和收获的。

点评：先由学生自己对该部分知识进行归纳总结，在课堂上讲解后再通过师生的共同评价修正，从而帮助学生建立整体性的认知框架，完善认知机构。学生的主动性和积极性得到了充分发挥，比只由教师讲解学得更主动、理解更深刻。

心理的安全和自由是学生创造性思维的必要条件。教师以一个参与者的身份积极参与交流与评价，并勇于承认自己的不足，使学生感到教师对他们敞开了心扉，可亲可敬，从而使学生获得了一种心理的安全和自由，为学生大胆地探索、积极地交流融造了宽松的心理环境和民主、平等、和谐的课堂环境。

师：现在我们来看下面的一个例子：

例：解方程组 $\begin{cases}\dfrac{x+y}{2}+\dfrac{x-y}{3}=7\\ \dfrac{x+y}{2}-\dfrac{x-y}{3}=3\end{cases}$

大家已经先自己用多种解法解答了此题，现在大家先在学习小组内交流，比较哪种解法好，然后各组推出最好的解法在全班讲解交流。

点评：利用小组学习的形式，给每个学生提供更多合作交流的机会，使面向全体得到了真正的落实。

(学生解题，小组内交流、讨论，教师巡视、指导)

师：我看大家都已经交流得差不多了，有些组还得出了老师都还未想到的好解法，现在请各组讲解你们组讨论得出的优秀成果。在后面讲解的同学要求不要与前面的解法相同。

生3(一组)：我们是先用去分母把方程组化简整理后用加减消元法求得解答的。

生4(三组)：我们把方程组化简整理后用的是代入消元法求得解答的。

生5(四组)：我们用的是换元法。令 $x+y=m$，$x-y=n$，然后求解。

生6(二组)：我们没有直接换元，而是把 $\dfrac{x+y}{2}$ 和 $\dfrac{x-y}{3}$ 看成一个整体，通过心算就可得到 $\dfrac{x+y}{2}=5$，$\dfrac{x-y}{3}=2$. 由此得 $\begin{cases}x+y=10\\ x-y=6\end{cases}$，再通过心算即得方程组的解为 $\begin{cases}x=8\\ y=2\end{cases}$.(全班自发地鼓掌)

师：太棒了！还有没有其他解法？

(学生们都积极进入思考)

生7(三组)：把原方程组化简后用图象法解。

生8(四组)：换元后用图象法解。

点评：生8的发言显然是受到生7的启发。学生之间的相互交流、讨论，进行思维的相互碰撞，可进一步激发思维的灵感、创造的火花，不断产生“好念头”。因此，开展对话性讲解是培养学生创新思维能力的一条有效策略。

师：同学们的讲解很好，把老师想要讲的都说了。现在大家对4个组得出的4种不同解法进行一个比较评价，看哪个组的解法最好。

点评：学生讲解后及时进行学习评价，对几种不同解法优劣进行比较和鉴别，可培养学生思维的批判性和养成解题后反思的良好习惯。

生8(五组)：我认为，一组和三组的解法很好，因为，这是解二元一次方程组的常用方法。我们组也都是用的这两种解法。

生9(六组)：我认为，四组的解法更好。虽然一组和三组的解法是常用的解法，但计算较繁。四组的解法通过换元，使形式更简单了，便于计算，且不易出错。

生10(一组)：虽然换元后形式要简单一些，但要解两次方程组，增加了解方程组的次数，并不一定就简单！

生6(二组)：我认为，我们组的解法最简单、最好。我们在解该题时，根据该题的特点，利用了换元的想法但没有换元，而是把$\frac{x+y}{2}$和$\frac{x-y}{3}$看成一个整体进行求解，整个过程基本上没有动笔就得出了答案，并且不易出错。

生5：我也认为二组的解法比我们组的好。

生11：我赞同生6的意见。我还想说一点。本题除了最好的解法以外，我认为，本题用图象法解是最不好的解法。因为，当你画好图象时，我已经解出答案了。用图象法解不但费时而且由于画的图像如果不准确得出的解还只是一个近似解而不是准确值。

点评：教师原先的设计只是想通过比较评出最优秀的解法，而学生不但评出了最优解法，而且对每种解法的优劣还进行了相互比较评价，完全超出了教师的预设。实际上学生的评价才是全面、公正和最有价值的。往往在许多时候，学生的智慧要超过老师！

师：同学们分析得很好。通过比较、分析，大家是否都认为第二组的解法最好？

生众：对！第二组的解法最好！

师：我赞同大家的意见。其实，各组的解法有各自的特点，他们分别是从不同的角度进行的思考。第二组同学的解法是在认真审题、仔细观察题目特征的基础上，运用了“换元的思想”和“整体的思想”这两种数学思想方法，从而快速、准确地得出了问题的答案。第二组同学的解答给我们一个很好的启示：在解题时，一定要认真审题，仔细观察题目的特征，灵活选用解题的方法，并恰当运用数学思想方法来指导解题，可提高我们的解题效率。若长期这样进行下去，可形成良好的数学思维策略，迅速提高解题能力。

点评：数学思想方法是数学的精髓和灵魂，是数学知识在更高层次上的抽象和概括。利用数学思想方法来指导数学学习和解题，往往能提高学生的数学学习效率，达到事半功倍的效果。但数学思想方法不是游离于数学知识之外的，而是渗透在数学知识的发生、发展和运用的过程之中的。这就要求教师要有目的地及时总结提炼，将数学思想方法的学习有机地融入学生的数学学习过程之中。这里，教师把自己置于一个参与者的身份，参与学生的讨论，并将学生讨论中出现的数学思想方法及时地进行总结提炼，使学生认识到数学思想方法在数学学习中的重要价值和作用，从而将数学思想方法的学习有机地渗透其中，同时，通过教师的点评，把学生的认识提升到一个新的高度。

师：刚才我们在给出了方程组的情况下获得方程组的解为$\begin{cases}x=8\\y=2\end{cases}$，并且得出了不同的解法和对各种解法进行了比较评价。现在我们看看学案中“解后反思”的问题2，“反过来思考一个问题：已知解为$\begin{cases}x=8\\y=2\end{cases}$的方程组除例题外还有哪些？你能否自己编一道用到本例题的方程组来解的数学问题？”(教师边说边巡视，发现学案中例题的解后反思给出的思考问题2，大部分学生都没有做)，我看很多同学们还没有做，现在给大家6分钟思考，看谁编的问题新颖、独特，形式多样。

点评：“解后反思”的问题2是从培养学生探索创新能力和促进学生发展的角度出发，从反面提出问题让学生思考探究。当教师发现学生很多没有完成时马上给学生思考、探究的时间，充分体现了“把时间还给学生”的教学原则。学生在老师的引导下，引导学生积极地投入到探索、研究之中。

(学生进行积极思考、探究，教师在学生之间巡回指导。时而作为顾问回答学生提出的问题；时而给予学生必要的指导；时而参与学生的讨论、交流)。

生12：何老师，我认为解为$\begin{cases}x=8\\y=2\end{cases}$的方程组除例题外还有：

(1)$\begin{cases}x+y=10\\x-y=6\end{cases}$；(2)$\begin{cases}2x+y=18\\x-3y=2\end{cases}$.

师：是否只有这两个方程组？

生12：不是，还有很多个！

生13：已知$|x-4y|+\sqrt{x+y-10}=0$，则$x=$________，$y=$________。

师：她是利用非负数的性质以填空题的形式编制的习题，很好！(把题写在黑板上)还有其他形式的吗？

生14：有！我编了一道求值题：

已知$-3a^{x}b^{y}$与$7a^{4y}b^{x-6}$是同类项，求代数式$2x^2-3y+1$的值。

师：好！这位同学是把同类项的概念与解方程组融为一体编制的，很有新意。(把题写在黑板上)

生 15：我编制了一道选择题：下列方程组中，解为$\begin{cases}x=8\\y=2\end{cases}$的方程组是(　　)

(A) $\begin{cases}x+y=10\\x-2y=4\end{cases}$；(B) $\begin{cases}x+y=1\\x-y=2\end{cases}$；(C) $\begin{cases}x+2y=11\\3x-2y=18\end{cases}$；(D) $\begin{cases}x-2y=5\\3x-2y=8\end{cases}$.

师：很好！与众不同。(把题写在黑板上)

生 16：我还有一道题：

是否存在整数 m、n，同时使关于 x，y 的方程组$\begin{cases}\dfrac{x+m}{2}+\dfrac{y+n}{2}=8\\(5x-7y)^m=36\end{cases}$和$\begin{cases}mx-2y=4\\2x+ny=26\end{cases}$的解都为$\begin{cases}x=8\\y=2\end{cases}$. 如果有，请求出的 m、n 值，如果没有请说明理由。

师：他出的是一道探索性问题，很有创意。(掌声)这种题型是近几年中考试题中经常遇到的一种题型，它对考察同学们的探究能力十分有利，因此，大家要注意这种题型的解法和作用。(把题写在黑板上)

以上大家都是着眼于解为$\begin{cases}x=8\\y=2\end{cases}$而编制的习题，有没有利用例题提供的方程组来编制的习题呢？可以上黑板板书和讲解。

生 6：有！我编了一道文字题。(上黑板板书习题)

有一个两位数，它十位上的数字与个位上的数字和的一半加上十位上的数字与个位上的数字差的$\frac{1}{3}$等于7；它十位上的数字与个位上的数字和的一半减去十位上的数字与个位上的数字差的$\frac{1}{3}$等于 3；求这个两位数。

如果分别设十位上的数字为 x，个位上的数字为 y，得到的方程组就是例 1 的方程组。所以，这个两位数是 82。

生 17：我编了一道应用题。(上黑板板书习题)

一个笼子里有一些鸡和鸭。已知鸡的总数和鸭的总数的和的$\frac{1}{2}$与鸡的总数和鸭的总数的差的$\frac{1}{3}$相差 3 只；鸡的总数和鸭的总数的和的$\frac{1}{2}$与鸡的总数和鸭的总数的差的$\frac{1}{3}$一共刚好 7 只，问：这个笼子里的鸡和鸭各有多少只？

生 18：我所编的题不是利用例 1 的方程组来解，但仍然是用二元一次方程组来解的。(上黑板板书习题)

有一个运输队承包了一家公司运送货物的业务。第一次运送 18 吨时派了一辆大卡车和 5 辆小卡车，第二次运送 30 吨时派了一辆大卡车和 11 辆小卡车，并且两次所派的车都刚好装满。问：两种车型的载重量各是多少？

师：这位同学没有局限于我们提出的问题，而是作了进一步的拓展。思路开阔，并且所编的问题，语言表述清楚，思维严谨，很不错！（掌声）

“老师，我还有！我还有！”……

这时下课铃响了，教师及时地作了总结。许多学生为自己的成果没有得到展示而懊悔不已。

师：同学们今天思路开阔，思维活跃，充分发挥和展示了你们的聪明才智。你们编制的许多问题，老师课前都没有想到，很了不起！我今后还要向同学们学习。（评：几句简短的激励性评价语言，把老师置于与学生同等的位置，拉近了师生之间的距离，增进了师生情感。同时，又使学生增强了成就感，获得了成功的满足，激发了学生学习和探究数学的兴趣与积极性。）由于时间关系，有许多同学的成果还没有得到展示，因此，今天的作业就是每个同学自己编3道形式不同而要用到二元一次方程组来解的习题，编好后写出它的解答过程，看谁编的好。同时总结这一章的主要题型和解题规律，自己在学习这一章时的心得体会或者自己的新发现。

点评：时时反思总结，是提高学生数学学习效率，增强自律学习的有效策略。而且数学的学习并不是仅仅做几道数学题，而是要通过数学的学习提高学生的数学核心素养和各种能力，促进学生的发展。这里教师的作业布置，不是随便点几道习题让学生做，而是通过让学生编题、解答和总结，既注重了知识与技能的训练，又注重了学生发散思维能力、创造思维能力和反思总结能力的培养。良好的数学学习习惯以及数学情感、态度和价值观的形成是在学生数学学习的过程中逐渐完成的！

这节课使听课和上课的老师都感触很深。课后，我与何老师交谈，他说：“这节课完全出于我的想象之外。我原先设计为主要通过教师的讲解和各种题型的练习来复习巩固这一章的知识与技能。上次我听了你的建议后，提出了今天的设计方案。说实话，我当时心中都没有底。特别是各种不同题型的编制，我认为学生不可能编得那么全面、深入。而课堂上学生的表现简直让我惊讶。想不到学生的思维那么活跃，能力那么强。他们所编的习题类型不但覆盖了我设计的类型，而且有些还超出了我的思考。学生们真是太聪明了！”

随后我又组织学生进行了座谈，学生的反应更是热烈。他们说：“以前的复习课，全由老师讲，我们很多同学听一会儿就分散精力，有一些同学根本就没有听讲。许多同学没有认真独立地完成课后作业，还有一些同学抄别人的作业，一章复习完后许多知识没有真正弄清楚，还是迷迷糊糊的”。“今天的课，课前老师让我们自己先对这一章内容进行整理。除了自己看书上的内容外，我们还翻阅了一些参考资料，与同学进行了讨论。老师还没有上课，我们就已经对这一章的知识及相互之间的关系有了基本了解了。课堂上再通过展示大家的讲解和教师的点评，使我们既看到了自己的不足，又学习到了别人的方法，进一步加深了对这一章知识的理解与掌握，印象十分深刻。特别是让我们自己编题，大家积极性都很高，都在认真地进行”。“当听(看)到别人编的题很有新意时，也启发了自己的思路，产生了一些新的想法”。“以前老师布置的各种不同类型的习题，我们只是为了完成作业，从没有认真去想一想它们之间有何联系和规律。今天通过我们自己编题并展示了各种不同的类型，使我们看到了这些不同类型习题的解题规律和相互之间的联系，我们觉得这些题简单多了”。“老师今后的课都应该这样上。先让我们自己去做一做，做后再讲解交流，这样可以互相启发。收获要大得多”。

本课例是数学复习课的教学课例。教学中，教师利用学案引导学生自己将本章的知识进行梳理，以形成系统化和结构化的知识结构，这充分体现了复习课的特点和目的任务，同时，选取了一个典型例题给足时间让学生从正反两个方面先进行自主探究、合作交流，再经师生、生生对话性讲解和学习性评价，从而使学生在多种视域的融合中对二元一次方程组的有关概念、解法得到深入的理解。教学中通过多种解法的比较分析和从逆向思考编制数学题使学生的智慧得到了充分的展示和分享，数学思维能力和探索创新能力得到了极大的提高，数学探究的活动经验得到了丰富和积累，从而有效促进了学生“数学抽象”“逻辑推理”“数学运算”等数学核心素养的发展。

本课题中“学案导学”的时间是让学生在课前根据学案进行的(前一个课例的“学案导学”是在课堂上进行的)，课堂上直接就进入“对话性讲解”和“学习评价”环节。而且“对话讲解”和“学习评价”虽然是DJP教学的两个环节，但它们是紧密结合在一起的。特别是“评价”既可以是在所有学生对某个问题讲解完后进行，也可以是在每个学生讲解完后及时进行，这样可以很好地发挥评价的激励和调控的功能与作用。

从本节的两个课例中，我们可以看到DJP教学的价值和作用。从学生反馈的情况来看，学生十分欢迎这种教学法，并要求“老师今后的课都应该这样上！”这是由于这种教学“把时间还给学生，把课堂的话语权还给学生，把课堂还给了学生”，学生有充分的时间探究和讨论学习中的问题。当学生提出与别人不同的具有创新性的思想和观点后，及时得到了老师和同伴的肯定与赞扬，获得了“被别人尊重的需要”和“自我实现的需要”的满足，极大地激发和调动了学生数学学习的兴趣与积极性，从而彻底改变了学生被动学习的现状。

第八章　导学讲评式教学的教学原则

教师要有效地进行 DJP 教学，除了要理解和掌握 DJP 教学的内涵、特征、基本理念、教学模式外，还必须研究和掌握教学活动中应遵循的一定的教学原则。教学原则，是根据一定的教学目的任务，遵循教学过程的规律而制定的对教学的基本要求，是指导教学活动的一般原理①。因此，教学原则不是任何人随意提出来的，它是教学规律的反映、教学经验的概括和总结并受教学目的的制约。本章根据 DJP 教学的目的、特点和规律，在 DJP 教学实践经验的基础上提出了“四还给原则”和“三少三多原则”。

第一节　四还给原则

一、四还给原则的含义

DJP 教学中的“四还给原则”是指在教学中：“把学习的自主权还给学生，把学习的时间还给学生，把课堂话语权还给学生，把课堂还给学生”。

1. 把学习的自主权还给学生

建构主义的学习理论指出，学习不是由教师把知识简单地传递给学生，而是由学生根据已有的知识经验自己建构知识的过程。因此，学生的学习不是简单被动地接收信息，而是主动地建构知识的意义，这种建构是无法由他人来代替的。但在传统的教学中，学生学习的一切内容、时间、方式方法等全由教师设计安排，自己没有自行支配学习的行为和思考问题的权利。如，一些学校将学生每天从早上起床后到晚上睡觉前各个时间段的活动进行了精确到每一分钟的详细安排；在学习过程中提出什么问题、怎样解答问题和解题后的反思总结等也都为学生设计好，在教学中直接告知学生。我们经常看到，课堂上教师直接告知问题的结论。

① 李秉德．教学论．北京：人民教育出版社，2001：72．

在例题的教学中，教师把例题的解题思路分析得很详细后只让学生写出解题过程。在这种教学中，学生的任务就是无条件地接受教师讲授的一切，完成教师布置的大量训练题，没有自己利用已有的知识经验对新学习知识意义进行建构的时间和机会，只是简单地记忆和模仿练习，从而完全成为教师的奴隶，被动地无条件地服从教师的设计和安排，没有一点学习的自主权。学生长期受到这种思想和行为的压迫和奴役，思想受到禁锢。从而学生作为一个鲜活的生命体固有的自主性和主动性将丢失，依赖和惰性便逐渐滋生出来，学习的好奇心和求知欲也将逐渐丢失。DJP 教学提出“把学习的自主权还给学生”，就是要把学生从这种被压迫和奴役中解放出来，使学生真正成为自己学习的主人。

所谓“自主权”，顾名思义就是个人对自己的事情所具有的自行支配的权利。

学生学习的自主权包括以下几个方面：

一是学习目标的制订权。由于一个班级学生的差异，不同学生的学习兴趣、爱好、需求和追求是不一致的，从而学习的目标也不可能完全相同。因此，应该把不同学生制订学习目标的权利还给学生，让学生根据自身的需要和追求制订自己的学习目标，教师可以在学生制订自己的学习目标时给予指导和帮助。

二是学习内容的选择权。学生的学习内容除了国家课程标准规定的必修课程的内容外，还有一些有利于促进和满足学生自身发展需要的“选择性必修课程”“选修课程”“校本课程”以及学生自身感兴趣的知识。这些都是可供学生自己选择的学习内容。在学生完成必修课程的学习内容后，要给予学生选择自己感兴趣和自身发展需要学习的内容的权利，让学生根据自身需要自主选择。在学生选择学习内容时，教师可以给予指导和帮助，正如卢梭指出的：“教师的职责不在于交给儿童各种知识和灌输种种观念，而在于引导儿童直接从外界事物和周围环境中进行学习，同时必须十分审慎地对儿童接触的事物加以选择，从而使他们获得有用的知识与合理的教益”[①]。同时，学校也应给学生提供选择的学习内容(课程)并开展有利于学生学习这些内容的课程与教学活动，使学生能有效地学习和掌握自己所选择的学习内容。如，学校开设选修课、实施走班制、课外兴趣活动小组等。

三是学习时间的安排权。学生的学习时间分为课前自学的时间、上课交流的时间、复习巩固的时间、巩固练习(作业)的时间、考试评价的时间、反思总结的时间等。传统教学中，教师把学生学习的时间安排得满满的，有的甚至把学生在哪个时间段学习什么内容都有做出具体的硬性规定，学生自己没有一点安排自己学习时间的权利。在学习过程中，除了课堂上的时间和考试的时间由学校统一安排外，其余的学习时间应该在学校的统筹规划下由学生根据自己的需要和具体情况自行安排和规划，这样，才能保证学生学习的自主性和主动性，提高学习效率。

四是讲解内容的决定权。这是指学生在与他人(同伴和教师)讲解交流时决定

① 王天一，夏之莲，朱美玉．外国教育史(上册)．北京：北京师范大学出版社，1993：280.

自己讲解交流内容的权利。在“DJP 教学”中，学生在自主学习后要与他人交流讲解自己的理解与见解，至于讲什么内容、讲到何种程度的权利均是学生根据自己的理解自己决定，他人不能强行决定。但在“应答式”教学中，学生讲解的内容只能按教师规划好的思路回答教师提出的问题。学生回答时，讲什么、讲到何种程度都是被教师预先设计规划好的，一旦脱离教师预先规划好的内容和思路，便会被教师强行终止，而被教师想方设法“引导”到预先规划好的思路上去。学生完全没有确定自己讲解内容的权利。这时学生虽然看起来也在与老师进行互动交流，但没有一点自主性，完全被老师牵着走，因而也就失去了学习的自主权。

在教学中，把学习的自主权还给学生主要体现在以下几个方面：问题让学生自己去提出，方法让学生自己去寻找，结论让学生自己去获得，问题让学生自己去解决，规律让学生自己去提炼，经验让学生自己去总结。在这个过程中遇到困难时，教师可以给予必要的指导和帮助。

2. 把学习的时间还给学生

把学习的自主权还给学生后，为了保障学生能够有效地行使学习的自主权，就必须把学习的时间还给学生。把学习的时间还给学生，是指把学生在现象与问题前思考、探究、交流、反思的时间留足，以保障学生能够有足够的时间进行自主学习、探究、交流和反思。只有让学生有充分的时间进行独立思考，他们才能完成具有挑战性的问题，才能提出有深度的问题，讲解时也才能使讲解的内容丰富、深刻。否则，学生没有时间对讲解的内容进行独立的深入思考和探究，就不可能进行有效的对话讲解。有时课堂上即使有一些形式上的对话讲解，也是浅层次的，不能触及到问题的本质。我们在课堂上经常看到一些教师在提出问题后立马就要求学生回答或者让学生进行分组讨论。课堂表面上十分热闹，但深入学生的讨论之中就会发现，这时学生的讨论是徒有虚名、缺乏深度的，甚至有些学生还没弄明白到底是要讨论什么问题，于是就闲聊一些与课堂教学无关的事；更有甚者在教师要求的分组讨论时进行嬉戏打闹，反而还严重地干扰了正常的课堂教学。

儿童具有巨大的发展潜能，这是人的自然本性决定的，这是把学习的自主权还给学生的重要依据。但这种发展潜能只有在有充足的时间进行思考、探究后才能有效发挥出来。在平时的教学中，我们没有发现学生的潜能和创新，是由于我们没有给出时间让学生自己去探索和思考。下面案例 8-1 就充分说明了这一点。

案例 8-1：真没想到我班的孩子这么聪明

2010 年，北师大出版社决定以派专家到学校进行指导教学、以提高学校教学质量的方式给地震灾区都江堰的蒲阳中学进行援助。我受北师大出版社新世纪版初中数学教材主编马复教授的委托，作为指导专家到蒲阳中学进行教学指导。一次，我带成都市龙泉驿区双槐中学兰红英老师——一个毕业才三年多的年轻女教师到蒲阳中学去与学校老师交流 DJP 教学。当时，我们在七年级某个班上一节“有理数加法法则”的示范课。上课时教师把学案发给学生，给出时间要求学生根据学案先进行自学，教师巡回指导，待学生自学十多分钟基本完成自学任务后，教师便分配各个学习小组讲解任务，每个小组围绕自己的讲解任务在组内进行了交流讨论，然后各组派代表上台讲解每个法则的发现过程和运用法则进行计算的解题思路与策略。这个班的学生基础很好，思维也活跃，但由于平时的教学都是全由教师讲解，学生没有进行讲解的机会，基本上是被要求认真听教师的讲解，然后模仿练习进行学习。因此，刚开始学生还不够大胆，但在教师的鼓励下，一个个开始尝试上台讲解。随着讲解的进行，越到后来的学生越放得开，学生探索法则的思路以及运用法则解答问题的方法越来越多，讲得越来越精彩。下课了，一群学生还围着教师交流自己课堂上没有时间讲解的新的想法而不肯离去，直到第二节上课铃响了才不情愿地离开。课后座谈时，原班任课数学教师刘老师(这位老师是学校教学经验丰富，教学效果也很好的优秀教师)十分感慨地说：“我教学时提问让学生回答，学生从没有像今天课上回答得那么有深度和那么精彩，真没想到我班的孩子这么聪明。”我说：“刘老师，为什么您才发现您的学生这么聪明呢？一是您平时没有给学生上台讲解的机会来让他们展示出自己的才华；二是没有给足时间让学生自己进行独立思考和探究。因此，对于您上课时提的问题，学生的回答自然不够深入”。刘老师听后深有感触地说：“DJP 教学真正提高了学生学习的主动性和积极性，是一种很好的教学法。我以后在教学中也一定大胆运用这种教学法进行教学”。

在 DJP 教学中，由于我们把时间还给了学生，让学生有充足的时间进行自主探索、思考，在此基础上，学生对问题有了一定程度的认识，小组讨论才能使问题更加聚焦和有深度，在全班的讲解也才更有价值。因此，在教学实践中，我们经常发现，很多时候学生能够提出许多具有创新性的想法，而这些想法往往会出乎老师的意料。

遵循这一原则，既要保证学生有足够的时间，又不能放任自流，不闻不问。要对学生提出具体的要求与指导，从而使学生的自主学习、探究和交流更加有效。

3. 把课堂话语权还给学生

当把学习的自主权和学习的时间还给学生时，学生才能进行独立的自主学习、探究。而当把课堂话语权还给学生时，学生才能获得表达、交流的机会与平台，充分展示和讲解自己的理解和见解。否则，学生在自己进行了充分的自学、思考，产生了许多想法和见解而急于想向他人求证和表达时，教师却还是按照自己课前的准备进行满堂灌式讲解，就会出现以下两种情况：一是有些内容学生在自学时已经弄懂了，面对教师讲解时就会感到索然无味从而不认真听讲。这是因为“每个学生都有一种独立的倾向和独立的要求。在学习过程中，突出表现在：学生觉得自己能看懂的书，就不想再听别人多讲；感到自己能明白的事理，就不喜欢别人反复啰唆；相信自己能解答的问题，就不愿再叫别人提示；认为自己会做的事，就不愿再叫别人帮助或多嘴”①。二是学生会不认真思考，产生对教师讲解的依赖性。久而久之，教师再让学生自己去独立思考和自主学习、探究时就会产生抵触情绪。

课堂话语权包括讲解权、提问权、评议权和解释权。讲解权是指学生有向他人讲述自己的思想、观点以及在自主学习后在班上发表自己对所学内容理解和见解的权利；提问权是指学生在自己独立思考后或者听取别人的讲解后提出自己想法或疑惑的权利；评议权是指学生有对他人讲解内容评价、议论的权利，有听后发表感受、进行表扬、提出意见与建议等权利；解释权是指有对别人提出问题的回答和对他人质疑的解释的权利。

把课堂话语权还给学生有以下的价值和作用：

第一，满足了学生交往与对话的生存需要。马克思在《关于费尔巴哈的提纲》中说：“人的本质不是单个人所固有的抽象物，在其现实性上，它是一切社会关系的总和”。也就是说，生活在现实中的人不是单独的存在，而是社会的存在。而“存在就意味着进行对话的交往。单一的声音什么也解决不了。两个声音才是生命的最低条件，生存的最低条件”②。因此，交往与对话是人生命存在的基本形式，也是人的本质属性之一。而对话作为人的存在方式，其意义深扎于人的生存本质之中。换言之，对话是生存意义的存在的基本形式，自我与他人的对话关系构成了人真正的生命存在。人就是一个言说者，即使他不愿意向他人言说，他也必然对自己言说，人正是在与他人的对话中成为人的。在学校里，对话与交往是学生生命存在的需要。但在现实的课堂教学中，教师独霸话语权，“一讲到底”充斥整堂课，没有给予学生与他人交流和对话的机会与平台，从而使教学脱离了学生的生存需要。在DJP教学中，我们提出把话语权还给学生，就是提供学生与他人交流对话的机会与平台，让学生用自己的言语去讲解自己的理解与见解，从而满足学生生命存在的需要。

第二，讲解也是有效的学习方式。讲解的目的除了向他人表达自己的思想、观点外，还希望说服别人理解自己的讲解，即希望说服别人。而要说服别人，则要先说服自己。因此，讲解前讲解者会主动地去认真钻研讲解内容，不懂的会去查阅资料或请教他人，这个过程就是一个自觉、主动地学习过程。而讲解过的内容理解更加深刻、记忆更加牢固，所以这种学习更加有效。因此，对他人讲解是

① 余文森．先学后教：中国本土的教育学．课程•教材•教法，2015，35(2)：17-25.
② 巴赫金．诗学与访谈．白春仁，等译．石家庄：河北教育出版社，1998：340.

一种有效的学习方式。

第三，使学生增添了责任和担当。在“授受式”教学中，课堂上全由教师讲解，学生的任务就是认真听讲。这时学生没有被要求在全班学生面前展示完成具体任务，因而也就缺乏一定的责任和担当。而在DJP教学中，由于把课堂话语权还给了学生，从而增加了一份讲解的任务，因而也就多了一份向别人讲解清楚的责任和担当。长久下去，就可以培养学生的责任心。

4. 把课堂还给学生

长期以来，课堂都是被教师视为自己的阵地，不容他人侵占。课堂上教师独霸话语权，主宰了课堂的一切活动。课堂上以教师为中心，教师是课堂的主角，学生只是听众或配角。我们经常挂在口上的“这节是某某老师的课”。在对教师的课堂教学评价时，关注的内容也主要是教师讲得多么精彩，讲解的内容是否丰富和透彻等。这些都充分体现了“教师是课堂的主人”的思想。“把课堂还给学生”就是要改变这种“以教师为中心”或者教师主宰和独霸课堂的局面，把教师的“独家讲坛”变为师生的“百家讲坛”；把学生的被动听讲变为主动讲解；把教师单向传授知识的“教堂”变为师生多向合作交流学习、探究知识的“学堂”；把课堂由教师对学生的“育场”变为学生展现智慧和才华的“殿堂”，从而使学生真正成为课堂活动的主角，课堂学习的主人。

把课堂还给学生，就是要把课堂学生学习的自主权还给学生，把课堂自主学习的时间还给学生，把课堂交流讨论的话语权还给学生。所以，“把课堂还给学生”是前3个还给的集中体现和逻辑必然。

二、实施这一教学原则的教学要求

在教学中，贯彻实施“四还给原则”有以下要求：

1. 高度尊重学生

高度尊重学生，就是要求教师要树立新的学生观：要把学生当成是具有主动性、差异性、整体性和具有生命活力、不断发展的人来看待，而不只是接纳知识的容器。在学校教育中，学生虽然是教育的对象，但学生首先是作为人而存在的。教师面对的是一个个鲜活的、正在成长的生命体。因此，教育是一项面对生命去提高生命价值的事业。但在现实的教育教学中，教育者(教师或家长)常常把学生当作接纳知识的容器，单项、强制灌输知识，完全不顾学生的兴趣、爱好、个性特征和情感体验。这种不把学生当成具有生命活力的人看待，忽略学生生命成长的现象严重地摧残了学生的身心健康。因此，叶澜教授严厉指出：“今天，是到了大声疾呼教育的生命价值的时代了。在教育中，还有什么东西的价值能比学生的生命的成长价值更为重要的呢？教师心目中不仅要有人，而且要有整体的人，处处从发展、成长的角度去关注人，做好自己的教育教学工作”[①]。

尊重学生的内涵主要体现在[②]：①学生在人格上与教师是平等的；②尊重学生是教育的基础，也是教育本身；③尊重满足了学生的需要：④尊重是对学生的责任。

2. 充分信任学生

充分信任学生，就是要看到学生是具有巨大发展潜能的发展中的人，而不是一张一无所有、任由教师画画的白纸。人的发展潜能是指人的生命发展的潜在性。人的生命发展的潜在性是人在进化过程中大自然赋予人的特殊礼物，它具有生物学基础和自激励系统。儿童发展潜能的生物学基础来自人的大脑结构。人脑有 140 亿个神经元，形成了许许多多的突触，可以产生数量极多的组合和惊人的能力。一个人如果把他的潜能都利用起来，可以读完几十所大学，掌握十多门外语，挑战和完成一些意想不到的、不可能实现的事情。如，中央电视台“挑战不可能”节目中很多挑战者完成的常人“不可能完成”的事，都是人的潜在能力得到发挥的充分体现。

人的巨大发展潜能除了具有生物学基础外，还体现在人的一种有别于动物的本质属性——自激励系统。马斯洛在《动机与人格》一书中，把人的需要由低到高分成了 5 个等级：生理需要(满足体内平衡的需要，如吃饭、喝水、睡觉等)、安全需要(生活有保障而无危险)、归属与爱的需要(与他人亲近，受到接纳，有所归属)、尊重的需要(能胜任工作，得到他人赞许和认可)和自我实现的需要(实现个人的潜在能力与抱负)[③]。马斯洛指出：一个人如果一个低一级的需要得到满足，则另一个高一级的需要就会相继产生。当生理需要、安全需要、归属与爱的需要、尊重需要都得到满足后，“新的不满足和不安往往又将迅速发展起来”，就会产生更高级的、能够体现自身价值的高级需要——“自我实现的需要”。自我实现的需要“指的是人对于自我发挥和自我完成的一种欲望，也就是一种是人的潜能得以实现的倾向”[④]。这就是说，人在取得成功后，就希望取得更大的成功，就希望把自身的潜能充分发挥出来，一直下去，永不止尽。这种一个需要得到满足，就会激励另一个需要的相继产生的机制，构成了人的自激励系统。自激励系统说明，人是永远不会满足于现状的。这种不满足现状的欲望和倾向则可不断激励人去充分发挥自身的潜能。

---

① 叶澜.“新基础教育”论——关于当代中国学校变革的探究与认识．北京：教育科学出版社，2006：220.

② 王富英，朱远平．导学讲评式教学的理论与实践——王富英团队 DJP 教学研究．北京：北京师范大学出版社，2019.

③ 亚伯拉罕·马斯洛．动机与人格(第三版)．许金声，等译．北京：中国人民大学出版社，2007：18-29.

④ 亚伯拉罕·马斯洛．动机与人格(第三版)．许金声，等译．北京：中国人民大学出版社，2007：29.

“充分信任学生”除了是因为我们“看到学生是具有巨大发展潜能的发展中的人”外，还有一点就是由DJP教学本身的特征决定的。DJP教学采用的主要教学方式是交往对话。而“对人的信任是对话的先决要求；‘对话人’在他面对遇见他人之前就相信他们，但他的相信不是幼稚的”。“离开了对人的信任，对话就不可避免地退化成家长式操作的闹剧。能够把对话建立在爱、谦逊和信任的基础之上，对话就变成了一种水平关系，对话者之间的互相信任是逻辑的必然结果”[①]。充分信任学生，就是要对学生的发展潜能深信不疑，对他们的创造和再创造潜能深信不疑。在教学中，教师要相信学生通过与同伴的交流讨论和自己的努力能够学懂教材大部分内容，能够找到解决问题的思路和方法。

由以上讨论可知，“把学习的自主权还给学生”是在“高度尊重学生”“充分信任学生”的前提下才能实现，而尊重和信任学生则又是建立在“学生是一个具有主动性、差异性、整体性和具有生命活力、不断发展的人”和“学生是具有巨大发展潜能的发展中的人”的学生观上的，而且也是DJP教学本身的对话特征所决定的。

第二节　三少三多原则

一、“三少三多”原则的含义

DJP教学的“三少三多”原则是指在“DJP教学”中教师要做到“少教多学，以学定讲；少告多启，以启促思；少讲多评，以评促化”。其中“少教多学，以学定讲原则”是上位的教学原则，另外两个原则是“少教多学，以学定教”原则的具体化，是该教学原则的下位原则。

1. “少教多学，以学定教”原则

这是指在DJP教学中，对于学生学习的内容，教师要尽量少直接教授，多让学生自己进行学习、探究，当遇到学生自主学习、讨论都不能解决的疑难问题时，才由教师进行讲解和教授，即“少教多学”。“少教”包含两个方面的含义：一是课堂上教师教授的内容要少，教师要把阅读和思考的权利还给学生，让学生通过自己的努力来理解和掌握教材内容；二是课堂上教师讲解的时间要少。教师要把时间还给学生，保证要有充分的时间让学生思考。对应“多学”的含义也包含两个方面：一是课堂学习的内容由学生自主学习探究的内容要多。凡是学生能够

① 保罗·弗莱雷．被压迫者教育学．顾建新，等译．上海：华东师范大学出版社，2014：57.

通过自己的努力或者与同伴交流讨论能够学懂的内容都放手让学生自己去学习，只有少数学生确实弄不懂或者与同伴交流讨论也弄不懂的内容才由教师讲解。二是学生自主学习探究的时间和讨论交流的时间要多，要让学生有充足的时间独立思考和与同伴交流讨论。“以学定教”是指课堂上教师讲解的内容不是课前准备的全部内容，课堂上具体讲什么、讲多少、讲到什么程度都是根据学生课堂学习掌握的情况决定的。

“少教多学，以学定教”的教学原则是由 DJP 教学的运行方式和研究的出发点决定的。DJP 教学的运行方式是先让学生在教师的指导下进行独立的自主学习，遇到不能解决的问题时在学习小组内交流讨论，然后再由小组代表在全班讲解自己小组同伴的理解与见解并提出自己小组讨论都不能解决的问题。在这之后教师与听讲者再针对讲解者讲解的内容进行质疑与评价，并对讲解者提出的不能解决的问题进行讲解、交流，从而使知识的意义在多种视域的融合中逐渐生成。这种运行方式本身就决定了课堂上教师教授的时间少、内容少，学生自主学习、探究、交流、讲解的时间和内容多。因此，DJP 教学过程本身就自然而然地形成了“教少学多”，从而“教少学多”也成为 DJP 教学的一个显著特征。

在传统的教学中，教师教学设计的出发点大多是从教师如何好教出发进行教学设计。教师教学设计的基本假设是：“‘教’是‘学’发生的前提条件；教师不教，学生就不能学习”①。教师在备课中就课堂上讲什么，讲到何种程度都进行了精心的设计而写在教案里，教学时则完全按照教案讲解而完成预设的教学任务，学生则根据教师讲解的内容进行记忆、模仿、练习与领悟。因此，在这种教学中，学生学什么内容、学到何种程度，都是由教师的“教”确定的，即“先教后学，以教定学”。DJP 教学的出发点是从学生如何好学的角度进行“教”与“学”活动的设计，教师在教学设计时的重点是根据学生学习的内容如何有效地引导和帮助学生进行自主学习、探究，并把这些引导和帮助有机地融入学习的过程之中而写成便于学生自主学习、探究的学案。教学时学生在学案的引导下进行自主学习、探究与讲解交流。当学生自己通过自主学习和与同伴交流已经弄懂学会的内容，教师就不需再重复讲授，最多只是对一些学生忽略的地方和薄弱环节进行重点强调、引申。当出现学生自己不能独立解决或者小组同伴讨论也不能解决的问题时，教师才出面进行重点讲解。即一堂课教师讲授什么内容、讲解内容的多少，都不再是由教师课前准备时确定(虽然课前要做好准备)，而是根据学生课堂上在学习、讨论时存在的问题而确定，即“以学定教”。

“以学定教”定出了 DJP 教学的本质属性：针对性和提高性。DJP 教学中，教师的教只能根据学生在自主学习与讲解的过程中提出或存在的问题、疑难来进行，从而增强了教学的针对性。在学生的自主学习、探究和讲解中虽然对一些内

① 陈佑清．教学过程的本土化探索——基于国内著名教学改革经验的分析．当代教育与文化，2011，(1)：60-67.

容有所理解，但不一定深刻，即可能知其然而不知其所以然，这时教师针对这些理解不深刻的薄弱环节进行点评与引申式讲解，让学生进一步理解和掌握教材背后的数学思想方法和数学本质，使学生的“学”更加有深度、有高度，从而体现了教学的提高性。值得强调的是，针对学生存在的问题进行教学时，教师也不能包办代替，而是要启发、引导、组织全班学生共同解决。因此，“以学定教”不但定出了“教”的内容，也定出了“教”的方式。

2. “少告多启，以启促思”原则

这是指少直接告知结论，多启发学生思维，以教师的启发促进学生深入的思考，让学生自己去分析解决问题。在传统的教学中，教师往往直接分析、讲解、告知所要解决问题的思路和方法，没有启发和引导学生自己去探索、思考。很多教师认为，让学生自己思考耽搁时间，不如教师直接分析来得快、效率高。这样做的后果是丢失了训练学生分析问题和解决问题能力的好时机。丢失了训练学生思维能力的好时机，因此，学生分析问题和解决问题的能力自然也就不能提高了。

“少告多启，以启促思”是“少教多学，以学定教”的具体化和必要补充，是 DJP 教学目的的具体要求。DJP 教学的目的是使学生最终学会学习和探究。而学会学习和探究不是记住多少知识，掌握多少技巧，而是要学会如何思维，如何分析问题和解决问题。分析问题和解决问题思维方法的掌握和运用是在具体解决问题的过程中，通过自己对解决问题方法的探寻逐渐完成的，而不是他人直接告知而形成的。学生由于受知识经验的不足，完全由自己独立完成会有一定的困难，这时则需要教师的引导和帮助，在学生百思不得其解时给予必要的启发与引导。学生经历痛苦的探索解决问题磨砺过程后，在教师的启发与引导下获得解决问题的思维方法，可使学生积累与丰富解决问题的经验，从而达到学会学习和探究的目的。

3. “少讲多评，以评促化”原则

这是指在学生讲解结束后，对学生的讲解内容和存在的问题，教师少直接告知，多对学生的讲解内容进行评价分析，通过评析促进学生对知识意义的深入理解。这里的评价不是作为外在诊测的工具对学习的甄别，而是随着课堂上学生讲解活动的开展而自发生成的，是教师引导学生对讲解者的讲解内容的评析和倾听者的自我反思，其目的是帮助和促进学生建构正确的知识意义和提高评价分析能力。所以，它融入学生的学习过程之中，是学生学习内容的有机组成部分。

这里的“评价”有 3 层含义：

一是同伴对讲解者讲解内容的质疑、评价。讲解者完成自己对所学知识意义

的理解时，同伴作为倾听者自然会根据自己的理解对讲解者讲解的内容是否正确有一个判断；对一些没有讲述清楚或者出现错误的内容会提出质疑和矫正。

二是教师对讲解者讲解内容的质疑、评价。教师的评价分析是学生讲后评价阶段的重要组成部分，是提高对知识意义深化理解的关键。学生作为初次接触该问题的新手，讲解时只是根据自己的前理解或者小组讨论后对问题所形成的理解展开，这时学生的理解不一定能够触及问题的本质或者揭示出问题背后隐含的数学思想方法与解决问题的一般规律。而教师作为在该领域中具有宽厚专业知识和很强推理与解决问题能力的专家，能够有效地思考该领域的问题，能够通过听取学生的讲解洞察其思维和问题解决的本质，能够识别到新手讲解时注意不到的信息特征和有意义的信息模式。因此，当学生的讲解还只是停留在表面的理解而未触及问题的本质时，教师可以通过追问、质疑引导学生去进一步思考和探究。最后，教师再对该问题解决的一般思维规律和问题的本质进行分析评价，学生在经历了自己的理解和面对讲解后的质疑提问的解释、说明后，再听教师的点评分析，往往会产生豁然开朗、醍醐灌顶之感，从而对知识的意义和对问题本质的认识与解决问题的一般规律有更加深入的理解。在教学实践中，一些有经验的教师的评价分析和引申点评还会把学生带领到一个更加广阔的天地，从而开阔学生的视野，打开学生的思路，触发学生的灵感，使学生对问题的理解与认识得到升华。

三是讲解者和倾听者的自我评价。讲解者和倾听者在倾听完师生对讲解者讲解内容的评价分析后，会自觉地将自己先前的理解与同伴和教师的评价分析进行比较，正确的得以确认，错误的进行矫正，原来理解不深的得以内化和深化。内化即对知识意义的正确理解；深化即对问题本质的认识和解决问题规律的理解进一步提高。对知识意义的内化是在学生讲解后通过教师和同伴的质疑、评价逐渐完成的，而深化往往是在教师的点评分析后完成的。

“少讲多评，以评促化”原则是针对 DJP 教学的评价环节提出的。在 DJP 教学实践中，很多教师在学生讲解后不是把精力集中在对学生讲解的内容进行分析评价，而是把学生讲过的内容再重复一遍。这样的做法产生了很多负面影响：一是浪费了宝贵的课堂教学时间。由于对于同一个问题学生讲后教师还要重复一遍，从而使课堂教学时间不够，经常出现超时现象。二是使学生失去了讲解的兴趣与动力，丢失了讲解的责任和担当。学生的讲解除了表达自己正确而独到的理解与见解以获得他人的赞赏外，还要表达把自己不能确定的内容讲解出来并等待得到教师评判的期盼。但由于教师不去对讲解者的讲解内容进行评价分析，从而使讲解者正确的认识未能得到被肯定而无法获得成功的满足感，久而久之，就会失去讲解的兴趣。学生会认为讲好讲坏无所谓，反正老师还要讲一遍，讲前也就不去认真思考和准备，从而使学生没有责任和担当，失去讲解的动力。三是丢失了对问题深入理解的促进作用。如果针对学生的讲解进行评价分析，则会有力促进学生对错误的认识与矫正、表浅理解的深化，而由于学生讲后教师不评析，则丢失了这种促进作用。

在“三少三多”教学原则中，“少教多学，以学定教”是总原则，“少告多启，以启促思”“少讲多评，以评促化”是总原则的具体化和补充，它们一起构成了“三少三多”教学原则的完整结构系统。

二、教学中贯彻实施这一教学原则的要求

第一，要信任学生，相信学生有独立学习和解决问题的能力与智慧，相信学生有分析判断的能力。

第二，要把学生学习的时间还给学生，要让学生有充分的时间独立思考和交流讨论，还要给予学生思考判断的时间。

第三，把握好对学生“启”的时机。在运用“少告多启，以启促思”这一教学原则时，一定要把握好“启”的时机。具体教学中教师要注意以下几点：一是教师之“启”务必立于学生主体之上，绝不能“喧宾夺主”；二是教师之“启”重在“授人以渔”，绝不能“包办代替”；三是教师之“启”要静候时机，依势而定，绝不能盲目“乱启”“强启”，要“到位”不要“越位”。如果教师过于积极主动，在学生尚未达到“心求变而未及，口欲言而不能”的“愤悱”境界时，教师便直接告知答案，就不能达到真正“启”之目的，这样的“启发”就是不合适宜的“乱启”“强启”了。因此，教师之“启”应以学生的“学”为基础，在学生还没有感到困惑之时不要进行启发，即孔子指出的“不愤不启”。教师之“启”的恰当时机是在学生遇到困难，努力想弄明白而又不得其解时，这时的教师之“启”则“自然而为”“顺势而导”，从而真正发挥启发的作用和价值。如果过早进行启发，则达不到启发、促进学生思维的效果，正如蒙台梭利指出的：“所有口语的指导应该出现在教学的后半段，因为孩子在内在秩序达到一定程度之前，要引导他是不可能的”[①]。

当然，运用这一原则，不是要求教师所有的结论都不要告知，在学生经过思考、探索而不能用恰当的语言明确表达结论时，教师可以明确告知结论。这时学生就会体验到结论表达的精炼和简洁美，从而提高归纳概括能力。

第四，教师要把握好教的时间和教的内容。在DJP教学中，由于把话语权还给了学生，课堂由原先教师的“一言堂”变为了师生的“群言堂”，课堂时间和内容由“教多学少”变为了“教少学多”。但具体实施时要把握好教的时间和内容，处理得不好，会有违设计这种原则的初衷，失去这个原则的价值。教的时间必须在学生需要时进行，即在学生经过反复思考和与同伴讨论也百思不得其解之时，切忌在学生虽遇到困惑但凭自己的能力通过努力能够解决的时候教师就急急忙忙进行讲解，这样非但不能满足学生的需要，而且还有可能挫伤学生的积极性。

---

① 玛丽亚·蒙台梭利. 发现孩子. 北京：中国发展出版社，2011：68.

第九章　导学讲评式教学的基本策略

我们在前面介绍了 DJP 教学的教学模式和教学原则，这是从整体角度对实施 DJP 教学而建构的，从而使 DJP 教学的实施有一定的教学模式和原则可依循，但在教学中又不能拘泥于教学模式的束缚，特别是在具体的教学过程中，会面临各种不同的情况，需要采取不同的教学策略加以灵活运用。

在 DJP 教学中经常使用的基本策略主要有准备策略、实施策略、评价策略。本章就这几个策略进行讨论。

第一节　准 备 策 略

我们知道，做任何事情要取得好的效果，事前都要进行认真的准备。在传统的教学中，课前准备都只是对教师而言的，对学生基本上没有准备要求。教师的教学准备就是常说的钻研教材、备课，而上课前学生对于这节课要学习的内容是不知道的，只有课堂上听了教师的讲解后才会知晓。

由于 DJP 教学在学生的学习方式上表现为从各自呆坐的被动听讲的“座学”走向主动表达分享解决问题智慧的“互学”；从记忆、模仿、练习、巩固的被动学习转向自主、合作、探究、表达、反思的主动学习。在教学方式上表现为从传递、讲解、诊测的授受式教学转向激发、引导、对话、交流、分享的对话式教学。在课堂教学师生的关系上由“我—他”的主宰与被主宰的主从关系转向为“我—你”的共同参与、密切合作、平等对话的合作关系。相对于传统教学而言，这就是一场课堂教学的革命，这种革命改变了传统的教学组织形式。DJP 教学课堂上最核心、最耀眼、最精彩的部分是师生的对话性讲解。师生为了使课堂上各自的讲解更加精彩、生动，讲解前都要进行精心的准备，这就是 DJP 教学的准备策略。

DJP 教学中的准备策略包括教学准备策略、学习准备策略和讲解准备策略。

一、教学准备策略

教学准备策略是指在实施 DJP 教学之前的相关准备策略，它包括师生培训策略和学习设计策略。

1. 师生培训策略

DJP 教学从教育教学理念和“教”与“学”方式较传统的灌输式教学均发生了实质性的变化，因此，要有效实施这种教学方式首先就必须对教师和学生进行培训，转变师生的教育教学观念和学生的学习观念，师生都要理解 DJP 教学的内涵、特征、精神实质及价值和作用。为此，在实施之前的准备阶段，就必须对师生进行培训。

(1)教师培训

教师培训的目的就是使教师理解和掌握 DJP 教学的基本理论，将 DJP 教学的内涵、特征和精神实质融入自己的知识经验之中，变为自己的个人知识和精神财富，即将 DJP 教学的相关理论内化。而内化的过程就是 DJP 教学所体现的教育教学的思想观点被教师完全接受的过程，也是 DJP 教学的理论与方法被融入教师的教育思想观念之中的过程。

DJP 教学理论的内化一般要经历认识、接受、消融的认知过程。

第一，认识。这是指在初次接触 DJP 教学理论时，了解其要解决的问题是什么、采用的研究方法是什么、有哪些基本概念、所表述的基本内容和思想观点是什么，等等。即认识是指教师首先要知道 DJP 教学理论表述的内容是什么，这是内化的前提。认识，一般是通过听专家讲座、现场参观听介绍或阅读 DJP 教学的相关著作、论文或成果报告完成的。

第二，接受。这是指在教师认识了 DJP 教学的基本理论后，从心理上完全认同其价值和思想观点。被认识了的东西不一定会被完全接受。因为，认识只是知晓了 DJP 教学是什么，至于能否被教师完全接受，则要看 DJP 教学所解决的问题、提供的思想方法能否帮助教师解决面临的问题，能否帮助提高教育教学质量，即 DJP 教学本身的价值和作用如何，能否对教师的教育教学真正有所帮助。一般的，人们接受一种新的理论和思想观点，不是通过一两次的专家讲座就能完成的。这是因为一种新的教育教学理论的实施往往不但要改变传统的教育教学观念，而且还要改变业已习惯了的教育教学习惯和行为，而改变一个人的行为习惯则是一件十分困难的事情。所以，要让广大教师都接受具有最新教育理念和方法的 DJP 教学，最好的方法是采用“孵化典型，示范引路”，即让一些接受新事物快、具有探索创新能力的骨干教师先行一步，以他们应用 DJP 教学取得的实效作示范，就能很快被更多教师所接受。

第三，消融。这是指教育者在接受新的教育教学理论后消化、理解其思想观点和精神实质，将新的教育思想和原理融入自己的教育思想体系中去变为自己的精神财富，形成自己新的思想观点。要有效完成对 DJP 教学理论的消融，可采用体验式学习法。体验式学习法（Experiential Learning）也称“行动学习法”（Action-Learning），最早由剑桥学子提出，最先被英国石油公司采用，从这种培训方式中获益最多的当推通用电气。

体验式学习法是指通过实践和体验来认知知识或事物，或者说通过使学习者完完全全地参与学习过程，使学习者真正成为学习的主角。传统的培训学习对学习者来说几乎都是外在的，而体验式学习却是内在的，是个人在形体、情绪、知识上参与的所得。正因为全身心地参与，学习效率、知识理解、知识记忆持久度都会大幅度提升。研究表明，体验式学习法的效率是传统讲座式培训学习方法效率的 3～5 倍。

在 DJP 教学理论的学习中，教师培训的体验式学习包括实践性体验和反思性实践两个方面。实践性体验是指学习者通过运用 DJP 教学理论的教学实践中的切身体验来体会、领悟 DJP 教学的思想观点和操作规则，即在实践的过程中通过对自己实践中的切身体会和反思来进行学习。为了提高实践性体验的学习效率，在实践性体验学习中还可以采用与同伴和专家进行对话交流的方式进行互惠学习，即在实践体验的基础上与实施同一教学法的同伴交流各自的体验和感悟后，再由专家进行点评分析。反思性实践是指学习者对 DJP 教学理论运用到教学实践中的行为进行反思总结，再将反思总结的经验带到新的实践中去运用。体验式学习的两个方面实际上就是要求学习者“在实践中学习”和“在学习中实践”，这与杜威提倡的“做中学”是完全一致的。

为了帮助教师有效学习理解 DJP 教学的理论，学校领导要帮助教师形成运用 DJP 教学交流、研讨的学习共同体，在学校内营造一个学习运用 DJP 教学理论的氛围。

由以上讨论可知：

教师培训可采用专家讲座、示范引领、体验式学习等方式进行。

（2）学生培训

由于 DJP 教学的学习方式与传统教学中的学习方式有本质的不同，它改变了传统被动的接受式学习为主动参与的对话式学习。这对于学生来说是一种全新的学习方式。因此，在实施 DJP 教学的准备阶段要对学生进行培训，使其理解 DJP 教学的价值和作用，掌握其操作规则，这样在具体实施时，学生才能有效配合教师的教学。这正如夸美纽斯所说：“无论什么事情，除非把它的性质向孩子们彻底讲清了，又把进行的规则交给了他们，否则，不可叫他们去做那件事情”[①]。

① 夸美纽斯．大教学论．傅任敢，译．北京：教育科学出版社，1999：100.

学生培训的方法有以下几种：

①讲座式。这是指由教师用专题讲座的方式把 DJP 教学的意义、价值和操作规则向学生进行讲解。讲解时要结合高年级学生的实际案例，利用多媒体播放课堂上学生是如何进行自主学习、合作交流和对话讲解的录像案例，不要进行空洞的说教。

②考察式。这是指选派一些学生代表到其他实施 DJP 教学有一段时间的高年级学生的班上进行实地观摩考察。

③引领式。这是指先由一些表达能力强，学习领悟能力快的学生进行示范引领，其他学生再从这些示范者的行为中进行领悟学习。

④实践式。这是指学生通过实践体验来学习掌握 DJP 教学的操作规则，并通过自己的亲身体会来理解 DJP 教学的价值和作用。如，在一些学生经历了课堂上的对话讲解后深有感触地说："这种教学使我的学习更加主动了，对知识的理解更加深刻，记忆更加牢固。特别是我讲得不够清楚的地方其他同学要求我进一步解释，而自己理解不是很深的内容我也向其他一些同学提出疑问。这促使我进一步思考，使我终生难忘。"从这些实践中可以看到，学生通过实践真正体会到了 DJP 教学的价值和作用。因此，在具体的教学实践中，教师可以在学生实践中进行指导培训，学生在"做中学"，在"学中做"，在实践中培训学生，在培训中进行实践，让学生边实践、边总结、边提高。

2. 学习设计策略

所谓学习设计，是指为了有效地开展学习活动，遵循学习的基本规律，对学习目标、学习内容、学习过程、学法指导、学习评价等学习要素进行系统规划，制订学习者有效参与学习活动的方案，并将学习活动中生成的学习资源融入其中的过程。简言之，学习设计就是为学习者系统规划学习活动的过程[①]。学习设计的出发点是学生的"学"。学习设计的目的是有效引导和帮助学生有效地自主学习、探究。学习设计的前提是深入钻研教材、整合课程资源、仔细分析学情。学习设计的重点是如何有效引导和帮助学生进行自主学习、探究。学习设计的过程是将学习目标、学习内容、学法指导、学习评价等要素有机融入学生的学习过程之中并进行系统的规划与安排。学习设计的理论基础是相关的教学理论和学习理论。学习设计的表征形式是引导和帮助学生自主学习探究的学案。

在 DJP 教学中，学案是有效实施 DJP 教学的基础与前提。一份优良的学案对提高 DJP 教学的质量尤其重要。因此，学习设计是 DJP 教学中教学准备的核心，是 DJP 教学中教学准备的具体化。学习设计策略主要包括：钻研教材策略、学情分析策略、确定学习目标策略、学法指导策略、设计学习环节策略等。关于数学

① 王新民．学习设计的基本内涵初探．内江师范学院学报，2016，(8)：91-95.

学习设计的具体内容读者可参见本书第五章第三节“数学学案的设计”。这里只对钻研教材策略、学情分析策略和确定学习目标策略进行阐述。

(1)钻研教材策略

教材，是课程专家根据国家课程标准规定的教学目标、教学内容、教学要求，以及学生的年龄特征和认知水平，并根据各个学科的特点，遵循学科的科学性、系统性、严密性、实用性、教育性和教学法的要求，为在校学生编写的学习专门用书。它是教师备课、上课、布置作业和检查学生学业成绩的基本材料，也是学生学习的基本材料[①]。因此，深入钻研教材是有效进行学习设计的前提。著名特级教师于永正说得好：“这法，那法，不会钻研教材就没法。”这充分说明钻研教材的重要性。教师对教材钻研得如何即对教材内容理解得如何将决定在进行学生的学习设计时引导学生学习的效度、力度和深度。而要有效钻研教材，则需要遵循一定的策略方法。钻研教材的策略主要有以下几个方面：立足两个维度、弄清4个结构、明确几个视角。

①立足两个维度。

数学教材一般具有两个维度的内容：知识维度和教育维度[②]。知识维度是指教材所讲述的数学知识体系，它是学生学习的主要内容。在教材中，它是按照数学知识的特点和结构体系有逻辑、有序地组织安排与呈现的。研究数学教材的知识维度，就是要对教材所讲述的知识进行深入的分析和研究，弄清教材知识的来龙去脉、呈现方式和结构体系；教育的维度是指教材知识背后隐藏的数学思想方法和要求学生通过知识的学习所形成的数学素养、数学文化修养与数学思维品质。数学教学不仅仅是要让学生学习掌握一定的数学知识，更为重要的是要通过知识的学习，提高数学文化修养、数学思维品质和发展学生的数学核心素养。这些体现数学文化教育功能内容的学习就是数学教育的根本目的和本质追求。

值得注意的是，数学教材中知识维度的内容是显性的。在教材中，它是以数学知识结构的方式放在了教材的突出位置，构成了教材的主体，自然会引起教师和学生的关注和重视，但教育维度的内容则很多是隐性地表现在教材中的知识点背后(如数学思想方法和数学思维等)，往往不会引起教师的关注。这是因为教育维度等内容的挖掘还需要教师具有数学教育的思想、敏锐的眼光和一定的教材研究能力才能提取出来。

②弄清4个结构。

钻研数学教材在立足两个维度的基础上要弄清教材的4个结构：1个显性结构和3个隐性结构。1个显性结构是指教材外显的导言、目录、正文、习题(复习题)、注释、插图、阅读材料、部分中英文词汇索引等部分，这是一般教科书编写

① 王光明，王富英，杨之．深入钻研数学教材——高效教学的前提．数学通报，2010，49(11)：8-10.
② 同①.

的通例，每个版本的教科书都会存在选材与排列次序上的差异。正文中的概念与命题是教科书最主要的和最基本的部分，习题是教科书正文的补充，是为巩固和理解教科书正文内容而服务的，是教科书不可分割的重要组成部分。正文与习题构成了教科书的主体。

隐性结构是指隐含在教科书显性结构背后的知识的逻辑意义、心理意义和教育意义。教科书的逻辑意义代表着数学知识之间的内在联系，即数学知识的逻辑结构；教科书的心理意义代表着数学教科书与学生的心理联系，蕴含着数学教科书的学习结构的内蕴；教科书的教育意义则代表着教科书中的人文精神和数学思想方法，即教科书的育人价值。因此，教科书的 3 个隐性结构是指教材具有的数学知识结构、数学学习结构和数学教学结构[①]。

教科书的数学知识结构是针对数学知识本身的特点和内在联系并根据国家课程标准的要求而设计的。它是指教科书为学生提供的完整的、具有数学知识内在逻辑联系的学科知识结构体系。它具有连续性、逻辑性、完整性的特点。学生通过教科书的数学知识学习，掌握系统的数学知识结构和方法，更为深刻地领会数学的语言、观点、方法、思维和精神。因此，数学教科书的知识结构就是指数学概念、数学命题(包括定理、公式、法则)、数学方法与数学思想以及由此组织构成的一个数学知识结构体系。

需要指出的是，知识维度与教材的知识结构既有联系又有区别。联系就是它们都是说明教材提供给学生学习的知识内容；区别则是，知识维度表现为教材显性的知识内容，而教材的知识结构则是教材隐性的知识内在的逻辑联系及其结构。

教科书的学习结构是针对学生的学习活动而设计的，它是指教科书中为便于学生自主学习、探究而设计的学习活动结构。教科书的编者在保持数学知识固有的逻辑体系的前提下，按照学生心理发展的特点和认知规律对学术形态的数学知识内容进行重组、加工和拓展，目的是使学生易于进入学习状态。只有学生进入学习状态之后才能易于遐想、易于探究、易于品味。学生是学习的主体，是知识意义的建构者和知识的最终拥有者。根据建构主义的学习理论，学生知识的获得是根据已有的知识经验对新学习内容的自主建构。因此，学生自己自然对数学知识设定一种具有个人生命意义的价值取向，在知识意义的建构过程中展示着自己独特的生命状态与活力。

现在的数学教科书在编写的过程中，编者根据知识的逻辑意义和学生学习的认知规律，常用问题的形式引导学生进行自主学习、探究。如，人教版高中数学教材中的“探究”“思考”等栏目引导学生进行探究和进一步思考，这就是教材为学生的学习而设计的，是教材的学习结构的体现。教材有了这样的学习结构设计，学习者就可以利用教科书开展学习活动，建构有关的知识；就可借助教科书形成自己对

① 吴立宝，沈婕，王富英．数学教科书隐性三维结构分析．教育理论与实践，2017，37(35)：33-36.

知识体系的理解、假设、解释，把已有的知识经验作为新知识的生长点。

教科书的学科教学结构是针对教师的教学而设计的，是从教师教的角度来思考的[①]。任何一本学科教科书上的任何一个内容的编排均有一条教学逻辑主线，这条教学逻辑主线就是教科书呈现出来的教学结构，某种程度上就是教科书编写者对此内容所默认的教学程序[②]。如，从数学教科书整章或者一节新课的引入，到问题的提出、概念的获得，再到例题的示范、课堂练习，最后到章节总结，构成了一个围绕数学知识的教学逻辑主线。在数学教科书中，这一条条的教学逻辑主线，就是相应的数学知识内容的教学结构。

在教科书的4个结构中，教科书的3个隐性结构是钻研分析教科书的重点，也是难点。教科书的学科知识结构系统对应客观存在的学科知识及内在联系，是师生学科课堂“教”与“学”的客体；教科书的学科学习结构对应学生的年龄特征和认知水平及蕴含其中的学科思想方法，它体现了学科课堂学习中学生的主体地位；教科书的学科教学结构对应教育教学的主导者——教师，它是为教师学科课堂教学服务的。在内容(知识)、学生和教师的教学三要素中，学科知识作为客体，是联结教师和学生的媒介，也是教科书的教学结构与学习结构赖以存在的载体。

③明确几个视角。

在弄清教科书的4个结构后，接下来就是要明确从哪些视角去钻研数学教材了。

一般的，钻研数学教材应从以下几个视角进行。

第一，整体视角。这是指对教材的分析研究不要孤立分析本节课学习的内容，而要从整个数学课程体系、教材体系和知识体系进行分析研究。整体视角研究教材，一般要从“宏观—中观—微观”的线路来进行分析[③]。

宏观是指从数学课程的整体结构体系去分析把握教材。在宏观把握了数学课程整体结构后，就可以明确具体学习内容在整个课程的具体位置和要求，这样也就能准确把握学习内容在这整个课程体系中的地位和作用。如，对于高中数学函数概念的分析时，先考察其在课程体系中的位置。《普通高中数学课程标准》(2017年版)把高中数学课程分成了必修课程、选择性必修课程和选修课程3类。其中必修课程面向全体学生，是高中毕业的数学学业水平考试的内容要求，也是高考的内容要求；选择性必修课程面向准备参加高考的学生，是高考的内容要求；选修课程分为A、B、C、D、E五类，分别面向不同类型的学生，为学生的个性化发展提供选择，为大学自主招生提供参考。而函数概念在高中数学课程体系中位于必修课程体系之中。

中观是指从课程的内容主线去分析教材，把握教材内容。一般学科课程都会

① 吴立宝，沈婕，王富英．数学教科书隐性三维结构分析．教育理论与实践，2017，37(35)：33-36.
② 吴立宝，曹一鸣．中学数学教材的分析策略．中国教育学刊，2014，(1)：60-64.
③ 同②.

从学科知识之间的内在联系，用学科知识中的主干知识把其他知识串联起来构成课程知识的几条主线。这些主线把学科知识编织在一起从而构成了学科知识网。在具体进行中观分析时，不但要明确课程有几条主线，还要分析每条主线的组织结构，这样在分析具体内容时就把握得更加准确，这对于教学目标和教学重点的确定十分重要。如，在分析高中数学中函数的概念的学习内容时，在宏观把握高中课程整体框架的前提下，还要明确高中数学课程(2017 年版)将高中数学内容用“函数、几何与代数、统计与概率、数学建模活动与数学探究活动”4 条主线引领安排课程内容，并贯穿在必修、选择性必修和选修课程 3 类课程之中。必修 1 中的主题二“函数”主线中，设置了“函数概念与性质，幂函数、指数函数、对数函数，三角函数，函数应用”4 个单元，同时在实验版的高中课程标准的基础上，调整了基本初等函数学习的顺序，把幂函数放在最前面，使得函数学习的结构更合理、思想更丰富和严谨，也使函数的教学能够循序渐进、一气呵成，有利于学生对函数知识的理解与掌握。函数的概念在函数这一主线中处于奠基的作用和位置。

微观是指对具体知识的分析要从该知识与其他知识的前后、纵横联系进行细致的分析。微观分析时不但要考虑该知识所在各个章节之间的联系，还要考虑各章节内容与上一级和下一级学段是如何衔接的，同时要立足高学段，俯视低学段。在纵横联系中分析教材知识内容，才会识得“庐山真面目”，认识到该知识在整个学科教学中的地位和作用，从而就可以见微知著，彻底弄清该知识的本质内涵和特征，准确把握其价值和作用。如，高中数学函数概念的分析时，要弄清楚函数概念在高中数学教材与初中数学教材中分别是如何呈现的、它们有何联系与区别、在高中数学教材中所在章节之间有何联系、与教材中哪些知识有前后联系，等等。

在对教科书内容进行整体分析时，可以通过绘制结构图整体把握教科书的知识结构体系。结构图是用框图的形式表示一个系统各部分和各环节之间关系的图示，它能够清晰地表达较为复杂系统各部分之间的关系[①]。如，在对初中数学教材(北师大版)的“视图”进行整体分析时，可以绘制以下图 9-1 的结构图[②]：

从图 9-1 可以看出，北师大版教科书中的“视图”从整体上经历了小学“观察物体”、初中“从三个方向看物体的形状”与“视图”和高中“三视图”几个阶段。其中初中在七年级和九年级各有出现，但从图上可以直观看出，尽管初中两次螺旋内容有一定的联系，但在教科书中所处的地位和侧重各有不同。七年级时的视图内容一方面起到与小学数学内容的过渡与衔接的作用，另一方面作为新学段起始内容，旨在通过各种直观图形的呈现，激发学生对初中数学学习的兴趣，

① 温建红，汪飞飞．从整体视角研读数学教科书：理据与方法——以“视图”为例．数学教育学报，2017，26(6)：80-85.

② 同①.

而九年级才是较为系统的“三视图”学习。教师通过绘制结构图，可以从整体上把握教科书的脉络和结构体系，理解教科书在某个年级之所以这样编排的道理，在备课时做到心中有数，做出科学合理的教学设计。

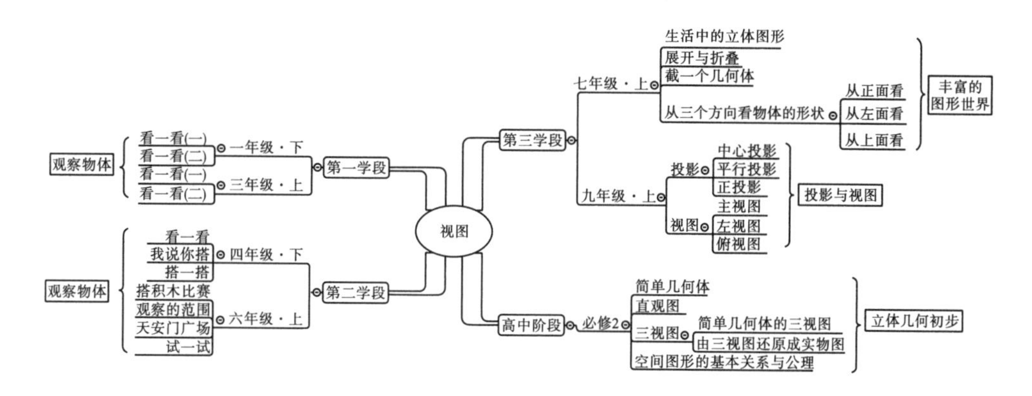

图 9-1　北师大版教科书“视图”相关内容整体结构

第二，学习视角①。教师在分析教材时，一定要换位思考，站在学生学习的视角分析教材，才能更好地服务于学生的学习。

教师可以模拟学生的学习，读准教材中的每一个字，仔细推敲教材中的每一个词，尤其是粗体字、彩色字以及过渡语等，仔细思考教材中的每一句话、每一幅图或者每一张表。在这个过程中，教师分析学生在阅读时可能遇到的困难，从而更好地找准学生的认知起点、情感起点和需达成之终点，真正做到有的放矢。教师要具有对教材同一个概念划分出不同学习进阶的能力，从而有利于把握教材内容的学习程度。根据学生情况，思考在起点与终点之间教材给出的支架是否合适，若不合适，怎样重新构建新的支架支撑学生的学习。教师只有真正从学生的知识基础、能力基础方面进行思考，才易于找到学生阅读教材的疑惑点，找到突破学生疑惑点的路径，并且能够设计出学生易于接受的教学方式。教师对教材经过分化、重组与整合，构建能够促进学生理解的递进式的知识序列。在这个过程中，教师的设计要能够激发学生的学习兴趣，要切实做到尊重学生的年龄特征和心理成长规律。有时，教材低估或者超越了学生的生活和成长经验，教师就需要站在学生学习视角分析教材，进行教材二次开发。教材开发的关键是难易度要适中，以学生易接受的方式设计内容知识序列。著名教育家陶行知先生曾说：“先生的责任不在教，而在于教学，而在教学生学”②。教师不仅要关注教材的知识结构，更要关注学生的学习体验、表达，以及对知识的运用。在教材分析时，教师一定

① 吴立宝，王光明，王富英．教材分析的几个视角．教育理论与实践，2016，36(23)：39-42.
② 中央教育科学研究所．陶行知教育文选．北京：教育科学出版社，1981：4-5.

要充分考虑学生当下的学习需求，考虑学生现有经验，进一步掌握促使教材变成学生经验的策略与方式，为学生积累基本活动经验服务。

基于学生的学情，教师要依据教材，多视角设置可供选择的方案，并尝试考虑备选替代方案，做到有备无患，胸有成竹。当前，全国各地教改倡导的学案，就是教师从学生视角钻研开发教材的一种直接体现，更加有利于学生的学习。基于教材开发出更加符合学生的导学案(学案)，能够促进教师对教材更深层次地理解，使教师自己的设计更适应学生，从而更好地促进教材中蕴含的知识逻辑与学生的认知逻辑的有机结合，提高教材呈现的学习内容与学生的学习活动过程的匹配度。实践经验表明，越是符合学生认知逻辑的学习设计，越能促进学生达成预定的学习目标。

第三，生活视角[①]。英国教育家怀特海说："教育只有一种教材，那就是生活的一切方面。"教师应该具有大教材观，要把客观世界当成教材，而不是把教材当成整个世界。我国第 8 次基础教育课程改革的一个重要特征，即强调学科知识与现实生活的联系，很显然这一特征在中小学各科教材中已得以贯彻落实。由于学科知识的抽象性，尤其是数学、物理与化学等学科知识，学生对其难以理解，所以教材编写时更要依托学科知识的现实生活原型来有效降低学生的接受难度。为此，应主要从两个方面分析数学教材：一是从数学知识的发生、发展的形成过程；二是从数学知识的应用过程。

从现实生活中找到数学知识的原型，并把所学数学知识应用于现实生活。从现实生活中找到数学知识的原型并加以抽象，这是现实生活数学化的问题，属于数学知识建模的过程，也是学生举三归一的归纳概括(抽象)过程。反之，如果把数学知识应用于现实生活，这是数学知识生活化的问题，这属于数学模型的应用过程，是学生对数学知识举一反三的应用过程。不管现实生活数学化还是数学知识生活化，均可有效增强学生的应用意识，提高学生的应用能力，两者之间的重要连接点就是数学知识。

基于现实生活数学化与数学知识生活化两个方面，教师钻研分析数学教材时，就不能仅仅盯在数学知识上，而是要挖掘数学知识所依托的现实生活素材，从中遴选出符合教学要求的现实生活案例，进一步提高教师自身例举能力，从而拉近数学知识、现实生活与学生三者之间的距离。从现实生活的视角分析教材，探查教材数学知识的呈现所用到的现实生活案例，进行移情式的理解，要注意遴选出适合学生数学知识的最佳原型作为引例。从生活的视角分析教材，应注意引导学生从现实生活案例慢慢向抽象数学概念转变，在这个过程中进行现实生活特征分离概括化与关系定性特征化，进一步提升学生的概括抽象能力，从而使现实生活数学化成为发展学生数学核心素养的有效载体。

---

① 吴立宝，王光明，王富英．教材分析的几个视角．教育理论与实践，2016，36(23)：39-42.

第四，编者视角。教材是编者在理解国家颁发的课程标准(理想课程)后，根据国家课程理念和学生的认知水平设计的“正式课程”。它是用语言、文字、符号(图形)来表达课程内容，在表达的方式和呈现的顺序上则含有编者对国家课程的理解及自身的思想和精神，即教材承载着编者的生命意义。因此，教材就是编者的作品。分析教材就是对作者(编者)作品的理解。根据诠释学的观点，对作者作品的理解必须进入作者内在的精神世界之中，也即要从编者的视角进行分析教材，才能准确把握教材的精神实质，从而更好地活用教材。从编者视角来分析教材重点在语言学家阿斯特提倡的“精神的理解”，也即要从编者的整体观和时代的整体观来理解教材。编者的整体观分析教材则是要分析编者如何选择教材内容、如何将这些内容进行整体规划和编排，也就是要分析教材的编排体系是什么、这样编排的意图何在、呈现顺序的意图何在，等等；时代整体观分析教材则是要看编者在教材中如何体现时代精神，如，教材如何体现国家新课程理念、数学核心素养的培养等。

第五，文化视角。教材中的知识是显性的，是教材的主体，通过这些知识的学习可提高学生的知识技能和开阔学生的眼界。但教材中的知识是有限的，对学生也未必终生受用，而隐含在这些知识背后的数学思想、方法和精神等文化教育的成分却丰富多彩，并对学生数学文化修养以及数学思维品质会产生长久甚至一生的影响，这就是数学的文化育人。因此，数学教育的本质是利用数学文化育人。所以，教材中的文化教育就更加重要。中国科学院杨叔子院士曾说“毫无疑问，文化很重要，与文化有着天然联系的‘文化育人’很重要，甚至越来越重要”[①]。文化视角分析教材，充分发挥教材的文化育人功能，可以有效实现三维目标中的“情感态度价值观”，也是贯彻教育部倡导的“立德树人”根本任务的重要途径，是其进课堂、进头脑的一个有效策略[②]。在这个过程中，可以使学生充分接受数学文化的熏陶，使得学生的数学素养特别是数学核心素养得到提高，从而使学生变得更加高尚。

教材中的文化教育素材，是课程制订者从数学教学和文化教育等角度出发，遵循学生的认知规律，用通俗的语言、生动形象的表达方式，将数学的内容、思想、方法、语言和数学知识的学术价值、社会价值、教育价值与人文价值进行整合并有机地融入教材之中。中小学教材蕴含有丰富的文化因素，从文化的视角分析教材是必需和必要的。

从数学文化的角度分析教材，就是要找出教材中隐含的数学思想方法，寻找和挖掘教材中的数学“文化源”和“文化元”[③]。所谓数学“文化源”是指含有丰富数学文化成分和教育价值的数学事实与史料。它是有效实施数学文化教育的“文

---

① 杨叔子. 数学很重要　文化很重要　数学文化也很重要——打造文理交融的数学文化课程. 数学教育学报，2014，23(6)：4-6.
② 吴立宝，王光明，王富英. 教材分析的几个视角. 教育理论与实践，2016，36(23)：39-42.
③ 王富英，马岷兴. 数学文化教育及其结构. 数学通报，2008，(7)：6-10.

化点”。数学教材中的“文化源”可以是一个概念、定理、公式、法则、方法、数字或者图形，也可以是一个典型的数学问题和数学史料等。如数学教材中的勾股定理、数学归纳法、杨辉三角、圆等都是一些含有丰富文化成分和文化教育价值的数学“文化源”。

所谓“文化元”是指“文化源”中丰富的文化因素(元素)，是组成数学文化的基本要素或最小单位。如勾股定理这一数学文化源中可以挖掘出来9个“文化元”：①多种证法的魅力；②与数学内部其他内容的联系(费玛猜想、鲍恩猜想、不定方程等)；③与定理发现有关的数学史料与人文趣事；④与艺术的联系(达芬奇的画)；⑤与其他学科的联系(如建筑学、金字塔的建造等)；⑥与创造思维的联系(勾股定理的推广等)；⑦美学价值(艺术的美、图案的美、赵爽弦图证明的简洁美等)；⑧对人类社会的贡献(大禹治水、与外星人交流的语言等)；⑨各个民族对勾股定理的发现等[①]。

从文化的视角研究教材就是找出教材中的“文化源”，再挖掘“文化源”中的“文化元”。挖掘教材中的数学“文化元”一般可从以下几个方面进行[②]：

◆该教材内容与哲学的联系(世界观、方法论与辩证法)；

◆与艺术的联系(美学价值)；

◆与历史的联系(不仅仅是数学内史，还包括文化、政治、社会等因素对数学发展的影响，数学及数学家对人类历史的影响等外史)；

◆与德育的联系(道德品质、理性精神等)；

◆与思维科学的联系；

◆与社会科学的联系(社会价值)；

◆与其他自然科学与人文科学的联系；

……

对教材进行多视角研究和解读，可以使教师对教材的领悟多几分深刻，少几分肤浅，也是教师领悟正式课程、设计和实施操作课程、优化学生经验课程的关键环节。“用教材教”而不是“教教材”的理念，已经为广大中小学教师认可并接受。中小学教师只有吃透教材的精神与实质，重构自己的个人理解，做教材的主人，才能实现教材的二次开发，不断提高教材的价值和作用。

(2)学情分析策略

学情分析是指教师对学生知识技能水平、认知方式、思维特点以及情感、态度、价值观念等个性特征的分析研究。学情分析有广义与狭义之分。广义的学情分析是指对学生课前、课中和课后知识技能的掌握情况、认知方式和认知风格及其情感、态度和价值观等个性特征的全面研究。狭义的学情分析只是对学生课前

① 王富英，马岷兴. 数学文化教育及其结构. 数学通报，2008，(7)：6-10.

② 同①.

的知识技能水平、认知方式、思维特点和对学习的态度的分析研究，主要是为了了解学生已知什么、未知什么、需知什么、想知什么，为有效进行教学设计和实施教学提供依据，从而提高教学的针对性和有效性。正如美国心理学家奥苏贝尔指出的：“影响学习最主要的因素是学生已知的内容，弄清了这一点之后，才进行相应的教学”①。在本书中，没有特别申明，我们谈到的学情分析都是指狭义的学情分析。

通过科学的学情分析，教师可以比较全面而深入地了解学生已有的知识储备、已有的学习经验，以及其认知特点、认知风格、学习动机与学习态度等方面的基本信息，为“以学定教”提供重要依据；通过学情分析，教师不仅可以在确定教学起点时能从学生的实际出发，有直接性和针对性，并且可以发现教学难点，从而制订和调整教学策略②。而且对学情的全面了解与深入分析，可以为教学内容的取舍与分解、教学方法与教学媒体的选择，以及教学流程的确定等指明基本方向③。因此，学情分析是教师进行教学设计的前提，是教师进行教学准备时要完成的一项十分重要的任务。

分析学情一般有以下内容：

(1)分析学生的知识基础。

这是指分析学生在学习新知识前应具有什么样的知识技能才能顺利进行新知识的学习。根据建构主义的学习理论，学生的学习过程是利用已有的知识经验对新知识主动建构的过程。这些新知识建构时需要具有的知识经验就是学生学习的知识基础，也称认知前提。分析学生的认知前提就是要分析了解新知识学习需要哪些知识、技能，学生对这些知识技能理解、掌握的情况如何。具体分析时可以采用访谈、问卷调查、测试、经验分析等方法进行。

(2)分析学生的认知能力。

认知能力是指人脑加工、储存和提取信息的能力，即我们一般所讲的智力，包括观察力、记忆力、想象力等④。认知能力亦称认识能力，指学习、研究、理解、概括、分析的能力。从信息加工观点来看，即接受、加工、贮存和应用信息的能力。人们认识客观世界，获得各种各样的知识，主要依赖于人的认知能力。

分析学生的认知能力，就是要分析学生已有的接受、理解、研究、概括、分析的能力和学习新知时应具有的理解、加工和探究与分析的能力。这些认知能力包括阅读理解能力、归纳概括能力、交流表达能力、想象推理能力等。对于具体学科还要考察所具有的学科能力，如，对于数学学科，就要考察运算求解能力、空间想象能力、逻辑推理能力、数学建模能力、数据分析能力等数学学习应具有

---

① 施良方．学习论．北京：人民教育出版社，1994：221.
② 庞玉崑．常见的“学情分析”错误与解决方法．北京教育(普教版)，2012，(3)：50-51.
③ 马文杰，鲍建生．“学情分析”：功能、内容和方法．教育科学研究，2013，(9)：52-57.
④ 陈会昌．中国学前教育百科全书：心理发展卷．沈阳：沈阳出版社．1995：121.

的特殊能力。对学生的认知能力的分析可根据平时与学生的交流、作业的批改和课堂教学对话等掌握的情况进行综合分析。

(3)分析学生的认知风格。

认知风格也称“认知方式”，是指个体在认知过程中所表现出来的习惯化的行为模式，是个体在信息加工过程中表现在认知组织和认知功能方面持久一贯的特有风格。具体表现在个体对外界信息的感知、注意、思维、记忆和解决问题的方式。在学习时，每一个学生都是由自己的认知风格来感知、处理、储存和提取信息。但学生之间又存在着生理和心理的差异，不同学生对信息的反应不同，因此，不同学生有不同的认知风格，即学生之间存在着不同的认知差异。学生之间的这种认知差异，既包括个体知觉、记忆、思维等认知过程方面的差异，又包括学习兴趣、态度、需要等学习动机方面的差异。

学生个体的认知风格的种类繁多，但主要有以下几种：

第一，场依存性与场独立性。这两个概念来源于美国心理学家赫尔曼·威特金(Herman Witkin)对知觉的研究。所谓“场”，就是环境。威特金认为有些人知觉时较多地受他所看到的环境信息的影响，有些人则较多地受身体内部线索的影响。他把个体对物体的知觉依赖于自己所处环境的外部参照作为认知加工的依据称作场依存性，把个体对客观事物作出判断时，倾向于利用自己内部的参照，不易受外来因素影响和干扰称作场独立性。显然，场独立性与场依存性具有明显差异，并与学生的学习有着密切的联系。研究表明，场依存性的学生喜欢有人际交流的集体学习环境，一般较偏爱社会科学。他们的学习更多地依赖外在的反馈，他们对人比对物更感兴趣。场独立性学生则相反，他们的知觉比较稳定，不易受外界环境的影响，一般偏爱自然科学、数学，且成绩较好。

第二，沉思型和冲动型。沉思和冲动的认知方式反映了个体对信息加工、形成假设的速度和准确性。沉思型的学生在碰到问题时倾向于深思熟虑，用充足的时间思考、审视问题，权衡各种问题解决的方法，然后从中选择出一种满足多种条件的最佳方案，因而错误较少。而冲动型的学生则倾向于很快地检测假设，根据问题的部分信息或未对问题作透彻的分析就仓促作出决定，反应速度较快，但容易发生错误。

第三，复合型与发散型。复合型认知方式是指个体在解决问题过程中表现出复合思维特征的认知方式。复合思维又称求同思维，是吉尔福特提出的思维类型，指要求得出一个正确答案的思维。其特征是在解决问题时收集或综合信息与知识，运用逻辑规律，缩小解答范围，直至找到最适当的解答。具有复合型认知方式的学生在解决问题时，通过收集或综合信息，运用逻辑规律，缩小解答范围，直至找到适当的唯一正确的解答。而发散型认知方式则是指个体在解决问题过程中表现出发散思维特征的认知方式。发散思维又称为求异思维，是与复合思维相对的。它也是吉尔福特提出的思维类型。它要求产生多种可能的答案而不是单一正确答案的思维。其特征是个人的思想沿着许多不同的道路扩展，发散到各个有关方面。由于它常常得出新颖的观念与解答，被认为与创造性关系密切。

由于学生个体的认知风格不同，教学中有效的学习指导方法也应有所不同。因此，教师在进行学情分析时，要对班上每个学生的认知风格做到心中有数，并根据不同学生的认知风格给予不同的、有针对性的指导。

(4)分析学生的情感态度。

情感是人对外界刺激的肯定或否定的心理反应。如喜欢、厌恶等。态度是个体对特定对象(人、观念、情感或者事件等)所持有的稳定的心理倾向。这种心理倾向蕴含着个体的主观评价以及由此产生的行为倾向性。学生在学习过程中的情感态度是指学生对学习所持有的稳定的心理倾向以及由此产生的对外所表现出的心理反应和行为倾向，是在学习活动中外在的、可观察到的情绪状态和行为表征。

因此，分析学生的情感态度是在观察学生学习过程中的情绪状态和行为表征的基础上进行的。但教师如何查明学生的心理模型呢？具体分析时可以采用以下几个策略：

其一，观察他们的言行。这是在学生自然的学习状态下教师不做任何干预行为而进行观察行动。具体观察内容为以下 4 点：

第一，观察学生对学习的态度。如对学习的态度是“我要学”还是“要我学”；是否对所学学科有强烈的好奇心和求知欲；参与数学学习活动的态度是主动积极还是被动消极，等等。

第二，观察学生在学习活动中的情绪状态。如，在学习中遇到困难时是否有克服困难的意志和战胜困难的自信心；在探究活动过程中，是否体验到获得成功的乐趣，等等。

第三，观察学生在学习活动中的行为表征。如，在学习活动中是否能认真勤奋、独立思考，是否主动积极地与他人合作交流，是否踊跃地面对全班大胆地讲解自己的见解，是否敢于积极地对他人的讲解进行质疑、提问和辩论，是否坚持真理、修正错误、严谨求实。

第四，观察学生在学习活动后的行为表征。如，是否能够正确对待他人的批评建议，是否积极进行自我反思，修正和调节自己的学习策略，等等。

其二，让他们做出解释。让他们对自己想法和见解进行解释和说明，从中可以发现他们内在的心理想法和思路。

其三，让他们做出预测。让他们对自己的学习行为和结果做出预测，从而可发现其对学习的情感、态度和价值观。

其四，让他们教其他学生。让他们通过讲自己学会的内容去教一些还不懂的学生，从他们的讲解中可以发现其解决问题的思路和方法，进而发现学生对学习内容的理解，对学习内容的情感体验和价值的认识。

(3)确定学习目标策略

学习目标是学生学习活动过程与结果的任务指向[①]。这里的“任务指向”主要是“三维目标”和“学科核心素养”。学习目标是下达给学生学习的任务书，是指向学生自主学习的导航仪，是规范学生自主学习行为、自我检查学习效果的评价依据与标准。

确定学习目标有以下策略方法。

①遵循目标设计的基本原则。

学习目标的设计有以下几个基本原则：

第一，全面性原则。这是指学习目标的设计要在范围和类型上力求充分、全面。不但要有“知识与技能”目标，还要有“过程与方法”目标和“情感、态度价值观”目标，同时，还要着眼于学科核心素养目标的达成。遵循这一原则进行目标设计时要着眼于学科核心素养，立足于“三维目标”，要把三维目标与学科核心素养作为一个完整的整体进行设计，这样才能促进学生的全面发展。

第二，层次性原则。这是指学习目标设计的水平层次。对于“知识技能”目标要体现“了解、理解、掌握与运用”几个层次；对于过程与方法目标要体现“经历、体验与探索”几个层次；对于情感、态度与价值观目标要体现“反应 / 认同、领悟 / 内化”几个层次。遵循这一原则进行目标设计时要根据学习的内容和学生的实际，确定应达到的层次水平。

第三，可测性原则。这是指目标的表述要具体可测。可测，是指每一个目标要有明确的测标标记、测标点和测标方法，这样才具有可操作性和指导性。学习目标作为评价学生学习活动的重要依据或标准，要能清晰地表明学生学习行为的达成度，要具有较强的可测性。

②掌握目标设计的策略方法。

学习目标确定的策略方法有以下几种：

第一，建构好知识与能力的结构图。学习目标的确定，是在认真钻研教材，分析学情的基础上根据课程标准的要求和学生发展的需要确定的。因此，确定目标前必须要先建构本节课的知识结构和能力结构图，并根据课标要求明确水平层次，然后再根据其结构图进行目标的设计。

第二，把握好目标的 5 个基本要素。学习目标的陈述一般要有 5 个基本要素：主体、方式、对象、条件、程度。主体是指完成目标的行为主体(谁做)，即由谁来完成。学习目标的行为主体当然是学生。方式指行为主体完成的方式(怎样做)，即如何完成。对象是指行为指向的具体内容(做什么)。条件是指在何种情况下或环境中完成这一行为(在什么条件下做)。程度是指实现目标的程度和标准，以衡量学生学习行为结果的水平和质量(做到什么程度)。

---

① 王新民，王富英，谭竹．数学学案及其设计．北京：科学出版社，2011：56.

以上指出的是学习目标应该具有的5个基本要求，当然在进行具体目标设计时，为了目标的简洁，在不引起混乱的情况下可以省略部分要素。如，由于学习目标的行为主体是学生，学习目标的表述一般都省略了行为主体。

第三，明确目标行为的主体。学习目标的行为主体是学生而不是教师，因此，在进行目标设计时必须从学生的角度出发。在具体设计时尽管行为主体“学生”两字未出现，但也必须让人一看就知道是谁。如，“会利用公式进行计算”“会举例说明概念的含义”等，这与原先教学目标的陈述方式是不同的。原先的教学目标习惯使用的“使学生……”“提高学生的……”“培养学生的……”的陈述方式都不符合学习目标设计的要求。

第四，选好刻画行为的动词。行为动词是刻画目标具体行为的词语。行为动词选择好了，才能使目标明确具体，具有可测性和可操作性。课程标准列举了一系列行为动词来描述三维目标，这些行为动词表达了不同层次学习目标的学习结果。设计时要根据课程标准选择好恰当的行为动词来明确地表达所要达到的目标。

第五，说明结果产生的情形。学生是学习目标的实施者，对目标中结果产生情景的描述要清晰，让学生一看就清楚要做什么以及怎么做。具体设计时，对结果产生的情形可以从两个方面进行①：第一个方面是指出结果行为产生的条件，即影响学生产生结果的特定限制或范围。一般的表述有4种类型：一是关于使用工具或手段，如，“查阅字典”或“上网查阅资料”；二是提供信息或提示，如，“在中国行政区划图中，能找到……”；三是时间的限制，如，“在5分钟内，能完成……”；四是完成行为的情景，如，“能面对全班清楚讲述自己对……的理解”。第二个方面是指学习行为或学习结果所达到的程度。除了行为动词本身所体现的程度差异外，还可以用其他的方式表明所有学生共同达到的程度。如，一道题有4种不同的解法，虽不能要求所有学生都能完成4种解法，但要求每人至少要完成多少。于是可以这样叙述目标：“每个人至少能完成2种解法”。

案例9-1：整式加减法的学习目标设计

第一步，建立知识能力结构图

整式加减法
- 同类项概念（理解）
- 合并同类项法则（逆用乘法分配律）（掌握）
- 去括号、添括号法则（顺用乘法分配律）（掌握）（规则学习）
- 理解知识内在联系和整式加减法本质的把握（经历、体验、探索）
- 整式加减法（合并同类项、去括号、添括号法则的运用）（运用）

① 周小山，严先元．新课程的教学设计思路与教学模式．成都：四川大学出版社，2002：20-21.

第二步，确定学习目标

根据上述知识能力结构图，整式加减法包括了概念和规则的学习，属于智慧技能学习，也是“数学推理”与“数学运算”等数学核心素养的形成与发展的过程。根据课程标准关于知识技能的结果目标和过程目标的水平层次要求，确定以下学习目标：

(1)能举例说明什么是同类项，并能根据同类项的内涵特征说出判断同类项的两个条件；

(2)能举例说明什么是合并同类项，并明白合并同类项的算理，会逆用乘法分配律合并同类项；

(3)会去括号、添括号，并明白其算理；

(4)能正确运用去括号、添括号、合并同类项法则进行整式加减运算；

(5)在经历法则获得的过程中，体会乘法分配律在法则中的作用，感悟知识内在的联系，领悟整式加减运算的本质。

在上述学习目标中，最终整式加减法则的获得，有赖于前面概念和规则的理解与掌握，体现了智慧学习的层次性。在经历法则的学习过程中，通过独立思考或与他人合作参与法则获得的探究活动，获得数学活动经验；通过观察发现法则的特征，明白法则背后的算理，从而理解和掌握几个法则内在联系和整式加减法的本质，获得对整式加减法的理性认识，并在学习探究的过程中促进“数学推理”与“数学运算”等数学核心素养的形成和发展。

二、学习准备策略

1. 学习准备的含义与作用

教学准备策略主要是针对教师的教学而言的，而学习准备策略则主要是针对学生的学习而言的。学习准备，又可称为准备状态或准备性，指的是学习者在从事新的学习时，他原有的知识水平和原有的心理发展水平对新的学习的适合性。这里的适合性有两层含义，一是学生的准备应保证他们在新学习中可能成功，二是学生的准备应保证他们的学习在时间和精力的消耗上经济而合理。这两层含义就是衡量学生是否到达了某种知识或认知的准备状态的两个标准①。

在DJP教学中，学习准备是帮助学习者在学习新知前要建构好的心理基础和组建好相应的基础图式。因此，学习准备的材料是与学习内容相关的，以保证学习者在学习中可能成功并在学习的时间和精力上消耗经济而合理的引导性材料。它通常是在呈现学习内容本身之前介绍的，目的在于用它们来帮助确立有意义学习的心向和为学习新知作好铺垫。起到“在学习者能有意义地学习手头任务之前

① 邵瑞珍．教育心理学(修订本)．上海：上海教育出版社，1997：250.

起到缩小他们已知与需要知道的内容之间差距的作用”[①]。由于它是先行于学习内容之前的组织者，因此，奥苏贝尔把这种学习准备又叫做“先行组织者”。奥苏贝尔认为，先行组织者有助于学生认识到：只有把新的学习内容的要素与已有认知结构中特别相关的部分联系起来，才能有意义地习得新的内容[②]。

学习准备对促进学生学习和保持信息具有以下 3 个方面的作用：首先，如果学习准备设计得当，它们可以使学生注意到自己认知结构中已有的那些可起到固定作用的新概念和知识，并把新知建立在其之上；其次，它们通过把与新知具有逻辑联系的有关知识集中起来，并说明统括各种知识的基本的原理，从而为新知的学习提供一种脚手架；最后，这种稳定的和清晰的组织，使学生不必采用机械学习的方式。

2. 学习准备的设计

在学习过程中，学习准备得充分与否将决定着后续学习活动的质量和效果。因此，学习准备的设计也就显得尤为重要。而学习准备的设计是在认真分析学习者已有的认知结构和要学习的知识之间的关系情况下才能完成，否则，不可能构建出适当的学习准备。因此，一份好的学习准备的设计往往是一些有经验的教师才能完成的，正如梅耶所说的：应该由那些具体知道学生已知知识的教师或教学设计者来构建先行组织者[③]。

要做好学习准备的设计，前提是要认真钻研教材，全面了解学情以及准确把握学习准备的具体内容。在 DJP 教学中，学习准备设计的内容主要有知识准备、方法准备、情绪准备和工具准备[④]。

(1) 知识准备

知识准备主要是学习新内容应具有的知识储备，即学习新知识前相应的基础图式。它是为学习新知识做好知识铺垫，起到“先行组织者”的作用，因此，它是学习准备的核心内容。设计时可用提问、题组练习和学习建议等方式指导学生进行自查、复习，为学习新知识扫清知识上的障碍。知识准备的设计策略可分为以下 3 种形式：

第一，提问式。提问式就是把将要用到的知识用提问的形式来引导学生去复习。如“二元一次方程组”第一课时“二元一次方程(组)及解的概念”的学习准备：“什么叫方程？什么叫方程的解？什么叫一元一次方程？一元一次方程有何特点？”

第二，指导自查式。指导自查式是用一些指导用语要求或提醒学生去复习相

① M.P.德里斯科尔．学习心理学——面向教学的取向．王小明，等译．上海：华东师范大学出版社，2008：116.
② 施良方．学习论．北京：人民教育出版社，1994：239.
③ M.P.德里斯科尔．学习心理学——面向教学的取向．王小明，等译．上海：华东师范大学出版社，2008：117.
④ 王富英．学案中“学习准备”的设计．中学数学教学参考(中旬)，2010(6)：68-69.

关的旧知识。如平方差公式第一课时的知识准备可设计为：学习本节内容需要熟悉“多项式乘多项式”“幂的乘方”和“积的乘方”的运算法则，学习前可先检查自己是否熟悉这几个法则。若不熟悉可翻到已学教材××页进行复习。

第三，填空式。把新知识学习中将要用到的知识，设计成填空题的形式，引导学生加以梳理复习。

案例 9-2：北师大数学教材八年级上

§7.2 解二元一次方程组(代入消元法)

学习准备的设计：

1.解一元一次方程组的步骤是：____________________；

2.把方程 $3x+4y=2$ 写成用含 y 的代数式表示 x 的形式：$x=$____________；

3.把方程 $2x+y=1$ 写成用含 x 的代数式表示 y 的形式：$y=$____________；

4.把方程 $\frac{x-y}{2}+1=x$ 写成用含 x 的代数式表示 y 的形式：$y=$__________。

(2) 方法准备

方法准备是指把学习新知识所需的数学思想方法或数学思维方式，在学习准备中加以明确和强化。如，人教版普通高中实验教科书《数学5》第三章第二节“一元二次不等式及其解法”的“学习准备”中可设计如下方法性内容：“同学们回忆初中数学学习中，怎样利用一次函数 $y=2x-1$ 的图象得出一元一次不等式 $2x-1>0$ 与 $2x-1<0$ 的解集？一次函数 $y=2x-1$ 与一元一次方程 $2x-1=0$ 有何关系？”通过这两个问题的复习思考，为学生探究一元二次不等式的解集做好了方法上的准备。在进行正式的一元二次不等式解法的探讨前，再设计相关联的问题：“二次函数 $y=x^2-5x$ 与一元二次方程 $x^2-5x=0$ 有何关系？你能否类比利用一次函数的图象求一元一次不等式解集的方法，利用二次函数 $y=x^2-5x$ 的图象求出一元二次不等式 $x^2-5x>0$ 与 $x^2-5x<0$ 的解集？”，这样的设计，可以引导学生运用类比的方法，利用二次函数的图象来研究得出一元二次不等式的解集，从而起到一种“他山之石，可以攻玉”的功效。

(3) 情绪准备

情绪准备就是创设学习情境，使学生通过对那些需要知晓的、费解的事物的知觉而产生困惑，从而激发学生的学习兴趣，使学生产生学习的欲望和心向，为学习新知识作好情绪状态上的准备。情绪准备的作用如杜威指出的：“是引起对那些需要解释的、意外的、费解的、特殊的事物的知觉作用。当真正困惑的感觉控制了思想(不论这一感觉是怎么出现的)的时候，思想就处于机警的状态，因为刺激是内发的。问题的冲击和刺激，使心智尽其可能地思索探寻，如果没有这种理智的热情，即使是最巧妙的教学方法也不能奏效”[①]。由此可知，情绪准备在于引起学生学习的欲望和心向，是属于学习的动力部分。情绪准备的设计就是激发学生的求奇欲、求知欲和求识欲，以增强学习的内驱力，使学生尽快进入学习状态。如，七年级数学平方差公式第一节的“学习准备”的情绪准备可设计为：“同学们在利用多项式乘法法则进行多项式乘多项式的运算时，是否感到有些烦琐？是否渴望用一个公式很快得出运算结果？学完本节内容后你的这一愿望就会如愿以偿了！”设计者设身处地地为学生着想，从学生期盼有一个简洁的公式这一心理需求为切入点提出问题，“投其所好”，从而比较容易激发学生的学习兴趣与学习欲望。

(4)工具准备

工具准备主要是提示学生把学习过程中需要用到的学习材料、学习用具、复习资料等进行事先准备。虽然教科书和练习本是学习的必备工具，但由于这已成为一般常识，不必写在学习准备之中。学习准备中所提及的学习工具主要是学习时必需用到而学生又容易忽视或不一定知道的，需要教师课前提醒学生，以防止学生学习需要时手忙脚乱，影响学习效果。如，北师大版数学义务教育课标教材七年级上册第一章“丰富的图形世界”第1.1“生活中的立体图形(第1课时)”学习准备中的“工具准备”可设计为：“请准备好圆柱、圆锥、正方体、长方体、棱柱、球等几何体的实物和模型。”因为本节课的主要内容是认识各种几何体，为了使学生能够有效地观察各种几何体的特征，并能根据几何体的特征对几何体进行正确的分类，就必须事先准备一些几何体模型，作为对本节课的学习工具。

在实际设计“学习准备”时，不一定以上几个方面的内容都齐备，可根据具体的学习内容及学习的需要灵活处理。但多数情况下，学习准备的设计中均需有知识准备和情绪准备。

三、讲解准备策略

在日常教学中，教师在讲课前都要进行备课准备。在DJP教学中，学生要由听讲变为主讲，而要使讲解更加深入和有效，讲解前也要进行充分的准备。因此，这里所说的讲解准备主要是指学生面对全班的讲解准备。学生的讲解准备既是“把自主权还给学生，把时间还给学生”教学原则的体现，又是学生讲解的需要。正如杜威指出的：“从学生一方面来说，讲课的第一需要是准备，最好的、实际上是惟一的准备”[②]。而在实际教学中，由于很多教师没有让学生进行讲解准备，导致课堂上学生讲解的内容和深度不够，有的甚至讲解不下去，从而使其他的倾听者感到索然无味。这样的学生讲解不但毫无价值，而且也浪费了课堂宝贵的时间，

① 约翰•杜威．我们怎样思维•经验与教育．姜文闵，译．北京：人民教育出版社，2005：219.
② 同①.

致使教学任务无法完成，于是就又回到全由教师讲解的老路上去。这也就是一些学校和教师在实施一段时间的 DJP 教学后又回到传统教学的重要原因。

在 DJP 教学中，学生讲解准备的具体操作策略是先对在小组内就要讲解到的内容进行认真的研究、讨论。对于要讲什么内容，怎样讲解这些内容，由哪位成员代表小组在全班讲解等事项都要事先在小组内进行讨论、规划，对于不能理解的内容要列出清单以便在讲解时提出以求他人的帮助。在这个过程中，教师不但要提出进行讲解准备的要求，还要留出时间让学生进行准备，而且要深入到学习小组内进行具体的指导和帮助。

第二节 实施策略

DJP 教学中的实施策略主要有导学策略、讲解策略、倾听策略、动机激发策略和小组合作策略。

一、导学策略

导学的含义是引导学生的学习、探究，它是 DJP 教学的核心要素之一，也是其首要环节。关于导学策略，我们在《导学讲评式教学的理论与实践》一书有详细的论述[①]，有兴趣的读者可以参阅此书的第二章第二节。这里只列出其要点。

1. 导学的类型

DJP 教学中导学的类型有指导、引导、疏导和辅导。

第一，指导。这是指教师在学生进行自主学习、探究和讲解时给予策略方法上的指导。

第二，引导。这是指教师对学生探究方向和策略方法上的引导。在学生自主学习探究的过程中，若教师对学生没有必要的引导，则会使学生花费很多时间而效果甚微，若教师给予必要的引导，则会使学生少走弯路，提高学习探究的效率。但在具体操作时要把握好引导的时机和层次，要善于引导，即要做到“道而弗牵，强而弗抑，开而弗达”。

第三，疏导。这是指在学生感到困惑时进行的疏导。学生的困惑有两个方面：一是学生在解决问题的过程中思维受阻，经过反复思考和探索终不得其解而感到习得性无助；二是对一些问题的心理困惑。如，一些学生怕学习数学，但迫于考

① 王富英，朱远平. 导学讲评式教学的理论与实践——王富英团队 DJP 教学研究. 北京：北京师范大学出版社，2019.

试的需要又不得不学习数学，于是感到很困惑。面对这两种情况的困惑教师要及时给予疏导。第一种情形给予思路和方法上的疏导，第二种情形首先给予心理上的疏导以消除其对数学学习的畏惧心理，再对其进行数学学习方法的指导。

第四，辅导。这是指对各类学生的辅导。这里的辅导不是只对学困生的辅导，还包括对学优生的辅导。对学困生的辅导是帮助其弥补知识的缺陷和学习方法的指导与调节，使其跟上班上学习的步伐；对学优生的辅导，则是对他们提出更高的要求，指导他们对一些问题进行深入探究，进一步提高他们发现问题、提出问题、分析问题和解决问题的能力。

2. 导学的内容

DJP 教学中导学的内容主要有导趣、导做、导思、导结。

第一，导趣。这是指在学生学习一些新内容前对学生学习兴趣的激发和调动。

第二，导做。“做”是指完成某种任务的各项具体操作活动。根据陶行知关于“教学做合一”和杜威“做中学”的观点，对教师来说，做就是教，对学生来说“做”就是学，做的过程就是学的过程。教师要在如何引导学生有效地在“做”上学。这样老师拿做来教，才是真教①。这种在学生“做”上的教，就是“导做”。这里的“导做”中的“做”主要是指在具体知识与技能的探究和形成过程的情境之中身体参与的全部操作行为活动，它包括：阅读、思考、观察、归纳、概括、探究、交流、争辩、作业等。在 DJP 教学中的导做就是引导学生如何有效地进行各项实践操作行为。

第三，导思。这里的“思”是指思维。培养学生的思维能力是学校教学的核心任务。而“思维需要细心而周到的教育的指导，才能充分地实现其技能”②。

DJP 教学中导思的策略主要有以下几个方面：从创设真实的问题情景入手进行引导；从学生产生疑难或困惑入手进行引导；从学生讲解中不能确定或者可疑或者有问题的地方进行引导。

第四，导结。这里的“结”是指反思小结。导结就是引导学生在问题解决后的反思总结，以积累丰富的问题解决的活动经验。

3. 导学的策略

DJP 教学中导学的策略主要有以下几个：点拨导、示范导、问题导和学案导。

(1) 点拨导。主要用于课堂上当学生在自主学习、探究或交流讲解中思维受阻时教师给予学生的适当点拨引导。点拨导不是直接告知学生结论，而是给予适当的启发、引导，让学生在教师的启发引导下自己去分析、探索得出结论。

---

① 方明编．陶行知名篇精选．北京：教育科学出版社，2006：81.

② 约翰·杜威．我们怎样思维·经验与教育．姜文闵，译．北京：人民教育出版社，2005：219.

(2)示范导。主要用于对于第一次学习的新内容或者较难操作的步骤和方法，就需要教师给出范例让学生观察教师解决问题的思路和方法，以及解决问题的规范格式，从而引导学生根据范例去理解和领悟，然后模仿范例进行学习、探究而达到理解掌握学习探究的方法、形成技能与能力的目的。如，数学学习中的推理证明、书写格式等，都需要教师先给出范例作示范给学生看，以引导学生去观察和模仿。

(3)问题导。主要用于学生自主探究学习内容(如教材)时，教师将要学习和掌握的主要内容和需要思考解决的问题，采取“问题串”的形式引导学生带着任务和问题去阅读、思考和探究。

(4)学案导。这是指利用学案引导学生学习、探究。DJP 教学中，学案导学有其独特的作用，也是主要的导学手段和方法。传统的教学是教师先讲解学习的内容，再由学生进行练习巩固，即“先教后学”，这种教学的优点是知识系统、节省时间、课堂容量大，缺点是学生处于被动接受的地位，对知识理解的深度不够，不利于学生自主学习能力与合作交流能力的培养。DJP 教学的目的是要培养学生的合作交流能力与自主学习的能力，最终使学生学会学习、学会合作、学会交流、学会探究与学会评价，故采取的是“少教多学，以学定教；自主合作，交往对话”的教学方式。

在学生自主学习的过程中，由于受其学力的局限，要使学生的自学有效进行则需要教师在学生学习遇到困难时给予及时的指导与帮助。显然在我国目前大班级授课的情况下是很难做到的。而“学案，是教师在教学理论与学习理论的指导下，在认真钻研教材与分析学情的基础上，根据教学要求和学生的认知水平与知识经验，并以学生的学为出发点，把学习的内容、目标、要求和学习方法等要素有机地融入学习过程之中而编写的一个引导和帮助学生自主学习、探究的方案”[①]。因此，学案可帮助学生将所学知识与已有的知识经验形成联结，为知识的学习提供适当的附着点，而且它又结合学习内容为学生提供有效的学习方式方法与学习策略，指导学生学习。这样，学生在学案的引导下进行自主学习、探究时，就相当于有一个老师在旁进行指导和帮助。这样就把学生自学时不能实现的教师对学生的当面指导和帮助通过学案这个“工具”和“桥梁”间接地变为对每个学生“面对面”的指导和帮助，从而提高学生自学、探究的有效性。

二、讲解策略

DJP 教学中的讲解策略包括教师的讲解策略和学生的讲解策略。

1. 教师的讲解策略

在 DJP 教学中，由于把课堂话语权还给学生，课堂由原来教师的“独家讲坛”

①王富英，王新民．数学学案及其设计．数学教育学报，2009，18(1)：71-74.

变为了师生的“百家讲坛”，教师由原来课堂话语的独霸者变为师生对话交流的组织者与合作者，这样就为教师在课堂上讲解的内容和时机提出了与传统教学不一样的要求。在DJP教学中，怎样有效地发挥教师讲解的作用？教师讲什么才恰当？何时讲更有效？为此，教师课堂上的讲解要有效运用以下“三讲三不讲”策略。

(1)教师的“三讲”策略

教师的“三讲”是指教师讲解时要着力讲解清楚以下3个方面的内容。

①讲透本节课的重点和难点。

重点是指本节课学生学习的主要内容，是整节课的教学重心所在。它主要包括以下3个方面：从学科知识系统而言，重点是指那些与前面知识联系紧密，对后续学习具有重大影响的知识、技能，即重点是指在学科知识体系中具有重要地位和作用的知识、技能。从文化教育功能而言，重点是指那些对学生有深远教育意义和功能的内容，主要是指对学生终身受益的数学思想、精神和方法；从学生的学习需要而言，重点是指学生学习遇到困难需要及时得到帮助解决的疑难问题。难点是指那些太抽象、离学生生活实际太远的、过程太复杂的、学生自己不能解决并与小组合作也难于理解和掌握的知识、技能与方法[①]。

由于重点知识是本节课的主要内容，它对以后的学习起着重要的支撑作用，难点又是阻碍学生学习的疑难问题，不彻底解决将会影响学生的后续学习和发展。因此，在教学中，对于重点知识和方法，即使学生通过合作讨论已经弄懂了，但学生不一定会重视和关注，教师也要进行强调式讲解，说明它在后续学习和整个学习中的重要作用，引起学生的高度关注和重视；对于难点知识教师在学生经过自己独立思考与合作讨论后不能解决时要着力进行分析讲解，以帮助学生扫清障碍，排除困难，彻底理解和掌握。

②讲清解决问题的思想方法。

解决数学问题的思想方法是数学知识的灵魂和关键，是数学核心素养的重要内容。从学生的数学素养的形成和终生发展角度来说，它比数学知识本身更加重要。所以，理解和掌握解决数学问题的思想方法是学生学校数学学习的真正目的，正如杜威在《明日之学校》中指出的：“学校中求知的真正目的，不在知识本身，而在学得制造知识以应需求的方法”。因此，在DJP教学中，在学生经过独立思考和解决问题的过程中，教师要引导学生自己去寻找和探究解决问题的方法；在问题获得解决后，教师要引导学生总结提炼所用到的数学思想方法。在此基础上，教师再对隐藏在数学知识中的数学思想和解决问题中的数学方法的价值与作用进行总结性的讲解，并引导学生结合自己的探究过程去体验和欣赏这些数学思想方法，领悟其价值与作用。

③讲知识的引申推广和解决问题的一般规律。

①王富英．怎样确定教学的重、难点．中国数学教育，2010，(1-2)：17-18，38.

在数学教学中，很多知识往往都具有一定的典型性和代表性，问题的结论有些时候可以推广到一般；解决它们的思想方法也可能具有一定的规律性。而这些规律和代表性一般都是隐含在问题之中，学生不一定知道和发现，这就需要教师在教学中进行引申式讲解。这时教师的讲解不但揭示了知识背后的一般规律，而且可使学生开阔眼界，提高探究学习数学的兴趣，激发学生不满足于现有问题的解决而不断探寻其背后的数学思想方法和一般规律，从而达到触类旁通，举一反三的效果，提高学习效率与探索创新的意识和能力。

案例 9-3：多边形内角和定理的应用及推广

初中学生在学习了多边形的内角和定理后，利用定理解决了如下问题：

如图 9-2，求$\angle A+\angle B+\angle C+\angle D+\angle E+\angle F+\angle G$的和。

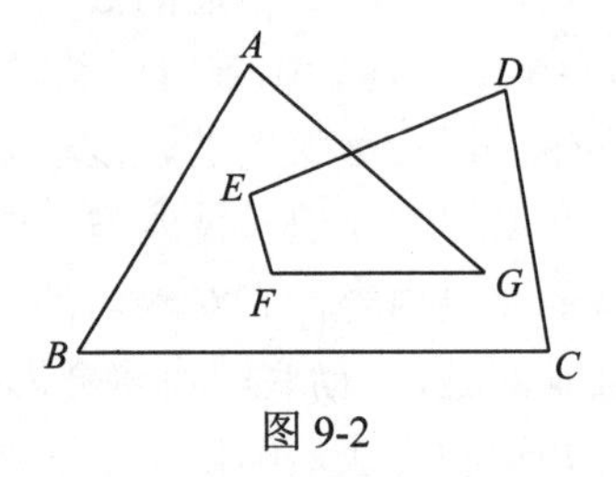

图 9-2

学生解决该题的方法是连结 AD，从而把问题转化为求两个多边形的内角和，再减去一个三角形的内角和便得到问题的答案。而学生解决了此问题后往往就结束了对该问题的进一步思考。这时教师可进一步引申提问：解决本题的方法是否具有一般性，能否把本题推广到一般。并给出以下几个图形让学生探究思考。

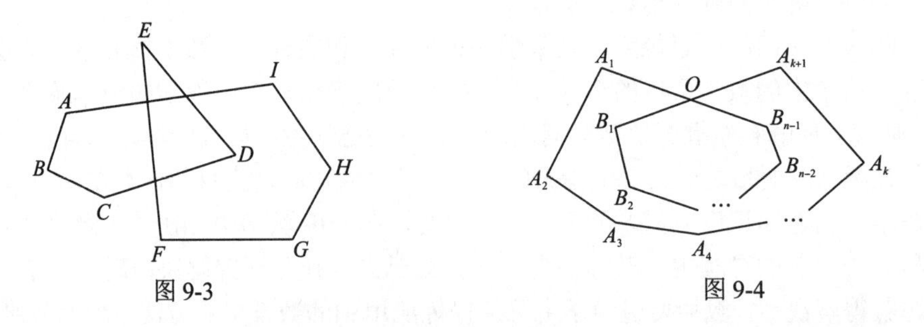

图 9-3　　图 9-4

在学生独立思考和小组讨论探究后，对于图 9-3 的问题有些学生能够解决，对于图 9-4 的一般问题个别成绩优秀的学生能够解决。这时教师在对学生的讲解进行点评后再进行引申推广讲解：这个问题实际上是求平面折线图形的内角和问题。我们初中学习的三角形、四边形以及多边形都是平面折线图形的特例。同学们的解法具有一般性，它可以解决图 9-4 所示的一般情形。图 9-4 所示的问题是平面折线问题的中“k-n阶单折边平面闭折线顶角和”问题。接着简单介绍“k-n阶单折边平面闭折线”的概念，并给出一般结论[1]：定理：k-n阶单折边平面闭折线的顶角和等于$(k+n-4)\cdot 180°$（k，$n\in\mathbf{Z}$，$n>2$，$k>2$）。最后让学生课外自己去证明。

(2)教师的“三不讲”策略

①学生自己看书能看懂的内容教师不要讲；

②学生自己看书不懂但借参考资料和认真思考能学懂的内容教师不讲；

③经过自己努力不能学懂但与小组同伴交流讨论后能学懂的内容教师不讲。

2. 学生的“三讲三不讲”策略

在DJP教学中，由于把课堂话语权还给了学生，学生由原来被动的“听讲”变为主动的“主讲”，课堂教学由原来的“教多学少”变为了“教少学多”。这就为我们提出了以下需要解决的问题：课堂上学生讲什么？怎样讲才能使课堂教学的效益更高？为了提高课堂上学生讲解的质量和效率，并在课堂教学实践的基础上，我们提出了学生的讲解要遵循以下“三讲三不讲”策略。

(1)学生“三讲”的策略

①讲自己解决问题的思路与方法；

②讲自己新的理解与发现；

③讲他人的忽略点与易错点和自己的体会与感受。

(2)学生“三不讲”策略

①大家已懂的内容不讲；

②他人已讲的内容不讲；

③与本课无关的内容不讲。

值得注意的是，讲解是一门学问。对于教师来说，要达到在课堂教学中讲解更加有效，入职前都要经过实习培训，入职初也要由老教师进行指导帮助。对于学生来说，讲解更是一个从“不会”到“会”的学习过程。一般的，学生的讲解要经历“敢讲”“能讲”和“会讲”3 个阶段。教师在学生讲解发展的各个阶段均要给予指导和帮助。

第一，敢讲。这是指要敢于面对全体学生表达自己的理解和见解。由于在传统教学中，学生习惯了听教师的讲解，从而没有自己上台面对全体学生进行讲解的经历，刚开始时大多数学生不敢上台讲解，特别是性格内向的学生。这时，教师可让一部分表达能力强的学生做示范引领。为了使示范作用发挥得更好，教师可以指导这部分学生先做好讲解的充分准备再上台讲解。准备的内容为：①指导学生认真学习、理解讲解内容；②指导学生如何梳理讲解内容；③面对教师进行试讲，教师再针对试讲的情况进行讲解指导。课堂上，在这部分学生作示范性讲

① 王富英．k-n阶单折边平面闭折线顶角和定理．中学数学教学参考(中旬)，2011，(4)：66.

解后鼓励其他学生也大胆地进行讲解。这时对这些敢于讲解的学生不要求他们讲解得多好，只要敢讲都给予表扬鼓励，帮助学生树立讲解的信心。

第二，能讲。这是指讲解者能够将自己对所学内容的理解和解题思路、方法表达清楚，讲解时语言清晰，错误较少。为了培养学生尽快进入能讲阶段，教师要在学生敢讲的基础上，对学生的讲解提出进一步的讲解要求和指导。如，讲解时要面对听众；语言表达要清晰准确；要边板书边讲解并且板书要规范合理，等等；并指导学生在讲解中如何运用“三讲三不讲策略”。教师对学生讲解的指导最好是在学生讲解的过程中针对讲解者的讲解实践进行，但要注意保护学生的积极性，在首先肯定成绩的同时再提出一些进一步改进的地方。

第三，会讲。这是指讲解者不但能够清楚地表达自己的理解和见解，而且还能够运用一定的讲解技巧，使讲解生动、具有感染力和吸引力。讲解中能够有效激发调动其他听众与之互动对话。在讲解内容上这时的讲解者不但能熟练运用“三讲三不讲”的策略，而且还具有一些自己的讲解风格。在教学实践中，我们经常发现一些会讲的学生在讲解内容上，对“三讲三不讲”的策略运用得十分娴熟，而且还有一些自己独特的讲解技巧。如，哪些内容自己讲解，哪些内容需要引导其他同伴思考共同讨论，哪些内容让同伴进行独立思考后再与之对话讲解等，都处理得恰到好处。

为了使学生尽快进入会讲阶段，在教学中，教师要对讲得好的学生的讲解风格和讲解策略进行及时的点评、总结，要号召其他学生学习他们的讲解策略，同时鼓励其他学生要不断地总结提炼自己讲解的经验和策略。

三、倾听策略

在 DJP 教学中，课堂里是以倾听为前提展开的互动对话的合作学习。构成这个课堂学习根基的是学生富有个性的同教科书、同伴和自己多样化的相遇与对话。课堂中师生、生生的关系是民主、平等、相互倾听与合作的关系。

1. 倾听的价值和作用

在 DJP 教学中，课堂上学生的讲解较多，教师和其他学生在讲解者讲解时都要注意倾听。这时的倾听具有以下价值和作用。

第一，体现对讲解者的尊重，保护和激发讲解者的积极性。倾听首先是对讲解者的尊重。讲解者的讲解一般都是其在认真准备后进行的，讲解的内容都是其辛勤劳动的成果，这时听众的注意倾听既是对其人格的尊重，又是对其劳动成果的尊重；其次就是对讲解者讲解积极性的支持和保护。在教学中，我们都有这样的经验：当自己讲解时，若听众都在仔细倾听自己讲解，这时讲解的兴趣更浓，积极性更高，发挥得也更好。因此，在学生讲解时，教师和学生都要认真倾听其讲解。

第二，可以学习讲解者解决问题的智慧和经验。

第三，可以发现讲解者的错误和不足，为讲解者讲解结束后对其讲解内容进行评价、补充提供依据，从而使课堂对话教学的效率更高。

第四，可以激发自己的灵感，发现新的思想和好的解决问题的方法。

第五，可以促进学生的元认知水平与能力。通过倾听对元认知的多元回归分析发现，学生倾听对提高元认知水平贡献达 51.5%。(见本书第十一章)

2. 倾听的策略

在 DJP 教学的课堂里，倾听者(教师和学生)倾听什么？如何倾听呢？为了使倾听者的倾听更加有效，倾听时要注意运用以下策略。

(1)“高度尊重学生”和“充分信任学生”是倾听的前提。

要使教师能够认真倾听学生的讲解，在教师的心目中首先就必须要“高度尊重学生的人格尊严”，把学生当成与自己一样平等的人来看待。同时，还要充分信任学生，相信学生有能力自己学懂将要学习的内容，并能讲解清楚。教师只有树立起这样的理念，才会真正把学习的自主权还给学生，把课堂的话语权还给学生，才会放手让学生自己去学习、探究、交流、讲解。课堂上学生也才会大胆地畅所欲言，尽力表达自己的思想观点，从而也才能有教师倾听的机会。所以，“高度尊重学生”和“充分信任学生”是倾听的前提。

(2)树立“每一个学生的讲解都是精彩的”理念是支撑倾听的根基。

学生的讲解是其真实思想的流露，是其解决问题思路和智慧的表达。因此，每一个学生的讲解都有各自的特色和不同解决问题智慧的展现。我们在教学实践中，经常发现学生对许多问题的解答方法超出了教师的准备，对许多问题的认识超出了教师的认知，而且学生经常还会给倾听者带来很多意想不到的惊喜而引发阵阵掌声。学生这些不同智慧的展现，只有在教师树立“每个学生的讲解都是精彩的”这一倾听理念支撑下，才会把注意力集中于讲解者的讲解，并完全接纳讲解者的思想、持续地注意倾听。所以，树立“每个学生的讲解都是精彩的”的倾听理念是支撑教师注意倾听的根基。

(3)倾听时注意力集中于讲解者是激发讲解热情的保障。

倾听者在倾听学生的讲解时，要把注意力高度集中于讲解者，要将眼睛注视着讲解者的言行。特别是教师的注意力要高度集中于讲解者。因为，这样才会使正在讲解的学生感受到教师是在真正关注他、尊重他和重视他讲解的内容，从而增加讲解者的责任担当和激发讲解者的讲解热情。但我们在课堂教学中发现，一些教师在学生讲解时不是把注意力集中于讲解者，而是在看自己的教案或者在关注其他事情，这样就会使学生感到教师对他的讲解不重视，讲解的热情就会下降，于是敷衍了事，草草收场。其实这种感受，我们每个教师在教学中都有体会：当学生不认真听讲时，教师也就没有了讲解的热情，课前准备好的内容也就不想再讲了而很快结束讲解。

(4)明确倾听关注的内容是倾听的关键。

“倾听是完整地接纳每位儿童的想法”[①]。关注是在倾听的同时应特别注意的事项。学生讲解时，教师倾听什么、关注什么是教师倾听的关键，因为只有在明确了倾听关注的内容后，倾听才会做到有目的性和针对性，才能提高倾听的质量和效率。

在 DJP 教学中，倾听者在倾听时主要应关注以下几个方面的内容。

第一，关注知识的理解。在学生讲解时，倾听者要关注讲解者对知识的理解是否正确，理解达到了何种程度。

第二，关注解决问题的方法。在学生讲解时，倾听者要关注讲解者解决问题的方法和思路是否恰当。

第三，关注解决问题的智慧。这里的智慧指解决问题的新思路、新方法，提出的具有创新性的问题等。在学生讲解时，倾听者特别是教师要关注讲解者解决问题的智慧，以利于在学生讲解结束后的点评、激励和传播。

第四，关注存在的问题。在学生讲解时，倾听者要关注讲解者对知识理解、解决问题的策略方法上存在的问题。

第五，关注讲解的技术。在学生讲解时，倾听者要关注讲解者讲解的方式方法和较有特色的讲解风格与特点。

以上提出的倾听时关注的内容，是对所有倾听者(教师和学生)提出的，特别是教师在倾听时更要严格遵守，以便学生讲解结束时进行有效的点评和有针对性地进行重点讲解，以提高教师讲解的质量和效率。

四、动机激发策略

动机，是以一定方式引起并维持人的行动的内部唤醒状态[②]，是直接推动一个人进行行为活动的内部力量。学习动机是引起和维持学生学习活动，并使该活动朝着设定目标进行的内部动力[③]。在 DJP 教学中，如何激发学生学习探究和对话讲解的动机呢？这需要明确动机作用的心理机制。心理学的研究表明：动机的产生和发生作用是内驱力和诱因共同作用的结果。而内驱力是在需要的基础上产生的内部推动力，诱因是满足需要的外在刺激物。人的行为动机是由内因和外因、内在主观需要和外在客观事物所共同制约和决定的[④]。

根据动机产生和发生作用的心理机制，我们介绍以下两种动机激发策略。

① 佐藤学．教师的挑战——宁静的课堂革命．钟启泉，陈静静，译．上海：华东师范学大学出版社，2012：5.
② 顾明远．教育大辞典(5)·教育心理学．上海：上海教育出版社，1990：328.
③ 卢家楣，魏庆安，李其维．心理学——基础理论及其教育应用．上海：上海人民出版社，2004：303.
④ 卢家楣，魏庆安，李其维．心理学——基础理论及其教育应用．上海：上海人民出版社，2004：289.

1. 替代性榜样

所谓“替代性榜样”，是指学习者看到某一与自己在相同水平层次的同伴成功完成了一个自己也能完成的任务，这个完成任务的同伴就是学习者的替代性榜样。这个替代性榜样往往会增强学习者完成任务能力的信念和勇气，从而激发参与完成任务活动的动机。由此可知，替代性榜样的内涵有两个方面：一是学习者虽有自己完成任务的经验但信心不足不敢发表，由同伴替代发表了；二是同伴这样敢于参与的行为给学习者作出了榜样，从而增强学习者的信心，激发了参与活动的动机。我们在 DJP 教学的研究中经常见到一些替代性榜样影响学习者自我效能感和激发参与学习活动动机的例子。很多学生在自主学习探究后认为自己对知识意义的理解还不足以达到在全班讲解的水平而不敢发表自己见解。但还是这些学生，在课堂上看到与自己相差不多的同伴在班上大胆地讲出来自己对知识意义的理解，而且有些理解还不如自己深刻甚至还有错误后，改变了他们的自我期望。这时，他们在心里会产生这样的感叹：“嗨，我至少会做得与他(她)一样好！”其实，这种情况在我们成年人也会经常出现。我们经常参加一些对某个问题讨论的会议，刚开始参与时抱定不发言的态度，但当一些同伴在发表意见后，与自己的理解相同或者还不如自己的理解时，就会激发发表自己见解的冲动和欲望，这就是替代性榜样的作用激发了参与活动的动机。

根据马斯洛的需要层次理论可知，人都有表达自己思想和见解以获得他人尊重与需要的内驱力，当替代性榜样提交完成的任务时，他就成为了激活观察者内在需要的诱因。根据动机产生和发生作用的心理机制，在替代性榜样的外在诱因与内在需要的共同作用下，观察者参与活动的动机就自然产生了。

替代性榜样属于榜样的范畴。大家知道，在学习活动中，榜样具有示范引领的作用，但在激发参与完成任务的动机方面，一般的榜样，特别是水平层次高于观察者的榜样(如教师)对观察者产生的影响较替代性榜样产生的影响则要小得多。因为，对于前者他们会认为这些人本来就比自己强，故他们能够完成这样的任务是必然的，而当后者能够完成任务时因为这些榜样平时就跟自己差不多，他们都能完成的任务说明自己也有能力完成，从而可更大地激发和影响观察者的自我效能感和参与活动(如 DJP 教学中的讲解活动)的动机。进而，他们会遵循他们认为能胜任所完成任务(讲解)的替代性榜样的行为，而不是他们认为不能胜任的高于自己的榜样的行为去参与完成某一项任务。而且当他们害怕担任完成任务(如讲解任务)的情景时，他们会对照替代性榜样做出积极的反应。也就是说，替代性榜样能帮助学习者获得信心并有可能改变其行为表现。

这充分说明了选用不同的角色作为榜样会起到不同的作用。正如德里斯科尔指出的：“角色榜样是谁，会影响观察者自我效能提高的程度”“观察同伴比观察教师导致学生报告了更高的自我效能”[1]。所以，在 DJP 教学中，教师要选好这些替代性榜样，利用这些替代性榜样去激发一些不敢大胆讲解自己见解的学生参与对话讲解活动的动机。

最后，需要指出的是，替代性榜样多一些更好，因为学习者有更多的机会发现自己至少和其中一个榜样相似，特别是那些在学习学业材料和应对讲解紧张环境上有困难的学生。在这两种条件下，替代性榜样有助于提高他们的自我效能，激发参与讲解的动机。

2. 凯勒的 ARCS 动机激发策略

值得指出的是，前面我们提出的替代性榜样作为一种动机激发策略，并不一定对所有学生都会发生作用。有些学生可能在众多的榜样面前仍会抱着观望和不主动参与的态度。那么对于这些学生又如何激发他们的动机呢？这里我们介绍一种激发动机的策略——凯勒的 ARCS 动机激发理论。

凯勒(John M Keller)是美国佛罗里达大学的心理学教授，1983 年他提出要激发学习者的动机就必须满足动机的 4 个条件：注意(attention)、相关(relevance)、信心(confidence)和满足(satisfaction)。这 4 个条件可表示为首字母缩略词 ARCS。ARCS 激发动机教学策略表述的是一个序列过程，它给实施者提供了一个具体的操作程序。这几个程序的每个环节相互影响、环环紧扣，构成了一个动机激发策略的完整操作体系。该策略的详细内容见表 9-1。

表 9-1 ARCS 动机模型所建议的激发动机的教学策略[2]

动机成分	相应策略
引起并维持注意	通过运用新奇或意想不到的教学方法吸引学生的注意 用可唤起神秘感的问题来激发持久的好奇心 通过变化教学呈现来维持学生的注意
促进相关	通过阐明(或让学生确定)教学如何与个人目标相关以提高对有用性的知觉 用自学、领导和合作的场合来提供将学习者的动机与价值观加以匹配的机会 通过在学习者原有经验基础上进行教学来增加熟悉感
树立信心	通过澄清教学目标和目的而创设一种积极的成功期待。此外，允许学习者设置自己的目标 给予学生成功完成挑战目标的机会 让学生者合理控制自己的学习
产生满足	通过给学习者提供运用新学得技能的机会以引起自然后果 在自然后果缺失时，可以运用积极后果策略，如口头表扬、真实的或符号性的奖励 通过保持一致的标准将结果与期待相匹配而确保公平

① M.P.德里斯科尔．学习心理学——面向教学的取向．王小明，等译．上海：华东师范大学出版社，2008：271.
② M.P.德里斯科尔．学习心理学——面向教学的取向．王小明，等译．上海：华东师范大学出版社，2008：286.

ARCS 激发动机教学策略表明，任何一个动机激发首先必须引起学习者的注意并产生兴趣，使其愿意参与到学习活动之中(A)。但一旦参与了活动，学习者就自然会思考一个问题："我为什么要参与这个活动？""学习这个内容对我什么用？"因此，学生参与的活动要与学习者有一定的关系，即要让学习者认识到这个活动与自己相关并能满足其具体需要(R)。这时，虽然学习者认识到了参与的学习活动与自己有关，但一些人对完成学习活动的信心仍然不足，这时教师要帮助学习者树立完成任务的信心(C)，只有树立了坚定的信念才会战胜困难去完成学习任务。当学习者完成了学习任务后，必定会使学习者产生一种成功后的满足感(S)，这种满足感会进一步激发学习者参加学习活动的动机和信心。至此，一种参与该种学习活动的动机就被激发了。

在 DJP 教学中，利用 ARCS 动机激发策略激发学生参与讲解的动机的教学可以按以下步骤进行：

(1)结合教学内容创设情景(如播放与教学内容相关的录像)使学生对学习的内容产生兴趣并引发学生的注意，使其愿意参与到学习活动之中(A)。这时提出学习要求：大家可先阅读教材、查阅与教材内容相关的资料，学习完后可以在组内交流讨论，不懂的问题可以在组内寻求其他同学的帮助，最后要上台讲解自己的理解和见解。

(2)给学生讲清楚要求自学后要上讲台面对全班讲解自己的理解和见解，目的是为了锻炼大家的语言表达能力，因为这种表达能力是将来进入社会，与他人合作交流必备的品质和能力，没有这种能力，将不能有效地融入社会，甚至不能很好地生存和生活。同时，通过讲解也可以把自己解决问题的智慧与大家分享，从而让学生认识到讲解与自己将来的生活有关，并能满足展示自己的才华以获得他人尊重的需要(R)。

(3)对于一些面对大家讲解还会存在畏惧心理的学生，教师可以对他们提出不同的要求，允许他们设置自己的讲解内容和目标。如，刚开始时不要求讲得多完整，只要敢于上台讲解或者讲出自己的一些思路和想法均可。同时，对他们进行讲解准备的指导，使学生树立敢于讲解的信心(C)。

(4)当学生完成讲解任务后，教师要及时给予表扬，对其好的解决问题的思路和方法及时在全班进行传播推广，从而使其产生成功的满足感(S)和得到他人的尊重，从而激发参与讲解活动的动机。

以上 4 个环节的设计可以针对一些具体不敢讲解的部分学生进行，学生在一次次参与讲解活动的过程中多次获得成功的满足，讲解的动机就会被激发和巩固了。

五、小组合作策略

小组合作策略是指在 DJP 教学中，由 4 至 6 名综合能力各异的学生组成一个学习小组，以互助合作的方式从事交流、讨论，以共同完成学习任务，促进每个成员发展的互助性学习方式。小组合作是 DJP 教学中合作学习的一种组织形式。合作学习是 20 世纪 70 年代初兴起于美国，并在 70 年代中期至 80 年代中期取得实质性进展的一种富有创意和实效的教学理论与策略。由于它在改善课堂内的社会心理气氛，大面积提高学生的学业成绩，促进学生形成良好非认知品质等方面实效显著，很快引起了世界各国的关注，并成为当代主流教学理论与策略之一，因而也成为我国新课程改革大力提倡的学习方式。

合作学习是指学生在小组或团队中为了完成共同的任务，有明确的责任分工的互助性学习。合作学习是一种古老的教育观念和实践。在西方，古罗马昆体良学派曾指出，学生可以从互教中受益。大约在 18 世纪初，英国牧师倍尔和兰喀斯特(Bell A.，Lancaster J.)广泛运用过小组合作学习的方式。19 世纪初合作学习观念传到美国，在教育家帕克(Park F.)和杜威(Dewey J.)的积极倡导下，合作学习教学法在美国教育界占据了主流地位。然而，由于公立学校强调人际间的竞争，合作学习教学法从 20 世纪 30 年代起失去了主导地位。20 世纪 70 年代合作学习观念中道复兴，在斯莱文(Slavin R.E.)、约翰逊兄弟(Johnson D.W.，Johnson R.T.)、卡甘(Kagan S.)等学者的推动下，原有的合作学习观念迅速发展成为一系列原理与策略体系，再度成为美国教育界的时尚。20 世纪 70 年代中期至 80 年代中期，是合作学习理论日趋成熟、影响逐渐扩大的阶段。20 世纪 80 年代中期至现在，合作学习进入与其他相关理论的融合发展阶段。

小组合作学习是 DJP 教学本身所固有的特征和基本的运行方式，是 DJP 教学有效进行的学习组织形式。在 DJP 教学中，学生先在学案的引导下进行自主学习，之后在小组内与同伴进行交流、讨论以解决自学时没有解决的问题。当教师分配给小组讲解的任务时，小组就将要讲解的任务进行讨论和分工，以求顺利完成小组的学习任务；当小组代表在全班讲解时，小组成员高度关注并全力支持和帮助其完成讲解任务；当讲解者阐述不清或受阻时小组成员会自发补充和提供帮助，从而增进了小组成员的团结互助精神与合作能力。实践表明，DJP 教学中的小组合作可成功地实现使学生从只关心自己的“独自学习”向关心他人的“合作学习”的转变，从个体经验的“独占”向与他人“共享”的转变，从情感单一、内心孤独向与他人和谐相处、丰富情感转变。而且这种小组合作有助于发展学生的思维能力及语言表达能力，有助于增加学习过程中学生与教师、同学、教材之间的多种方式的互动对话。所以，它对促进学生心智成熟、人格完善和 DJP 教学的有效实施有重要的价值和作用。

为了提高小组合作的效率，激发学生参与小组合作的积极性，教师在实施 DJP 教学中应做好以下几项工作。

第一，组织建构好学生的学习小组。为了便于小组内有效开展合作，有利于小组间开展学习竞争，组建小组应遵循“组间同质，组内异质”的原则。建构学习小组时不但要根据学习成绩情况进行合理搭配，还要就男女生比例、性格特征、学习风格、小组人数、座位安排等因素综合考虑。小组人数一般在4～6人为佳，座位安排时，要将小组成员集中在一起，便于课堂交流讨论。

第二，指导学生建立小组文化。小组文化是小组的灵魂，它可增强小组凝聚力，提高小组成员积极性，构建起良好的小组学习共同体。小组文化一般由小组的名称、标记、共同的奋斗目标，激励性的标语口号、小组学习的规章制度，组内成员互助合作的行为习惯等组成。在小组文化建立之时，教师要指导小组如何建立小组文化。如，指导每个小组成员自己选小组长，指导小组长组织成员根据自己小组的情况制订小组的名称、小组标识、奋斗目标、小组口号、学习制度、组内帮助计划、成员分工，等等。

第三，建立健全小组合作评价制度。为了保障小组合作有效进行，必须建立一套行之有效的小组评价制度和标准。一般的，小组评价的制度和标准有以下几种：①小组自主学习任务完成情况的评价制度与标准；②小组交流讲解的评价制度与标准；③小组成员课堂讲解的评价制度与标准；④小组学习成绩评价制度与标准；⑤优秀学习小组评选制度与标准，等等。

建立了小组评价的制度和标准后，可采用“调节性量化评价”的方式实行小组“捆绑式评价”，将各种评价的分数计入小组的总成绩，每周公布1次小组成绩，每月评选1次优秀学习小组。并将小组成绩与小组学生的综合考核成绩挂钩。

第三节　评　价　策　略

评价，是DJP教学的核心要素和重要环节，是促进学生认知发展的主要工具。在DJP教学中，评价不是作为一种甄别和衡量“教”与“学”行为的尺子在“教”与“学”活动结束之后的检测和判断，而是随着“教”与“学”活动的开展而自发生成的对学习行为的价值判断行为，是一种内在于学习活动的学习内评价，其主要功能是改进或调节，而不是鉴别或选拔，它具有重要的认知功能。因此，本节所谈的评价策略主要是指DJP教学中的学习内评价在促进学生认知发展上的策略。

1. 延迟判断策略

这是指在学生讲解结束后，对于学生讲解中出现的错误不要急急忙忙做出正确与否的判断，而是通过启发引导学生自我反思或举出反例启发学生自我比较、自我矫正，获得正确认识的策略方法。

案例 9-4：运用平方差公式的关键是什么？

下面是王富英在 DJP 教学研究的过程中到学校去上的研究课——“平方差公式”一节课中，在师生对公式的结构特征的对话交流获得共识后关于“运用平方差公式的关键是什么？”的师生对话性讲解的实录。

师：刚才我们对公式的结构特征有了明确的认识，那么运用公式的关键是什么？

生 1：我认为运用公式的关键是要注意公式中的 a、b 不能等于零。

师：哦，这个同学说关键是 a、b 不能等于零，到底是不是关键？

众生：是！

生 2：等于零，它就没有意义了！

师：到底有没有意义？(有的说“有”，有的说“没有”，这时教师在黑板上写出式子，边写边问：$(0+0)(0-0)=0^2-0^2$ 对不对？有没有意义呀？这时全班议论纷纷，很多学生都说“对”“等于”“有意义”，生 2 也说“有了”，但又说“复杂了”，老师说，“它没有错呀”)

生 3：没有实际意义。

师：这话说得好，没有实际意义，但它是不是关键？(这时，有的还在说“是”，有的说“不是”)，请说“不是”的讲一下你的理由。

生 4：他说关键是 a、b 不可以等于零，但是通过你(指教师)写的那个(例子)说明 a、b 还是可以等于零的。

师：那你认为关键是什么？

生 4：关键是是否符合公式的结构特征。

师：好！我认为这位同学(指生4)讲得很好。在应用公式时关键就是要看符不符合公式的结构特征，即是不是两个二项式相乘或者可以转化为二项式(相乘)，还有就是要看有没有一个相同的项，另两项是不是互为相反数，值得注意的是不要把 a、b 搞混了，不要把符号搞错了，对不对？(这时学生由衷地赞同，不由自主地发出“是”的回答)

在上面的对话中，学生提出了“运用公式的关键是要注意公式中的 a、b 不能等于零”的错误认识，这时教师不是马上对学生的发言进行对错的判断，而是运用了“延迟判断”的策略，通过追问、质疑、举反例引导学生进行自我比较、判断，在这种师生、生生的相互质疑评价过程中，最后使学生认识到“a、b 还是可以等于零的”，从而认识到“关键是要注意公式中的 a、b 不能等于零”的认识是错误的。在师生的合作对话中共同完成了正确的认知：应用公式时关键就是要看符不符合公式的结构特征。

2. 引导比较策略

这是指在学生对某个问题的解决提出了多种方案后，教师不要对学生的解决方案急急忙忙进行评价，而是要引导学生对这些不同的解决问题的方案进行比较、分析，在此过程中，教师也参与其中进行评价，让学生在相互评价的过程中，加深对解题方法和规律及其本质的认识，从而提高学生的比较、分析和评判的能力。

案例 9-5：整式乘法中含参数问题的解法

本节课是在学习了北师大版初中数学七年级下《整式的乘法》之后的是一节专题课。在这节课中，教师在组织学生复习了整式乘法法则之后提供了 1 个典型例题，先让学生独立思考，再进行小组交流，然后引导学生在全班进行对话讲解与评价，下面是课堂实录。

例：已知 $(x+a)(x+3)=x^2-x-12$（a 为常数），求 a 的值。

师：同学们先独立思考，再小组交流，最后各组推选一个代表在全班讲解你们的解题思路与方法。

生1：我们组是运用多项式乘多项式的法则和比较两个多项式恒等时对应项的系数相等建立方程来求 a 的值。因为 $(x+a)(x+3)=x^2+(a+3)x+3a$，由已知得，$x^2+(a+3)x+3a=x^2-x-12$，所以 $a+3=-1$ 且 $3a=-12$，由此得 $a=-4$，问题解决。

生2：我们采用的特殊值法求解。由于等式对所有 x 的值都成立，那么 x 取特殊值时这个等式也应该成立，不妨令 $x=0$，原等式化为 $3a=-12$，则 $a=-4$，问题解决。

师：他们两位的解题思路很好，还有不同的解法吗？

生3：我们运用的也是生 1 他们组的解题思路，但我们没有根据多项式乘多项式的法则把每一项都相乘展开。观察题目的特点，可以发现结果中的常数项 -12 一定是多项式 $x+a$ 的常数项 a 与 $x+3$ 的常数项 3 相乘得到的，即 $3a=-12$，则 $a=-4$，从而问题解决。

生 4：我们组的解法与他们不一样，我们是根据除法是乘法的逆运算转化为除法来解。由已知可以得到 $(x^2-x-12)\div(x+3)$ 的商等于 $x+a$，然后比较它们就可以求出 a 的值。下面我们可以按小学竖式除法那样计算：

$$\begin{array}{r} x-4 \\ x+3\,\overline{)\,x^2-x-12} \\ \underline{x^2+3x} \\ -4x-12 \\ \underline{-4x-12} \\ 0 \end{array}$$

由此得，$(x^2-x-12)\div(x+3)$ 的商为 $x-4$，所以 $x-4=x+a$，比较常数项得 $a=-4$，

问题解决。

当学生完成几种解法之后，教师没有急急忙忙讲解下一道题，而是停留下来引导学生对几种解法进行评价分析。下面是师生评价的课堂实录。

师：刚才几位同学讲述了他们组对本题的不同解法，现在大家对这几种解法进行比较分析，选出你最喜欢的解法和不喜欢的解法，并说明理由。

生 5：我喜欢生 3 的方法，他根据题目特点只比较两边的常数项就获得了问题的解答。

生 6：我喜欢生 2 的方法，因为他运用了特殊值法。这种解法尤其在解选择题或填空题时更加快捷。

生 7：我喜欢生 1 的解法，因为这种解法最容易想到。

生 8：我不喜欢生 4 的方法，虽然这种解法也不失一种好的思路，因为我们还没有学习多项式除法，所以在处理多项式除以多项式的运算时会有一定困难，而且运算量也比较大。

师：这几种解法中哪个最简单，哪个更具有一般性？

教师提出问题后，各学习小组进行了讨论，下面一位学生讲解后获得了共识。

生 9：生 1 运用的是多项式乘法法则，最具一般性。生 2 的方法最简单。

师：很好！你们认为哪种解法最具有解题智慧？

生 10：我认为生 3 的解法最有智慧。他运用了一般的解题思路但根据题目特点又没有完全乘开，既避免了烦琐的运算，又快捷地获得了问题的解答。

师：同学们讨论得很好，这几种解法的思路都很不错哦！这里既有通性通法，也有巧妙的解法。生 1 和生 3 依据多项式乘多项式的运算法则来解决问题，生 1 的解法更具有一般性。生 2 的解法体现了“一般到特殊”的思想，将 x 赋值 0 后得到一个关于 a 的方程，解这个关于 a 的一元一次方程即可求解。这里她运用的数学方法是“特殊值法”。生 4 利用了乘除法互为逆运算的关系，将一个乘法问题转化成了一个除法问题，体现了转化化归的数学思想。

下面是本题一道变式练习，看谁能最快解答出来。

已知 $(x+m)(2x^2-nx-3)=2x^3-3x^2+px+6$，其中 m, n, p 为常数，求 $m-n+p$ 的值。

由于对以上几种解法进行了比较分析，学生掌握了这类题的一般解题规律，对于这个较难一点的问题，都很快完成了解答。

这个案例中我们看到，在学生得出几种不同的解法后，教师运用“引导比较策略”引导学生对几种不同解法进行比较分析，既评出了一般解法和简单的解法，又评出了解题智慧，最后教师作为参与者也参与其中发表了自己的评价意见。教师站在更高的视角既对每种解法的合理性和依据进行了评价，又总结提炼出每种解法所隐含的数学思想方法，使学生的认识得到了提升。在师生的评价中，每位学生在对其他同学的解法进行比较评价时也在自觉地与自己的解法进行对比较评价中调整自己原有的思路和方法，从而丰富了解题策略与经验。本案例中，通过教师引导的相互评价，使学生从中深刻体会到了不同的数学思想方法在解决数学问题中的作用和价值，加深了对此类问题本质的认识，并在此基础上认识到了解决这类问题的一般思想和方法与规律，从而对于教师提出的较为难的变式练习就能很快地完成解答，提高了比较、分析、评判的能力，促进了学生“数学运算”和“逻辑推理”数学核心素养的发展。

3. 调节性量化评价策略

在传统的评价中，很多都是采用量化的方式对学生的学习行为和结果进行检测评判，并根据量化评价的结果对学生进行优劣等级的划分。即把量化评价作为工具对学生进行甄别与选拔。在 DJP 教学中，我们也采用量化评价，但这种评价不是用来甄别和选拔学生，而是为了调节学生的学习行为，激发调动学生参与学习活动的积极性。我们把这种量化评价称做“调节性量化评价”。

“调节性量化评价”是指在 DJP 教学中，采用分数(10 分制)的方式对课堂上学生参与学习活动的行为进行评分，然后把每位学生的得分计入其所在小组，最后根据小组集体得分的多少评价优秀学习小组来激发调动学生参与课堂学习活动的评价方式。由此可知，调节性量化评价采用的是小组捆绑式评价，主要目的是激发调动小组成员参与学习活动的积极性。

DJP 教学中的调节性量化评价的内容可分为：学习准备、学习过程(阅读理解或者阅读探究、讲解交流、质疑评价)、达标检测和总评[①]。如表 9-2，这些评价项目和组别用一张小黑板在教室墙列出。

表 9-2 小组量化评价表

组别	学习准备	学习过程			达标检测	总评	备注
		阅读理解(探究)	讲解交流	质疑评价			
一组							
二组							
三组							
四组							
五组							
六组							
七组							
八组							

① 余兴珍. DJP 教学中的调节性量化评价. 数学课程实践与探索，2009，(3)：50-51.

量化评价的具体细则和注意事项如下：

(1)学习准备评价细则

学生根据教师课前(课上)发的学案进行自主学习完成解决必做环节的问题。课堂上由教师或学生公布自学环节题目的答案，答案的正确情况按以下细则记分：①学习小组 6 人全部正确在小组总分中记 10 分；②没有全部完成或不是全部正确的小组，每完成 1 人记 1 分。

(2)学习过程评价细则

学习过程评价分为阅读理解(探究)、讲解交流和质疑评价 3 个部分。

第一，阅读理解(探究)的评价细则。阅读探究(探究)这一部分内容的评价可分为 3 种情况。一是知识较简单，可通过阅读教材完成的；二是与以前所学知识有关联，并且可以通过知识归纳、类比等方法完成的。对于这两种情况可采用课前自学评价细则。第三种是与以前所学知识无关联或有关联，但无法独立完成必须通过小组内的交流讨论才能完成的。评价细则为：通过学生自主学习、小组内讨论完成的每项内容记 2 分，最多不超过 10 分。

记分方式：①小组代表在全班讲解后由师生评价后记分；②各个相邻小组相互交换检测评价后记分。

第二，讲解交流的评价细则。讲解交流是指学生在利用学案自学后用口头语言对小组同伴和全班同学表达自己对所学内容的理解和见解。

评价细则为：①讲解者语言准确流畅、层次清晰、条理分明，讲解正确在小组中记 10 分；②讲解时语言准确、层次较清晰、条理较分明，讲解基本正确，在小组中记 8 分；③讲解者讲解时不完全正确，但通过小组内成员的补充完善，能够完成讲解内容，在小组中记 6 分；④讲解者讲述时语言不清晰、思路混乱，讲解内容不正确，但在教师或他人的启发下，能够完成部分内容，在小组中记 4 分。

第三，质疑评价(自评、互评)的评价细则。质疑评价是学生对自己、对他人在讲解时进行分析，以肯定成绩、纠正错误、加深理解的过程。评价时一般采用自评、他评和互评等方式进行。

评价细则为：①学生能够发现自己的错误并能够纠正错误的记 6 分；②组内其他同学发现错误并达到纠错的在该组记 5 分；③对其他组内成员讲的内容能够指出错误并能纠正错误记 5 分；④能够对他人的讲解进行评价分析，指出优劣的理由和根据，并能提出进一步深化的问题记 10 分。

(3)达标检测评价细则

达标检测是在一节内容学习完后，教师根据本节内容设计的检测题，目的是为了检测对本节课知识理解和掌握的情况，以便学生更好地检测自己和发现问题。

评价细则：满分 10 分，记分方法是以小组每位成员所得分数的平均分记入小组得分。

(4)总评

总评是对一节课中各学习小组在课堂上的学习、讲解、评价等活动所得的分数进行统计的过程。每天每个小组均设有记录员一名，记录员负责对自己组上得分进行记录、统计，记录、统计结果公示在教室后面的黑板上。总评分数统计后从高到低进行排列，评出优秀学习小组、达标学习小组、争达学习小组 3 个档次，分数第一为优秀学习小组，分数最后一名为争达学习小组，中间分数为达标学习小组。某组 1 周 5 节课，若 5 节都获得优秀学习小组，就确定该组为学习小组周冠军，1 月 2 次获得周冠军的将获得奖励。学习小组的评定根据每节课堂上学生学习表现、分数量化评出，及时对学生的学习情况进行表扬肯定。

(5)几点注意事项

第一，在使用此评价时对全班学生进行宣传动员，统一思想，统一认识，为争创优秀学习小组、学习小组周冠军而努力。

第二，对全班学生进行培训，特别是记分员的培训，组织学生学习量化评价标准和评价细则，才能有效实施评价。

第三，调节性量化评价要与定性评价有机结合，才能有效发挥评价的激励调控的功能，使评价发挥出最大效益。

第十章　导学讲评式教学中的学习评价

学习评价作为教育评价的主要组成部分，伴随着教育评价的发展，自20世纪20年代以来，经历了以桑代克为代表的学习效果评价(测量)、以泰勒为代表的教育目标评价、以布鲁姆为代表的教学有效性评价、以英国为代表的学习性评价以及我国新课标所倡导的发展性评价等阶段。在整个发展过程中，教育评价专家提出名目繁多的评价方式和方法，如，目标评价、形成性评价、终结性评价、发展性评价、过程性评价、表现性评价、档案袋评价和学习性评价，等等。这些评价方式和方法均有其时代背景、使用范围，以及与之相适应的教学方式。如果不能准确把握它们的实质和基本特点，在实际运用中，就会产生较大的负面影响。特别是在实际教学中，由于过分看重和夸大考试在评价中的作用，评价所关注的只是那些外显的、可测的学习结果，评价的主要目的也仅限于将学生进行等级划分、名次排序，使得许多学生只是"为分数"而学习，从而严重影响了学生的全面发展。就如布鲁姆所指出的那样，"这种不断贴标记的做法对个人的教育不可能带来益处，它对于许多学生的自我观念则可能具有不利的影响。身体上(以及法律上)被学校体系束缚了10年或12年，并在此期间反复得到消极的等级划分，这必然对人格与性格发展造成严重的不利影响"①。

在DJP教学中，我们建构了一种新的学习评价——学习内评价的理念和方法，并利用学习内评价有效地促进了学生的学习和理解。本章将系统介绍DJP教学中的学习评价。

第一节　现有学习评价的分析

为了深入理解各种学习评价的基本内涵，准确把握它们的基本特点和使用范围，充分而恰当的发挥学习评价的各种功能，从评价与学习活动的相互作用方式的角度，可以把学习评价分为3种类型：对学习的评价、为学习的评价和学习内

① 王凤，刘勇．论现代教学评价的功能与特点．西南农业大学学报(社会科学版)，2005，3(2)：99-101．

评价。其中，学习内评价是为了发挥评价的认知生成功能而提出的一种新的学习评价理念和方式。

一、对学习的评价

“对学习的评价”就是对学习的成效做出价值判断的一项活动，评价的目的是为了甄别与选拔，评价的标准是预设的各种学习目标，评价所关注的是学生在一段学习活动中所获得的学习结果与行为表现，评价的方式主要以考试测验与行为记录为主。评价所依赖的材料是“输入”的学习内容与“输出”学习的结果，即只关注学习的起点与终点，评价的效果是一段学习过程的“平均效果”。对学习的评价主要是对学习结果的评价，关注的是学习的最终成果，如泰勒的目标评价、艾克里文提出的形成性评价与终结性评价①，以及我国的“中考”与“高考”等。概括地讲，对学习的评价主要有以下几个特点：

第一，规范性。对学习的评价是依据一定的目的，按照计划去收集评价的材料和信息，有相对固定的时间和地点，评价的内容与标准是确定的、统一的，并且由专门的机构和人员来组织实施(一般是由教师进行组织，教师是最为直接的评价主体)。对学习的评价的这些方面的规范性，使得具有较强可操作性。因此，在教学中具有较为广泛的应用。

第二，客观性。在对学习的评价中把学生或学生的学习看作是被考察的客体，评价过程与学习过程不是同步的，而且是相互独立的。评价外在于学生的学习过程，评价者常常是以“旁观者”的身份来考评学习者。评价的内容主要是那些可以言明的结构良好的知识(如基本知识与基本技能)、外显的操作和行为表现。

第三，管理性。对学习的评价主要是为教学管理提供服务。评价是一种为教学决策收集提供信息的过程，其目的是为了甄别教学的有效性以及调整改进教学过程。为了便于比较和分出等级，评价常常是以“分数”的形式给出。在实践教学中，由于过分强调评价的管理功能，给分数以“崇高的地位”，使得“在评价过程中常常有这样的现象，只有在最后看到了分数后，评价者和被评价者心中才会踏实，有时甚至把教学评价等同于分数本身，而对教学评价内在所固有的目的和功能完全被置之脑后”②。

第四，封闭性。对学习的评价是按统一的标准、统一的内容、统一的方式进行的，从而在评价中演绎出的只能是那些已经设定好的价值，即评价只能对那些已有的价值进行判断，“它只是对那些给定的价值和给定的效用的陈述或记录”③，而评价本身不能产生新的价值。此外，评价所体现的是评价者的价值取向，而忽

① 钟启泉．课程论．北京：教育科学出版社，2007.
② 刘志军．走向理解的教学评价初探．教育理论与实践，2002，22(5)：45-49.
③ 约翰•杜威．评价理论．冯平，余泽娜，等译．上海：上海译文出版社，2007.

视了学习者的价值取向。因此，对学习的评价具有一元性(只体现评价者的预定价值)、单向性(只是评价者对学习者施加影响)和封闭性(只判断设定的价值而不产生新的价值)。

二、为学习的评价

为学习的评价是指为了支持与改进学生的学习而进行的评价，发挥的是评价的激励功能与发展功能。这种评价的代表有英国学者提出的“学习性评价”、日本所倡导的“教学与评价一体化”评价以及我国新课程改革所倡导的“发展性评价”。

“学习性评价”是指其设计与实施的首要目的在于促进学生学习的任何评价；是寻求与解释证据，让学生及其教师以此确定他们当前的学习水平，他们需要追求的学习目的以及如何达到所要追求的学习目标的过程[①]。显然，“学习性评价”把评价作为一种有效教学的工具或手段“镶嵌”在学生的学习过程之中，其目的是为了改进学生的学习，以达到所要追求的学习目标。

“教学与评价一体化”评价理念是：“评价是教学过程中一个重要组成部分和不可缺少的环节”“教学和评价都同时为了学生的成长和发展”[②]。评价的主旨是为了“支援学习”与“护理教学中学生的学习”，评价的效果主要体现在下一阶段的学习中，正如儿岛邦宏所指出的：“评价只有在下一步的计划制订中发挥作用，并且与改善教学相联系，才开始具有(真正的)意义”[③]。从评价所产生的效用来看，为学习的评价是一种“延伸性评价”，是一种指向“未来”学习的评价。

“发展性评价”是我国新课程改革所倡导的评价，在《基础教育课程改革纲要(试行)》中明确指出，要“改变课程评价过分强调甄别与选拔的功能，发挥评价促进学生发展、教师提高和改进教学实践的功能”[④]。“发展性评价是以充分发挥评价对学生学习与发展的促进作用为根本出发点，以融合教学与评价为基础和核心，以教师运用评价工具不断开展行动研究和反思，从而改进其教学和课程设计为中介或途径，并最终促进学生、教师教学以及课程三方面共同发展的评价”[⑤]。对学生而言，发展性评价要旨就是促进学生主动、全面和谐的发展。

概括地讲，为学习的评价具有以下特点。

第一，融合性。为学习的评价是基于学生学习过程的评价，强调评价与学习的相互融合，强调评价过程和教学过程的共时性和同一性，教学与评价不可分离，

① 丁邦平. 从“形成性评价”到“学习性评价”：课堂评价理论与实践的新发展. 课程·教材·教法，2008，28(9)：20-25.
② 张德伟. 日本中小学教学与评价一体化原则及其对我国的启示. 外国教育研究，2005，32(2)：31-35.
③ 同②.
④ 钟启泉，崔允漷，张华. 为了中华民族的复兴 为了每位学生的发展基础教育课程改革纲要(试行)解读. 上海：华东师范大学出版社，2001：8.
⑤ 于开莲. 发展性评价与相关评价概念辨析. 当代教育论坛，2007，(3)：36-38.

评价伴随于整个教学的全过程，评价所考查的不是学习过程中的某一些点，而是一个连续不断的过程。在实践教学中，通过对学生当前学习的即时评价、即时反馈、即时引导，使学生及时知道自己的学习与所期待的学习目标之间的距离，“明白自己在达到标准的过程中取得的进步以及如何深入学习”①。评价中的这种融合性使得所设定的教育价值较为容易地转化为学生所追求的学习价值，从而，通过评价可以产生一种持续的、较为持久的学习动力。

第二，多元性。为学习的评价涉及学习的方方面面，不但对学习过程中的学习结果给予及时评价，而且更加关注对学习过程本身的评价；不但要考察学力的显性侧面——知识、技能的维度，而且要考察学力的隐性侧面——经验、思维力、思考方式，以及动机、态度、价值观。“评价者要尊重被评价者的个体差异，用积极的眼光，从多个角度或方面去审视被评价者，发现其优点和长处，使其体验成功的乐趣，让其在自尊、自信中不断发展”②。评价中的这种多元性提高了评价的针对性与现实性，使得评价在关注学生个性发展的过程中，发挥了护理、支持和强化学生学习的作用。

第三，参与性。为学习的评价强调学习主体同时也是评价主体，不论是英国的“学习性评价”，还是日本的“教学与评价一体化”，均强调学生的自我评价与学习小组评价。在学习过程中，要求学生把自己的学习过程作为评价的对象，不断地进行自我回顾、考察和反思，使他们“认识所要达到的目标，懂得自我检测，能够从检测中找到可供进一步学习的指导性信息并反馈于自己的学习”③。“教师和学生通过分享评价过程，在课堂中建构反思性的学习文化和评价文化”④，这样，学生在学会知识的同时也学会了评价。

关于“激励”的教育教学价值，古今许多教育家均给予了高度的关注与肯定。3000 年前的古希腊学者普鲁塔戈就指出：“头脑不是一个被填满的容器，而是一把需要被点燃的火把。”德国教育家第斯多惠说：“教学的艺术不在于传授本领，而在于激励、唤醒、鼓舞。”美国哈佛大学的心理学家威廉·詹姆士在对职工的激励研究中发现：按时计酬仅能发挥员工能力的 20%～30%，而受到充分激励的员工其能力可以发挥至 80%～90%，相当于激励前的 3～4 倍。

从学生长期发展的角度来看，头脑这只火把更需要自己来点燃，这样它将会持续发光发热，如果一味地靠他人来点燃，由于缺少发自内在能量的维系，燃烧是不可能持久的，很可能是怎样被点燃，也会怎样被熄灭。他人的激励是外在的，总是附加某些感性的刺激强化成分(表扬、奖励、惩罚等)，是缺乏内在认识性的。而自我激励总是产生于某种认知基础之上的，是发自内心的，从而是可持续的。

---

① 冯翠典，高凌飚．从“形成性评价”到“为了学习的考评”．教育学报，2010，6(4)：49-53．

② 董奇，赵德成．发展性教育评价的理论与实践．中国教育学刊，2003，(8)：18-22．

③ 同①．

④ 张德伟．日本中小学教学与评价一体化原则及其对我国的启示．外国教育研究，2005，32(2)：31-35．

第二节 学习内评价的内涵及其特征

不论是“对学习的评价”还是“为学习的评价”均是把学习过程及其成果作为评价的对象，是外在于学习过程，而且一般是在学习者一个阶段的学习内容结束后进行的，没有把评价本身作为一种学习活动来看待。因此，我们不妨把“对学习的评价”与“为学习的评价”统称为“学习外评价”。我们在DJP教学的实验研究中，把评价作为了学生学习活动的有机组成部分和重要的学习内容，提出了一种新的评价方式——学习内评价。

一、学习内评价的基本含义

“学习内评价”是相对于“学习外评价”而言的。“学习内评价”是指学习本身所固有的、内在于学习活动之中的、能满足学习自身需要的认识性实践活动。它不是镶嵌在学习之中的，而是在学习过程中产生的，是学习的一项基本性质，是有效学习的组成部分。学习内评价具有以下3个方面的具体含义：

第一，学习内评价是学习本身所固有的基本性质。一方面，学习的对象——知识、经验、技能、态度、情感等是评价的产物，知识的意义是在比较中产生的，经验是在评判效果、说服自己的过程中形成的。另一方面，学习本身就具有评价的性质与要求。皮亚杰曾指出：“学习是一种通过反复思考招致错误的缘由、逐渐消除错误的过程”[①]，加涅也强调说：“学习的每一个动作，如果要完成，就需要反馈”[②]，这里的“反复思考”与“反馈”就是一种评价活动；而瑞典学者马顿说得更加直接：“学习即鉴别[③]。”评价是学习的一个内在性质，是成功学习的应然需要和必然要求。此外，学习内评价的标准不是外摄的，而是由学习自身提供和生成的，即由知识的性质、学生认知发展的特点，以及学习本身的特点共同决定的，是在学习过程中由于学习自身的需要而产生的，并且在评价的过程中生长着，是与判断一起改善的；好奇心的满足、知识意义的成功构建、学习过程中的乐趣本身就是学习的报酬和奖励。

第二，学习内评价是学习活动的有机组成部分。由于学习内评价是学习活动本身所固有的评价，它伴随学习活动过程而产生和进行，因此，它是在学习活动之中的评价。如，在DJP教学中，学生在学案的引导下，通过自主学习之后，在

① 施良方．学习论．北京：人民教育出版社，2000．
② 莫里斯·L.比格．学习的基本理论与教学实践．张敷荣，张粹然，王道宗，译．北京：文化教育出版社，1983．
③ 郑毓信．变式理论的必要发展．中学数学月刊，2006，(1)：1-3．

班上讲解自己对所学知识的认识，班上同学再对其讲解各自发表自己的见解，教师在学生评说的同时也参与这种评说并进行相应的点评。通过师生的评析过程，使讲解者原先正确的认识得以固化，错误的认识得以矫正，从而获得知识意义的正确认识[①]。在学习内评价中，强调评价与学习的相互融合，评价者与学习者的相互融合，可以说，学习活动就是评价活动，而评价活动也是学习活动。学习内评价不是完成某种任务，而是一种持续的过程；它是学习活动主要的、本质的、综合的一个组成部分，贯穿于学习活动的每一个环节。

第三，学习内评价本质上是一种认识性的学习实践活动。学习内评价的目的是认识学习及其学习对象的价值，不是拿价值去判断，而是通过判断去认识、发现、生成、感悟价值，就如美国《国家科学教育标准》所指出的那样："评价和学习是一枚硬币的正反两面……当学生参与评价时，他们应能从这些评价中学到新东西"[②]。学习内评价是和学习活动同步进行的，评价的作用不但体现在学习的各个方面，而且体现在学习的每一个环节中。通过学习内评价"撩开遮住视线的面纱"，使学习者看到或感悟到学习对象的特质；通过评价性的对话来表达、理解和解释学习对象的这种特质，进而使学习者的认识达到精致化并且具有某种预见性，最终达到评出意义、评出理解、评出价值、评出情感、评出自信、评出生命活动的状态等学习目的。学习内评价的目的不是为了"证明"与"改进"，更不是为了"甄别"和"选拔"，而是为了"明了"和"认识"，它具有很强的认知功能和生成功能。

二、学习内评价的基本特征

学习内评价在 DJP 教学中有充分的体现与广泛的应用。下面将结合 DJP 教学改革实验来讨论学习内评价的基本特征。

1. 内蕴性

"学习内评价"的内蕴性是指评价不是外界环境对学习施加的影响，而是学习本身的一种内在性质。主要体现在以下几个方面：

第一，评价是学习的构成要素。早在我国的传统文化典籍《中庸》中就把评价作为学习的重要环节，它所提出的学习环节是："博学之，审问之，慎思之，明辨之，笃行之"，其中的"明辨之"就是一种评价活动，而在"审问之"与"慎思之"中也必有评价的参与，否则便难以做到"审"与"慎"。著名心理学家布鲁纳指出，学习包含 3 种几乎同时发生的过程：①新知识的获得；②知识的改造；③检查知识是否恰当和充足。我们通过评价我们运用知识的方式是否适合于手边的任务来检查知识或资料是否恰当和充分，这样一种评价，常常包含对知识的合理

① 王富英，王新民，谭竹．DJP 教学：促进学生主动学习的教学模式．中国数学教育，2009，(7-8)：8-10．
② 王凤，刘勇．论现代教学评价的功能与特点．西南农业大学学报(社会科学版)，2005，3(2)：99-101．

性的判断[①]。在学习过程中，评价以保护、完善与确认的方式参与知识意义的建构。如，在关于“平方差公式”的 DJP 教学中，几乎全班学生都认为平方差公式 $(a+b)(a-b)=a^2-b^2$ 中的字母不能为零，当老师给出等式“$(0+0)(0-0)=0^2-0^2$”后，这些学生建立了如下知识意义：“a，b 等于 0 时公式没有错，但是它没有实际意义。”其中，有一个学生有感悟地说：“老师您所举的例子说明，a，b 还是可以为 0 的。”在这一学习过程中，通过师生的对话，促使学生主动检查评析原有认识的恰当性，修正不正确、不合理的认知，从而完成了知识意义的建构。

第二，评价是学习主体与学习客体相互作用的一种内在形式。在学习内评价中，评价的本质就是比较与鉴别。学习者在学习活动中将自己的视域不断地与他人和文本视域进行比较与鉴别，最后达到相互融合而获得知识意义的深入理解，情感态度的不断完善[②]。皮亚杰在发生认识论中指出，认识是一种反身抽象(反身抽象是指大脑对心理活动本身的思考，而不是对外部事件的思考，而产生一种前后连贯的信息系统的方式[③])的内源过程，其中“同化”与“顺应”是两种基本过程。“同化”是指个体对刺激输入的过滤或改变的过程，在此过程中，学习者的主要活动是对学习信息选择，通过比较、筛选、价值判断选择那些“最合意的”“最有价值的”的信息作为学习的对象，因而“同化”具有评价的性质。“顺应”是指有机体调节自己内部以适应特定刺激情境的过程，在此过程中，学习者审视、矫正、重组内部图式以优化自己的认知结构，这样，“顺应”也具有评价的性质。因此，如果说“个体的智慧和认识是通过与环境相互作用而得到生长和发展的”[④]，那么，学习内评价就是这种相互作用的一种内在形式。

第三，评价是学习者的自组织学习活动。“自组织是指系统在没有任何外部指令或外力干预的情况下，自发地形成一定结构和功能的过程和现象”[⑤]。学习内评价，使得学习者成为评价的主体，评价不再是作为一种手段或环节镶嵌在学习过程之中，而是作为一种矫正机制内在于学习活动之中，自发地改进和完善自己的内部知识结构与经验结构；评价变成了学生学习的内在需要，成为了学生自觉的学习行为，特别是学生可以根据知识本身的价值与自我发展的愿望来确定评价的标准或价值。如，在 DJP 教学的课堂上，在听到他人的评议时，经常会看到有学生主动去修改先前已板书好的内容(本小组有待讲解的内容)，在后面讲解的同学也常常借用前面学生讲解时所提出的思路、方法以及所使用的表征方式。

① 莫里斯·L.比格. 学习的基本理论与教学实践. 张敷荣，张粹然，王道宗，译. 北京：文化教育出版社，1983.
② 王新民，王富英. “讲解性理解”的基本含义及其价值. 内江师范学院学报，2010，25(4)：71-76.
③ 施良方. 学习论. 北京：人民教育出版社，2000.
④ 同③.
⑤ 李祎. 数学教学生成论. 北京：高等教育出版社，2008.

2. 对话性

当代教学理论指出，对话是教学的本质，“没有沟通就不可能有教学”[①]。在学习内评价的过程中，学习者为了使自己的观点和见解获得他人的评析以确立自己的认识是否正确，就要与他人进行对话交流，对话成了学生学习活动的基本方式。因此，作为学习活动有机组成部分的学习内评价也就自然具有了对话的性质。实际上，学习内评价作为一项学习实践活动，是内隐的，是不能被测量的，评价信息的产生与选择，评价过程的展开以及评价效果的反馈等，均需在对话的过程中进行。特别是评价的标准，除了知识本身所具有的相对确定性外，主要是美国著名教育评价家艾斯纳所提出的“结构的确证性”(证据之间的一致性)和“参照的适切性”(有助于理解教育现象)[②]，而后两者只有在对话与沟通之中才有可能达成或实现。

需要明确的是，我们这里所说的学习内评价的对话，并不是传统教学中的“一问一答”式的师生互动活动，而是一个相对完整的学习过程。在 DJP 教学中，这种对话性的评价一般经历以下 4 个阶段：一是展示。学习者将自己或小组的学习成果或作品通过语言描述(口头的或书面的)呈现出来。二是解释。利用一定的依据、理由或实例来说明或维护所呈现的内容的意义，使得同伴或老师能够理解。三是评判。通过师生质疑，发表各种观点或看法，“你们的想法是这样的，但我们的观点不同”，进行各种视域的融合与碰撞，以获得意义丰富的评价性信息；四是反思。提炼知识要点、明晰知识意义、分享学习成果，通过反思，明确自己以及他人在完成任务过程中的作用，体会和认识自身的价值、他人的价值、合作的价值、数学的价值等。评价的 4 个对话阶段，使学生经历了相互关联的两个学习过程：一是个性化的学习过程；二是社会化的学习过程。在对话形式上，学习者经历了与文本的对话、与自我的对话、与同伴的对话和与老师的对话。在对话内容上，开展了行为操作的对话、思想认识的对话以及情感态度的对话，从而较好地体现了新课程提出的“三维目标”。

对话性的评价使得评价真正走向了民主与平等，它改变了传统教学中那种老师总是测验、评判，而学生总是被测验、被评判的一元化的、单向度的外在评价方式，从而降低了评价的“对抗性”与“风险性”。教师仅是作为评价的一极，平等地参与到学生的学习当中，评价成为了师生进行双向交流、沟通的学习活动。正如弗莱雷所指出的那样：“通过对话，学生的教师和教师的学生不复存在，代之而起的是新的术语：教师式的学生、学生式的教师，教师不仅仅去教，而且通过对话被教，学生在被教的同时，也同时在教。”[③]可以说，学习内评价是学生学

① 钟启泉．对话与文本：教学规范的转型．教育研究，2001，267(3)：33-39．

② 李雁冰．课程评价的新途径：教育鉴赏与教育批评——艾斯纳的课程评价观再探．外国教育资料，2000，(4)：14-18．

③ 胡典顺，何晓娜，赵军．数学教学　走向对话．数学教育学报，2008，27(6)：11-13．

习活动中的一种基本的对话交流方式。

3. 生成性

在教学中，“生成”是与“预设”相对的一个概念，是指教学内容与资源不断发展与创造的过程。生成性教学具有参与性、非线性、创造性与开放性等基本特征[①]。从本质上看，学习内评价是一个在师生共同参与的探究学习活动中，意义、精神、经验、观念、能力的动态生成过程。

首先，评价的标准是动态的、开放的。学习内评价审视的是变动而复杂的学习过程，所关注的是学生在知识、经验、能力、思想、情感与精神等方面的发展变化，因此，不可能也没必要事先设置一个明确而具体的评价标准。评价的标准生成于学习过程之中并随着学习的进程而变化，其中包括意义建构的合理性、知识结构的正确性、操作经验的有效性、理解解释的适切性以及生命活动的主动性等。这些标准都是过程性的，其价值和作用只有在评价过程中才能体现出来，即学习内评价的价值不是预设的而是生成的。

其次，评价的过程和方式是多元的、非线性的。评价的信息是学习过程中所产生的一切有发展价值的学习性信息。对评价信息的选择体现了学习者的独特视域，可以选择认知性的信息，也可以选择情意性的信息；可以针对正确的信息，也可以针对错误的信息。评价的方式是以对话为基础的多种形式，有自评，也有他评；有量化评价，也有质性评价。因此，学习内评价的效果是多种因素、多种方式共同作用下形成的。在 DJP 教学中，为了评价学生的评价意识和评价能力，除了鼓励每位学生积极参与评价活动外，每节课都设有专门从事评价活动的学习小组，它们负责对全班同学的学习活动做出审视、鉴别与欣赏。

最后，学习内评价具有创造性与超越性。在评价中，学习者通过操作自己知识与思想的过程，发现并放大那些重要的、本质的、具有生命价值的而且又是隐性的东西。“评价的目的在于发现与阐明课程的实践性问题，以及针对教师的决策构成提示改进的方法。”[②]一方面，通过评价，学生构建知识的新模式，生成新的解释系统，“把新信息组织进一个牢固的整体，这个整体会弄清楚新信息并使之与他们的经验和知识相一致”[③]。如，在关于平方差公式的学习中，通过对话性的评价，在学生心理上形成了一个关于平方差公式的清晰稳定的符号结构：“相同的项在前，相反的项在后”“a、b 既可以是常数、字母，也可以是单项式、多项式”。另一方面，评价成为了学生发表自己观点，展示自己生命活力的过程，通过评价生成学生生命活动的过程和状态，体验人格的尊严、

① 李祎．数学教学生成论．北京：高等教育出版社，2008．
② 佐藤学．课程与教师．钟启泉，译．北京：教育科学出版社，2003：39．
③ 同①．

真理的力量、创新的价值、交往的乐趣与人性的美好，“感受课堂中生命的涌动和成长”。由此，学习内评价具有发现与创新的功能。

4. 反思性

苏格拉底说：“未经审视的生活是没有价值的生活”[①]。学习作为学生的基本生活方式和生命成长的过程更需要审视，需要学习者时时刻刻查问和审视自己的学习历程、学习状态和所接受与产生的各种知识经验，唯有此，学习才是有效的、富有价值的。这里的“查问”和“审视”就是所谓的“反思”。著名美国教育家杜威将“反思”界定为：“所谓的思维或反思，就是识别我们所尝试的事和所发生的结果之间的关系”[②]，并且指出了反思性思维所应具有的特点：意识性、连续性、逻辑性、目的性、确定性、推动性[③]。在传统的教学中，学生习惯于“教师讲、学生听”“教师传，学生接”的学习方式，秉承“熟能生巧”的学习理念，耽于大量的重复训练之中，学生没有机会、也没有意识到要进行反思，即使有时也强调反思，那也是强迫的、被动的、形式的，反思没有真正成为学生自觉有效的学习行为。在学习内评价中，反思不但是一个重要的对话性环节，而且，评价本身就是反思(查问和审视)学生学习活动的过程，因此，“反思”是“学习内评价”的一个内在性质。

在 DJP 教学中，学习内评价的反思性主要有以下 3 个特点：

第一，反思的自觉性。学习内评价使得反思成为获取知识意义的必要环节而转变为学生学习的一种需要，这种需要主要体现在 3 个方面：其一，学习者要把自己的理解和观点展示、解释给老师与其他同学，就必须对自己学习的心路历程进行反思；其二，在接受大家的评价时，为了维护或完善自己的理解或观点，需要再次查问和审视自己的学习过程；其三，在对他人进行评价时，需要同时考问自己与他人的学习过程。

第二，反思的连续性。学习内评价中的反思不是发生在学习过程结束之后的单独的一项活动，而是融合在学习的活动之中，伴随学习过程始终的一种思维活动，“它是由一系列被思考的事情组成的，其中各个部分联结在一起，持续不断地向着一个共同的目标运动”[④]。

第三，反思的层次性。从评价的进程来看，学习内评价经历了具有递进关系的 3 种层次的反思。首先，是个体化的反思，是学生对自己学习文本(教材、学案)知识的过程，以及所形成个性化的知识意义进行查问与审视，将经验中的模糊、疑难、矛盾和某种纷乱的情境转化为清晰、连贯、确定和和谐的情境；其次，是

① 罗纳德·格罗斯. 苏格拉底之道. 徐弢，李思凡，译. 北京：北京大学出版社，2005.
② 约翰·杜威. 民主主义与教育. 王承绪，译. 北京：人民教育出版社，1990.
③ 约翰·杜威. 我们怎样思维·经验与教育. 姜文闵，译. 北京：人民教育出版社，1991.
④ 同③.

讨论性的反思，是对学习小组讨论、交流、协商过程，以及所形成的知识意义的查问与审视，确定对话性讲解的内容、策略及方式；最后，是对话性的反思，是对师生讲解过程的查问与审视，是各种视域相互碰撞、相互融合的过程，包括教师的点评、学生的质疑、各种思想方法的比较、不同观点的辩论等，以完成知识意义的社会化建构过程。

第三节　导学讲评式教学学习评价案例

为了更加深入地理解 DJP 教学中学生学习的本质特点，本节选择了一节 DJP 教学案例，从微观的层次面上剖析了 DJP 教学的学习效果。该教学案例是成都市龙泉第一中学邹长碧老师的《等差数列求和性质的应用》(以下简称“Z 课”)，其教学环节为：学案导学—对话性讲解—学习性评价。本节课学案见附录三。

本评价案例采用的是量表评价法，所采用的量表是由王新民与北师大秦华博士联合编制的三维度中学数学课堂教学学习评价表，其中的 3 个维度是学习内容、学习过程与学习方式。学习内容包括背景知识与学习任务；学习过程包括教师启发引导、学生展示思维、学生参与度、教师讲解、学习连贯性与课堂学习的权威性来源；学习方式包括学习方法与个体差异。3 个维度具体内容的界定及评价层次的划分，将在案例分析中进行详细阐述。该量表的内容结构如表 10-1 所示。

表 10-1　中学数学课堂学习评价表

一级维度	二级维度	评价标准	评价等级
学习内容	背景知识	把数学与各种学科背景知识有机地联系起来，展示数学知识的来龙去脉，有利于学生知识意义的建构和对数学知识价值的认识	
	学习任务	学习内容对学生具有一定的挑战性与探究性，需要归纳、类比等合情推理，探索与理解数学观念、过程和关系的本质	
学习过程	教师启发引导	教师提出的问题推动对话的进展，能引起学生的深层次思维，探索数学本质。让学生对各种观点进行评价，比较不同问题或策略之间的本质区别与联系。教师给学生及时反馈，把学生提供的正确想法运用到教学中	
	学生展示思维	学生敢于质疑、展示、讲解或描述他们的想法，问题解决、数学思考能够联系各种数学观点，展示多种策略或表征，并且完整、系统地讲解或解释为什么这种策略有效	
	学生参与度	学生具有较高程度的行为参与、情感参与、认知参与，不但积极主动地参与数学思考、问题解决等高认知活动，而且能够参与教学组织、教学评价等决策活动	

续表

一级维度	二级维度	评价标准	评价等级
	教师讲解	讲解准确、清晰、富有启发性，能够引导学生积极思考、求知求真，激发学生的好奇心；通过恰当的归纳和示范，使学生理解知识、掌握技能、积累经验、感悟思想	
	学习连贯性	教学内容呈现条理清晰；教学活动能够让学生经历知识的产生与形成过程，使他们在实践中发现提出问题，并且在实践中探寻规律和结论；教学各环节之间衔接自然	
	课堂学习的权威性来源	师生数学学习的共同体是课堂学习的权威，课堂中所学的知识是师生合作工作的产物，特别是能够体现学生的智慧与贡献	
学习方式	学习方法	学生运用认真听讲、积极思考、动手实践、合作交流、自主探究、运用信息技术、撰写研究报告等多种学习方式方法学习	
	个体差异	充分体现学生学习的主体性、差异性与自主性。在任务设置、提问、作业布置、个别辅导、小组合作学习等方面关注学生的个体差异	
总体评价			

一、学习内容

在以往的教学设计或教学评价中，一般是从教学内容的地位与作用、教学目标(知识目标、能力目标与情感目标)和教学重难点 3 个方面来考虑“学习内容”的。在本评价中，是从“背景知识”与“学习任务”两个维度进行考查的，把评价的重点放在了学习内容的知识特色和学习要求的针对性上，将学习目标与学习重难点融合在具体的学习内容之中，使之具有一种过程属性。在具体的课堂教学评价中，既要考察静态预设的文本内容(学案)，更要关注那些课堂中动态生成的学习资源。

1. 背景知识

背景知识是学生熟悉的与主体知识具有密切联系的一类知识，它在主体知识的学习中主要起支撑的作用，为知识或学习意义的生成提供合适的土壤。通常，可将背景知识分为两类：一类是学科背景知识，主要是指与所学知识有密切联系的旧知识，这类背景知识有利于构建模块式的数学知识结构；另一类是生活或科学背景知识，主要是指与所学知识有关联的学生的生活经验或所熟悉的科学事实现象，这类背景知识有利于丰富知识意义的生成，增加对数学知识的文化认识。

在 Z 课中，背景知识的运用比较单一，可能是由于课型的不同所造成的。这是一节关于等差数列求和的习题课，目的是强化等差数列求和性质之间的联系，探究各性质在解决问题中的策略方法。所使用的只有学科背景知识，在“梳理知识”中将本节课所应用的旧知识进行系统的整理。从课堂上学生所展示的解题思路来看，这些背景知识发挥了重要作用，特别是“片断和”“奇偶项和”以及“函数”等性质(旧知识)，学生组合出了灵活多变的解题方法和策略。

背景知识绝对不是一种“点缀”，它应该是教学内容中不可或缺的组成部分。在 DJP 教学中的背景知识与所学知识有机地融合为一体，发挥了良好的奠基以及丰富知识意义的作用。

2. 学习任务

学习任务主要是对于学习内容的认知难度而言的，在进行评价时，主要考虑的是围绕本节课重点或难点所提问题的难易程度。在本评价中，将学习任务分为 4 个认知等级，难度由高到低依次为：①开放型问题(做数学)，没有现成的解题思路，具有一定的挑战性与探究性，需要归纳、类比等合情推理；②有联系的程序型问题，有现成的解题思路或解题程序，但需要进行选择、组合、调整思维策略；③无联系的程序型问题，直接套用现成的程序(公式或法则)即可解决；④记忆型问题，回忆既定的事实、公式或规则。

Z 课的重点是等差数列基本公式与求和性质的应用，主要通过“典型例题”与“拓展练习”的解答来体现。虽然解答这两个问题的思路可以从“梳理知识”中的公式与性质组合出来，但在学习过程中，不但学生自主地给出了“一题多解”——例题给出了 4 种解法，“拓展练习”给出了 5 种解法——有些解法具有较强的创造性，如，“拓展练习”的解答中所给出的“数形结合”的方法，需要构造所需的图形，而且通过学生分析，比较了各种方法的特点、优劣以及使用的条件(学习内评价)，认识到“性质”在解题中所发挥的独特作用。特别是解答例题之后的编制“变式练习题”的学习活动，具有很强的挑战性和创新性。因此，本节课的教学任务整体上达到了“做数学”的水平(优)。

二、学习过程

DJP 教学中的学习过程是教师引导学生获取知识、更新知识与运用知识的过程。教师通过精心组织材料，引导学生观察、思考，指导学生学会和运用知识，对学生提出一定的目标，并对学生掌握知识、技能和技巧进行评价等；学生听取教师的讲解，按照教师指定的作业(或自觉地)理解、巩固并运用所学的概念、定理、命题，灵活运用所学的数学知识解决问题等[①]。学习过程是 DJP 教学的主体部分，对学习过程评价的角度比较多。本评价选择了教师启发引导、学生展示思维过程、学生学习参与度、教师讲解、教学连贯性与课堂学习的权威性来源 6 个维度来进行考查，主要突出了对课堂上教师行为与学生行为以及学习内容呈

① 曹一鸣，张生春．数学教学论．北京：北京师范大学出版社，2010：58-59.

现方式的评价。

1. 教师启发引导

在我国，关于启发式教学的特征主要是通过孔子提出的“不愤不启，不悱不发”以及《学记》中的“道而弗牵，强而弗抑，开而弗达”来刻画的。“问题是数学的心脏”，“问题驱动”是数学教学中最重要的教学原则之一，因此，数学课堂教学中，教师的启发性集中地体现在教师提出的问题和对学生相应回答的反应方式上。为了对课堂上教师所提问题进行评价，我们将问题划分为由低到高的4个层次：记忆性问题、解释性问题、综合性问题与评价性问题。关于老师对学生回答问题的反应方式也划分了由低到高的4个层次：忽视、接纳、鼓励与运用。

因为Z课所采取的是以学生讲解展示为主的DJP教学方式，老师的提问比较少。大多数的问题是关于启发学生提问与探讨解题策略方面的问题。如，“同学们对这一部分内容还有什么问题？”“对等差数列求和性质这部分内容的梳理，同学们有什么疑问或者说你有什么问题要提？”“数列这部分内容当中，如果要从减少计算量的角度入手的话，应该从什么角度考虑？”“我们在做题的时候如何来选择？你是怎么选择的？大家对两组同学的解答满意吗？”这些问题具有很强的开放性，可将学生的思维引向更为广泛的空间。还有一部分问题是引导学生交流体会、感悟与看法的。如，“其他同学还有什么体会吗？同学们，还有什么感悟？”“你们是怎么考虑的？”“答案是不是我们的最终目的？”“我们归纳一下，刚才同学们不同的解答，你有什么体会？换句话说，你认为这个题怎么解答最优？”“通过刚才的不同解法，你觉得通法和巧法之间有什么关系？”这些问题明显具有分析、比较与评价的性质，可引导学生进行自我反思、自我认识，增加学习的主体性。这两类问题均可激发学生进行高认知思维，特别是能够引导学生去发现问题、提出问题，可以有效培养学生的创造性思维能力。因此，可以认为，在本节课的教学过程中，老师提问达到了最高层次——评价性问题水平(优)。

在课堂上，老师对学生讲解或回答，用得最多的回应方式是面向全班同学提问：“同学们，清楚了没有？”以此来表达对学生的讲解或回答的肯定。这种肯定比单纯“鼓励”的方式所产生的满足感与成功感更为强烈，因为这其中包含了老师的肯定，更有价值的是能够得到同伴的认可。除了这种回应方式以外，老师还通过概括评析的方式进行回应，如，“可以把这道题举一反三，是吧，触类旁通，运用性质大大地减少了我们的计算量，是应优选的方法，很好。”“刚才不同的同学对我们的第一个问题从不同的角度进行解答，我们有同学使用了最容易想到的方法，那么，采用的是什么——基本量法，大家来体会，基本量法的运算量大一些(许多学生附和)；我们有的同学呢，从什么入手？从性质入手，因此，它的运算量小一些(许多学生附和)；我们有的同学呢，把$S_{偶}$和$S_{奇}$看做整体(许多学生附和)，然后通过方程来解决。”这种回应方式实际上起到了“推广”运用学生解题思想方法的作用。

教师的提问达到了评价性问题水平，而在回应学生的方式上达到了运用的层次，因此，这节课教师的启发引导应该达到优等级。

2. 学生展示思维过程

随着新课程改革的不断深入，“师生积极参与、交往互动、共同发展”的教学活动理念逐步被广大一线教师所接受，并比较广泛地体现在了课堂教学之中。“学生展示思维过程”不但成为了教学的一个重要环节，而且也成为了学生发挥学习主体性的一种有效学习活动方式，特别是“学生讲解”已成为数学课堂教学中一种常规学习方式。关于课堂中“学生展示思维过程”的评价，既要考虑展示的方式(展示的充分性)，也要考虑展示的内容(展示的思维水平)，通常可划分为由高到低 4 个层次水平：一是讲解的层次，是指学生面向全班同学完整、系统地讲解说明他们解决问题的策略、方法、观点等；二是展示的层次，是指学生面向全班同学完整、正确地展示(板演或多媒体展示)他们的解题过程；三是描述的层次，是指学生面对老师的提问描述他们的想法或解题步骤；四是回答的层次，是指学生面对老师的提问只提供简短的答案(如“是”或“不是”)。

在教案教学中，学生展示思维过程的主要是“老师问，学生答”的方式。首先由学生从座位上站起来回答老师所提出的问题，然后，通过老师的复述或板书传递给全班学生。在大多数情况下，以“老师问，学生答”的方式所展示的思维过程并不都是学生自发生成的，其中包括了许多老师的思维成分，缺少了一些独立性与主动性，因此，很难充分展示学生的思维过程及水平。

在 DJP 教学中，“学生讲解”不但是一个中心的教学环节，而且也是课堂上最为主要的学习活动方式。与学生站在座位上描述自己的思维过程相比，面向全班同学的讲解所展示的思维过程更充分、更全面，思维也更深刻，并且学生的情感参与也更为积极丰富。正如一位学生所说的那样：“站在座位上回答老师的问题，我只是对老师负责，即使我有点说不清楚，老师也能够听得懂。而站在讲台前面讲解就不一样了，我要对全班同学负责，就要像老师那样把题目讲清楚，让大家听懂。”由于学生站在黑板前面直接面向全班同学，就有了和同伴进行直接交流的机会，在学生讲解时，不但能够完整地展示自己的思维过程，而且在与同学们交流沟通过程中可以不断丰富完善他们的思维和知识意义。这些体现在如下 Z 课所示的两个课堂实录片段中。

案例 10-1　等差数列求和性质的应用

课堂实录 1：

生：刚才那个同学，她说的方法和我们一样，都用的是等差数列的性质，但是我觉得她用的是性质1。所以用起来，那个片段和特别复杂。我们用的是一个简单的方法——性质2(3)。请同学们翻看一下前面的性质2(3)，就是若$\{a_n\}$是等差数列，那么点列$\left\{\frac{S_n}{n}\right\}(n\in Z^+)$就成为等差数列，对不对？然后我们就可以这样做，可以先读题嘛。$S_m=30$，$S_{2m}=100$，对不对？然后，我们就可以先设$T_n=\frac{S_{nm}}{n}$，对不对？最后，T_1就可以求出来，T_2也可以求出来，对不对？根据那个题意，明白吗？

全班：明白。

生：然后，根据性质2(3)，$\{T_n\}$就为等差数列，对不对？所以，我们要求的是不是$10m$？就可以先设求出T_{10}。T_{10}就等于S_{10m}除以10，对不对？因为它是等差数列，所以就可以先把d求出来。再把这个T_{10}求出来，对不对？这里用的是等差数列的通项公式，再乘以10，就可以求出我们的解。清楚了没有？

全班：清楚了。

课堂实录2：

生1：请大家看一下这道题(展台出示)，注意不要出错哦！

师：哦，你的意思叫大家作为作业，让大家试一试吗？

生1：不是，让大家先算，算了以后，我再告诉大家小窍门在哪里。

师：那你给大家多少时间？

生1：1分钟。

师：好，1分钟。

生2：快点儿，这个很简单的，快点儿！

生1：有没有答案了？

生1：n的值是多少？有没有人算出来了？

生1：n的值是多少？

师：给大家一点儿时间，好吗？

生1：×××你的答案是多少？

生3：50。

生1：错了！我给大家解答吧，大家看，我写的解答只有3步。

全班：看不清。

生1：写错了吗？哦，写错了。因为我刚才也犯了同样的错误，而应该是等于10，我请大家注意一个地方，大家看我设的这个项数是多少？

全班：$2n+1$。

生1：再看前面的性质它应该是等于$\frac{n}{n-1}$的时候，我们设的项数是$2n-1$，现

在我把它变成了 $2n+1$ 了，所以说，$\frac{S_{奇}}{S_{偶}}=\frac{n+1}{n}$，这一点没有问题了吧？

全班：没有。

生 1：因此，正确答案是 10。大家做题的时候一定要小心！好了，没有问题了吧？

全班：没有。

生 4：你算出 $n=10$ 吗？你不是设的项数是 $2n+1$ 吗？那么你解的那个项数应该是 21。

生 1：你把题看错了，我求的是 n 的值不是项数！看清楚了没有？求的是 n 的值。没问题了吧？

全班：没有。

在课堂教学中，“学生提问”也是展示思维过程的一种方式，并且是展示学生创造性思维的一种有效方式。在《义务教育数学课程标准(2011 年版)》(以下简称《义教新标准》)中，在课程总目标中提出了“增强发现和提出问题的能力”。在《义务教育数学课程标准(2011 年版)解读》(以下简称《解读》)中提出了“提出问题方面”的评价标准。①提出问题的意识：面对一些熟知或陌生的现象或情境是否具有从中提出问题的习惯。②提出问题的新颖性：提出的问题是否有一定的独创性。③提出问题的深刻性：提出的问题是否能触及事物的本质[①]。在 Z 课中学生提出了一些具有新颖性、独创性的问题，并在老师的组织下展开了讨论。

课堂实录 3：

生 1：现在给了两种解答，这两种解答如果有条件限制的时候，哪一种更简便，应用的时候有什么样的限制？

师：同学们，清楚这个问题了没有？哪个组的同学来接这个招？那老师点啊，我点第二组。好，第二组的同学，来说说你的看法。

生 2：我觉得第一组讲的主要是利用 $S_{偶}$ 和 $S_{奇}$ 之间的关系，刚刚第三组同学讲的主要是应用下标和性质。性质的选择主要侧重……在它的条件里面要侧重哪一方面思想，是用下标和性质，还是用奇数项和与偶数项和之间的关系。

通过上述分析，这节课展示学生思维的层次达到了优的水平。

3. 学生学习参与度

关于“参与”，不论是参与的方式，还是参与的内容都是比较复杂的课题。华东师范大学的孔企平教授从参与的内容将学生的学习参与分为 3 个维度：一是行为参与，包括热情、坚持、专心、钻研等；二是认知参与，包括记忆、观察、

① 教育部基础教育课程教材专家工作委员会. 义务教育数学课程标准(2011年版)解读. 北京：北京师范大学出版社，2012：299-300.

语言、思维、经验、理解、认识；三是情感参与，包括兴趣、快乐、自信心、观念。陈晨和陈卫东从参与中决策者的角色将参与分为5个层次：成人做主，儿童被动参与；成人主导，儿童参与；成人授权，儿童组织和做决定；儿童完全主动，成人不参与；儿童组织，成人参与[①]。在《解读》中指出："数学教学应该是教与学的行为主体具有一定参与度的活动。这里的'参与'不仅指态度、行为，更指数学思维；不仅指参与的形式，更指所收到的实际学习效果。"[②]因此，对学生学习参与度的评价既要考虑参与的内容，又要考虑参与的方式。通常可以将课堂中学生的学习参与分为由高到低的4个层次水平：第一个层次是主体性参与。学生在学习中，不但积极主动地参与数学思考、问题解决等高认知活动，而且也参与教学组织、教学评价等教学决策活动。第二个层次是引导性参与。在老师的引导下，学生积极主动地参与数学思考、问题解决等学习活动当中。第三个层次是指令性参与。学生完全是按教师的指令参与学习活动，缺乏自主性。第四个层次是被动参与。在学习过程中，学生缺乏主动性，注意力不集中或盲目被动地参与一些学习活动。

在Z课中，学生不但占用了课堂上的大多数时间，而且参与了学习内容的选择、学习活动的发起和组织(如课堂实录4)，特别是参与了大量的学习评价活动。如，学习准备中的知识梳理活动完全是在第五组学生的组织下完成的。在大多数的学生讲解中，并不是一味地展示自己的解答或思维过程，而是像老师讲解那样，通过提问来引导组织同伴的思维过程。课堂中的许多解题思想、方法、策略，大都是在学生参与评价中提炼明确的(如课堂实录5)。因此，本节课学生参与达到了主体性参与的水平(优)。

课堂实录4:

师：同学们明确了没有？你的意思是，要把你们组的变式拿给同学们做，是吧？

生：是。

师：你们有没有意见？

全班：没有。

师：好，那么你打算给多少时间？

生：这道题非常简单，最多2分钟吧。

师：好，2分钟时间。

……

生：有哪位同学求出来了？

课堂实录5:

---

① 陈晨，陈卫东．中国5城市儿童参与状况调查报告．中国青年研究，2006，(7)：55-60．

② 教育部基础教育课程教材专家工作委员会．义务教育数学课程标准(2011年版)解读．北京：北京师范大学出版社，2012：69．

师：对于第一个问题，刚才我们的同学从不同的角度对它采用了多种解法，那么根据以上的解法，有没有什么体会或者说你有什么收获？

生 1：我觉得从上面的同学他的做法可以看成……××同学的方法最简单，他的步骤最简单，而且他的方法也是最清晰的，那么我觉得，从他的方法可以看出，他用的是最基本的一些公式。因此，我建议大家一定要把基础扎实好，如果你知道了基础公式，在选择题或者是一些解答题的运算上都是最简便的方法。

师：同学们，其他同学还有什么体会吗？……好，与我们大家一起分享。

生 2：我有两个体会，第一个就是他们的解法体现了数学中的许多思想，比如……设个未知数，就体现了方程的思想。然后另外一点就是在选择不同方法的时候应根据不同的问题来选。如，×××的方法看起来比较复杂，但若说那道题除了求公差以外还要求首项的话，就该用他那种方法。

4. 教师讲解

教师讲解或讲授是一种最为常见的课堂教学行为。“讲解”或“讲授行为”是指教师以口头语言向学生呈现、说明知识，并使学生理解知识的行为。在《新标准》中特别强调了教师讲解或讲授的重要性，并提出了相应的要求，其中在基本教学理念中将“认真听讲”作为一种重要的学习方式提了出来；在教学建议中强调指出：“教师的‘引导作用，主要体现在：通过恰当的问题，或者准确、清晰、富有启发性的讲授，引导学生积极思考、求知求真，激发学生的好奇心；通过恰当的归纳和示范，使学生理解知识、掌握技能、积累经验、感悟思想”。在《解读》中指出：“教师的课堂讲授，学生的课堂学习，是最主要的‘数学活动’，这种讲授和学习，应该是渐进式的、启发式的、探究式的和互动式的”①。

美国著名教育家杜威曾经将课堂教学分为 3 种不同水平：最不好的一种是把整堂课看作一个独立的整体；比较聪明的教师，注意系统地引导学生利用过去的功课来帮助自己理解目前的功课，并利用目前的功课加深理解已经获得的知识；最好的一种教学，是牢牢记住学校教材和实际经验二者相互联系的必要性，使学生养成一种习惯于寻找这两方面的接触点和相互的关系②。显然，杜威特别强调教师讲解中知识经验之间的联系。我国学者傅道春将讲解(讲述)分为 4 种层次：描述性讲解、解释性讲解、论证性讲解和问题解决式讲解③。

综合上述关于讲解或讲授的论述，在数学课堂教学评价中，我们可以将教师讲解分为 4 个层次水平：第一个层次是探究式讲解。主要围绕问题展开讲解，启发引导学生理解知识的形成过程或来龙去脉，探究解决问题的方法，突出数学思

① 教育部基础教育课程教材专家工作委员会. 义务教育数学课程标准(2011 年版)解读. 北京：北京师范大学出版社，2012：120.

② 赵祥麟，王承绪. 杜威教育名篇. 北京：科学教育出版社，2006：153.

③ 傅道春. 教学行为的原理与技术. 北京：科学教育出版社，2001：146-148.

想方法的渗透。第二个层次是联系性讲解。在讲解中注重新旧知识之间、知识与实际经验之间的联系。第三个层次是示范性讲解。主要是围绕“双基”进行的讲解，帮助学生理解基础知识，提供学生可以模仿的基本解题程序。第四个层次是灌输性讲解。不顾学生的实际情况和听讲反应，完全按教师的预设“一讲到底”。

在Z课上，老师的讲解次数与讲解时间均比较少。老师的讲解主要是启发引导学生比较各种解题方法的优劣，或总结提炼，明确学生讲解过程中所蕴含的数学思想方法，并且带有一种评价的性质。

课堂实录6:

师：对于第一个问题，刚才我们的同学从不同的角度对它采用了多种解法，那么根据以上解法，你有没有什么体会或者说有什么收获？

课堂实录7:

师：非常好！那么，对于我们的第二个问题(拓展练习)，我们的同学刚才从片段和性质入手，大家发现它的计算量怎么样？小一些。那么，我们还可以从函数的角度入手，对不对？其实就这个题来说，我们可不可以从基本量来入手？可以，是不是？对于这个题我们可不可以从数形结合的角度入手呢？都可以，是吧？哦，……你给大家做了吗？用这个方法做了，好，给大家展示一下？

通过上述分析，这节课“教师讲解”达到了探究式讲解的层次(优)。

5. 学习的连贯性

“连贯性”是指课堂中各数学成分之间(明显或隐含)的内在关系。通常学习中的这种连贯性包括3个方面的内容：一是学习内容的连贯性，是指学习知识内容之间保持应有的逻辑关系和结构体系。二是学习活动的连贯性，是指数学学习活动要遵循人们的认识规律：实践—认识—再实践—再认识—……，尽可能地让学生经历知识的产生与形成过程，使他们在实践中发现并提出问题、探寻规律。从数学思维的角度来讲，就是先开展归纳思维活动，再开展演绎思维活动。三是学习语言的连贯性，是指学生的讲解交流语言清晰流畅，在学习环节之间能够自然地运用“过渡语”。

Z课是由6个递进的学习活动组成的，它们是：知识梳理—双基自测—典例分析—拓展练习—学习反思—学习评价。每当一个学习活动结束时，老师总是引导学生进行反思、比较、评价，使学生对所经历的学习内容与学习活动有所认识，共享所生成的知识意义。

总体来看，Z课在“学习的连贯性”指标上达到了优的层次。

6. 课堂学习的权威性来源

“课堂学习的权威性来源”是指教学活动过程中知识意义或结论的正确性是

由谁来确定的，也就是“谁说了算”的问题。一般有以下 4 种不同的方式：一是由师生共同确定知识的意义或结论的正确性，教师引导一个或多个学生经过推理，来检验同伴的结论；二是学生引用权威专家的观点或以教材为权威；三是教师引用权威专家的观点或以教材为权威；四是由老师决定知识的对错，即完全由老师说了算。

在 Z 课上，老师特别尊重学生的思想观点，总是以各种形式对学生的思维方法予以肯定，使学生们感到知识是他们自己智慧的产物。而且，在学习活动中，学生经常利用同伴提出的方法或策略解决问题。

课堂实录 8：

师：好，我们看到，对等差数列求和性质这部分内容的梳理，同学们有什么疑问或者说你还有什么问题？怎么样？哎，老师都有些困惑了啊！我犯了一个小小的错误，同学们观察一下，老师所得出的答案与同学们的怎么样？

全班：不一样。

师：不一样，那可能是老师错了。对吗？对这个答案有什么疑问？有疑问是吧，谁来发表你的看法？到底是老师的问题还是刚才同学的，刚才同学得出了几种答案？

全班：有两种。

师：对了，有两种，同学们觉得怎么样？老师给大家一分钟时间在小组内来解决这个问题，好吗？

在上述教学片段中，当老师与同学的答案不一致时，老师并没有使用“教师的权威”武断地作出决定，而是首先反思——“可能是老师错了”，把老师放在了与学生平等的位置上，让学生感到了一种重视和尊重，使他们的自尊心得到了极大的满足。

在“课堂学习的权威性来源”这一指标上，本节课达到了优的水平。

三、学习方式

“学习方式”是指学生在教师指导下获取知识、提高能力的过程中所采用的方式。根据“教”与“学”相互作用的方式，可将数学教与学活动方式分为 3 种形式：“以教定学”“以学定教”和“教学对话”。“以教定学”是以教师的“教”为主的教与学活动方式，它强调教师中心，主要追求的是“教”的有效性，教与学活动的表现形式是“教师牵着学生走”。“以学定教”是以学生的“学”为主的教与学活动方式，它强调学生中心，注重的是“学”的有效性，教与学活动的表现形式是“教师跟着学生走”。“教学对话”即对话教学，它把教师和学生看作是教学的两个主体，教师是“教”(引导)的主体，学生是“学”的主体，二者构成的是一种双向的、平等的、和谐的“你—我”对话的关系，强调的是问题解决为中心，追求的是师生生命活动的有效性，教与学活动的表现形式是“教师和学生一起走”。我们提出的DJP教学是“教学对话”这种教与学活动方式。

教与学方式包括“教的方式”与“学的方式”两个方面。一般而言，这两个方面是辩证统一的，但“教的方式”的有效性最终是体现在“学的方式”的有效性上。因此，“学的方式”更具根本性。本评价中关于学习方式的评价选取了“学习方法”与“个体差异”两个维度，主要突出对学生的“学”的评价。

1. 学习方法

《义教新标准》中提出：“学生学习应当是一个生动活泼、主动的和富有个性的过程。认真听讲、积极思考、动手实践、自主探索、合作交流等，都是学习数学的重要方法。学生应当有足够的时间和空间经历观察、实验、猜测、计算、推理、验证等活动过程。”当代的课堂教学更加强调学习方法的多样性，因为没有哪一种学习方法能适用于所有的学习目标、全部的学习内容和每一位学习者。《解读》指出：“从学生认识的发生、发展的规律来看，老师讲授学生练习的单一的学习方法已不能完全适应学生发展的需求了，这种方法甚至造成了学生学习的某些障碍(如过多的演练使学生对数学生厌和畏惧)。立足学生更全面发展的数学学习应该提供多样化的活动方式，让学生积极参与，并在这些丰富的活动中获得交流，积累经验”[①]。因此，我们把学习方法的多样性作为评价的主要观察点。

在Z课中，学生采用了认真听讲、积极思考、自主探索、合作交流等多种学习方法。其中，特别突出了学生讲解与师生评价的学习方法，使学生在展示思维与视域融合的过程中，学会表达、学会思考、学会评价。

2. 个体差异

促使学生富有个性地发展已成为课程改革的重要目标，也是“以人为本”思想在教学中的具体体现。《课程改革纲要》强调：“教师应尊重学生的人格，关注个体差异，满足不同学生的学习需要……使每个学生都能得到充分发展。”《义教新标准》最为核心的课程基本理念是：“人人都能获得良好的数学教育，不同的人在数学上得到不同的发展”。《解读》指出：“不同的人在数学上得到不同的发展是对人的主体性地位的回归与尊重；需要正视学生的差异，尊重学生的个性；应注意学生自主发展[②]。”因此，在课堂教学中关于“个体差异”的评价应主要考察学生的主体性、差异性与自主性在课堂上的体现情况。具体可从任务设置、课堂对话、作业布置、个别辅导、小组合作学习、教师评价学生等方面进行观察

---

① 教育部基础教育课程教材专家工作委员会．义务教育数学课程标准(2011年版)解读．北京：北京师范大学出版社，2012：72.

② 教育部基础教育课程教材专家工作委员会．义务教育数学课程标准(2011年版)解读．北京：北京师范大学出版社，2012：65-66.

分析。

在 Z 课上，除了学案中提供的例题与练习题外，大多数学习内容(包括解题思路、解题方法、解题过程以及感受、认识、评价等)是由学生提出的，而且一些主要的学习活动也是由学生或某个学习小组来发起和组织的，主动提问、讲解、评价的学生比较多。相对而言，老师对学生所展示出来的部分方法、思路的特点分析不够，没能进行进一步的明确与提升。因此，本节课比较充分地发挥了学生学习的主体性与主动性，也很好地体现了学生的差异性。

综合本节课在学习内容、学习过程、学习方式 3 个维度上的学习评价，Z 课教学中学习效果的综合评价为优。

第十一章　导学讲评式教学效果的量化分析

DJP 教学从根本上改变了数学课堂“教”与“学”的方式，但 DJP 教学的效果如何？如，DJP 教学“教”与“学”行为对学生的数学学习有何影响？数学课堂教学中学生参与的情况如何？DJP 教学与传统教学学生参与有何变化？本章就这几个问题从量化研究的角度进行分析。

第一节　导学讲评式教学中“教”与“学”行为对学生数学学习影响的量化研究

一、研究中的相关概念

本研究的中心问题是：DJP 教学中教师的教学行为、学生的学习行为对学生的学习心理与学业成绩有何影响？要讨论这个问题就必须先澄清一些相关概念：教师的教学行为、学生的学习行为、影响学生学习的心理因素等。

1. 教师的教学行为

“教师的教学行为”是指教学过程中，为达到一定的教学目的，教师和学生所采取的行为。它不仅是教师与学生之间的相互作用、学生之间的相互作用，还包括教师、学生与整个教学环境的相互作用。在 DJP 教学中教师的教学行为主要有导学、倾听、讲解、评价。

(1) 导学。导学，属于学生学习中教师的主导行为。“教师的导学”主要是指教师如何引导和帮助学生有效地进行自主学习、探究。在 DJP 教学中，导学包括学生讲前的导学、对话讲解中的导学(简称“对话导学”)两部分。

(2) 倾听。“倾听”，《汉语大词典》的解释是细心地、认真地听取。教师倾听主要是倾听学生的讲解和生生之间的对话交流。在 DJP 教学中，教师倾听学生的讲解，既是对学生的尊重，也是在了解学生学习理解的情况，为针对学生讲解中的疑点、难点，以及学生忽略的薄弱点进行评价、点拨、补充与拓展做准备，是教师把学生讲解过程中所生成的那些具有生命意义与发展价值的东西(如能力、信念、创新等)提取出来进行明确化、价值化的前提。而教师倾听学生的讲解意味着在如下 3 个关系之中接纳学生的讲解：一是认识学生的讲解内容是由教材中哪些内容所激发的；二是认识学生讲解是由其他哪些学生的话语所触发的；三是认识该讲解内容与学生自身先前的讲解有怎样的关联[①]。

(3)讲解。在 DJP 教学中，教师的讲解是根据学习的重点、学生讲解中的疑点、难点以及学生忽略的薄弱点进行评价、补充与拓展，把学生讲解过程中所生成的那些具有生命意义与发展价值的东西(如能力、信念、创新等)提取出来进行明确化、价值化。

(4)评价。在 DJP 教学中，教师的评价属于“学习内评价”。它与学习过程融为一体，既在学习中评价，也在评价中学习。在 DJP 教学中，教师的评价工作的主要任务是引导学生对讲解进行相互质疑评价，并对学生讲解的内容进行点评分析。

2. 学生的学习行为

学习行为是学习者在环境因素作用下，以获得生活经验和知识意义为目的而表现出来的外表活动。在 DJP 教学中，“学生的学习行为”是指学生在学习共同体中，在教师的引导下进行的自主、合作、探究、交流从而获得知识经验所表现出来的外表活动。学生在 DJP 教学中的学习行为主要有自学、讲解、倾听、评价。

(1)自学。“自学”是指学生在教师的引导和帮助下的自主学习、探究。

(2)讲解。在 DJP 教学中，“学生的讲解”是指学生在学案引导下自主学习的基础上，通过师生对话交流、协商沟通，实现知识意义生成与分享思想观点的学习活动方式。在 DJP 教学中，学生讲解是围绕某个学习主题，面向全班同学展示、说明和解释自己或小组讨论的理解、观点、想法与发现，并提出未能解决的疑难问题，是一种个性化的、具有鲜明“原创性”的学习活动。

(3)倾听。在 DJP 教学中，“学生的倾听”是指细心地、认真地听取他人对问题的理解和见解。学生倾听的价值有以下两点：一是学生在倾听他人讲解时，会诱发自己的思维而提出新的见解与他人共享，从而达到彼此贡献见解，促进对话的深入；二是学生倾听他人的理解和见解后通过自我内在反思评价完成了过程与结果的联结，从而形成了对知识意义的认识，获得了建构知识意义的活动经验，进而获得了对知识意义的深刻理解。

(4)评价。学生的评价是在学生讲解后对其讲解的内容进行的判断和评析，目的是认识学习及其学习对象的价值，不是拿预设的价值去判断，而是通过判断去认识、发现、生成、感悟价值，即通过评价创生知识和学习的意义与价值，发挥

① 佐藤学．教师的挑战——宁静的课堂革命．钟启泉，陈静静，译．上海：华东师范大学出版社，2012：5.

的是评价的认知功能和生成功能。因此，这时的评价是发生在学习过程之中的“学习内评价”。学生的评价行为仍然是一种对话行为，是一种沟通协商、集体思维下的心理建构过程。通过评价评出理解、评出价值、评出情感、评出自信、评出生命活动的状态，最终能够获得知识意义的理解和生命意义的建构。

3. 影响学生学习的心理因素

心理因素是运动、变化着的心理过程，包括人的感觉、知觉和情绪等，往往被称为事物发展变化的“内因”。人的心理因素包括紧张、兴奋、沮丧、恐惧、期待、高兴、热烈、冷漠、积极、消极、肯定、否定、怀疑、信任、尊敬、鄙视，等等。广义地讲，人的心理因素包括所有心理活动的运动、变化过程，如记忆、推理、信息加工、语言、问题解决、决策和创造性活动。

影响学生数学学习的心理因素有感知、想象、抽象、概括、归纳、推理、理解、记忆等智力因素和非智力因素。其中的非智力因素主要包括动机因素、自我效能感、自我概念、焦虑等。在成都市教育质量综合评价指标中将自我效能感、自我概念、元认知与焦虑界定为心理影响[①]，其中，自我效能感、自我概念、元认知界定为心理特质[②]，焦虑包括学习焦虑、考试焦虑。

综合以上讨论，在本研究中我们将自我概念、自我效能感、元认知和学习焦虑、考试焦虑等作为影响学生数学学习的心理因素。

(1) 自我概念。自我概念是罗杰斯人格理论中的一个重要概念。它是一个人认识自己与别人关系、在现实生活中的作为、往什么方向发展等方面组成的情感与信仰系统，[③]是个人主体自我对客体自我的总看法或总观点，是个人通过与别人的交往，观察别人的态度来推想和认知自己，包括对自己身体、能力、性格、态度、思想等方面的认识与评价。因此，它也属于情绪智力的范畴。自我概念是一个有机的认知机构，由态度、情感、信仰和价值观等组成，贯穿整个经验和行动，并把个体表现出来的各种特定习惯、能力、思想、观点等组织起来。

(2) 自我效能感。自我效能感是班杜拉提出的一个动机概念。班杜拉(Bandura，1982—1977)认为，在个体行为动机过程中，其主要作用的不是能力，而是个体对自己能力能否胜任该任务的知觉。因此，“自我效能感”是指人们对自己能否成功地进行某一行为的主观判断和自信程度。一个人的自我效能感越强，他付出的努力就越大，坚持的时间就越长。由此可知，自我效能感属于自我概念，是自我概念中的一种。

(3) 元认知。元认知，是美国心理学家弗拉维尔(Flavell)在《认知发展》一书

---

① 中国教育学会，成都市教育科学研究院. 2015年成都市中小学教育质量综合评价(改革实验)总报告(8年级). 2016：4.
② 中国教育学会，成都市教育科学研究院. 2016年成都市中小学教育质量综合评价改革学业负担报告(8年级). 2017：5.
③ 顾明远. 教育大辞典(5)·教育心理学. 上海：上海教育出版社，1990：385.

中提出的一个心理学概念。弗拉维尔认为，“元认知”就是指主体对自身认知活动的认知，其中包括对当前正在发生的认知过程(动态)和自我的认知能力(静态)以及两者相互作用的认知。它是指一个人所具有的关于自己思维活动、学习活动的知识以及对其实施的控制和调节等认知过程的认知活动。也就是说，元认知是认知主体对自身心理状态、能力、任务目标、认知策略等方面的认知。根据弗拉维尔的观点，元认知由元认知知识、元认知体验和元认知监控 3 部分组成①。如，学生在学习中，一方面进行着各种认知活动(感知、记忆、思维等)，另一方面又要对自己的各种认知活动进行积极的监控和调节，这种对自己的感知、记忆、思维等认知活动本身的再感知、再记忆、再思维就称为“元认知”。一个人的元认知能力越强，其自律学习的能力就越强。因此，元认知能力是衡量一个人自主学习能力的重要指标。

(4)学习焦虑。“焦虑”是指个人预料会有某种不良后果或模糊性威胁将出现时产生的一种不愉快的情绪状态。学习焦虑是焦虑的一种特殊表现形式，泛指学生在学习过程中产生的最为普遍的消极情绪反应。学习焦虑常表现为心神不宁、自卑自责、头疼头晕、惶恐急躁等。过度的焦虑使得注意力难以集中，干扰记忆的过程，影响思维的活动，而且对身心健康产生很大的危害。

(5)考试焦虑。考试焦虑是人由于面临考试而产生的一种特殊的心理反应，它是在应试情境刺激下，受个人的认知、评价、个性、特点等影响而产生的以对考试成败的担忧和情绪紧张为主要特征的心理反应状态。

二、研究的设计与过程

(一)研究的样本

DJP 教学是基于改变基础教育中“重教轻学”从根本上消除“三 LI 现状”，以学生的“学”为出发点进行的课堂“教”与“学”方式的变革，率先在成都市龙泉驿区基础教育中进行的课堂教学改革试验，且该教学法在区内数学学科教学研究与实践已十余年，有很深厚的教学基础。因此本研究选择了龙泉驿区内 19 所有公(民)办初中、高完中和九年制学样作为研究样本。其中，公办 17 所，民办 2 所；县城 5 所，乡镇 14 所；七年级 161 个班，7182 人；八年级 162 个班，7100 人。研究先后对样本进行了两次问卷调查，第 1 次是问卷试测，选择八年级三个班共 90 人；第 2 次是对 19 所样本学校的七八年级学生进行网络问卷调查，参与问卷调查的学生 6685 人，其中，七年级 3300 人，八年级 3385 人。

① 陈英和. 认知发展心理学. 杭州：浙江人民出版社，1996：312.

(二)研究工具的制定——调查问卷的编制

1. 数学 DJP 教学师生行为的学生问卷设计

(1)因子的拟定

DJP 教学中，“导学”“讲解”“评价”是其中的 3 个核心要素和主要环节。“导学”即引导自学，导学行为包括教师“导”的行为和学生“学”的行为两部分。教师“导”的行为包括讲前导学、对话导学；学生“学”的行为是指学生在教师的引导和帮助下的自主学习、探究和对话交流，包括独学和互学。“讲解”，是学习者在学案引导下进行自主学习的基础上，通过师生对话交流、协商沟通，实现知识意义生成与分享思想观点的学习活动过程，包括学生讲解、教师讲解。因此，讲解行为既有教师行为也有学生行为。这里的“评价”是指学习内评价。学习内评价的方式包括学生评价(自评、互评)和教师点评。因此，评价既有教师行为也有学生行为。倾听是 DJP 教学“对话性讲解”这个课堂教学核心环节开展持续对话的前提，这个行为直接影响教学效果，倾听属于师生共有行为，其中，学生的倾听及倾听过程中的行为与心理活动是学生学习动机的重要体现。

基于以上分析，DJP 教学师生行为学生问卷由教师行为问卷和学生行为问卷两个分问卷组成，调查对象均为学生。其中，教师行为分问卷包括讲前导学、对话导学、教师讲解、教师评价 4 个子问卷，学生行为分问卷包括学生讲解、学生评价、学生倾听 3 个子问卷。师生行为在教学过程中是交织出现，同一种行为两者都会存在，行为之间既有相互联系又有相互干扰，这一框架是否合适还依赖于因子分析的检验。

(2)编制题项

问卷采用七级李克特量表(非常符合、符合、比较符合、不确定、比较不符合、不符合、非常不符合)[①]，将 7 个选项分别记为 7 分、6 分、5 分、4 分、3 分、2 分和 1 分，每道题只能选一个选项。具体设计方法如下：

设计题目的内容要全面体现 DJP 教学的形式与内涵，既要考虑填写问卷的学生背景，又要考虑充分体现 DJP 教学中师生的行为表征，还要考虑反映学生的心理感受与学习动机。问卷的对象是初中七八年级学生，问卷内容不仅有学生行为表征与心理活动，还有教师的行为表征，以及教师的行为使学生产生的心理感受。据此，在设计问卷内容时，行为表征方面的内容尽量使用学生易懂的语言进行表述，表述的内容尽量清晰，问题回答要简洁；心理感受方面的内容尽量全面，内容表述以正面为主。下面以“讲前导学”子问卷的设计为例，对所编制的题项进行介绍。

1. 我经常要提前认真学习数学的新知识。

A.非常符合；B.符合；C.比较符合；D.不确定；E.比较不符合；F.不符合；

---

① 李克特量表：是一种心理反应量表，常在问卷中使用，是目前调查研究中使用最广泛的量表。李克特量表通常使用五个回应等级，但许多计量心理学者主张使用七或九个等级。

G.非常不符合

2. 我经常要提前解答一些需要努力才能解答的数学问题。

A.非常符合；B.符合；C.比较符合；D.不确定；E.比较不符合；F.不符合；G.非常不符合

3. 我总是在课前积极思考和完成教师布置的新课学习任务。

A.非常符合；B.符合；C.比较符合；D.不确定；E.比较不符合；F.不符合；G.非常不符合

4. 我总是对数学的新知识充满好奇心。

A.非常符合；B.符合；C.比较符合；D.不确定；E.比较不符合；F.不符合；G.非常不符合

虽然该组题项在形式上是调查学生的行为和心理感受，但是，题目设计的内容却是要了解教师在设计讲前导学环节是否以学生好学为出发点，是否使学生按照教师设计的学案提供的“认知地图”进行积极建构的主动学习，是否达到导学中的“导趣”“导做”“导思”等内容要求。讲前导学让教师导学设计中引导学生为后面的教学环节做好充分的准备，属于教师行为的子问卷。

(3)问卷修订

①问卷试测

2017年初，问卷初稿设计好后，DJP教学研究团队(含教育心理学硕士)进行了问卷的研究与修改，确立了问卷第1稿，7个维度，41道题。2017年10月，在DJP教学基地学校——成都市龙泉驿区双槐初级中学校进行了试测，根据统计学原理选择了八年级三个班共90名学生作为样本，利用网络完成问卷调查，共收回有效问卷71份。

②数据处理

使用SPSS23 .0统计与分析软件进行数据管理及项目分析、探索性因子分析、信度检验、相关性分析和回归分析等。

③问卷修订

经过对学生问卷的试测数据进行项目分析，发现问卷整体的结构效度和部分子问卷的结构效度都存在一定的问题，无法按照理论建构的维度提取出所有因子。据此，研究团队再次对问卷进行了研究，修改了部分题目的表述方式，删除了部分相关性太低的题项。2018年1月，研究团队邀请四川心理协会专家对问卷的修改进行诊断，最后确定学生问卷为7个维度、32道题。

2. 数学导学讲评式教学对学生学习心理影响的问卷设计

由于学生学习心理影响问卷属于心理学方面的问卷，理论要求非常高，需要专业的心理学研究机构才可能开发出好的心理学问卷。因此，研究团队没有进行学生学习心理影响问卷的编制，研究使用的问卷是借鉴“成都市2015年八年级教育质量综合评价(改革实验)”的学生学业负担问卷。问卷中包括了数学的自我概念、自我效能感、元认知、考试焦虑和学习焦虑方面的题项。研究组对表述方式与回应等级稍作调整后组合成学生学习心理影响学生问卷。该问卷初步设计为4个维度、32道题。

(三)数据收集与处理过程

1. 问卷调查填写的组织与回收

问卷调查填写的组织方式是通过成都市龙泉驿区教育科学研究院下发正式通知，由各学校具体组织实施。规定在学生学年度下期期末考试结束后第2天登录问卷星填写网络问卷，1天内在家独立完成。从学生登录方式看，学生填写问卷完全是在独立状态下完成的；从完成的时间长短来看，学生填写问卷是认真的。这有效地保证了数据的真实性。本研究选择了七年级学生的问卷数据，并且与七年级下期期末数学成绩进行匹配，在删除重复填写、信息不全的数据后，共整理出有效问卷2640份。有效样本中男生1298人，女生1342人。

2. 问卷的分析

(1)项目分析

对问卷的数据进行研究项目分析。第一，箱图分析。分别计算出学生数学成绩得分、师生行为总问卷得分、心理影响总问卷得分，进行箱图分析后，去掉极值，保留2615个样本数据，样本中男生1280人，女生1335人。第二，频率分析。分析结果为每个题项均无缺失值和错误值，总分的三组数据均满足单变量正态分布。第三，鉴别度分析。依据总问卷得分高低把样本分为3组，每组各占总人数的1/3，运用独立样本T检验，求出高分组和低分组样本在每道题得分上的均值差异，规定显著水平为0.01。结果表明：所有题目的差异均达到显著水平。第四，同质性检验。分别计算每道题与总问卷得分、所属分问卷得分的积差关系。结果表明：所有题目与总问卷及所属的分问卷得分都在0.01的显著水平上相关，从而保留全部题项。

(2)效度分析

◆结构效度

“结构效度”指能够测量理论的特质或概念的程度。对问卷进行探索性因子分析，可以抽取问卷的共同因子，通过与理论建构的维度比较，达到检验问卷结构效度的目的。下面分别对学生行为、教师行为、心理影响这3个分问卷进行探索性因子分析。

第一，学生行为分问卷的探索性因子分析。首先，通过计算发现取样适切性量数KMO指标为0.961[①]，Bartlett球形度检验统计量$\chi^2=28331.179$，$p=0.000$，

① KMO(Kaiser-Meyer-Olkin)指标是KMO检验统计量用于比较变量间简单相关系数和偏相关系数的指标。主要应用于多元统计的因子分析。KMO统计量的取值在0和1之间。0.90以上极佳的，0.80以上良好的，0.70以上适中的，0.60以上普通的，0.50以上欠佳的，0.50以下无法接受。

数据非常适合进行因素分析。其次，采用主成分分析法提取因子，在没有考虑预设维度之间具有较高的相关性情况下，选择最大方差法对因子进行旋转。若规定基于特征值提取因子，按照特征值大于 1 的标准，只能提取 1 个因子，解释变异量 59.1%。因了数量的选择也要考虑到解释变异量的百分比以及自身的理论建构[①]。结合理论建构与预测的结果，固定提取 3 个因子，考虑到预设维度之间具有较高的相关性，选择直接斜交法对因子进行旋转，再次进行探索性因子分析，删除 T29 题后，保留 13 道题。固定提取 3 个因子，选择直接斜交法对因子进行旋转，再次进行探索性因子分析。解释变异量达到 71.4%，详细结果见表 11-1；题项的因子负荷全部大于 0.4，共同度都大于 0.5，详细结果见表 11-2。

表 11-1 学生行为学生问卷的探索性因子分析总方差解释(N=2615)

成分	初始特征值			提取载荷平方和			旋转载荷平方和
	总计	方差百分比	累积百分比	总计	方差百分比	累积百分比	总计
1	8.224	58.742	58.742	8.224	58.742	58.742	7.062
2	0.939	6.711	65.452	0.939	6.711	65.452	6.450
3	0.838	5.983	71.436	0.838	5.983	71.436	5.090
4	0.545	3.895	75.331				

表 11-2 学生行为学生问卷的探索性因子分析成分矩阵(N=2615)

序号	因子 1	因子 2	因子 3	共同度
T18	0.669			0.656
T19	0.669			0.696
T20	0.915			0.785
T21	0.914			0.804
T22	0.852			0.743
T23	0.452			0.569
T24		0.725		0.623
T25		0.800		0.713
T26		0.933		0.755
T27		0.482		0.682
T28		0.643		0.684
T30			0.427	0.708
T31			0.929	0.805
T32			0.818	0.778
特征值	7.062	6.450	5.090	

对因子进行命名。因子 1 的题项来自学生倾听维度，此维度是解释 DJP 教学

① 吴明隆．问卷统计分析实务——SPSS 操作与应用．重庆：重庆大学出版社，2010：208.

理论所阐述的课堂教学是以倾听为前提展开的互动对话的合作学习。倾听，体现对讲解者的尊重，保护和激发讲解者的积极性，倾听者可以学习讲解者解决问题的智慧和经验、发现讲解者的错误和不足、激发自己的灵感等。学生倾听后，通过反思、提问、质疑、评价等方式与学习者互动交流，这一过程将促进学习者对自身知识意义建构的再理解，同时在互动交流的对话过程中，由于不同主体间的知识、经验、背景、观点等方面存在差异，这种差异在自由碰撞中就会产生新的问题，而新的问题又会引发新的思考、新的回答，这样循环往复，层层深入，从而推动多元主体间对知识意义理解的更新和创造。因子 2 的题项来自学生讲解维度，此维度的意义是解释 DJP 教学理论所阐述的学生讲解是围绕某个学习主题，面向全班同学展示、说明和解释自己或小组讨论的理解、观点、想法与发现等，并提出未能解决的疑难问题，是一种个性化的、具有鲜明“原创性”的学习活动。因子 3 的题项来自学生评价维度，此维度是解释 DJP 教学理论所阐述的“学习内评价”，是通过判断去认识、发现、生成、感悟价值，即通过评价创生知识和学习的意义与价值，发挥的是评价的认知功能和生成功能。通过评价评出理解、评出价值、评出情感、评出自信、评出生命活动的状态，最终能够学到新的东西。总体而言，探索性因子分析的结果和预先建构的结构基本一致，说明学生行为分问卷具有较好的结构效度。

第二，教师行为分问卷的探索性因子分析。首先，通过计算发现取样适切性量数 KMO 指标为 0.925，Bartlett 球形度检验统计量 $\chi^2 = 28231.206$，$p = 0.000$，数据非常适合进行因子分析。其次，采用主成分分析法提取因子。在没有考虑预设维度之间的具有相关性的情况下，选择最大方差法对因子进行旋转。一方面，若规定基于特征值提取因子，按照特征值大于 1 的标准，提取了 4 个因子，与自身的理论建构的因子数量相同，解释变异量 72.3%；另一方面，因子数量的选择也要考虑到解释变异量的百分比以及自身的理论建构。结合理论建构与预测的结果，删除了 T8 题，保留 17 道题，选择最大方差法对因子进行旋转，再次进行探索性因子分析。解释变异量达到 73.0%，详细结果见表 11-3；题项的因子负荷全部大于 0.5，共同度都大于 0.5，详细结果见表 11-4。

表 11-3　教师行为学生问卷的探索性因子分析总分差解释（*N*=2615）

成分	初始特征值			提取载荷平方和			旋转载荷平方和		
	总计	方差百分比	累积百分比	总计	方差百分比	累积百分比	总计	方差百分比	累积百分比
1	7.219	45.121	45.121	7.219	45.121	45.121	3.514	21.961	21.961
2	1.943	12.143	57.265	1.943	12.143	57.265	3.230	20.186	42.147
3	1.479	9.244	66.509	1.479	9.244	66.509	2.867	17.921	60.068
4	1.045	6.531	73.040	1.045	6.531	73.040	2.075	12.972	73.040
5	0.600	3.752	76.792						

表 11-4 教师行为学生问卷的探索性因子分析成分矩阵(N=2615)

序号	因子 1	因子 2	因子 3	因子 4	共同度
T9	0.664				0.638
T10	0.792				0.721
T11	0.792				0.708
T12	0.826				0.773
T13	0.776				0.728
T14		0.804			0.811
T15		0.857			0.872
T16		0.852			0.844
T17		0.826			0.785
T1			0.835		0.739
T2			0.807		0.692
T3			0.777		0.672
T4			0.752		0.630
T5				0.583	0.544
T6				0.816	0.773
T7				0.818	0.756
特征值	3.514	3.230	2.867	2.075	

对因子进行命名。因子 1 的题项来自教师讲解维度。此维度解释 DJP 教学理论所阐述的教师讲解是根据学习的重点、学生讲解中的疑点、难点以及学生忽略的薄弱点进行评价、点拨、补充与拓展，把学生讲解过程中所生成的那些具有生命意义与发展价值的东西(如能力、信念、创新等)提取出来进行明确化、价值化。因子 2 的题项来自教师评价维度。此维度解释 DJP 教学理论所阐述的通过教师的点评、分析，学生自己的正确见解或学习成果得到肯定而感受到成功的喜悦，从而完善和固化已有理解；错误认识与疑难得到消除，从而促进知识的内化。而且，通过评价还可以激活思维，将学生的思维引向深入，诱发创新意识。同时，这时的评价还可对学习内容和解决问题的智慧与方法进行比较、分析、欣赏等活动。通过比较、分析使学生能充分感受到所学知识与方法的美妙，认识到所学知识的价值和重要性，从而提高了他们的数学鉴赏力和欣赏水平。因子 3 的题项来自讲前导学维度。此维度解释 DJP 教学理论与实践所阐述的教师的教学准备是以学生如何好学为出发点进行学习设计，使学习者从盲目听课的被动学习转变为按照学案提供的“认知地图”进行积极建构的主动学习。因子 4 的题项来自对话导学维度。此维度是解释 DJP 教学理论所阐述数学学习的过程本质上就是一个不断发现问题、提出问题、分析问题、解决问题和反思问题的过程。这一过程需要教师在对话性讲解中以问题解决为中心适时进行引导、启发、指导等手段促进学生积

极思考、探究。学生在对话性讲解学习的过程中，通过对已解决问题及其过程的反思，又形成了提出新问题的情境，可引发在更深一层次上进行思考而提出新的问题，从而使学生的数学学习活动循着：问题情境—发现问题—提出问题—分析问题—解决问题—反思问题—发现问题—提出问题……的轨迹不断地走向深入。总体而言，探索性因子分析的结果和预先建构的结构一致，说明教师行为分问卷具有较好的结构效度。

第三，心理影响学生问卷的探索性因子分析。首先，通过计算发现取样适切性量数KMO指标为0.974，Bartlett球形度检验统计量$\chi^2=66461.884$，$p=0.000$，数据非常适合进行因子分析。其次，采用主成分分析法提取因子，在没有考虑预设维度之间的具有相关性的情况下，选择最大方差法对因子进行旋转。一方面，若规定基于特征值提取因子，按照特征值大于1的标准，提取了4个因子，解释变异量66.6%；另一方面，因子数量的选择也要考虑到解释变异量的百分比以及自身的理论建构。结合理论建构与预测的结果，删除R20题，保留31道题，考虑到预设维度之间的具有相关性，选择直接斜交法对因子进行旋转，再次进行探索性因子分析。解释变异量达到67.1%，详细结果见表11-5；题项的因子负荷全部大于0.5，共同度都大于0.5，详细结果见表11-6。

表11-5　心理影响学生问卷的探索性因子分析总方差解释（N=2615）

成分	初始特征值			提取载荷平方和			旋转载荷平方和
	总计	方差百分比	累积百分比	总计	方差百分比	累积百分比	总计
1	15.450	49.839	49.839	15.450	49.839	49.839	11.529
2	2.354	7.594	57.433	2.354	7.594	57.433	9.491
3	1.751	5.649	63.082	1.751	5.649	63.082	11.675
4	1.239	3.998	67.079	1.239	3.998	67.079	7.411
5	0.883	2.850	69.929				

表11-6　心理影响学生问卷的探索性因子分析成分矩阵（N=2615）

序号	因子1	因子2	因子3	因子4	共同度
R1	0.823				0.762
R2	0.862				0.804
R3	0.840				0.828
R4	0.732				0.679
R5	0.814				0.811
R6	0.737				0.665
R7	0.552				0.490
R8	0.772				0.627
R13		0.651			0.731
R14		0.799			0.746

续表

序号	因子 1	因子 2	因子 3	因子 4	共同度
R15		0.691			0.656
R16		0.553			0.626
R17		0.795			0.582
R18		0.535			0.622
R19		0.756			0.713
R21			0.513		0.545
R22			0.456		0.721
R23			0.542		0.732
R24			0.488		0.744
R25			0.677		0.678
R26			0.624		0.739
R27			0.792		0.588
R28			0.783		0.522
R29			0.619		0.529
R30			0.620		0.606
R31			0.705		0.673
R32			0.789		0.566
R9				0.871	0.715
R10				0.764	0.670
R11				0.797	0.727
R12				0.718	0.698
特征值	11.529	9.491	11.675	7.411	

对因子进行命名。因子 1 是自我概念、自我效能感维度。此维度是解释学生在学习数学过程中对自己学习数学能力的自我判断与评价，是学生建立自信心与激发学习动机的心理因素。因子 2 是学习焦虑维度。此维度是解释学生在学习数学过程中因自尊心遭到伤害而引起消极情绪的程度，属于神经过敏性焦虑，是影响学生学习效率与效果的心理因素。因子 3 是元认知维度。此维度是解释学生学习数学过程中对自身心理状态、能力、任务目标、认知策略等方面的认知及对自身认知活动的计划、监控和调节。因子 4 是考试焦虑维度。此维度是解释学生面临数学重要考试而把握不大时产生的生理与心理情绪反应程度，属于正常焦虑。总体而言，探索性因子分析的结果和预先建构的结构基本一致，说明心理影响问卷具有较好的结构效度。

第四，师生行为总问卷的结构效度分析。以上分别检验了学生行为与教师行为这两个分问卷的结构效度，接下来运用相关系数法对二者合并而成的总问卷的结构效度进行分析。将学生行为的 3 个子问卷得分相加，得到学生行为维度分数；将教师行为的 4 个子问卷得分相加，得到教师行为维度分数。考察各子问卷、分问卷、总问卷之间的相关系数（$r<0.40$ 低度相关，$0.40\leqslant r\leqslant 0.70$ 中度相关，$r>0.70$ 高度相关[1]），详细结果见表 11-7。可以看出，学生行为内部 3 个维度间的相关系数小于各自与学生行为间的相关系数；学生行为内部 3 个维度与学生行为间的相关系数大于各自与总问卷的相关系数。教师行为内部 4 个维度间的相关系数小于各自与教师行为间的相关系数；教师行为内部 4 个维度与教师行为间的相关系数，除讲前导学略小外，大于各自与总问卷的相关系数。从而，总问卷具有较好的结构效度。

表 11-7　师生行为学生问卷分问卷及总问卷的相关系数矩阵

	学生倾听	学生讲解	学生评价	讲前导学	对话导学	教师讲解	教师评价	学生行为	教师行为	总问卷
学生倾听	1									
学生讲解	0.775**	1								
学生评价	0.729**	0.708**	1							
讲前导学	0.711**	0.621**	0.576**	1						
对话导学	0.420**	0.381**	0.429**	0.412**	1					
教师讲解	0.476**	0.345**	0.452**	0.372**	0.591**	1				
教师评价	0.632**	0.580**	0.539**	0.441**	0.479**	0.580**	1			
学生行为	0.936**	0.930**	0.845**	0.709**	0.444**	0.458**	0.648**	1		
教师行为	0.735**	0.633**	0.649**	0.731**	0.755**	0.806**	0.824**	0.740**	1	
总问卷	0.902**	0.848**	0.807**	0.771**	0.632**	0.665**	0.783**	0.941**	0.924**	1

注：***在 0.01 级别(双尾)，相关性显著。

由于对问卷作探索性因子分析得到的结果与事先设计的理论框架高度吻合，因此不再对其作验证性因子分析。

◆内容效度

“内容效度”又称“逻辑效度”，是指项目对欲测的内容或行为范围取样的适当程度，即测量内容的适当性和相符性。在问卷调查中是指问卷内容能否反映所要测量的心理特质，以及测试题目分布的合理性判断。我们主要从 3 个方面来确保问卷的内容效度。

第一，问卷题目具有较好的代表性。研究基于导学讲评式教学的理论，提出了师生行为的框架，在此基础上编制了师生行为学生问卷题目，不仅全面考查了导学讲评式教学理论所阐述的基本教学模式，而且也兼顾了不同学习时段的问题背景，因此，能够全面反映出教师与学生在教学过程的行为表征及学生心理感受。基于心理学与教育部颁发的《中小学教育质量综合评价指标框架(试行)》，借鉴区域教育质量综合评价学生学业负担问卷，在此基础上组合成了心理影响问卷题目。两份问卷均采用李克特七级量表，每道题的回答分为 7 个回应等级。

第二，在问卷的编制、修订过程中邀请专家参与研讨。参与者包括心理学专

① 吴明隆．问卷统计分析实务——SPSS 操作与应用．重庆：重庆大学出版社，2010：329.

家、研究生，数学教育博士，以及多年从事 DJP 教学的研究者和初中数学一线教师，分别从不同角度对题目的内容完善、表述与取舍提出了意见。

第三，对问卷进行了试测。根据分析结果修订问卷，完善各维度题项，确保了问卷的效度。

⑶信度分析

信度是对测量一致性程度的估计。对各子问卷、分问卷及总问卷分别计算克隆巴赫系数α，师生行为学生问卷结果见表 11-8，心理影响学生问卷结果见表11-9。师生行为问卷中，学生行为与其子问卷的内部一致性系数α在0.815~0.944范围内，各维度内部都有较高的同质性程度。师生行为与其子问卷的内部一致性系数α在 0.762~0.930 范围内，各维度内部都有较高的同质性程度。心理影响问卷中，心理影响与其子问卷的内部一致性系数α在 0.853~0.965 范围内，各维度内部都有较高的同质性程度。

表 11-8 师生行为学生问卷各维度信度

维度	克隆巴赫 Alpha	基于标准化项的克隆巴赫 Alpha	项数
学生倾听	0.912	0.913	6
学生讲解	0.883	0.884	5
学生评价	0.815	0.818	3
讲前导学	0.845	0.846	4
对话导学	0.762	0.764	3
教师讲解	0.893	0.895	5
教师评价	0.930	0.930	4
学生行为	0.944	0.945	14
教师行为	0.913	0.917	16
总问卷	0.955	0.956	30

表 11-9 心理影响问卷信度

维度	克隆巴赫 Alpha	基于标准化项的克隆巴赫 Alpha	项数
自我概念、效能感	0.941	0.941	8
考试焦虑	0.853	0.854	4
学习焦虑	0.907	0.908	7
元认知	0.942	0.942	12
总问卷	0.965	0.965	31

经过数据分析与处理，最终用于 DJP 教学对学生数学学习影响的量化分析研究的师生行为学生问卷包含 7 个维度，共计 30 道题，题项分布见表 11-10，问卷题见附录四(总分值 210)；心理影响学生问卷包含 4 个维度，共计 31 道题，题项分布见

表 11-11，因该问卷是借鉴问卷，未申请版权所有者同意，故不呈现(总分值 217)。

表 11-10　导学讲评式教学师生行为学生问卷结构及题项分布

分问卷	维度	题号
学生行为	学生倾听	17，18，19，20，21，22
	学生讲解	23，24，25，26，27
	学生评价	28，29，30
教师行为	讲前导学	1，2，3，4
	对话导学	5，6，7
	教师讲解	8，9，10，11，12
	教师评价	13，14，15，16

表 11-11　导学讲评式教学心理影响学生问卷结构及题项分布

总问卷	维度	题号
心理影响	自我概念、效能感	1，2，3，4，5，6，7，8
	考试焦虑	9，10，11，12
	学习焦虑	13，14，15，16，17，18，19
	元认知	20，21，22，23，24，25 26，27，28，29，30，31

三、研究的分析与发现

1. 学生行为与心理影响的相关性分析

(1) 学生行为各维度与心理影响各维度的相关性分析

表 11-12，统计结果显示，学生行为各维度与心理影响各维度之间的相关性显示如下特征：

第一，学生行为各维度与心理影响各维度之间呈显著正相关。

第二，学习学生行为各维度与“自我概念”“自我效能感”“学习焦虑”“元认知”均呈中度及以上相关，其中，“学生倾听”与“元认知”呈高度相关。

第三，学生行为各维度与“考试焦虑”均呈低度相关。

表 11-12　学生行为各维度与心理影响各维度相关表

维度	自我概念、效能感	考试焦虑	学习焦虑	元认知
学生倾听	0.608**	0.384**	0.568**	0.718**
学生讲解	0.553**	0.318**	0.442**	0.647**
学生评价	0.479**	0.345**	0.472**	0.620**

注：**在 0.01 级别(双尾)，相关性显著。

以上分析结果说明，在DJP教学中，学生的倾听、讲解、评价行为表现对学生自我概念、效能感和元认知有显著的正向影响，学生行为表现越积极，在这两个方面的心理特质表现就越好，对增强学生学习数学的自信心及解决问题过程中的调控能力、反思能力有显著的作用。学生行为的各维度与“学习焦虑”之间均呈中度相关，但相关系数不高，与“考试焦虑”均呈低相关。说明DJP教学会对学生学习过程产生一定的压力，但不会产生过重的学习压力，对促进学生快乐学习、健康成长的价值明显。

(2)学生行为各维度与自我概念、效能感之间的回归分析

表11-13，统计结果显示，学生行为各维度能联合解释“自我概念、效能感”38.7%的变异量，“学生倾听”“学生讲解”对“自我概念、效能感”的发展贡献是显著的。其中，“学生倾听”贡献率最大，为37.0%，且最为重要。

表11-13 学生行为各维度对自我概念、效能感的逐步多元回归分析

因变量	自变量	R	R^2	ΔR^2	F	Beta	t
自我概念、效能感	学生倾听	0.608^{a}	0.370	0.370	1534.923^{***}	0.449	18.552^{***}
	学生讲解	0.622^{b}	0.387	0.017	824.126^{***}	0.205	8.471^{***}

注：*.p<0.05，**.p<0.001，***.p<0.001.

(3)学生行为各维度与元认知之间的回归分析

表11-14，统计结果显示，学生行为各维度能联合解释“元认知”54.6%的变异量，“学生倾听”“学生讲解”“学生评价”对“元认知”的发展贡献是显著的，其中，“学生倾听”贡献率最大，为51.5%，且最为重要。

表11-14 学生行为各维度对元认知的逐步多元回归分析

因变量	自变量	R	R^2	ΔR^2	F	Beta	t
元认知	学生倾听	0.718^{a}	0.515	0.515	2773.742^{***}	0.472	20.705^{***}
	学生讲解	0.732^{b}	0.536	0.021	1505.954^{***}	0.171	7.755^{***}
	学生评价	0.739^{c}	0.546	0.010	1044.774^{***}	0.155	7.576^{***}

注：*.p<0.05，**.p<0.001，***.p<0.001.

(4)学生行为与心理影响之间的回归分析

表11-15，统计结果显示，学生行为各维度能联合解释“心理影响”50.3%的变异量，“学生倾听”“学生评价”“学生讲解”对心理影响的贡献是显著的，其中，“学生倾听”贡献率最大，为48.6%，且最为重要。

表 11-15　学生行为各维度对心理影响的逐步多元回归分析

因变量	自变量	R	R^2	ΔR^2	F	Beta	t
心理影响	学生倾听	0.697[a]	0.486	0.486	2466.526***	0.511	21.443***
	学生评价	0.706[b]	0.498	0.012	1295.632***	0.125	5.873***
	学生讲解	0.709[c]	0.503	0.005	881.889***	0.122	5.273***

注：*.p<0.05，**.p<0.001，***.p<0.001.

综合上述分析，学生在数学学习过程中，学生的讲解、倾听、评价对数学的“自我概念、效能感”“元认知”有显著的正向影响。学生的讲解、倾听、评价表现越好，越能促进“自我概念、效能感”“元认知”的发展。学生的讲解、倾听、评价行为与心理活动对学生心理特质的培养发挥了显著的作用。这个结论有力解释了导学讲评教学理论所阐述的“对话性讲解”的价值：满足了学生的各种需要，提高了自我效能感；有利于促进学生的发展。

(5)学习焦虑、心理特质与学生倾听之间的回归分析

焦虑会促使个体调整自己目前的唤醒状态，动员体内更多的能量，以谋求目标的实现[①]。从这个意义上讲，无论是正常焦虑还是神经过敏性焦虑，只要程度适当，对知识学习是有促进作用的。学生的学习焦虑是源于学习过程中心理上的压力，学生倾听是学习过程中的重要行为，期间的心理活动也是非常活跃，当学生进行个人学习目标与学习效果对比时，就会产生相对应的心理压力。这种压力对学生倾听产生影响，影响的大小会受心理特质的中介效应反映出不同的结果。据此，进行“学习焦虑”与“学生倾听”之间的回归分析，我们在 SPSS 统计与分析软件中采用了 PROCESS2.15 插件进行中介效应回归分析。将学生心理特质作为学生倾听的中介变量与学习焦虑进行回归分析，分析工具采用 Model templates for PROCESS for SPSS and SAS(2013-2016 Andrew F. Hayes and The Guilford Press)的 Mode 4(中介变量，模型结构如图 11-1)。

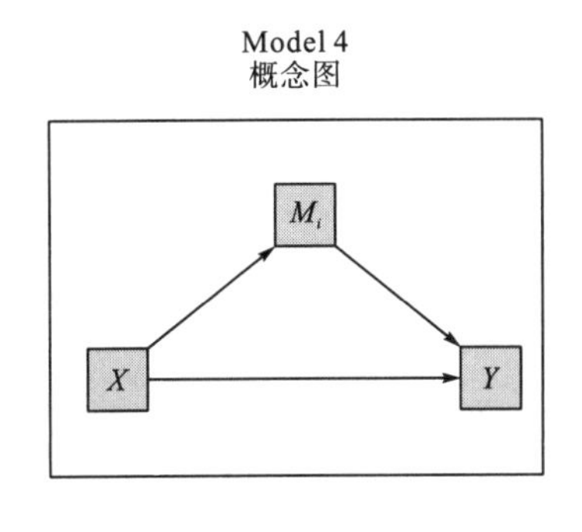

图 11-1

① 莫雷．教育心理学．北京：教育科学出版社，2015：30-35.

在Model 4(中介变量)回归分析中，X是学生学习焦虑，为自变量；Y是学生倾听，为因变量；M_i是学生心理特质，为自变量X的中介变量。模型结构能够解释的是学生的学习焦虑对倾听行为会产生直接影响，但通过学生心理特质的中介效应后，学生反映出来倾听行为会发生改变。这个模型结构是否成立，能否有效反映学习焦虑通过心理特质的中介效应对学生倾听产生影响，还需要通过数据分析进行验证。

表 11-16　学习焦虑、心理特质对学生倾听的回归分析

R	*R*-sq	MSE	*F*	df1	df2	*p*
0.5683	0.3230	26.3137	1246.5592	1.0000	2613.0000	0.0000

表11-16～表11-18统计结果显示，学生的学习焦虑在心理特质的中介效应下能解释学生倾听32.3%的变异量。CI不包含0，$Z>1.96$，$p<0.05$，表明学生学习焦虑对学生倾听的影响及心理特质的中介效应显著存在。说明心理特质表现越好的学生对学习目标要求越高，学习压力就越大，学生在学习过程中倾听行为就表现越好。分析结果解释了DJP教学中的学生行为能有效促进学生心理特质的发展，学生心理特质水平的提升又能促进学生将学习压力转变为学习动力，改进学习行为，三者相辅相成，促进学生不断发展。在进一步的分析中发现，学生学习焦虑表现过重，学生心理特质的中介效应就不显著，“学习焦虑”与“学生倾听”相关性非常低。所以，在DJP教学中既要创设一定的学习情境，给学生创造一定的学习压力，促进学生学习行为的改进，又要注意调节好学生的学习焦虑情绪，减轻学生心理负担，促进学生健康成长。

表 11-17　学习焦虑、心理特质对学生倾听的回归分析

模型	Coeff	se	*t*	*p*	LLCI	ULCI
常数	17.6463	0.4635	38.0757	0.0000	16.7375	18.5551
学习焦虑	0.4092	0.0116	35.3066	0.0000	0.3864	0.4319

表 11-18　心理特质中介效应对学生倾听影响的分析

	Effect	Boot SE	BootLLCI	BootULCI	se	*Z*	*p*
心理特质	0.3189	0.0139	0.2915	0.3468	0.0117	27.2867	0.0000

注：CI不包含0表示中介效应存在，Z>1.96或p<0.05表示中介效应显著。

2. 教师行为与心理影响的相关性分析

(1) 教师行为各维度与心理影响各维度相关性分析

表 11-19，统计结果显示，教师行为各维度与心理影响各维度之间的相关性显示如下特征：

第一，教师行为各维度与心理影响各维度之间呈显著正相关。

第二，"讲前导学"与"自我概念、效能感""学习焦虑""元认知""教师评价"与"元认知"均呈中度相关，其他维度之间呈低度相关。

表 11-19　教师行为各维度与心理影响各维度相关表

维度	自我概念、效能感	考试焦虑	学习焦虑	元认知
讲前导学	0.619**	0.362**	0.540**	0.676**
对话导学	0.295**	0.187**	0.302**	0.364**
教师讲解	0.219**	0.196**	0.344**	0.369**
教师评价	0.385**	0.254**	0.375**	0.478**

注：**.在 0.01 级别(双尾)，相关性显著。

以上分析结果说明，在 DJP 教学中，教师安排合理的讲前导学，以学生如何好学为出发点，向学生提供"认知地图"，帮助其进行积极建构的主动学习，对学生"自我概念、效能感""元认知"有显著的正向影响；教师课堂上合理的评价对学生"元认知"有显著的正向影响。课堂采用学习内评价，对学生元认知的发展也是积极正向的。课前学习任务与"认知地图"安排越合理，教学评价越是体现知识的认知与生成功能，则对增强学生学习数学的自信心及解决问题过程中的调控能力、反思能力有明显正向作用。教师行为的各维度只有"讲前导学"与"学习焦虑"之间呈中度相关，其他维度之间均呈低度相关，说明 DJP 教学不会对学生产生过重的学习压力，对促进学生快乐学习，健康成长的价值明显。"讲前导学"安排的数学学习任务、难度让学生感受越明显，产生焦虑就会越重，就与 DJP 教学要求每个学生都要进行交流、讲解有关，每个学生都要为之做好充分的准备，自然就会产生一定压力，从而导致心理上的焦虑相对更重，这一现象说明了 DJP 教学增加了学生的责任与担当。

(2) 教师行为各维度与自我概念、效能感之间的回归分析

表 11-20，统计结果显示，教师行为各维度能联合解释"自我概念、效能感"40.7%的变异量，"讲前导学""对话导学""教师评价"对"自我概念、效能感"的贡献是显著的，其中，"讲前导学"贡献率最大，为 38.3%，且最为重要。但是，我们也要看到一个问题，"教师讲解""对话导学"对学生"自我概念、效能感"的贡献率很小，也就是教师平时花费很多时间去引导学生、讲解内容，对

学生“自我概念、效能感”的发展的影响也是不明显的。特别是教师的讲解，重要性为负值，教师讲解越多，越阻碍学生“自我概念、效能感”的发展。这一结果告诫我们在DJP教学中教师的“导”和“讲”要适时和适当，不要过多过频，即要严格遵循“少教多学，少告多启，少讲多评”的DJP教学原则。

表11-20 教师行为各维度对自我概念、效能感的逐步多元回归分析

因变量	自变量	R	R^2	ΔR^2	F	Beta	t
自我概念、效能感	讲前导学	0.619[a]	0.383	0.383	1622.225^{***}	0.564	32.416^{***}
	教师评价	0.631[b]	0.399	0.016	865.677^{***}	0.187	9.576^{***8}
	教师讲解	0.637[c]	0.406	0.007	594.981^{***}	-0.129	-6.252^{***}
	对话导学	0.638[d]	0.407	0.001	448.758^{*}	0.049	2.529^{*}

注：*.$p<0.05$，**.$p<0.001$，***.$p<0.001$.

(3)教师行为各维度与元认知的之间的回归分析

表11-21，统计结果显示，教师行为各维度能联合解释“元认知”49.8%的变异量，“讲前导学”“教师评价”“教师讲解”对“元认知”的贡献是显著的，其中，“讲前导学”贡献率最大，为45.7%，且最为重要。

表11-21 教师行为各维度对元认知的逐步多元回归分析

因变量	自变量	R	R^2	ΔR^2	F	Beta	t
元认知	讲前导学	0.676[a]	0.457	0.457	2202.209^{***}	0.572	36.586^{***}
	教师评价	0.705[b]	0.497	0.040	1292.096^{***}	0.203	11.409^{***}
	教师讲解	0.706[c]	0.498	0.001	864.216^{*}	0.038	2.179^{*}

注：*.$p<0.05$，**.$p<0.001$，***.$p<0.001$.

(4)教师行为各维度与心理影响之间的回归分析

表11-22，统计结果显示，教师行为各维度能联合解释“心理影响”48.5%的变异量，“讲前导学”“教师评价”对“心理影响”的贡献是显著的，其中，“讲前导学”贡献率最大，为45.3%，且最为重要。“对话导学”“教师讲解”对学生“心理影响”的贡献是不显著的。这充分说明，学生讲解前的自主学习探究(即讲前准备)一定要给予指导，不能采用号召式和放羊式。

表11-22 教师行为各维度对心理影响的逐步多元回归分析

因变量	自变量	R	R^2	ΔR^2	F	Beta	t
元认知	讲前导学	0.673[a]	0.453	0.453	2164.475^{***}	0.586	37.414^{***}
	教师评价	0.696[b]	0.485	0.032	1228.060^{***}	0.198	12.648^{***}

注：*.$p<0.05$，**.$p<0.001$，***.$p<0.001$.

(5)讲前导学、心理特质与学习焦虑之间的回归分析

教师在讲前导学中给学生安排的学习任务会对学生产生一定的学习压力，学生准备过程中的学习焦虑表现会受心理特质的中介效应反映出不同的结果。据此，进行“讲前导学”与“学习焦虑”之间的回归分析，我们在 SPSS 统计与分析软件中采用了 PROCESS2.15 插件进行中介效应回归分析。将学生心理特质作为讲前导学的中介变量与学习焦虑进行回归分析，分析工具采用 Model templates for PROCESS for SPSS and SAS(2013-2016 Andrew F. Hayes and The Guilford Press)的 Mode 4，前面已经对此模型作了介绍，在此就不再作说明。

表 11-23　讲前导学、心理特质对学习焦虑的回归分析

R	R-sq	MSE	*F*	df1	df2	*p*
0.5405	0.2921	53.0792	1078.1866	1.0000	2613.0000	0.0000

表 11-24　讲前导学、心理特质对学习焦虑的回归分析

模型	coeff	se	*t*	*p*	LLCI	ULCI
常数	16.1570	0.7114	22.7117	0.0000	14.7620	17.5519
讲前导学	1.0814	0.0329	32.8358	0.0000	1.0168	1.1460

表 11-25　心理特质中介效应对学习焦虑影响的分析

	Effect	Boot SE	BootLLCI	BootULCI	se	*Z*	*p*
心理特质	0.8986	0.0395	0.8118	0.9704	0.0321	28.0111	0.0000

注：CI 不包含 0 表示中介效应存在，$Z>1.96$ 或 $p<0.05$ 表示中介效应显著。

表 11-23～表 11-25 统计结果显示，讲前导学在心理特质的中介效应下能解释学生焦虑 29.2%的变异量。CI 不包含 0，$Z>1.96$，$p<0.05$，说明学生心理特质对学习焦虑影响的中介效应显著存在。意味着教师讲前安排的学习任务使学生的心理感受越重、越难，学生的学习焦虑情绪就会越重。为了更好地显示相近心理特质学生在不同讲前学习任务感受下的学习焦虑表现、不同层次心理特质学生在相同讲前学习任务感受与不同讲前学习任务感受下的学习焦虑表现，分析选择将学生心理特质分为 10th，25th，50th，75th，90th 五等分，生成绘制交互图的数据，用 SPSS23.0 生成子组拟合线图形，如图 11-2。

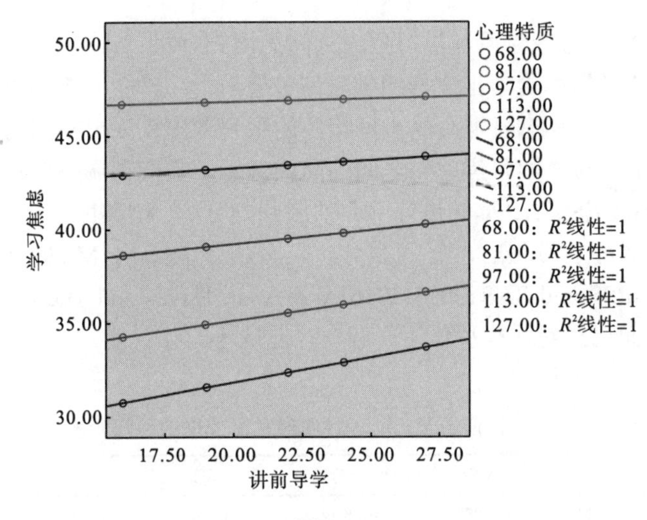

图 11-2

图形数据显示，心理特质位于第一和第二层次的学生无论讲前学习任务感受是轻还是重，学习焦虑都要高于低层次学生的学习焦虑，这与之前分析的学生心理特质表现越好，个人学习目标就越高，学习压力就越大的结论基本一致。高层次心理特质学生针对不同讲前学习任务感受的学习焦虑表现变化很小，随着层次的降低，学生的讲前学习任务心理感受越重、越难，学习焦虑就越重。分析结果很好地解释了 DJP 教学理论阐述的“导学”的类型中包括对学生困惑受阻时的疏导、对各类学生的辅导。为了减少学生对数学的恐惧感，不能仅靠思想上的说教，还应引导学生欣赏数学的美，疏导学生学习数学时产生的焦虑情绪，减轻或消除惧怕数学的心理压力；DJP 教学中的辅导不是对所有学生都用同一认识水平、同一标准，要针对不同的学生采用不同的方法。

3. 师生行为各维度与心理影响之间的回归分析

表 11-26，统计结果显示，“学生倾听”“讲前导学”“学生评价”“学生讲解”4 个维度对能联合解释学生“心理影响”55.8%的变异量，其中，“学生倾听”贡献率最大，为 48.6%。四个维度中，“讲前导学”最为重要，其次是“学生倾听”。

表 11-26 师生行为各维度对心理影响的逐步多元回归分析

因变量	自变量	R	R^2	ΔR^2	F	Beta	t
心理影响	学生倾听	0.697[a]	0.486	0.486	2466.526***	0.329	13.311***
	讲前导学	0.741[b]	0.549	0.064	1591.670***	0.337	17.939***
	学生评价	0.746[c]	0.556	0.007	1089.671***	0.099	4.883***
	学生讲解	0.747[d]	0.558	0.002	823.126**	0.073	3.315**

注：*.p<0.05，**.p<0.001，***.p<0.001.

综合上述研究分析，教师在数学教学过程中，给学生安排合理的课前学习任务与提供“认知地图”(学案)，课堂上积极评价学生的学习表现与过程，对学生学习数学的心理特质有积极的正向影响。“讲前导学”“学生倾听”“学生评价”表现越好，越能促进学习数学心理特质的发展。这个结论很好地解释了 DJP 教学理论所阐述的 3 个观点：一是导学是教师的教学准备，是以学生如何好学为出发点进行学习设计，使学习者从盲目听课的被动学习转变为按照学案提供的“认知地图”进行积极建构的主动学习；二是对话性讲解学习不是封闭的、固定不变的系统，而是一个由多方参与、多种视域(个体视域、同伴视域、教师视域与文本视域)组成的动态的、开放的活动系统，对话性讲解学习中，学生的“听”“讲”行为与心理活动表现更加积极；三是通过评价评出理解、评出价值、评出情感、评出自信、评出生命活动的状态，最终能够学到新的东西。这些观点在教学中有着非常重要的地位与价值，能很好地激发学生学习数学的动机。同时我们也发现，教师课堂上的讲解对学生心理特质没有显著影响，这主要体现了教师教学过程中的讲解主要是对知识、方法等陈述性知识与程序性知识的归纳、提炼等，而缺少策略性知识与价值性知识的讲解，对学生在发现问题、分析问题、解决问题方面能力的培养不足。这也很好地解释了 DJP 教学理论所阐述的“三多三少”的教学原则是培养学生学习数学浓厚的学习兴趣、积极的学习态度和良好的学习品质的重要教学方式。

谈到这里，是不是教师导学、教师讲解对学生的学习就没有用了？肯定的回答不是。教师在教学过程中的主导地位是不可否认的，教师用智慧启发学生思维是教学三维目标之能力目标要求。虽然教师的讲解对学生心理特质没有显著影响，甚至是负向影响，但是对学生学业成绩的影响肯定是存在的。下面进行师生行为、学生心理特质为与学生学业成绩相关性分析。

4. 师生行为、心理特质与数学学业成绩的回归分析

学生的学业成绩受多种因素影响，在非智力因素中，一些因素具有调节效应，一些因素具有中介效应。分析采用的数学成绩是与问卷调查同期的七年级下期期末全区统一监测数据，相关性分析的结果是，师生行为、学生心理特质各维度与学业成绩均呈低度正相关。采用复回归分析结果是：师生行为各维度联合能解释学业成绩 15.3%的变异量，学生心理特质各维度联合能解释学业成绩 21.2%的变异量。学生学习行为会影响其心理特质，教师教学行为也会影响学生心理特质，学生心理特质也会影响其学习行为，教师行为、学生行为、心理特质三者间既有相关性，也有因果关系。据此，进行师生行为、心理特质与学业成绩回归分析，我们在用 SPSS 统计与分析软件中采用了 PROCESS2.15 插件进行调节效应与中介效应回归分析。一是将学生行为作为心理特质的调节变量与学业成绩进行回归分析；二是将学生心理特质作为教师行为的中介变量，学生行为作为中介变量的调节变

量与学业成绩进行回归分析。分析分别采用 Model templates for PROCESS for SPSS and SAS(2013-2016 Andrew F. Hayes and The Guilford Press)的 Model 1(干扰变量，也称“调节变量”，模型结构如图 11-3)、Model 58(中介变量、中介变量的调节变量，模型结构如图 11-4)进行回归分析。

Model 1
Multicategorical *X* with *k* categorines
(PROCESS v2.14 or later)
Conceptual Diagram

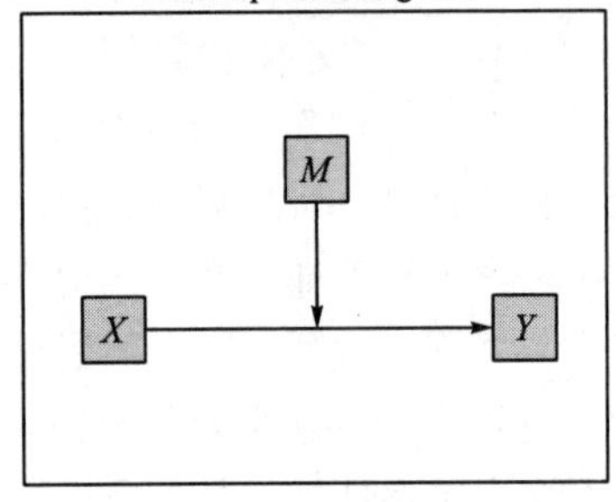

图 11-3

Model 58
Conceptual Diagram

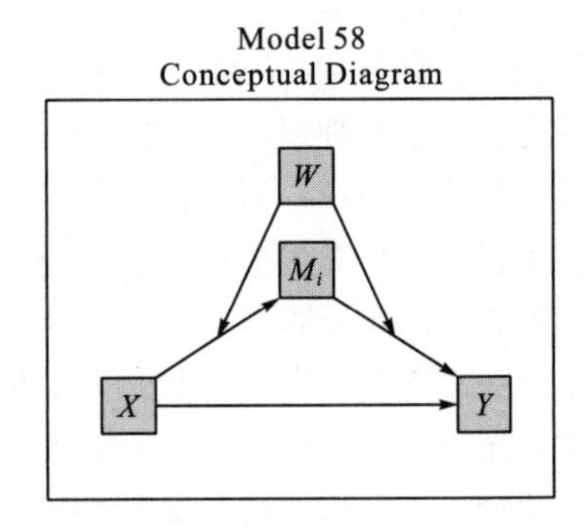

图 11-4

在 Model 1(调节变量)回归分析中，*X*是学生心理特质，为自变量；*Y*是学生学业成绩，是因变量；*M*是学生行为，为自变量*X*的调节变量。模型结构能够解释的是学生具有的心理特质所产生的心理活动对学业成绩有直接影响，但又受到学生行为的干扰，对心理特质影响学业成绩具有调节作用。Model 58(中介变量、中介变量的调节变量)，*X*是教师行为，为自变量；*Y*是学生学业成绩，是因变量；M_i是学生心理特质，为自变量*X*的中介变量；*W*是学生行为，是学生心理特质中介变量的调节变量。模型结构能够解释的是教师的行为对学业成绩虽然有直接影响，但在分析中呈现的效果不明显，需要通过学生心理活动及其产生的行为达到提高效果作用；学生在学习过程中，心理活动前、后都会受到学生行为的干扰，干扰作用也会对学业成绩产生影响。两个模型结构是否成立，能否有效反映各维度对学业成绩的影响，还需要通过数据分析进行验证。

(1)学生心理特质、学生行为(调节变量)与学业成绩的回归分析

如表 11-27 和表 11-28 统计结果显示，学生的心理特质在学生行为的调节效应下能联合解释学业成绩 22.7%的变异量。CI 不包含 0，$p<0.05$，说明学生行为的调节效应显著存在，心理特质在学生行为调节下对学业成绩影响显著存在，且调节的效果是正向的。表明学生在数学学习过程中行为表现越好，对学业成绩产生的效果越明显。结合前面学生行为各维度对学生心理特质的回归分析，说明学生在数学学习过程中，“学生倾听”“学生讲解”“学生评价”表现越好，不仅对学生心理特质的发展有显著的正向影响，而且对学业成绩的效果有显著的正向影

响。为了更好地显示学生心理特质与学生行为对学业成绩的显著影响，分析将学生行为(调节变量)分为 10th，25th，50th，75th，90th 五等分，生成绘制交互图的数据，用 SPSS23.0 生成子组拟合线图形，如图 11-5。

表 11-27　学生心理特质、学生行为与学业成绩回的归分析

R	R-sq	MSE	*F*	df1	df2	*p*
0.4768	0.2273	822.4539	256.0377	3.0000	2611.0000	0.0000

表 11-28　学生心理特质、学生行为与学业成绩的回归分析

模型	coeff	se	*t*	*p*	LLCI	ULCI
常数	−45.4375	10.6327	−4.2734	0.0000	−66.2870	−24.5880
学生行为	0.7015	0.1440	4.8705	0.0000	0.4191	0.9839
心理特质	1.5356	0.1246	12.3270	0.0000	1.2913	1.7799
int_1	−0.0100	0.0015	−6.6415	0.0000	−0.0129	−0.0070

注：CI 不包含 0 表示调节效应存在，p<0.05 表示调节效应显著。

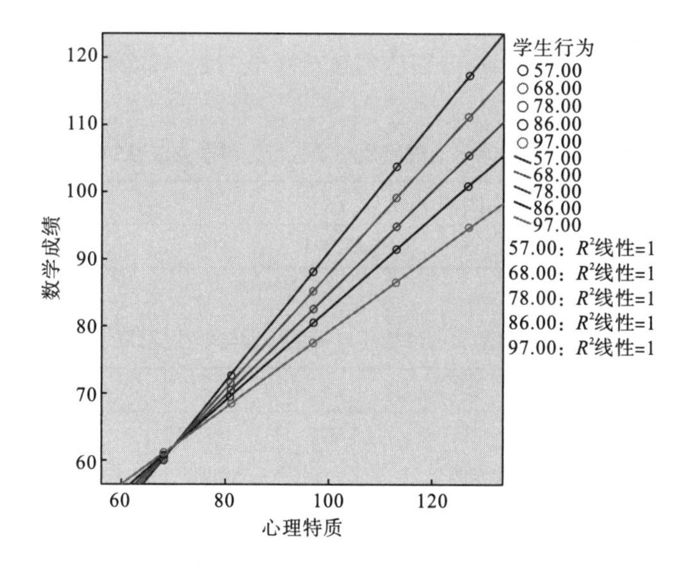

图 11-5

(2) 教师行为、学生心理特质(中介变量)、学生行为(中介变量的调节变量)与学业成绩的回归分析

表 11-29～表 11-30 统计结果显示，教师行为在学生心理特质中介作用及学生行为的调节下能联合解释学业成绩 22.9%的变异量。CI 不包含 0，$p<0.05$，说明心

理特质的中介效应显著存在，学生行为对心理特质的调节效应显著存在，教师行为在学生心理特质中介作用及学生行为的调节下对学业成绩的影响显著存在，且都是正向影响。在前面的分析中，教师行为中的"教师讲解""对话导学"对学生心理特质的影响是不显著的，且存在负向影响的问题。结合此处的分析，说明学生在数学学习过程中的学习行为会对心理特质产生调节作用，最终使教师的行为对学业成绩产生显著的正向影响。学生行为表现越好，教师行为对学生学业成绩产生的效果越明显。但是，我们也看到一点，对学生学业成绩影响最大的是心理特质，其次是学生行为，最后才是教师。这一结论很好地解释了在 DJP 教学理论中阐述的"把学习的自主权还给学生""把学习的时间还给学生""把课堂话语权还给学生""把课堂还给学生"四还给原则的价值。只有这样，才能更好地培养学生的数学学习兴趣、学习积极性、学习品质，增强学生的自信心，提高学生发现问题、提出问题、分析问题、解决问题的能力，从而提高教学效果。

两个模型的各维度能联合解释数学学业成绩的变异量都不高，这是符合事实的。如，马什(Marsh)等发现，数学成绩与数学自我概念之间的相关系数为 0.55[①]，属于中度相关，在回归分析中解释的变异量也不会很高。影响初中生数学学业成绩的因素除了本研究的师生行为、心理影响等非智力因素外，学生的学习能力等智力因素是主要因素。如，秦建平 2018 年的最新实验结果发现，数学推理、图形能力与初中生数学成绩的相关分别达到 0.789、0.711，综合起来高达 0.828[②]。

表 11-29　教师行为、心理特质与学生行为与学业成绩的回归分析

R	R-sq	MSE	*F*	df1	df2	*P*
0.4784	0.2289	821.0696	193.7025	4.0000	2610.0000	0.0000

表 11-30　教师行为、心理特质与学生行为与学业成绩的回归分析

模型	coeff	se	*t*	*p*	LLCI	ULCI
常数	−54.5439	11.3233	−4.8170	0.0000	−76.7474	−32.3404
心理特质	1.5511	0.1246	12.4440	0.0000	1.3067	1.7955
教师行为	0.1585	0.0682	2.3242	0.0202	0.0248	0.2922
学生行为	0.6427	0.1461	4.3985	0.0000	0.3562	0.9292
int_2	−0.0103	0.0015	−6.8455	0.0000	−0.0133	−0.0074

注：CI 不包含 0 表示中介效应存在，p<0.05 表示中介效应、调节效应显著。

① 莫雷．教育心理学．北京：教育科学出版社，2015：301．
② 秦建平．挖潜：学习能力倾向测评与运用．中国教育报．2018-12-19(05 版)．

5. 师生行为表现对学生心理、学业成绩等影响的差异分析

(1)差异分析的样本选择与分析方法

学校的教学都是以班级为单位，教学过程中教师的教学设计、教学组织等对班级学生行为影响是显著的。据此，学生行为对学业成绩的影响差异性分析选择以班级为样本。本研究数据分析的学生总样本数为 2615，班级总样本数为 105，排除学生样本数少于班级总人数 20%的班级，有效班级样本数为 95。学生行为表现对心理影响和学业成绩影响的差异分析，选择学生行为平均分前 15 位(高分组)与后 15 位(低分组)的班级作为差异分析的样本，学生样本数为 956 人，其中，高分组 565 人，低分组 391 人。教师行为表现对学生行为、心理影响和学业成绩影响的差异分析，选择教师行为平均分前 15 位(高分组)与后 15 位(低分组)的班级作为差异分析的样本，学生样本数为 795 人，其中，高分组 421 人，低分组 374 人。师生行为表现对学生心理、学业成绩等影响的差异分析采用平均数差异检验——t 检验。

(2)学生行为表现对学生心理、学业成绩影响的差异分析

表 11-31，统计结果显示，学生行为高分组与低分组在心理特质、学业成绩两个方面的差异是显著的，学生行为表现的分值越高，心理特质、学业成绩的表现就越好。这说明，学生在数学学习过程中的“倾听”“讲解”“评价”行为表现越好，学生的心理特质表现就越好，学业成绩就越高。

表 11-31　学生行为表现对学生心理、学业成绩影响的差异分析

检验变量	学生行为分组	个案数	平均值	标准差	t
心理特质	高分组	565	104.1752	22.62247	11.509***
	低分组	391	87.2558	22.15496	
数学成绩	高分组	565	90.8991	30.62352	8.735***
	低分组	391	72.6650	32.47891	

注：*.$p<0.05$，**.$p<0.001$，***.$p<0.001$.

(3)教师行为表现对学生心理、学生行为、学业成绩影响的差异分析

表 11-32 统计结果显示，教师行为高分组与低分组在心理特质、学生行为、学业成绩 3 个方面的差异是显著的，教师行为的分值越高，学生的心理特质、行为、成绩的分值就越高。说明学生在数学学习过程中，教师在“讲前导学”“对话导学”“教师讲解”“教师评价”行为表现越好，学生的心理特质、行为表现就越好，学业成绩就越高。

表 11-32 教师行为表现对学生心理、学生行为、学业成绩影响的差异分析

检验变量	教师行为分组	个案数	平均值	标准差	t
心理特质	高分组	421	103.2803	22.18960	8.311***
	低分组	374	90.1604	22.24386	
学生行为	高分组	421	81.3468	12.65996	9.967***
	低分组	374	71.7433	14.31317	
数学成绩	高分组	421	92.6627	31.39564	9.035***
	低分组	374	71.5936	34.02925	

注：*.p<0.05，**.p<0.001，***.p<0.001.

综合上述，DJP 教学理论所阐述的教师、学生在教学过程中的“导学”“讲解”“评价”“倾听”等行为对学生的心理影响、学业成绩的贡献是显著正向的。教师、学生按照 DJP 教学进行“教”与“学”，能有效提高学生学习数学的兴趣、积极性和学习品质，改进学习行为，从而促进学业成绩的提高，实现快乐学习、健康成长。

四、结论与建议

1. 结论

由前面的分析可以得出以下结论：

(1) DJP 教学有利于学生自我概念、自我效能感和元认知等心理特质的培养。数据分析显示，DJP 教学中的师生行为各维度与心理影响的各维度呈显著正相关，综合起来相关系数达到 0.747，能联合解释“心理影响”55.8%的变异量。DJP 教学中的“学生倾听”“学生讲解”“学生评价”“讲前导学”环节对学生心理特质的培养有显著贡献。

(2) DJP 教学不会额外增加学生学业负担，有利于学生快乐学习、健康成长。数据分析显示，除了学生行为各维度与教师行为的“讲前导学”与“学习焦虑”呈中度相关外，其他维度与“学习焦虑”“考试焦虑”呈低度相关。DJP 教学中，师生间、学生间互动交往、对话讲解、交流讨论都充分保障了学生的主体地位，极大地发挥了学生的主体性，从而也活跃了课堂氛围，形成一种“宽松自由，交往对话”的课堂学习文化。这样，就不会给学生在学习过程中额外增加过重的学业负担。

(3) DJP 教学在教学中把话语权还给学生，能给学生一定学习压力，促进学生更加主动学习。前面的分析已经说明，学生学习焦虑情绪与心理特质有关，学生心理特质水平越高，个人的学习目标就越高，学习压力就越大。数据分析显示，

讲前导学对学生的自学要求和任务分配、对话性讲解过程中的质疑和评价，这两个环节能使学生产生一定的学习焦虑。适度的学习焦虑通过学生的自我概念、自我效能感和元认知等心理活动还能促进学生更加主动学习，学生行为、心理特质、学习焦虑三者相互作用，相互促进。

(4) DJP 教学有利于学生学业成绩的提高。数据分析显示，学生的心理特质在个人行为的调节下对学业成绩的贡献是正向积极的，教师行为在学生心理特质中介作用及学生行为的调节下对学业成绩的贡献是正向积极的，师生行为高分组与低分组的学生在心理特质、学业成绩两个方面的差异是显著的，高分组明显高于低分组。DJP 教学中，师生行为表现越好，学生的成绩水平就越高。

2. 建议

(1) 要加强学生学习过程中倾听方式的培养，提高学生在对话学习中的效益。DJP 教学中，学生、教师的“倾听”是开展持续对话的前提。数据分析显示，“倾听”对学生心理特质的培养贡献率是最大且最重要。学生的学习焦虑在心理特质的中介效应下又促进其倾听行为的改进。这一行为对 DJP 教学来说是提升课堂教学效果非常重要的环节。

(2) 要合理安排讲前导学环节中学生自主学习的内容，分层布置任务。数据分析显示，DJP 教学中，讲前导学是教师行为中对学生心理特质培养贡献率最大且最为重要的环节。在探索性因子分析删除的 T8 题目内容是“数学课堂上，我总是积极思考数学问题”，该题目预先设计是教师行为的“对话导学”维度，是考查教师在课堂中的导学能否引发学生积极思考。在进行因子提取时，该题项归属到“讲前导学”维度，这说明学生课堂上的积极思考主要基于讲前导学环节中学生自主学习的效果。在进一步的分析中显示，讲前导学与学习焦虑呈中度相关，心理特质表现偏低的学生，学习焦虑会随着其对自主学习任务轻重、难易感受的增加而呈现比较快速的增加，当学生学习焦虑达到较高程度时，心理特质将学习压力转变为学习动力就不显著，反而会对学业成绩产生负向影响。因此，教师在讲前导学环节要根据学生具体情况，合理安排内容，分层布置任务，导趣、导做、导思，调动每个学生的学习积极性，让学生快乐学习、健康成长。

第二节　导学讲评式教学与传统教学中学生参与比较的量化分析

学生参与教学过程是学界和基础教育课程改革中一直关注的重要话题。为了提高学生参与的有效性，我国基础教育中开展了一系列的课堂教学改革实验。我们从 2008 年起进行的 DJP 教学研究就是以学生的“学”为出发点，以学生主动参与教学过程的“对话性讲解”为主要特征的课堂教学改革实验，但 DJP 教学中学生参与的广度和深度如何、学生参与对学生综合素质的提高和思维的发展有多大影响、它与传统教学中的学生参与有何区别，等等，这些都是值得关注和需要研究的问题。本节我们运用 Nvivo 视频分析工具，采用了视频分析的方法，从量化分析的角度对两种教法进行比较研究。

一、研究的对象与方法

(一)研究对象

我们在研究时选取了两节随堂录像课，分别记为 class1 和 class 2。其中 class1 使用的是 DJP 教学方式，class2 使用的是传统教学方式(指目前教学中广泛存在的教师讲解和师问生答的教学方式)。两节课所在班学生人数均为 40 人左右，学生层次相当，课堂中学生表现均活跃。

(二)研究方法

1. 研究工具

本研究主要运用 Nvivo 视频分析工具，如图 11-6。Nvivo 是澳大利亚 QSR 公司发行的一款功能强大的量化分析软件，能够有效地分析如大量的逐字稿文字、影像图形、声音和录像带等多种不同的数据，是实现课堂量化研究的最佳工具。

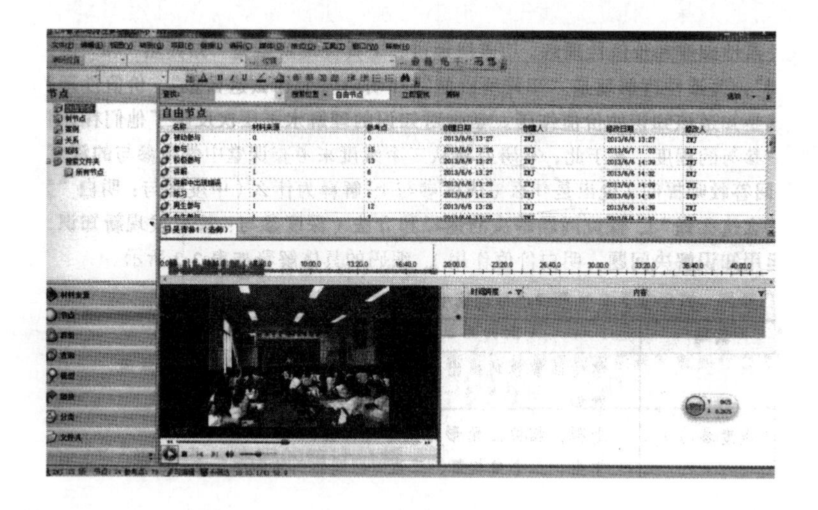

图 11-6

2. 编码设计

学生的课堂参与可分为行为参与、认知参与和情感参与。[①]在对学生课堂参与的研究中，以前的研究是通过观察课堂视频实录，统计学生在课堂中应答行为的次数和时间来进行的[②]。本研究认为，仅仅从学生课堂应答的次数和时间来衡量学生课堂参与的情况不够全面和深入，还需要分析学生表达内容思维的深度和情感态度，即认知参与和情感参与。因此，本研究选取了两个维度进行编码设计：一是课堂中学生参与的广度与状态，主要考查学生参与的次数、时间和情感态度；二是课堂中学生参与的深度，主要考查学生讲解思维的深度。

(1)课堂中学生参与的广度与状态的编码

在学生参与的广度与状态的研究中，本研究在学生课堂交流的次数和时间的基础上增加了学生参与时间分布与参与的情感态度这两个维度，目的是更清楚地看到学生在课堂中不同时间段的参与情况，便于了解学生的参与是主动的还是被动的。因此本研究从 4 个维度来考查课堂中学生参与的广度：学生参与的次数、时间、参与时间的分布及参与的情感态度。编码的具体解释见表 11-33。

表 11-33　课堂中学生参与的广度编码表

编码	编码解释
学生参与的次数	学生每回答一次问题或上台讲解一次则记为一次参与
学生参与的时间	学生每次参与的时间从学生站起来讲解开始计时，到学生回答完问题或讲解完相关内容回到自己的座位上坐下结束
学生参与的时间分布	根据上述学生参与时间的统计方法，Nvivo 软件可以呈现出学生参与时间的分布图
学生参与的情感态度	学生参与的情感态度分为主动参与和被动参与两个方面。如果学生举手，老师让他来回答或者学生主动站起来讲解则记为主动参与，反之，则记为被动参与

(2)课堂中学生参与深度的编码

除了考查在课堂中学生参与的次数和时间，我们还需要进一步分析学生参与深度。DJP 教学中学生知识理解有以下 3 个水平层次：工具性理解、关系性理解和价值性理解[③]。通俗地讲，工具性理解就是“知其然”和“怎么用”，关系性理解就是“知其所以然”和明白“为什么这么做”，价值性理解就是知道该知识的价值作用。学生对知识的理解水平层次反映了他们在课堂中参与的程度。基于此，本研究将从 3 个维度来考查课堂中学生参与的深度：回答教师提问，说出是什么(浅度参与)；解释为什么(中度参与：明白“为什么这么做”)；提出问题，探究

① 孔企平．数学教学过程中的学生参与．上海：华东师范大学出版社，2003：21-33．

② 斯海霞，叶立军．基于视频案例下初中数学课堂学生参与度分析．数学教育学报，2011，(4)：10-12．

③ 王富英，王新民．让知识在对话交流中生成——DJP 教学知识生成的过程与理解分析．中国数学教育，2013，(11)：3-6．

问题解决的途径和方法(深度参与：探究发现新知识，运用知识解决问题，明白价值作用)。编码的具体解释见表 11-34。

表 11-34　课堂中学生参与深度的编码

编码	编码解释
应答 (浅度参与)	学生回答教师提出的问题，说明是什么？但不解释原因。 如： 老师：相似三角形的概念是什么？ 学生：三个角相等，三边对应成比例的两个三角形是相似三角形。
解释 (中度参与)	学生解释自己讲解的内容，说明为什么，呈现出思维过程。 如： 老师：有一个角相等的两个等腰三角形是相似三角形吗？ 学生：不一定，这要分两种情况考虑。当一个等腰三角形的顶角(或底角)与另一个三角形的顶角(或底角)相等时，两个三角形相似；当一个等腰三角形的顶角(或底角)等于另一个三角形的底角(或顶角)时，两个三角形不一定相似。如，三个角分别为90°，45°，45°的三角形和三个角分别为45°，67.5°，67.5°的三角形，这两个三角形有一个角相等，但是它们并不相似。
探究 (深度参与)	提出问题，探究问题解决的途径和方法，发现新知，运用知识解决问题，认识价值和作用。教学中学生清楚表达自己探究发现新知的思维过程，通过互动对话，展示寻求运用知识解决问题的途径与方法，使别的同学认识到知识的价值和作用并从中学会怎么处理类似的问题。 如： 一位学生讲解相似三角形的性质： 学生讲解：刚刚我们已经回顾了相似三角形的性质：对应角相等，对应边成比例。也知道了相似三角形的概念：三个角对应相等，三条边对应成比例。现在我们在具体的图形中来看相似三角形的性质。大家看着黑板上的图，若$\triangle ABC \backsim \triangle AED$，有哪些边对应成比例呢？我找一个同学来回答。 同学 A：$\frac{AB}{AD}=\frac{AC}{CE}$ 讲解的同学：好，请坐。 (当然，同学 A 回答错误了，讲解的同学并没有意识到，同学们为他指出了错误，我们将在后面讨论。) 讲解的同学：那么怎么找相似三角形中的对应边？共有些什么方法吗？先讨论一下我们再一起来探究。

二、学生参与编码的统计分析

1. 学生参与广度的统计分析

表 11-35　学生参与的广度统计结果

班级	学生参与的次数		学生参与的时间		学生参与的情感态度			
	男生	女生	男生	女生	主动		被动	
					次数	时间	次数	时间
Class 1	12	3	16	6.5	13	22.5	0	0
Class 2	23	8	5.5	1.7	21	3.5	11	3.5

注：学生参与时间的单位均为分钟。

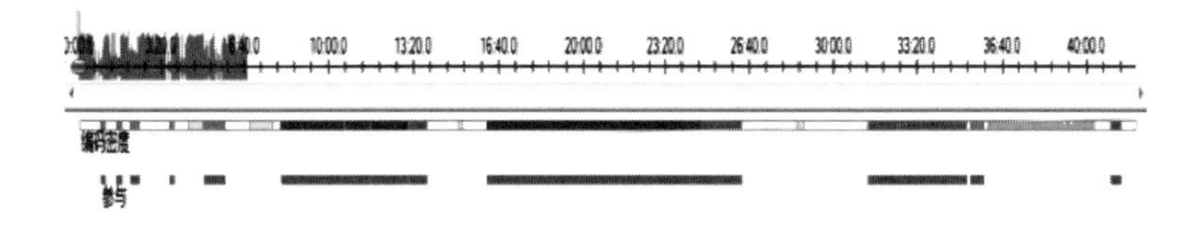

图 11-7

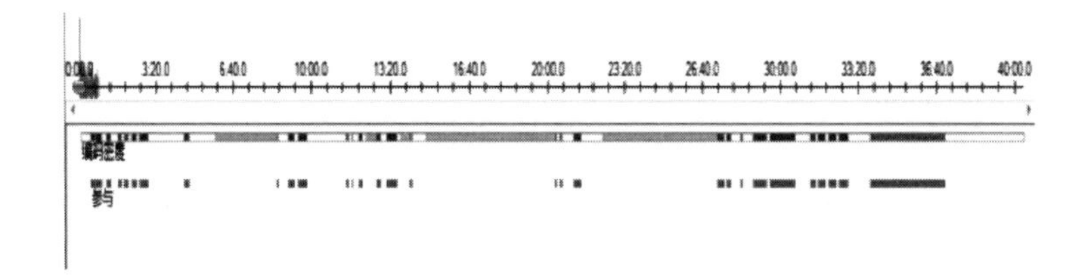

图 11-8

通过以上数据，可以得出以下结论：

(1) 传统课堂中学生参与的面广，行为参与突出。

从表 11-35 中可以看出，传统课堂(class2)中，学生参与的次数达到了 31 次，除去个别同学重复回答问题的情况，约 70%的学生在课堂中回答了问题。而 DJP 教学的课堂中，学生的参与次数仅为 15 次，仅有 40%的学生在课堂中参与了回答问题，参与面较小，行为参与不够突出。但是从录像中可以看出，传统课堂中学生的参与大多是回答老师提出的较简单的问题，参与的人数、次数多，但是每次参与的时间很短，课堂活跃、学生外在行为参与突出。

(2) DJP 教学中学生参与的时间长，覆盖了一节课的主体部分。

从图 11-7 与图 11-8 中可以看出，传统课堂中学生参与的时间短，仅有 7.2 分钟，学生参与的时间集中在课堂的开头和结尾。DJP 教学的课堂中学生参与的时间较长，达到 20 分钟以上，学生参与的时间集中在一节课的 8~35 分钟，覆盖了一节课的主体部分。从录像中还可以看到，传统教学中教师是主角，主宰了学生学习的全程，享有充分的话语权，学生只是配角。而 DJP 教学中学生是主角，课堂上享有充分的话语权，教师是一位组织者、引导者、咨询者和参与者。

(3) DJP 教学的课堂中学生更多的是主动参与。

从图 11-7 和图 11-8 中可以看出，class1 中学生参与的时间更长而且都是主动的，class2 中学生参与的时间较短且有一半的时间都是被动参与。由此说明，DJP 教学的课堂中，学生的参与更积极主动，学习探究的兴趣更浓。

(4) 两种教学方式的教学中，男生参与的比例均远远大于女生参与的比例。

我们发现，尽管两节课的教学方式不同，但都出现了男生参与的次数和时间远远高于女生的现象。男生参与的次数和时间为女生的 3~4 倍。这种男女参与比例严重失衡的现象是初中课堂中的普遍现象还是选取样本造成的特殊情况，本研究无法做出判断，还待进一步研究。

2. 学生参与深度的统计分析

根据上述编码，对两节课的学生参与的深度进行了比较，结果如下：

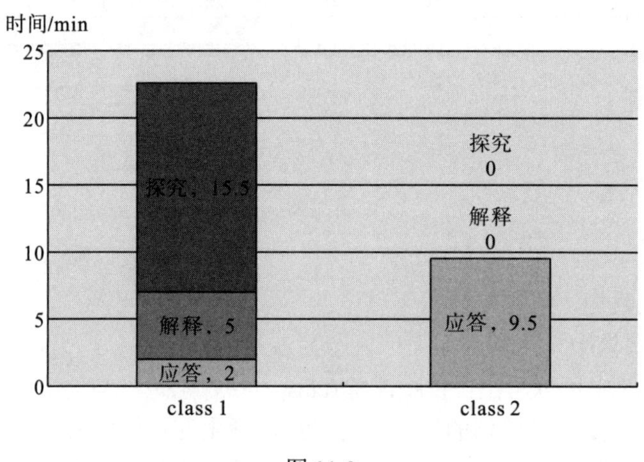

图 11-9

⑴ DJP 教学的课堂中学生更多的是深度参与。

从图 11-9 中可以看出，class1 的学生参与深度明显高于 class2 的参与深度。在 class2 中，学生仅仅是回答老师提出的简单问题，教师没有要求学生解释说明为什么，思维的深度不够，只局限于浅度参与。在 class1 中，只给出答案的(回答)非常少，约 90%的学生是进行解释和探究。这是由于 DJP 教学的课堂中学生要讲出自己的理解和见解与同伴进行交流，而且要让别人听懂，就必须要进行解释。其他同学在倾听的过程中，也在不断反思，不时提出质疑要求解释；讲解者对于一些自己还不能完全解答的问题，还要与同伴进行交流讨论，共同探究进行解决。在这个“讲解—质疑—探究”过程中，学生不仅要清楚地表达自己的思维过程，还要与其他同学一起分析探究解决问题，其思维的深度很高，是深度参与。

⑵ DJP 教学有助于培养学生提出问题的能力。

提出问题的能力是学生深度参与的重要标志，也是探索创新能力的核心要素。从录像中我们还看到，class2 没有学生提问，class1 的学生在讲解过程中会伴随着很多提问。这些提问，有的是为了活跃课堂气氛，有的是为了更好地表达自己的想法，有的是为了突出问题解决过程中的重难点，有的是为了引导同伴进一步思考，等等。他们提出的这些问题并不是突发奇想，而是伴随着他们的讲解自然发生的，是他们讲解必不可少的一部分。

从本节课中，class 1 中学生共提出了 8 个问题：

问题 1：(在学生讲解三角形的性质的时候) 若$\triangle ABC \backsim \triangle AED$，有哪些边对应成比例呢？

问题 2：那么在一般的情况下，我们怎么去找相似三角形中的对应角和对应边呢？

问题 3：在$\triangle ABC$和$\triangle AED$中，并没有说对应角是相等的，为什么我们能得到对应边成比例呢？

问题 4：(一名学生讲解例 1) 我们先找出三角形中的对应角，大家一起说他们的对应角是哪些？

问题 5：我们知道三角形的内角和是多少度？

问题 6：我们知道了其中两个角是 45° 和 40° ，那么另一个角是多少度？

问题 7：知道了对应角，我们再来一起找对应边，请大家一起告诉我。

问题 8：现在我们有三组边对应成比例，我们要构成一个等式，需要划去哪一组呢？

三、几点启示与思考

1. 课堂教学中应该留足给学生思考的时间和表达交流的机会

传统教学中，老师是课堂的主角，课堂中的问题是老师预先设计好的，一步一步由浅入深，学生只需要跟着老师的思路去思考就好了。老师提出问题后给学生思考的时间也很短，学生进行简单的思考就急着举手，当问题比较简单的时候，绝大部分学生能回答得很好，而且课堂气氛很活跃，但是当问题稍微复杂一点的时候，学生的回答往往就会出现不完整不准确的情况，这是因为在较短的时间里，他们没有进行足够的时间深度思考。而且当学生回答问题的时候，教师很少要求他们说出自己的想法，仅仅满足于答案是否正确。长此以往，学生会产生惰性，不愿进行深层次的思考。虽然课上的时间有限，但我们可以引导学生进行课前复习，通过借助一些资料的帮助如“学案”，让学生对课上将要研究的问题进行一些前期思考。在课堂上，给学生机会，让他们充分表达自己的见解，展示自己的思维成果，这样不仅能够促进学生深度思考，还能锻炼他们各方面的能力。

2. 不是中国的学生提不出问题，而是没有给学生提问的时间和机会

很多研究表明，中国的课堂中很少有学生提出问题。但是在 DJP 教学的课堂中提出问题的学生很多，有些学生提出的问题还有一定的深度。因为他们为了把一个

问题讲清楚，为了吸引同学的注意力，会绞尽脑汁提出问题，而且会不断地模仿老师。所以，不是中国的学生提不出问题，而是没有给他们提问的时间和机会。只要你给他们机会和舞台，他们一定会“还你一个精彩”，给你带来无限的惊喜。

3. 课堂教学要减少浅层参与，注重参与的深度，提高学生参与的“质”和“量”

本研究给我一个重要的启示是在要求学生参与的过程中，不要追求课堂上表面的热闹，要减少浅层参与，加强学生参与的深度，既要有行为的参与，更要追求认知参与和情感参与，提高学生参与的“质”和“量”。

4. 数学课堂中应该更多地关注女学生的参与情况

本研究发现在两个不同教学方式的课堂中，都呈现出了男生参与次数和时间远远高于女生的情况。众所周知，初二是数学学习的分水岭，很多学生特别是女学生特别容易在初二掉队，而且和男生相比，女生更内向一些，不善于表现自己，这些都是导致女生课堂参与度低的原因。所以初中教师应该更多地关心女学生的数学学习情况，鼓励她们更积极地参与到课堂中来。

附录一　运用均值不等式求函数最小值问题的解题学习课(学案)

【学习目标】

1. 能灵活运用均值不等式解答两类函数的最小值问题;

2. 能通过两类典型问题的解答和反思总结，体会其中的数学思想方法，认识均值不等式的价值和作用。

【学习过程】

一、学习准备

1. 请同学们回忆均值不等式的内容是什么？成立的条件和取“＝”号的条件是什么？

2. 观察均值不等式的特征并思考以下问题：均值不等式中两个变量的和为定值，积会取得什么值？积为定值，和会取得什么值？由此你可以发现均值不等式可以解决数学中的什么问题？

3. 怎样利用均值不等式求一类函数的最小值？

二、学习探究

问题1：如何利用均值不等式求一类非附加条件的函数的最小值？

例1：已知 $a>0$，则 $a+\dfrac{8}{2a+1}$ 的最小值是什么？

☆思路启迪:要使和取最小值,积应满足什么条件？题中给出条件是否满足？怎样变换才能满足？

解:

☆解题回顾：解决本题的关键是什么？还有其他解法吗？用到了什么数学思想方法？能否把他推广到更一般的形式？

●变式练习

1. 函数 $y=x+\dfrac{4}{x-2}$ $(x>2)$ 的最小值为：　A.6；B.4；C.3；D.2

2. 函数 $y=\log_2\left(x+\dfrac{2}{x-1}+5\right)$ $(x>1)$ 的最小值是：A.−4；B.−3；C.3；D.4

3. 函数$y=4x+\dfrac{5}{3x+2}\left(x>-\dfrac{2}{3}\right)$在$x=n$处取得最小值，则$n=$________.

4. 当$a>1$时，不等式$2x+\dfrac{4}{3x-5}\geqslant a$恒成立，求$a$的取值范围。

前面我们利用均值不等式研究了一类式子(函数)的最值，下面我们看有附加条件的最值问题。

问题 2：如何利用均值不等式求一类附加条件的函数的最小值？

例 2：已知$a>0$，$b>0$，若$2a+b=1$，求$\dfrac{1}{a}+\dfrac{2}{b}$的最小值。

☆思路启迪：要求最小值，则需要满足什么条件？如何利用题中已知条件构造需要的条件？

解：

☆解题回顾：本题的解答用到了什么方法？还有其他解法吗？哪种解法具有一般性？若本题已知不变，改为求$\dfrac{2}{a}+\dfrac{1}{b}$的最小值，你的解法还能用吗？

●变式练习

1. 若正数x、y满足$\dfrac{3}{x}+\dfrac{1}{y}=5$，则$3x+4y$的最小值是(　　).

A.$\dfrac{24}{5}$；B.$\dfrac{28}{5}$；C.5；D.6

2. 已知$x>0$，$y>0$，且$x+y=2xy$，则$x+4y$的最小值为________.

☆思路启迪：能否将已知转化为例 2 已知的形式？

3. 已知正项等比数列$\{a_n\}$满足：$a_7=a_6+2a_5$，若存在两项$a_m a_n=16a_1^2$，则$\dfrac{1}{m}+\dfrac{4}{n}$的最小值为________.

4. 已知正数a，b满足$a+b=3$，求$\dfrac{1}{a+1}+\dfrac{4}{b+4}$的最小值。

☆思路启迪：观察所求式的结构与例 2 所求式子的结构有何区别，能否转化成例 2 的形式？

☆想一想：4 题与前面的 3 个题有何联系与区别？能否把 4 题推广到一般结论？

三、学习反思

1. 利用均值不等式求最小值的条件是什么？

2. 今天学习了几种求最小值的问题，其中的数学思想和方法是什么？

3. 通过本节课的学习，你有何体验与感悟？

【课后作业】

(略)

附录二　二元一次方程组单元复习课(学案)

【学习目标】

1. 能整理二元一次方程组有关的知识，形成自己关于二元一次方程组的知识结构系统；

2. 能根据典型例题的特点提出不同的解法，并能比较不同解法的优劣，提升自己的解题策略与方法；

3. 能从逆向思考编制不同类型的习题，并从中体会数学知识与方法之间的联系，感悟数学的美妙。

【学习过程】

一、知识梳理

请认真阅读教材，将二元一次方程组的有关知识根据知识内在的联系进行梳理，建立二元一次方程组的知识结构网络。

注意：不是把这部分知识简单地罗列，而是要根据知识内在联系进行梳理。

二、典型例析

例：解方程组：$\begin{cases} \dfrac{x+y}{2}+\dfrac{x-y}{3}=7 \\ \dfrac{x+y}{2}-\dfrac{x-y}{3}=3 \end{cases}$

☆学习要求：请用不同方法解二元一次方程组，并比较哪种方法好。

解：

写出你的解：

☆解后反思：

1. 本题用到了哪些数学思想方法？

2. 反过来思考一个问题：已知例题的解的方程组除本例题外还有哪些？你能否自己编一道用到本例题的方程组来解的数学问题？

【学习反思】

1. 解二元一次方程组要用到哪些数学知识和数学思想方法？
2. 二元一次方程组与哪些知识有内在的联系？
3. 从本节课的学习中，你有哪些体会与感悟？

【课后作业】

1. 总结这一章的主要题型和解题规律。
2. 编三道形式不同的用到二元一次方程组来解的习题。

附录三　等差数列求和性质的应用(学案)

成都市龙泉驿区第一中学高一数学组、
王富英名师工作室　邹长碧

【学习目标】

1. 能顺用、逆用和变用求和公式及性质 1、2 求等差数列的和、项数 n 和公差 d;
2. 能从一题多解、一题多变中体验解题思路的广阔性和观察问题的精细性;
3. 能从函数的观点和方程的思想方法思考和解决求和问题。

【学习重点】

能熟练地运用性质 1、2 解决相关问题。

【学习过程】

活动 1：梳理知识

前几节课我们已经学习了等差数列的前 n 项和公式及其性质。今天我们来学习研究求和性质的应用。请同学们回忆一下自己是否准确理解了这些知识，请将它们写出来并回答思考问题(填写后再与同学交流)。

1. 等差数列通项公式：____________，推广形式为____________.

2. 通项的下标和性质为：____________________.

3. 等差数列前 n 项和公式：(1)____________;(2)____________.

☆思考：(1)等差数列的两个求和公式各自有何特征？(2)它们的变化形式有哪些？

4. 等差数列求和的性质：

性质 1：片段和性质为：______________________________.

性质 2：奇偶项和性质：______________________________.

(1)若等差数列的项数为 $2n$，则有 $S_{偶}-S_{奇}=$________，$\dfrac{S_{奇}}{S_{偶}}=$________.

(2)若等差数列的项数为奇数 n，则有 $a_{中间项}=$________；$\dfrac{S_{奇}}{S_{偶}}=$________.

性质 3：(1) $S_n(d\neq 0)$ 是关于 n 的__________函数，且常数项为__________；

(2) $\dfrac{S_n}{n}(d\neq 0)$ 是关于 n 的__________函数，点列 $\left(1,\dfrac{S_1}{1}\right),\left(2,\dfrac{S_2}{2}\right),\cdots,\left(n,\dfrac{S_n}{n}\right)$ 的分布特征是：______________________________.

☆思考：等差数列求和的性质除了性质 1、2、3 外还有哪些？

活动 2：双基自测

(1)等差数列 $\{a_n\}$ 中，$a_1=5$，$a_n=95$，$n=10$，则 $S_n=$________.

(2)等差数列 $\{a_n\}$ 中，$a_1=100$，$d=-2$，$n=50$，则 $S_n=$________.

(3)等差数列 $\{a_n\}$ 中，$a_2=5$，$a_6=21$，$S_n=190$，则 $n=$________.

☆想一想：(1)等差数列有两个求和公式，如何选用？

(2)上面 3 个习题的解答中是如何运用求和公式的？

活动 3：典例分析

上面我们复习了等差数列的通项公式及推广，求和公式及性质，下面我们通过一个例题来看看如何运用求和公式与性质解决较复杂的问题。

例 1：在等差数列 $\{a_n\}$ 中，一个等差数列的前 12 项和为 354，前 12 项中偶数项之和与奇数项之和的比为 32:27，求公差 d.

☆温馨提示：由题目中的已知你联想到了什么？偶数项的和与奇数项的和各有什么关系？它们之间有什么关系？求公差 d 有哪些经验可用？

写出你的解：

☆解后反思：

1. 解这道题的方法是什么？

2. 解这道题的规律是什么？

3. 你能将解答中得的结论推广到一般吗？能否写出它的变式题？

(变式题在课堂上提出让其他同学解答)

活动 4：拓展练习

例 2：等差数列 $\{a_n\}$ 前 m 项的和为 30，前 $2m$ 项的和为 100，求它的前 $10m$ 项的和。

☆温馨提示：看到题目的已知条件，你能想到求和的哪个性质？你能够想到以前用过的方法或经验吗？你能想到一个类似的问题吗？可否从函数的角度进行思考？

写出你的解：

☆解后反思：

(1)还有其他解法吗？

(2)在解答中，你用到什么解题的策略？能否把该题一般化？特殊化？

(3)你能否类比此题写出一个等比数列求和中的一个类似问题？

活动 5：学习反思

1. 等差数列求和公式及性质有哪些方面的运用？

2. 有哪些常用的解题策略、方法和规律？

【学习评价】

1. 感受与认识

(1) 对本节课的学习，学习目标完成的质量如何？你最大的收获是什么？最让你感兴趣的是什么？

(2) 在学习过程中，对自己的表现满意吗？你最精彩的表现是什么？

(3) 不明白或还需要进一步理解的问题是什么？

2. 达标测评

自我评价 1：

(1) 设等差数列$\{a_n\}$的公差为 d，$S_n=-n^2$，那么(　　).

A. $a_n=2n-1$，$d=-2$；　　B. $a_n=2n-1$，$d=2$；

C. $a_n=-2n+1$，$d=-2$；　　D. $a_n=-2n+1$，$d=2$

(2) 等差数列$\{a_n\}$的前 n 项和为S_n，且$S_3=6$，$a_3=4$，则公差 d 等于(　　).

A.1；　　B.$\frac{5}{3}$；　　C.2；　　D.3

(3) 等差数列$\{a_n\}$前 m 项的和为 30，前 $2m$ 项的和为 100，则它的前 $3m$ 项的和为(　　).

A.130；　　B.170；　　C.210；　　D.260

自我评价 2：

(1) 等差数列$\{a_n\}$的前 n 项和为S_n，且$6S_5-5S_3=5$，则$a_4=$________.

(2) 已知等差数列$\{a_n\}$中，$a_3a_7=-16$，$a_4+a_6=0$，求$\{a_n\}$的前 n 项和S_n.

(3) 已知两个等差数列$\{a_n\}$，$\{b_n\}$，它们的前 n 项分别是S_n，T_n，若$\frac{S_n}{T_n}=\frac{2n+3}{3n-1}$，求$\frac{a_9}{b_9}$.

附录四 《导学讲评式教学教与学行为对学生数学学习影响的研究》学生调查问卷

亲爱的同学：

你好！请结合你在数学学中的真实感受如实完成此问卷。该问卷采用匿名调查，所有数据仅用于研究，你在回答时不需任何顾虑。在填写过程中请注意以下事项：第一，请你独立完成这份问卷，一定要先认真阅读题再回答问题；第二，每个题目只有一个答案；第三，答案没有对错之分，请选择你认为最符合自己情况的选项。谢谢你的合作！

1. 我经常要提前认真学习数学的新知识。

A.非常符合；B.符合；C.比较符合；D.不确定；E.比较不符合；F.不符合；G.非常不符合

2. 我经常要提前解答一些需要努力才能解答的数学问题。

A.非常符合；B.符合；C.比较符合；D.不确定；E.比较不符合；F.不符合；G.非常不符合

3. 我总是在课前积极思考和完成教师布置的新课学习任务。

A.非常符合；B.符合；C.比较符合；D.不确定；E.比较不符合；F.不符合；G.非常不符合

4. 我总是对数学的新知识充满好奇心。

A.非常符合；B.符合；C.比较符合；D.不确定；E.比较不符合；F.不符合；G.非常不符合

5. 数学课堂上，老师经常对同学讲解的方式方法进行比较评析。

A.非常符合；B.符合；C.比较符合；D.不确定；E.比较不符合；F.不符合；G.非常不符合

6. 数学课堂上，老师经常对同学讲解不明之处进行追问和质疑。

A.非常符合；B.符合；C.比较符合；D.不确定；E.比较不符合；F.不符合；G.非常不符合

7. 数学课堂上，老师经常对同学们不同意见进行追问和质疑。

A.非常符合；B.符合；C.比较符合；D.不确定；E.比较不符合；F.不符合；G.非常不符合

8. 数学课堂上，老师经常组织同学们对同学讲解的各种思路和方法进行比较和分析。

A.非常符合；B.符合；C.比较符合；D.不确定；E.比较不符合；F.不符合；G.非常不符合

9. 数学课堂上，老师经常对同学讲解的遗漏和薄弱处进行补充。

A.非常符合；B.符合；C.比较符合；D.不确定；E.比较不符合；F.不符合；G.非常不符合

10. 数学课堂上，老师总是认真倾听同学的讲解。

A.非常符合；B.符合；C.比较符合；D.不确定；E.比较不符合；F.不符合；G.非常不符合

11. 数学课堂上，老师经常把同学讲解中发现的规律和解决问题中好的策略和思维方法进行提炼，形成结论。

A.非常符合；B.符合；C.比较符合；D.不确定；E.比较不符合；F.不符合；G.非常不符合

12. 数学课堂上，老师经常把同学好的解法、发现的规律和好的讲解策略进行推广。

A.非常符合；B.符合；C.比较符合；D.不确定；E.比较不符合；F.不符合；G.非常不符合

13. 数学课堂上，老师经常对我讲解的方法进行点评。

A.非常符合；B.符合；C.比较符合；D.不确定；E.比较不符合；F.不符合；G.非常不符合

14. 数学课堂上，老师经常对我讲解的思路进行点评。

A.非常符合；B.符合；C.比较符合；D.不确定；E.比较不符合；F.不符合；G.非常不符合

15. 数学课堂上，老师经常对我讲解的语言表达进行点评。

A.非常符合；B.符合；C.比较符合；D.不确定；E.比较不符合；F.不符合；G.非常不符合

16. 数学课堂上，老师经常对我板书的内容进行点评。

A.非常符合；B.符合；C.比较符合；D.不确定；E.比较不符合；F.不符合；G.非常不符合

17. 数学课堂上，每次给同学讲解后我都会进行反思。

A.非常符合；B.符合；C.比较符合；D.不确定；E.比较不符合；F.不符合；G.非常不符合

18. 数学课堂上，同学讲解后，我会主动把自己认为好的解决问题的思路和方法与同伴进行分享。

A.非常符合；B.符合；C.比较符合；D.不确定；E.比较不符合；F.不符合；G.非常不符合

19. 数学课堂上，同学讲解时，我能很好地跟上同学的节奏。

A.非常符合；B.符合；C.比较符合；D.不确定；E.比较不符合；F.不符合；G.非常不符合

20. 数学课堂上，同学讲解时，我经常会一边听讲一边思考。

A.非常符合；B.符合；C.比较符合；D.不确定；E.比较不符合；F.不符合；G.非常不符合

21. 数学课堂上，同学讲解时，我经常会很快清楚自己的解题思路是否正确。

A.非常符合；B.符合；C.比较符合；D.不确定；E.比较不符合；F.不符合；G.非常不符合

22. 数学课堂上，同学讲解时，我经常会对认为是重点的内容进行记录或做标记。

A.非常符合；B.符合；C.比较符合；D.不确定；E.比较不符合；F.不符合；G.非常不符合

23. 数学课堂上，当我讲解时，我经常根据同学的反应有所调整。

A.非常符合；B.符合；C.比较符合；D.不确定；E.比较不符合；F.不符合；G.非常不符合

24. 数学课堂上，当我讲解时，我经常一边板书一边讲解。

A.非常符合；B.符合；C.比较符合；D.不确定；E.比较不符合；F.不符合；G.非常不符合

25. 数学课堂上，当我讲解时，我经常向同学提问。

A.非常符合；B.符合；C.比较符合；D.不确定；E.比较不符合；F.不符合；G.非常不符合

26. 数学课堂上，当我讲解时，我经常会极力讲清楚自己的思路和方法，以便大家听明白。

A.非常符合；B.符合；C.比较符合；D.不确定；E.比较不符合；F.不符合；G.非常不符合

27. 数学课堂上，当我讲解时，我经常分享解决某个问题的过程中遇到的困难、解决困难的过程，以及解决困难后的体验、感悟与获得的经验。

A.非常符合；B.符合；C.比较符合；D.不确定；E.比较不符合；F.不符合；G.非常不符合

28. 我总是认真思考后才对同学的讲解或任务完成情况进行真实、客观的评价。

A.非常符合；B.符合；C.比较符合；D.不确定；E.比较不符合；F.不符合；

G.非常不符合

29. 我认为同学每次对我的评价是真实、客观的。

A.非常符合；B.符合；C.比较符合；D.不确定；E.比较不符合；F.不符合；G.非常不符合

30. 我总是认真倾听同学对我的评价，自己认为好的建议会虚心接受。

A.非常符合；B.符合；C.比较符合；D.不确定；E.比较不符合；F.不符合；G.非常不符合。

参考文献

A.A.斯托利亚尔，1984．数学教育学[M]．丁尔升，等译．北京：人民教育出版社．

B.A.苏霍姆林斯基，1984．给教师的建议[M]．杜殿坤，译．北京：教育科学出版社．

G.波利亚，2001．数学与猜想：合情推理模式（第二卷）[M]．李志尧，等译．北京：科学出版社．

G.波利亚，2001．数学与猜想：数学中的归纳与类比（第一卷）[M]．李心灿，等译．北京：科学出版社．

G.波利亚，2007．怎样解题：教学思维的新方法[M]．涂泓，冯承天，译．上海：上海教育出版社．

L.W.安德森，2008．学习、教学和评估的分类学——布鲁姆教育目标分类学（修订版）[M]．皮连生，主译．上海：华东师范大学出版社．

R.M.加涅，1999．学习的条件与教学论[M]．皮连生，等译．上海：华东师范大学出版社．

保罗·弗莱雷，2014．被压迫者教育学[M]．顾建新，等译．上海：华东师范大学出版社．

鲍建生，周超，2009．数学学习的心理基础与过程[M]．上海：上海教育出版社．

曹才翰，章建跃，2017．数学教育心理学[M]．北京：北京师范大学出版社．

曹一鸣，2007．中国数学课堂教学模式及其发展研究[M]．北京：北京师范大学出版社．

曹一鸣，2009．数学课堂教学实证研究系列[M]．南宁：广西教育出版社．

曹一鸣，2012．十三国数学课程标准评介（小学、初中卷）[M]．北京：北京师范大学出版社．

曹一鸣，冯启磊，陈鹏举，等，2017．基于学生数学核心素养的数学学科能力研究[M]．北京：北京师范大学出版社．

曹一鸣，张生春，2010．数学教学论[M]．北京：北京师范大学出版社．

陈明华，王富英，2005．新课程：怎样进行中学数学学习评价与测试[M]．成都：四川大学出版社．

陈英和，1996．认知发展心理学[M]．杭州：浙江人民出版社．

陈佑清，2011．教学论新编[M]．北京：人民教育出版社．

陈佑清，2019．学习中心教学论[M]．北京：教育科学出版社．

董奇，2003．有效的学生评价[M]．北京：中国轻工业出版社．

杜威，2010．杜威五大讲演[M]．张恒，编．北京：金城出版社．

方明，2006．陶行知名篇精选[M]．北京：教育科学出版社．

弗赖登塔尔，1995．作为教育任务的数学[M]．陈昌平，唐瑞芬，等编译．上海：上海教育出版社．

弗兰克·M.弗拉纳根，2009．最伟大的教育家：从苏格拉底到杜威[M]．卢立涛，等译．上海：华东师范大学出版社．

福禄培尔，2001．人的教育[M]．孙祖复，译．北京：人民教育出版社．

高文，2002．教学模式论[M]．上海：上海教育出版社．

顾泠沅，易凌峰，聂必凯，2003．寻找中间地带[M]．上海：上海教育出版社．

郭思乐，2001. 教育走向生本[M]. 北京：人民教育出版社.

国际21世纪教育委员会，1996. 教育——财富蕴藏其中[M]. 北京：教育科学出版社.

国家研究理事会行为、社会科学及教育中心，课堂评价与国家科学教育标准组委会2006. 课堂评价与国家科学教育标准[M]. 熊作勇，何凌云，译. 北京：科学普及出版社.

赫·斯宾塞，2005. 斯宾塞教育论著选[M]. 胡毅，王承绪，译. 北京：人民教育出版社.

赫尔巴特，2015. 普通教育学[M]. 李其龙，译. 北京：人民教育出版社.

洪汉鼎，2001. 诠释学——它的历史和当代发展[M]. 北京：人民出版社.

黄希庭，2002. 人格心理学[M]. 杭州：浙江教育出版社.

霍华德·加德纳，1999. 多元智能[M]. 沈致隆，译. 北京：新华出版社.

季苹，2009. 教什么知识——对教学的知识论基础的认识[M]. 北京：教育科学出版社.

教育部基础教育课程教材专家工作委员会，2012. 义务教育数学课程标准（2011年版）解读[M]. 北京：北京师范大学出版社.

金生鈜，1997. 理解与教育——走向哲学解释学的教育哲学导论[M]. 北京：教育科学出版社.

靳玉乐，2006. 对话教学[M]. 成都：四川教育出版社.

靳玉乐，2006. 理解教学[M]. 成都：四川教育出版社.

康德，2004. 纯粹理性批判[M]. 邓晓芒，译. 北京：人民出版社.

夸美纽斯，1999. 大教学论[M]. 傅任敢，译. 北京：教育科学出版社.

李秉德，2000. 教学论[M]. 北京：人民教育出版社.

李士锜，2005. PEM:数学教育心理[M]. 上海：华东师范大学出版社.

李祎，2008. 数学教学生成论[M]. 北京：高等教育出版社.

理查德·E.帕尔默，2012. 诠释学[M]. 北京：商务印书馆.

联合国教科文组织国际教育发展委员会，1996. 学会生存——教育世界的今天与明天[M]. 北京：教育科学出版社.

卢梭，2014. 爱弥儿（上卷）[M]. 李平沤，译. 北京：商务印书馆.

陆书环，傅海伦，2004. 数学教学论[M]. 北京：科学出版社.

罗伯特·R.拉斯克，詹姆斯·斯科特兰，2013. 伟大教育家的学说[M]. 朱镜人，单中惠，译. 济南：山东教育出版.

罗纳德·格罗斯，2005. 苏格拉底之道[M]. 徐弢，李思凡，译. 北京：北京大学出版社.

麦克·杨，2003. 未来的课程[M]. 谢维和，等译. 上海：华东师范大学出版社.

莫里斯·L.比格著，1983. 学习的基本理论与教学实践[M]. 张敷荣，张粹然，王道宗，译. 北京：文化教育出版社.

南京师范大学教育系，2005. 教育学[M]. 北京：人民教育出版社.

裴娣娜，2007. 教学论[M]. 北京：教育科学出版社.

裴斯泰洛齐，2001. 裴斯泰洛齐教育论著选[M]. 夏之莲，等译. 北京：人民教育出版社.

皮亚杰，1981. 发生认识论原理[M]. 王宪细，译. 北京：商务印书馆.

施良方，1994. 学习论[M]. 北京：人民教育出版社.

石中英，2001. 知识转型与教育改革[M]. 北京：科学教育出版社.

史宁中，2016．数学基本思想 18 讲[M]．北京：北京师范大学出版社．

陶行知，2011．陶行知选集（第一卷）[M]．北京：教育科学出版社．

田慧生，李臣之，潘洪健，2000．活动教育引论[M]．北京：教育科学出版社．

涂荣豹，王光明，宁连华，2006．新编数学教学论[M]．上海：华东师范大学出版社．

王策三，1985．教学论稿[M]．北京：人民教育出版社．

王富英，2019．行走在实践与理论之间——特级教师王富英教育教学研究[M]．成都：西南交通大学出版社社．

王富英，张昌金，2012．高中数学学案——数学（必修）4[M]．北京：科学出版社．

王富英，朱远平，2019．导学讲评式教学的理论与实践——王富英团队 DJP 教学研究[M]．北京：北京师范大学出版．

王新民，2018．数学学习设计概论[M]．北京：高等教育出版社．

王新民，王富英，谭竹，2011．数学学案及其设计[M]．北京：科学出版社．

小威廉姆・E.多尔，2000．后现代课程观[M]．王红宇，译．北京：教育科学出版社．

徐利治，王前，2008．数学与思维[M]．大连：大连理工大学出版社．

亚伯拉罕・马斯洛，2007．动机与人格（第三版）[M]．许金声，等译．北京：中国人民大学出版社．

杨振东，杨存泉，2005．杨振宁谈读书与治学[M]．广州：暨南大学出版社．

叶澜，2006．“新基础教育”论——关于当前中国学校变革的探究与认识[M]．北京：教育科学出版社．

喻平，2010．数学教学心理学[M]．北京：北京师范大学出版社．

约翰·杜威，2001．民主主义与教育[M]．王承绪，译．北京：人民教育出版社．

约翰·杜威，2005．我们怎样思维·经验与教育[M]．姜文闵，译．北京：人民教育出版社．

约翰·杜威，2005．学校与社会・明日之学校[M]．赵祥麟，任钟印，吴志宏，译．北京：人民教育出版社．

约翰·洛克，1999．教育漫话[M]．傅任敢，译．北京：教育科学出版社．

查有梁，1998．教育建模[M]．南宁：广西教育出版社．

张典宙，宋乃庆，2004．数学教育概论[M]．北京：高等教育出版社．

张奠宙，2006．中国数学双基教学[M]．上海：上海教育出版社．

张海晨，李炳亭，2010. 高效课堂导学案设计[M]．济南：山东文艺出版社．

赵加琛，张成菊，2009. 学案教学设计[M]．北京：中国轻工业出版社．

赵祥麟，王承绪，2006．杜威教育名篇[M]．北京：教育科学出版社．

郑毓信，2001．数学教育哲学[M]．成都：四川教育出版社．

郑毓信，肖柏荣，熊萍，2001．数学思维与数学方法论[M]．成都：四川教育出版社．

钟启泉，2007．课程论[M]．北京：教育科学出版社．

钟启泉，崔允漷，张华，2001．基础教育课程改革纲要（试行）解读[M]．上海：华东师范大学出版社．

佐藤学，2004．学习的快乐——走向对话[M]．钟启泉译．北京：教育科学出版社．

佐藤学，2012．教师的挑战——宁静的课堂革命[M]．钟启泉，陈静静，译．上海：华东师范大学出版社．

后　记

在完成本书统稿、交稿之后，我既有一种完稿的欣慰又有一种完全的解脱之感。这是因为从 2014 年 12 月 23 日与出版社签订出版合同到完成书稿足足经过了四年多的时间。在这漫长的四年多里，这本书的写作一直令我牵挂，令我思考，也成了我的一块心病，甚至我的夫人都常常问我何时完成这本书的写作之事。故今日完成书稿则有一种轻松解脱之感。

本书是“DJP 教学研究成果”的核心理论著作。基于 DJP 教学所取得的成效和产生的影响，2010 年 9 月，科学出版社冯铂编辑找到我商议要出版一套 DJP 教学研究成果丛书。他说出版这套丛书可以使研究成果惠及基础教育更多同行和学校。我感到这是一件很有意义的事情，而且也可促使我们很好地总结提炼已有研究成果，于是欣然同意，并与出版社签订了丛书出版合同。原计划这套丛书共有 15 本，其中理论著作有两本：一本是《数学导学讲评式教学论》，另一本是《数学学案及其设计》，其余的是教学实践操作部分，即《高中数学学案》（包括数学必修 1～5 和选修 1～5）、《导学讲评式教学的经典案例》、《高初中数学衔接导学案》、《新课程高考数学复习学案》。2011 年 10 月至 2012 年 11 月已出版《数学学案及其设计》和 5 本《高中数学学案》（由于教材的改编和其他原因，剩下的学案未出版），已出版的著作和学案在一线教学实践中受到了教师们的好评。本套丛书的核心理论著作《数学导学讲评式教学论》是在 2014 年底签订的出版合同。迟迟没有动笔，并不是我的懒惰，而是因为有些内容的研究未能完成。在 2015 年到 2017 年间，随着课题成果的推广应用，我们对该课题的一些理论和实践做了进一步研究，对课题相关的理论与实践有了更清楚的认识，于是 2018 年 5 月我们开始进行书稿的写作，并将《数学导学讲评式教学论》单独出版。

原先计划我与王新民教授两人完成这部著作的写作，但随着研究人员的增加和研究成果的丰富，本书作者增加到 7 人。四川师范大学的赵文君博士在北京师范大学读硕士和香港大学读博士时的研究方向都是本该课题相关，她在读博期间就申请加入我的工作室并与我一起对 DJP 教学中学生参与成效进行了量化研究；我工作室成员、成都市龙泉驿区教育科学研究院学业质量检测部部长龙兴议与我在 2018 年就 DJP 教学对学生数学学习的影响进行了量化研究；我工作室成员、成都市龙泉驿区教育科学研究院高中数学教研员王海阔领衔的市级课题《高中数学导学讲评式教学策略的研究》也取得一定的成果；成都市教育科学研究院院长助理、教师发展所所长黄祥勇，成都市武侯区教育发展研究院数学教研员张玉华与我将DJP教学上升到分享教育后在武侯区和市内一些学校进行研究后也取得了丰富的成果。因此，在与他们交流后，我想把这些成果纳入本部著作之中，于是他们也就参与到本书的写作之中。

需要指出的是，本书所有的观点都是合作的产物，特别是内江师范学院王新民教授从2007年起就一直与我合作，我们常常在QQ上通过语音交流讨论研究中的问题，经常不知不觉就工作到了深夜1～2点，许多突破性的研究成果就是在这样的不眠之夜中完成的。后来我在与赵文君、龙兴议和张玉华等的研究中也一直延续着这种研讨方式。

要特别指出的是，成都市龙泉驿区教育科学研究院初中数学教研员谭竹老师一直是该课题研究的主要成员，因正在进行《互联网背景下初中数学导学讲评式教学的研究》课题研究，这次遗憾未能参与本书写作。

本书所论述的成果在研究过程中得到了我工作单位和教育局有关领导、学界有关专家、朋友和实施DJP教学的学校（参与课题研究和推广应用的学校名单附后）和老师们的支持、鼓励和关心，特在此表达由衷、真诚的感谢！

感谢北京师范大学曹一鸣教授，他一直关心和支持我们的研究，并与我们进行了三年的合作研究。

感谢南京师范大学马复教授，他一直关心和支持我们的研究，并为本书作序。

感谢本书的责任编辑冯铂和责任校对彭映老师，他们的精心编辑和校对使本书增色不少。

最后，要特别感谢本书几位作者的家人，没有他（她）们的大力支持，本书也不可能如期完成！

由于作者水平有限，书中遗漏、粗疏、肤浅之处在所难免，恳请读者朋友不吝赐教。

王富英

2020年10月12日于成都龙泉驿艺锦湾